"十四五"职业教育国家规划教材

职业教育"十三五"
数字媒体应用人才培养规划教材

Dreamweaver CS6 网页设计与应用

马立丽 ◎ 主编　程亚维 龙茜 张婧 ◎ 副主编

人民邮电出版社
北京

图书在版编目（CIP）数据

Dreamweaver CS6网页设计与应用 ： 微课版 / 马立丽主编. -- 5版. -- 北京 ： 人民邮电出版社, 2020.7
职业教育“十三五”数字媒体应用人才培养规划教材
ISBN 978-7-115-53372-2

Ⅰ. ①D… Ⅱ. ①马… Ⅲ. ①网页制作工具－职业教育－教材 Ⅳ. ①TP393.092.2

中国版本图书馆CIP数据核字(2020)第021259号

内容提要

本书分为上、下两篇，详细介绍了 Dreamweaver 的基本操作和应用。上篇基础技能篇介绍 Dreamweaver CS6 的基本功能，包括在网页中输入文本、插入图像等，创建超链接，运用表格对网页进行灵活排版、布局，使用 CSS 样式对网页的版面进行控制和美化，使用模板和库命令制作首页与子页面共同区域等。下篇案例实训篇精心安排了 18 个贴近实际工作的应用案例，并对这些案例进行了全面的分析和详细的讲解。

本书适合作为职业院校数字媒体艺术类专业“网页设计与制作”课程的教材，也可供相关人员自学参考。

◆ 主　　编　马立丽
副 主 编　程亚维　龙　茜　张　婧
责任编辑　桑　珊
责任印制　王　郁　马振武

◆ 人民邮电出版社出版发行　　北京市丰台区成寿寺路 11 号
邮编　100164　　电子邮件　315@ptpress.com.cn
网址　https://www.ptpress.com.cn
北京联兴盛业印刷股份有限公司印刷

◆ 开本：787×1092　1/16
印张：19.75　　　　2020 年 7 月第 5 版
字数：502 千字　　　2024 年 12 月北京第 14 次印刷

定价：59.80 元

读者服务热线：(010)81055256　印装质量热线：(010)81055316
反盗版热线：(010)81055315
广告经营许可证：京东市监广登字 20170147 号

第5版前言 FOREWORD

Dreamweaver 是由 Adobe 公司开发的网页编辑软件。使用它不但能够完成一般的网页编辑工作，而且能够制作出许多需要通过编程才能达到的效果，因此 Dreamweaver 一直都是许多网页制作专业人士的首选工具。为了帮助职业院校的教师全面、系统地讲授这门课程，使学生能够熟练地使用 Dreamweaver 来进行设计，我们几位长期在职业院校从事 Dreamweaver 教学的教师和平面设计公司中经验丰富的专业设计师合作，共同编写了本书。

此次改版将 Dreamweaver 版本更新为 CS6。本书具有完善的知识结构体系。在基础技能篇中，本书按照“软件功能解析－课堂案例－课堂练习－课后习题”这一思路进行编排，通过对软件功能的解析，使学生快速熟悉软件功能和制作特色；通过课堂案例演练，使学生深入学习软件功能和网页设计思路；通过课堂练习和课后习题，拓展学生的实际应用能力。在案例实训篇中，本书根据 Dreamweaver 在设计中各个领域的应用，精心安排了专业设计公司的 18 个精彩案例，并对这些案例做了全面的分析和详细的讲解，使学生的艺术创意思维更加开阔，实际设计制作水平不断提升。在内容编写方面，我们力求细致全面、重点突出；在文字叙述方面，我们注重言简意赅、通俗易懂；在案例选取方面，我们强调案例的针对性和实用性。

为方便教师教学，本书配套了案例的素材及效果文件、详尽的课堂练习和课后习题的操作步骤视频，以及 PPT 课件、教学大纲等丰富的教学资源，任课教师可到人邮教育社区（www.ryjiaoyu.com）免费下载使用。本书的参考学时为 64 学时，其中实训环节为 28 学时，各章的参考学时参见下面的学时分配表。

第5版前言

章	课程内容	学时分配	
		讲授（学时）	实训（学时）
第 1 章	初识 Dreamweaver	1	
第 2 章	文本	1	1
第 3 章	在网页中插入图像	1	1
第 4 章	超链接	1	1
第 5 章	表格的使用	1	1
第 6 章	框架	2	2
第 7 章	层的使用	2	2
第 8 章	CSS 样式	2	2
第 9 章	模板和库	2	1
第 10 章	表单	2	2
第 11 章	行为	1	1
第 12 章	网页代码	2	2
第 13 章	个人网页	3	2
第 14 章	游戏娱乐网页	3	2
第 15 章	旅游休闲网页	3	2
第 16 章	房产网页	3	2
第 17 章	文化艺术网页	3	2
第 18 章	电子商务网页	3	2
学时总计		36	28

本书全面贯彻党的二十大精神，以社会主义核心价值观为引领，传承中华优秀传统文化，坚定文化自信，使内容更好体现时代性、把握规律性、富于创造性。

由于编者水平有限，书中难免存在不妥之处，敬请广大读者批评指正。

编　者

2023 年 5 月

Dreamweaver 教学辅助资源及配套教辅

素材类型	名称或数量	素材类型	名称或数量
教学大纲	1 套	课堂案例	35 个
电子教案	18 单元	课堂练习	17 个
PPT 课件	18 个	课后习题	16 个
第 2 章 文本	青山别墅网页	第 11 章 行为	爱在七夕网页
	休闲度假村网页		品牌商城网页
	休闲旅游网页		开心烘焙网页
	新鲜果蔬网页	第 12 章 网页代码	品质狂欢节网页
第 3 章 在网页中插入图像	环球旅游网页	第 13 章 个人网页	妞妞的个人网页
	现代木工网页		李明的个人网页
	儿童零食网页		美琪的个人网页
	准妈妈课堂网页		娟娟的个人网页
第 4 章 超链接	创意设计网页		李梅的个人网页
	狮立地板网页	第 14 章 游戏娱乐网页	锋芒游戏网页
	男士服装网页		娱乐星闻网页
	建筑模型网页		综艺频道网页
第 5 章 表格的使用	投资理财网页		时尚潮流网页
	典藏博物馆网页		星运奇缘网页
	火锅餐厅网页	第 15 章 旅游休闲网页	滑雪运动网页
	OA 办公系统网页		户外运动网页
第 6 章 框架	牛奶饮料网页		瑜伽休闲网页
	建筑规划网页		休闲生活网页
	阳光外语小学网页		橄榄球运动网页
第 7 章 层的使用	联创网络技术网页	第 16 章 房产网页	购房中心网页
	充气浮床网页		房产新闻网页
	美味小吃网页		租房网页
第 8 章 CSS 样式	打印机网页		房产信息网页
	爱插画网页		焦点房产网页
	优选购物网页	第 17 章 文化艺术网页	戏曲艺术网页
	爱美化妆品网页		国画艺术网页
第 9 章 模板和库	水果慕斯网页		太极拳健身网页
	律师事务所网页		书法艺术网页
	食谱大全网页		诗词艺术网页
	精品沙发网页	第 18 章 电子商务网页	网络营销网页
第 10 章 表单的使用	用户登录界面		土特产网页
	人力资源网页		家政无忧网页
	智能扫地机器人网页		商务在线网页
	美食在线网页		时尚风潮网页

扩展知识扫码阅读

设计基础知识
1. 认识基本形体
2. 透视原理
3. 平面构成
4. 形式美法则
5. 点、线、面三大要素
6. 基本形与骨骼
7. 色彩
8. 图形创意方法
9. 版式设计
设计应用知识
1. 图标设计
图标的概念
图标的设计流程
图标的设计原则
图标的设计规范
图标的风格类型
2. APP 界面设计
APP 的概念
APP 设计的流程
APP 设计的原则
iOS 系统设计规范
Android 设计规范
APP 常用界面类型
3. 招贴广告设计
4. 电商网店设计
Photoshop 在电商中的应用
淘宝店铺各模块图片尺寸及具体要求
网店首页各元素的设计
商品详情页面各元素设计
5. 书籍设计
6. 包装设计
7. 网页设计

目录 CONTENTS

上篇　基础技能篇

CONTENTS

目录

CONTENTS

下篇 案例实训篇

目录

上篇 | 基础技能篇

01 第1章 初识 Dreamweaver

本章主要讲解 Dreamweaver 的基础知识和基本操作。通过对这些内容的学习，读者可以认识和了解工作界面的构成，掌握创建网站框架的方法和流程以及站点的管理方法，为以后的网站设计和制作打下一个坚实的基础。

课堂学习目标

- 了解工作界面的构成
- 掌握创建网站框架的方法和流程
- 掌握站点的管理方法

1.1 工作界面

Dreamweaver CS6 的工作区将多个文档集中到一个窗口中，不仅降低了系统资源的占用率，还可以更加方便地操作文档。Dreamweaver CS6 的工作窗口由 5 部分组成，分别是“插入”面板、“文档”工具栏、“文档”窗口、面板组和“属性”面板。Dreamweaver 的操作环境简洁明快，可一定程度上提高用户的设计效率。

1.1.1 开始页面

启动 Dreamweaver CS6 后，首先看到的画面是开始界面，供用户选择新建文件的类型，或打开最近打开的项目等，如图 1-1 所示。

选择“编辑 > 首选参数”命令，或按 Ctrl+U 组合键，弹出“首选参数”对话框，取消选择“显示欢迎屏幕”复选框，如图 1-2 所示。单击“确定”按钮完成设置。当用户再次启动 Dreamweaver CS6 时，将不再显示开始界面。

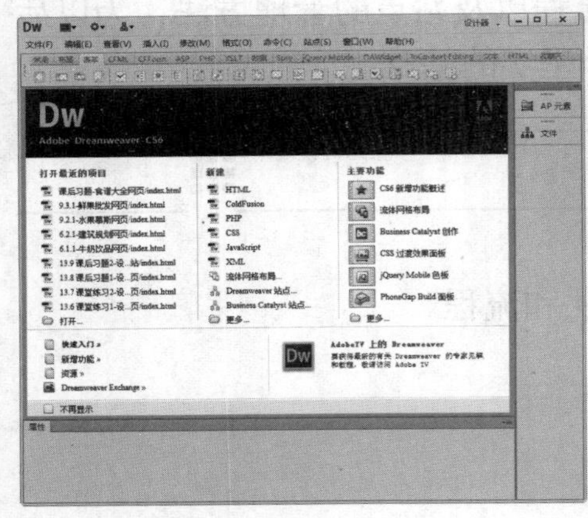

图 1-1

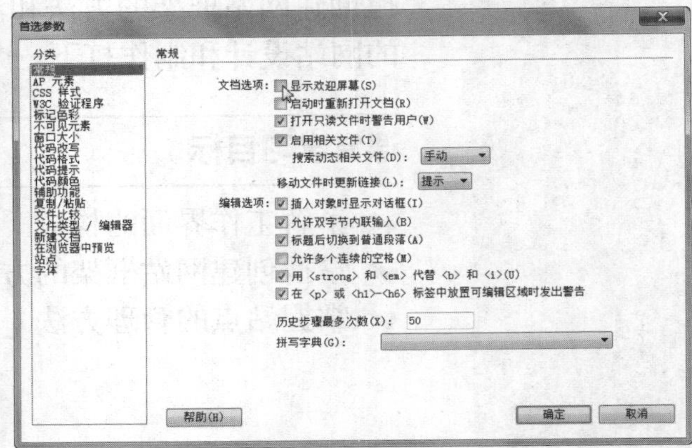

图 1-2

1.1.2 不同风格的界面

选择“窗口 > 工作区布局”命令，弹出子菜单，如图 1-3 所示，选择“经典”或“编码器”命令。选择其中一种界面风格，界面会发生相应的改变。

1.1.3 多文档的编辑界面

Dreamweaver CS6 提供了多文档的编辑界面，可将多个文档整合在一起，方便用户在各个文档之间切换，如图 1-4 所示。用户可以单击文档编辑窗口上方的标签，切换到相应的文档。通过多文档的编辑界面，用户可以同时编辑多个文档。

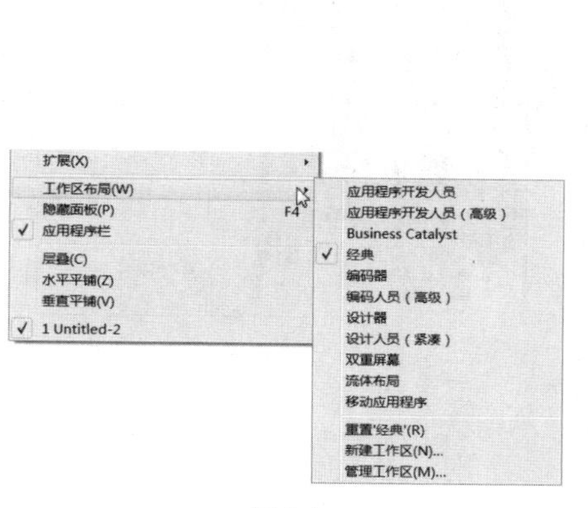

图 1-3

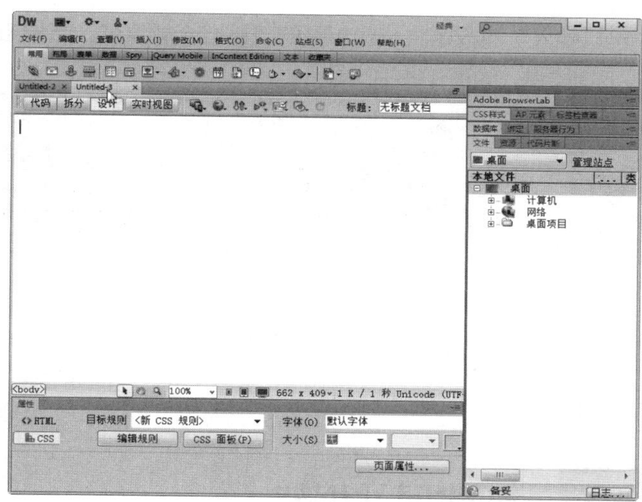

图 1-4

1.1.4 “插入”面板

Dreamweaver CS6 的“插入”面板在菜单栏的下方，如图 1-5 所示。

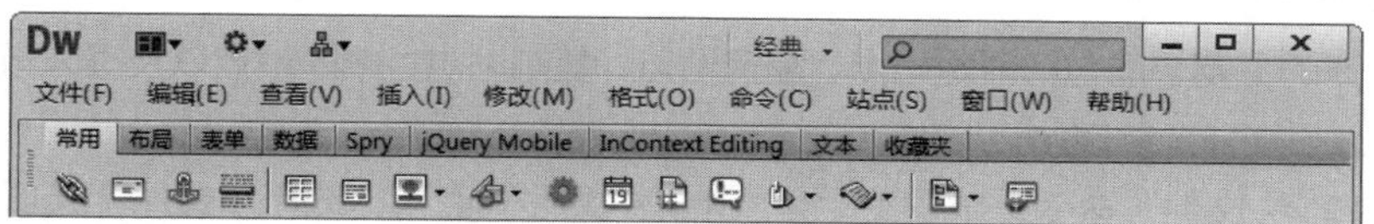

图 1-5

“插入”面板包括“常用”“布局”“表单”“数据”“Spry”“jQuery Mobile”“InContext Editing”“文本”“收藏夹”9 个选项卡，不同功能的按钮被分门别类地放在不同的选项卡中。在 Dreamweaver CS6 中，“插入”面板可用菜单和选项卡两种样式显示。如果需要菜单样式，用户可用鼠标右键单击“插入”面板的选项卡，在弹出的快捷菜单中选择“显示为菜单”命令，如图 1-6 所示，更改后效果如图 1-7 所示。

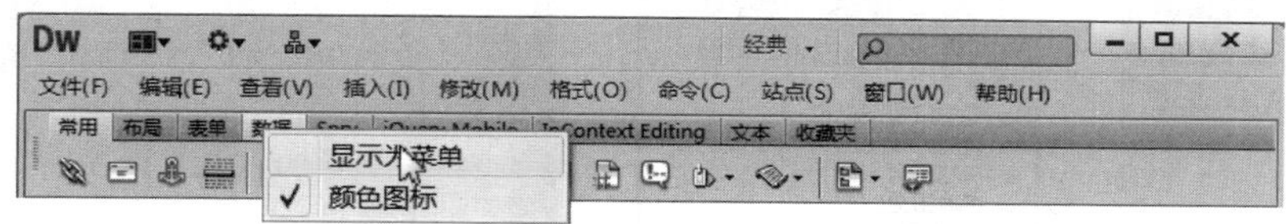

图 1-6

图 1-7

“插入”面板中将一些相关的按钮组合成菜单，当按钮右侧有黑色三角形标志时，表示其为展开式工具按钮，如图 1-8 所示。

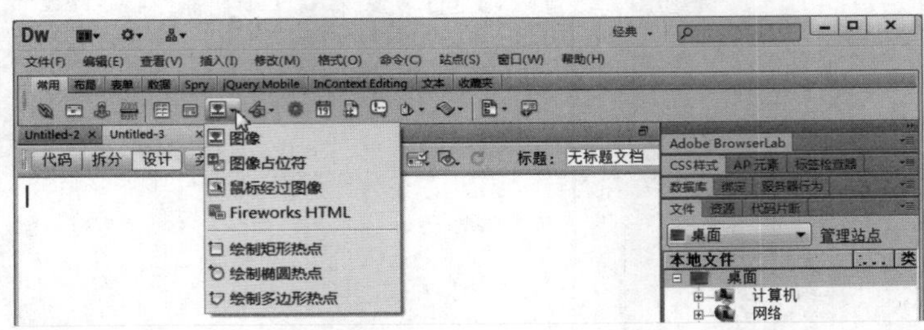

图 1-8

1.2 创建网站框架

所谓站点，可以看作一系列文档的组合，这些文档通过各种链接建立逻辑关联。用户在建立网站前必须建立站点；修改某网页内容时，也必须先打开站点。

1.2.1 站点管理器

站点管理器的主要功能包括新建站点、编辑站点、复制站点、删除站点以及导入或导出站点。若要管理站点，必须打开“管理站点”对话框。

选择“窗口 > 文件”命令，或按 F8 键，弹出“文件”面板，选择“文件”选项卡，如图 1-9 所示。单击面板左侧的下拉列表，选择“管理站点”命令，如图 1-10 所示。

在弹出的“管理站点”对话框中，通过“新建站点”“编辑当前选定的站点”“复制当前选定的站点”“删除当前选定的站点”按钮，可以新建一个站点、修改选定的站点、复制选定的站点、删除选定的站点。通过对话框的“导出当前选定的站点”和“导入站点”按钮，用户可以将站点导出为 XML 文件，然后将其导入 Dreamweaver CS6 中。这样，用户就可以在不同的计算机和产品版本之间移动站点，或者与其他用户共享，如图 1-11 所示。

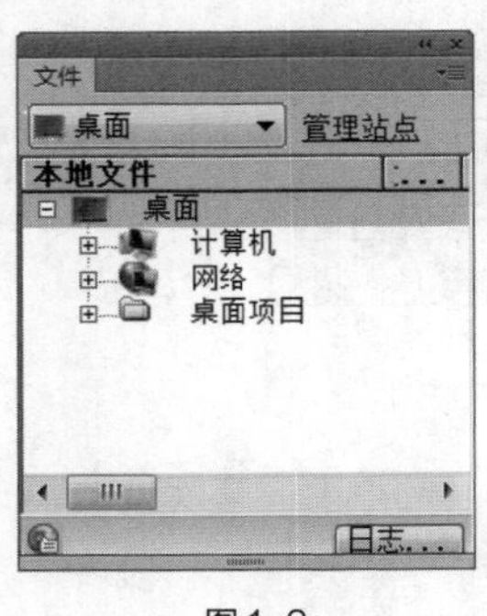

图 1-9

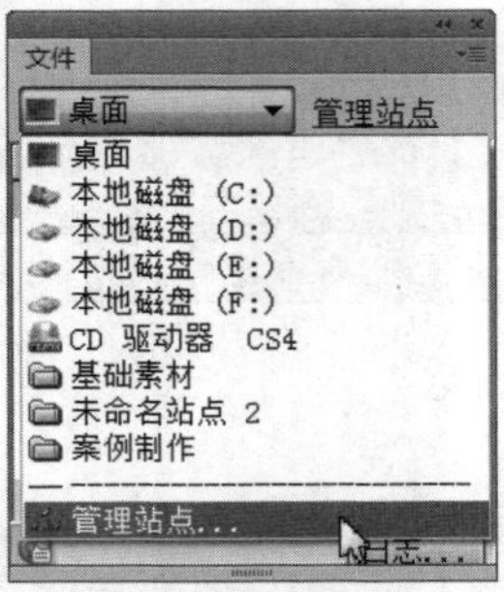

图 1-10

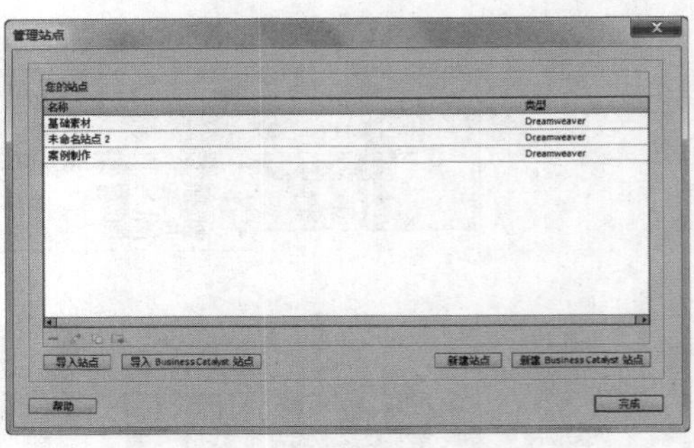

图 1-11

在“管理站点”对话框中，选择一个具体的站点，然后单击“完成”按钮，就会在“文件”面板的“文件”选项卡中出现站点管理器的缩略图。

1.2.2 创建文件夹

建立站点前，要先在站点管理器中新建站点文件夹。新建文件夹的具体操作步骤如下。

（1）在站点管理器的右侧窗口中单击选择站点。

（2）通过以下两种方法新建文件夹。

① 选择“文件 > 新建文件夹”命令。

② 用鼠标右键单击站点，在弹出的快捷菜单中选择“新建文件夹”命令。

（3）输入新文件夹的名称。

一般情况下，若站点不复杂，可直接将网页存放在站点的根目录下，并在站点根目录中，按照资源的种类建立不同的文件夹存放不同的资源。例如，用 image 文件夹存放站点中的图像文件，用 media 文件夹存放站点中的多媒体文件等。若站点复杂，需要根据实现不同功能的板块，在站点根目录中按板块创建子文件夹存放不同的网页，这样可以方便网站设计者修改网站。

1.2.3 定义新站点

建立好站点文件夹后用户就可定义新站点了。在 Dreamweaver CS6 中，站点通常包含两部分，即本地站点和远程站点。本地站点是本地计算机上的一组文件，远程站点是远程 Web 服务器上的一个位置。用户将本地站点中的文件发布到网络上的远程站点，可使公众访问它们。在 Dreamweaver CS6 中，通常先在本地磁盘上创建本地站点，然后创建远程站点，再将这些网页的副本上传到一个远程 Web 服务器上，使公众可以访问它们。本节只介绍如何创建本地站点。

（1）选择“站点 > 管理站点”命令，弹出“管理站点”对话框。

（2）在对话框中单击“新建站点”按钮，弹出“站点设置对象 未命名站点 2”对话框，在对话框中，设计者可通过“站点”选项卡设置站点名称，如图 1-12 所示；单击“高级设置”选项，在弹出的选项卡中根据需要设置站点，如图 1-13 所示。

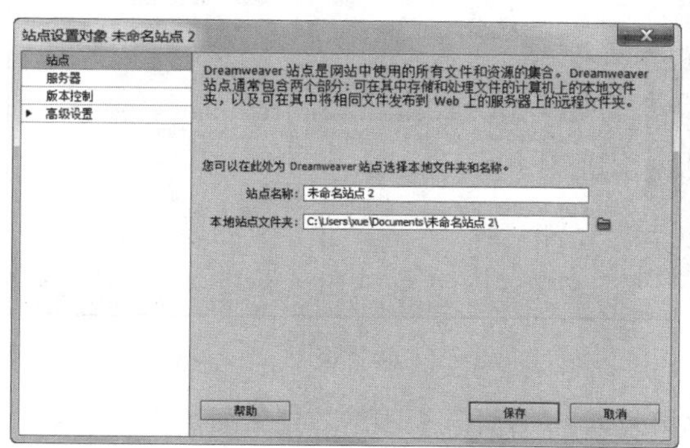
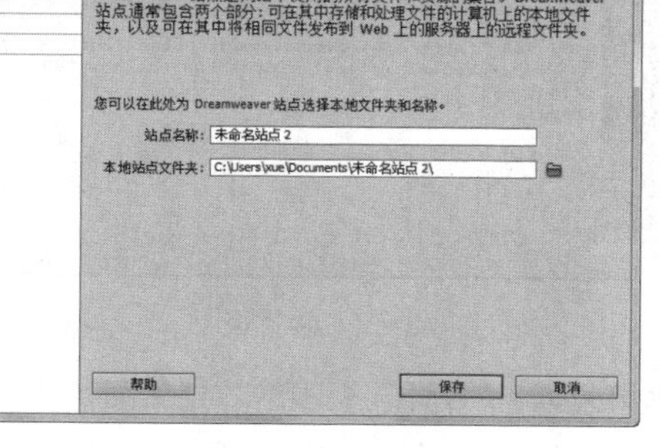

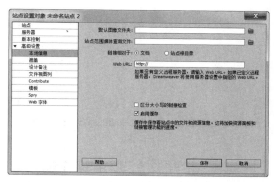

图 1-12

图 1-13

1.2.4 创建和保存网页

在标准的 Dreamweaver CS6 环境下，建立和保存网页的操作步骤如下。

（1）选择“文件 > 新建”命令，弹出“新建文档”对话框，选择“空白页”选项，在“页面类型”列表中选择“HTML”选项，在“布局”列表中选择“无”选项，创建空白网页，设置如图 1-14 所示。

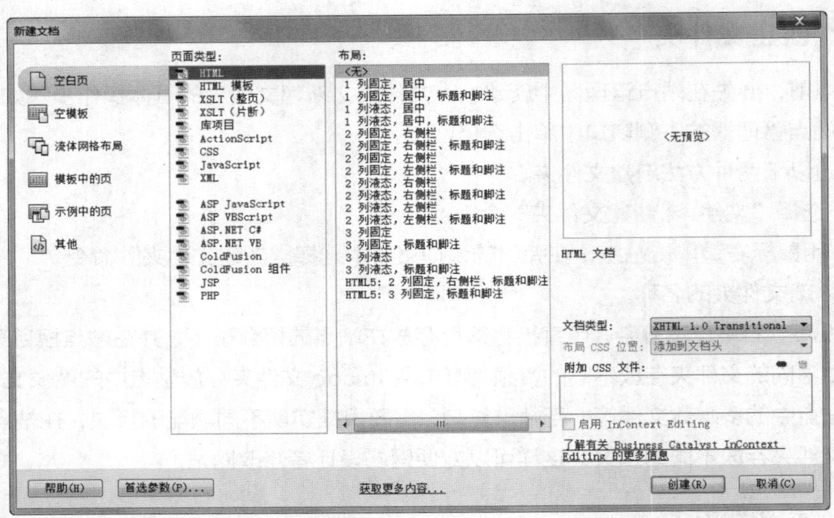

图 1-14

（2）设置完成后，单击“创建”按钮，弹出“文档”窗口，新文档在该窗口中打开。根据需要，在“文档”窗口中选择不同的视图设计网页，如图 1-15 所示。

“文档”窗口中有 3 种视图方式，这 3 种视图方式的作用如下。

“代码”视图：对于有编程经验的网页设计用户而言，可在“代码”视图中查看、修改和编写网页代码，以实现特殊的网页效果；“代码”视图的效果如图 1-16 所示。

图 1-15

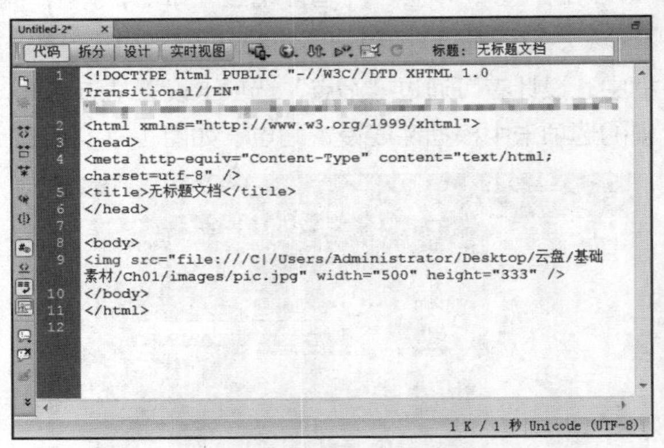

图 1-16

“设计”视图：以所见即所得的方式显示所有网页元素；“设计”视图的效果如图 1-17 所示。

“拆分”视图：将文档窗口分为左、右两部分，左侧是代码部分，显示代码；右侧是设计部分，显示网页元素及其在页面中的布局。在此视图中，网页设计用户通过在设计部分单击网页元素的方式，可快速地定位要修改的网页元素代码，进行代码的修改，或在“属性”面板中修改网页元素的属性。“拆分”视图的效果如图 1-18 所示。

（3）网页设计完成后，选择“文件 > 保存”命令，或按 Ctrl+S 组合键，弹出“另存为”对话框，如图 1-19 所示，在“文件名”选项的文本框中输入网页的名称，单击“保存”按钮，将该文档保存在站点文件夹中。

图 1-17

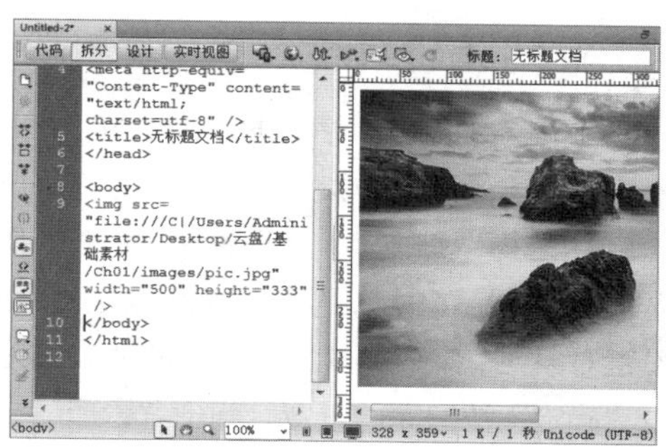

图 1-18

图 1-19

1.3 管理站点

在 Dreamweaver CS6 中，可以对本地站点进行多方面的管理，如打开、编辑、复制、删除等操作。

1.3.1 打开站点

当要修改某个网站的内容时，首先需要打开该站点。打开站点就是在各站点间进行切换，具体操作步骤如下。

（1）启动 Dreamweaver CS6。

（2）选择“窗口 > 文件”命令，弹出“文件”面板，在其中选择要打开的站点的名称，打开站点，如图 1-20 和图 1-21 所示。

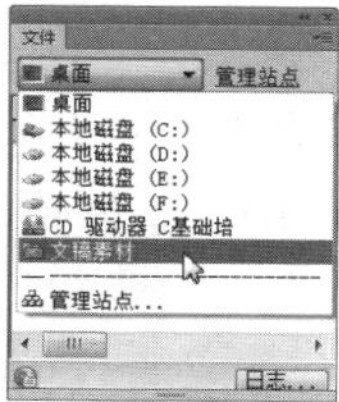

图 1-20

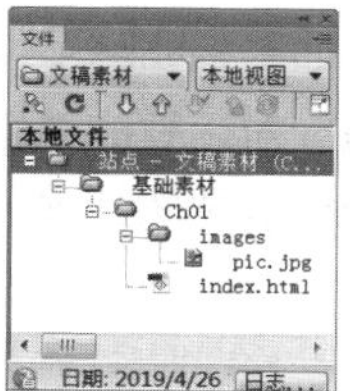

图 1-21

1.3.2 编辑站点

有时用户需要修改站点的一些设置，此时就需要编辑站点。例如，修改站点的默认图像文件夹的路径，其具体的操作步骤如下。

（1）选择“站点 > 管理站点”命令，弹出“管理站点”对话框。

（2）在对话框中，选择要编辑的站点的名称，单击“编辑当前选定的站点”按钮，弹出“站点设置对象 文稿素材”对话框，选择“高级设置”选项，然后可根据需要进行修改，如图 1-22 所示，单击“确定”按钮完成设置，回到“管理站点”对话框。

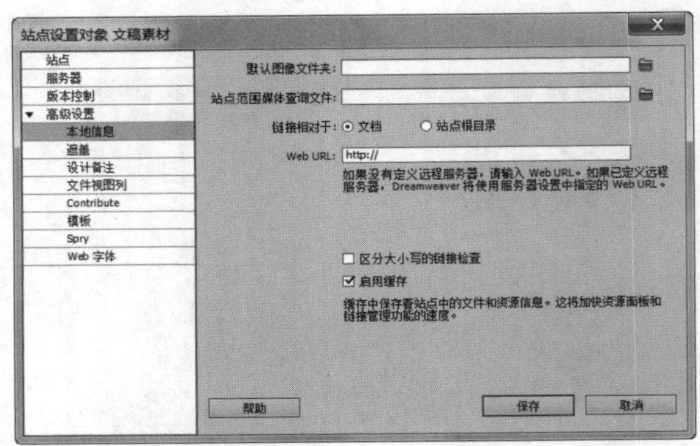

图 1-22

（3）如果不需要修改其他站点，可单击“完成”按钮关闭“管理站点”对话框。

1.3.3 复制站点

复制站点可省去重复建立多个结构相同站点的操作步骤，从而提高用户的工作效率。在“管理站点”对话框中可以复制站点，其具体操作步骤如下。

（1）在“管理站点”对话框的“您的站点”中选择要复制的站点，单击“复制当前选定的站点”按钮进行复制。

（2）双击新复制出的站点，在弹出的“站点定义为”对话框中更改新站点的名称。

1.3.4 删除站点

删除站点只是删除 Dreamweaver CS6 同本地站点间的关系，而本地站点包含的文件和文件夹仍然保存在磁盘原来的位置上。换句话说，删除站点后，虽然站点文件夹保存在计算机中，但在 Dreamweaver CS6 中已经不存在此站点了。例如，在按如下步骤删除站点后，在“管理站点”对话框中，则不存在该站点的名称了。

在“管理站点”对话框中删除站点的具体操作步骤如下。

（1）在“管理站点”对话框的“您的站点”列表中选择要删除的站点。

（2）单击“删除当前选定的站点”按钮即可删除选择的站点。

02

第2章 文本

文本是网页设计中最基本的元素。本章主要讲解文本的输入和编辑、水平线与网格的设置。通过对这些内容的学习，读者可以充分利用文本工具和命令在网页中输入和编辑文本内容，设置水平线与网格，运用丰富的字体和多样的编排手段，表现网页的内容。

课堂学习目标

- 掌握输入和编辑文本的方法
- 掌握水平线的设置方法
- 掌握显示和隐藏网格的方法和技巧

2.1 编辑文本格式

Dreamweaver 提供了多种向网页中添加文本和设置文本格式的方法，可以插入文本，设置文本字体、大小、颜色和对齐方式等。

2.1.1 输入文本

应用 Dreamweaver CS6 编辑网页时，在文档窗口中光标为默认显示状态。要添加文本，首先应将光标移动到文档窗口中的编辑区域，然后直接输入文本，就像在其他文本编辑器中一样。打开一个文档，在文档的编辑区域中单击，将光标置于其中，然后在光标后面输入文本即可，如图 2-1 所示。

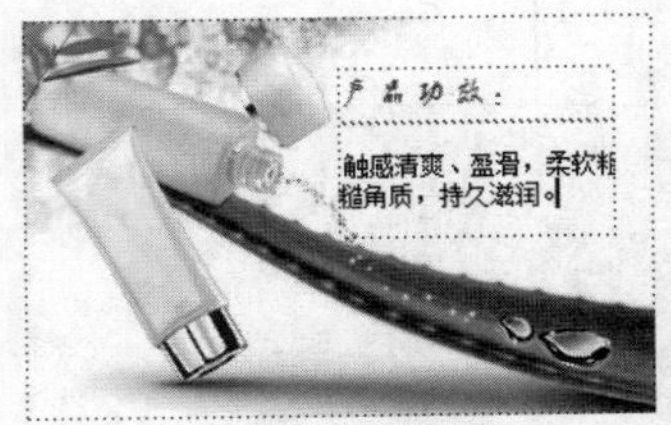

图 2-1

2.1.2 设置文本属性

利用文本属性可以方便地修改选中文本的字体、大小、文本颜色、对齐方式等，以获得预期的效果。

选择“窗口 > 属性”命令，弹出“属性”面板，在 HTML 和 CSS 属性面板中都可以设置文本的属性，如图 2-2 和图 2-3 所示。

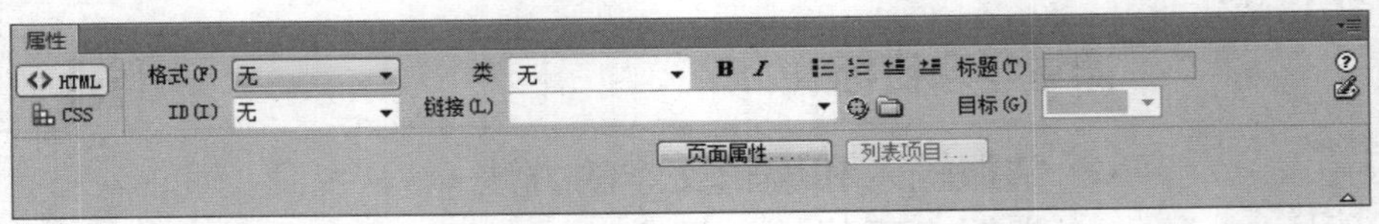

图 2-2

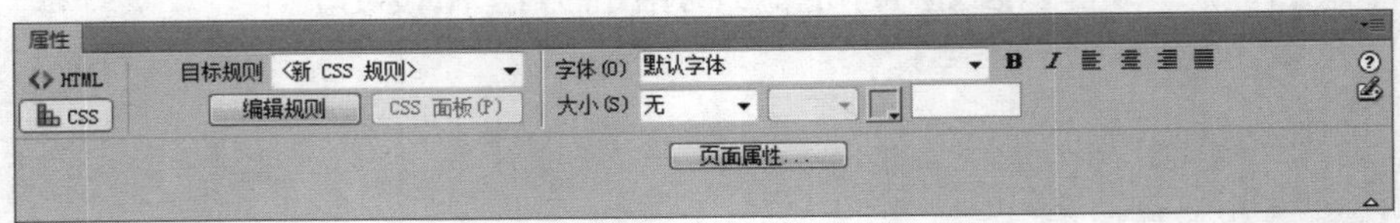

图 2-3

“属性”面板中各选项的含义如下。

“目标规则”选项：设置已定义的或引用的 CSS 样式为文本的样式。

“字体”选项：设置文本的字体。

“大小”选项：设置文本的字号。

“文本颜色”按钮：设置文本的颜色。

“粗体”按钮 **B**、“斜体”按钮 *I*：设置字体样式。

“左对齐”按钮、“居中对齐”按钮、“右对齐”按钮、“两端对齐”按钮：设置文本中段落在网页中的对齐方式。

“格式”选项：设置所选文本的段落样式。例如，使段落应用“标题 1”的段落样式。

“项目列表”按钮、“编号列表”按钮：设置段落的项目符号或编号。

“内缩区块”按钮、“删除内缩区块”按钮：设置段落文本向右缩进或向左缩进一定距离。

2.1.3 输入连续空格

在默认状态下，Dreamweaver CS6 只允许网站设计者输入一个空格，要输入连续多个空格则需要进行设置或通过特定操作才能实现。具体操作如下。

（1）选择“编辑 > 首选参数”命令，或按 Ctrl+U 组合键，弹出“首选参数”对话框。

（2）在“首选参数”对话框左侧的“分类”列表中选择“常规”选项，在右侧的“编辑选项”选项组中选择“允许多个连续的空格”复选框，如图 2-4 所示，单击“确定”按钮完成设置。此时，用户可连续按 Space 键在文档编辑区内输入多个空格。

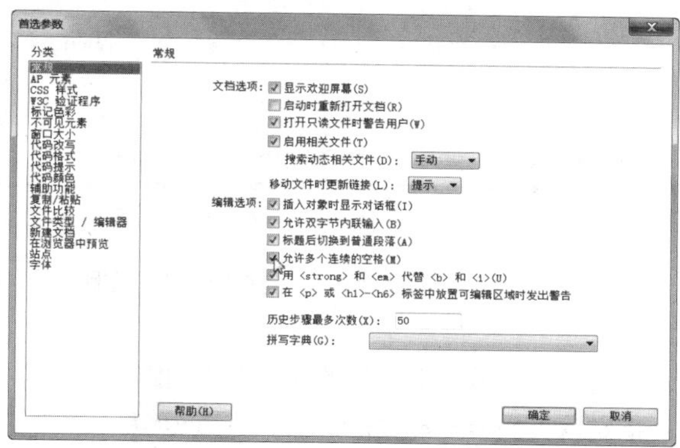

图 2-4

2.1.4 设置是否可见元素

显示或隐藏某些不可见元素的具体操作步骤如下。

（1）选择“编辑 > 首选参数”命令，弹出“首选参数”对话框。

（2）在“首选参数”对话框左侧的“分类”列表中选择“不可见元素”选项，根据需要选择或取消选择右侧的多个复选框，以实现不可见元素的显示或隐藏，如图 2-5 所示，单击“确定”按钮完成设置，如图 2-6 所示。

最常用的不可见元素是换行符、脚本、命名锚记、层和表单隐藏区域，一般将它们设为可见。

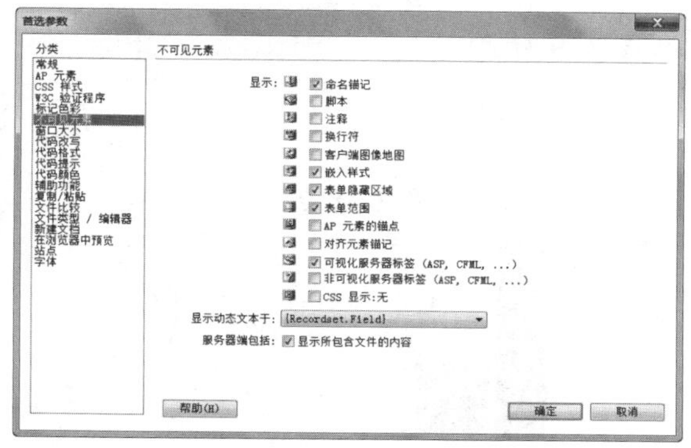

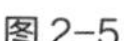
图 2-5

图 2-6

2.1.5 设置页边距

按照文章的书写规则，正文与页面的四周之间需要留有一定的距离，这个距离叫页边距。网页设计也如此，在默认状态下，HTML 文档的上、下、左、右边距均不为 0。修改页边距的具体操作步骤如下。

（1）选择“修改 > 页面属性”命令，或按 Ctrl+J 组合键，弹出“页面属性”对话框，如图 2-7 所示。

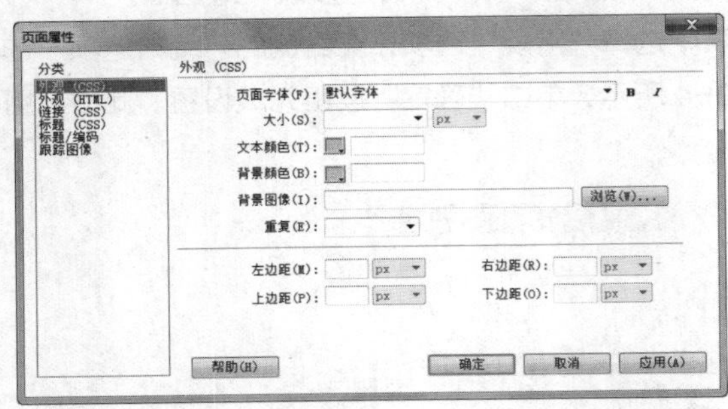

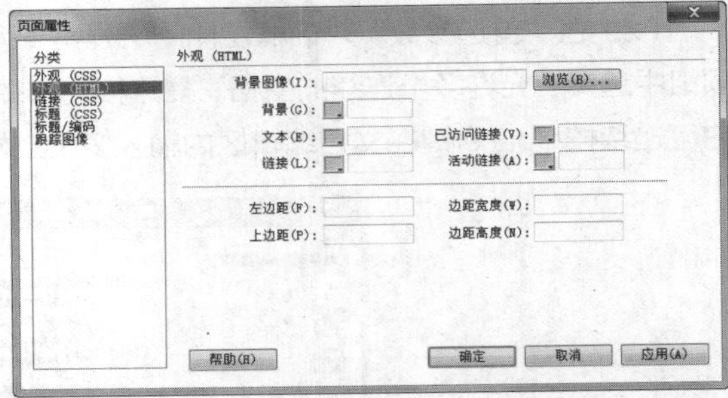

图 2-7

（2）根据需要在对话框的“左边距”“右边距”“上边距”“下边距”选项的数值框中输入相应的数值。这些选项的含义如下。

“左边距”“右边距”：指定网页内容与浏览器的左、右页边距。

“上边距”“下边距”：指定网页内容与浏览器的上、下页边距。

“边距宽度”：指定网页内容与 Navigator 浏览器的左、右页边距。

“边距高度”：指定网页内容与 Navigator 浏览器的上、下页边距。

2.1.6 插入换行符

为段落添加换行符有以下几种方法。

- 单击“插入”面板“文本”选项卡中的“字符”展开式工具按钮，选择“换行符”按钮，如图 2-8 所示。
- 按 Shift+Enter 组合键。
- 选择“插入 > HTML > 特殊字符 > 换行符”命令。

在文档中插入换行符的操作步骤如下。

（1）打开一个网页文件，输入一段文字，如图 2-9 所示。

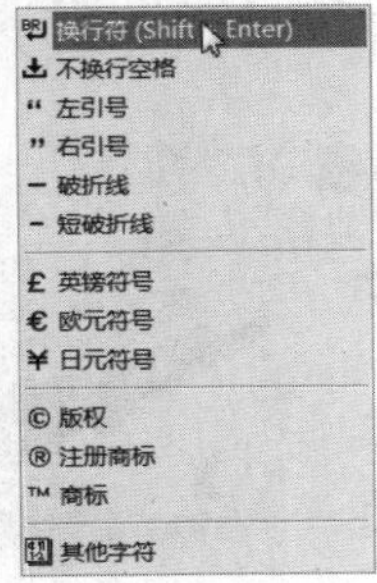

图 2-8

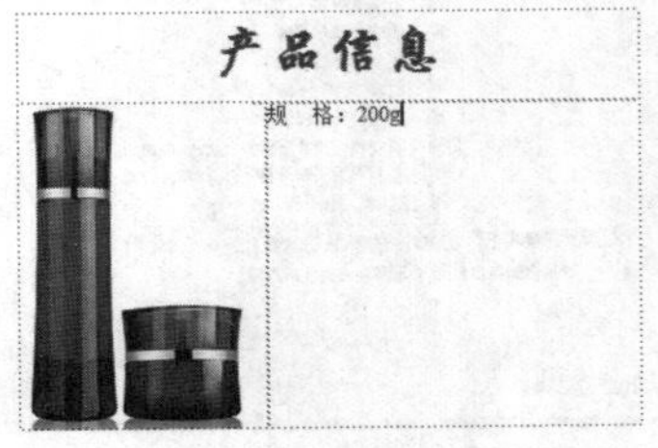

图 2-9

（2）按 Shift+Enter 组合键，光标换到下一行，如图 2–10 所示。按 Shift+Ctrl+Space 组合键，输入不换行空格（可禁止自动换行），然后输入文字，如图 2–11 所示。

（3）使用相同的方法，输入换行符和文字，效果如图 2–12 所示。

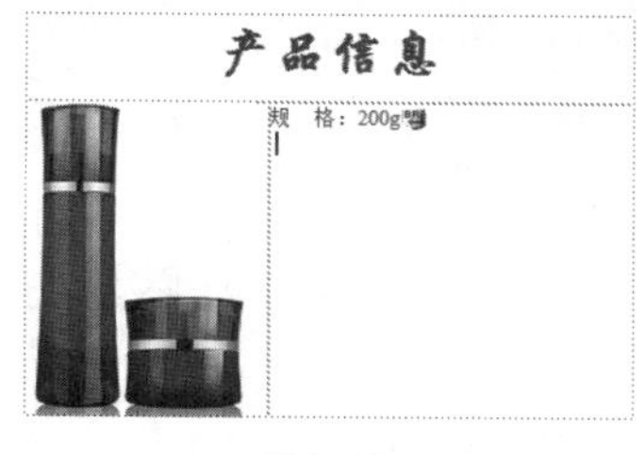

图 2–10

图 2–11

图 2–12

2.1.7　课堂案例——青山别墅网页

案例学习目标

使用“属性”面板改变文字的属性；使用“编辑”命令设置允许多个空格、显示不可见元素。

案例知识要点

使用“页面属性”命令，设置页面外观、网页标题效果；使用“首选参数”命令，设置允许多个连续空格，最终效果如图 2–13 所示。

图 2–13

效果所在位置

云盘/Ch02/效果/青山别墅网页/index.html。

案例制作步骤

1. 设置页面属性

（1）选择“文件 > 打开”命令，在弹出的“打开”对话框中，选择云盘中的“Ch02 > 素材 > 青山别墅网页 > index.html”文件，单击“打开”按钮打开文档，如图 2–14 所示。

（2）选择“修改 > 页面属性”命令，弹出“页面属性”对话框。在左侧的“分类”列表中选择“外观（CSS）”选项，将右侧的“页面字体”选项设为“微软雅黑”，“大小”选项设为 15，“文本颜色”选项设为白色，“左边距”“右边距”“上边距”“下边距”选项均设为 0，如图 2-15 所示。

图 2-14

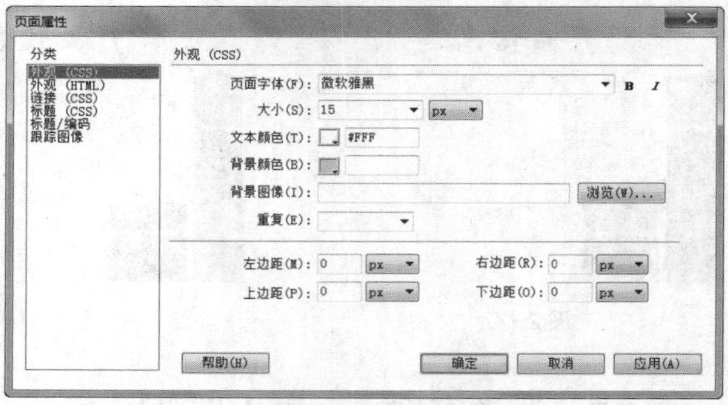

图 2-15

（3）在左侧的“分类”列表中选择“标题/编码”选项，在右侧的“标题”文本框中输入“青山别墅网页”，如图 2-16 所示，单击“确定”按钮，完成页面属性的修改，效果如图 2-17 所示。

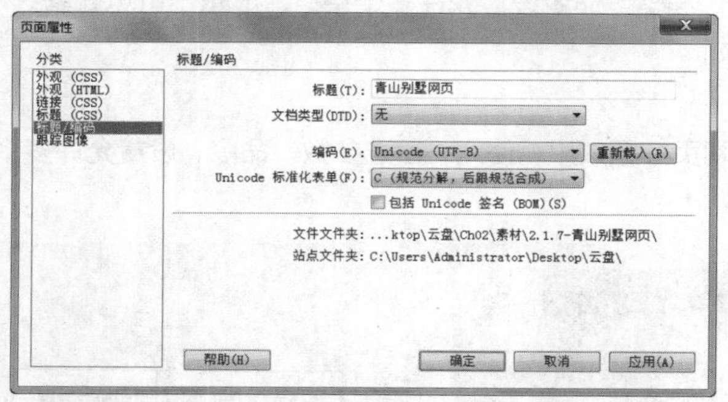

图 2-16

图 2-17

2．输入空格和文字

（1）选择“编辑 > 首选参数”命令，弹出“首选参数”对话框，在左侧的“分类”列表中选择“常规”选项，在右侧的“编辑选项”选项组中勾选“允许多个连续的空格”复选框，如图 2-18 所示，单击“确定”按钮完成设置。将光标置入图 2-19 所示的单元格。

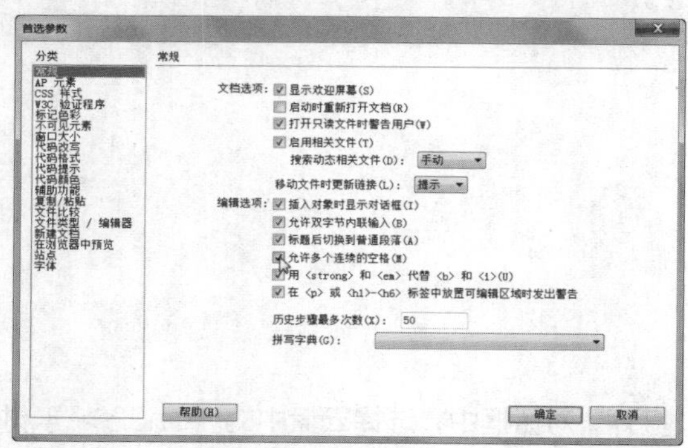

图 2-18

图 2-19

（2）在光标所在位置输入文字“首页”，如图 2-20 所示；按 6 次 Space 键输入空格，如图 2-21 所示；在光标所在的位置输入文字“关于我们”，如图 2-22 所示；用相同的方法输入其他文字，效果如图 2-23 所示。

图 2-20

图 2-21

图 2-22

图 2-23

（3）选择“编辑 > 首选参数”命令，弹出“首选参数”对话框，在左侧的“分类”列表中选择“不可见元素”选项，在右侧的“显示”选项组中勾选“换行符”复选框，如图 2-24 所示，单击“确定”按钮完成设置。将光标置入图 2-25 所示的单元格。

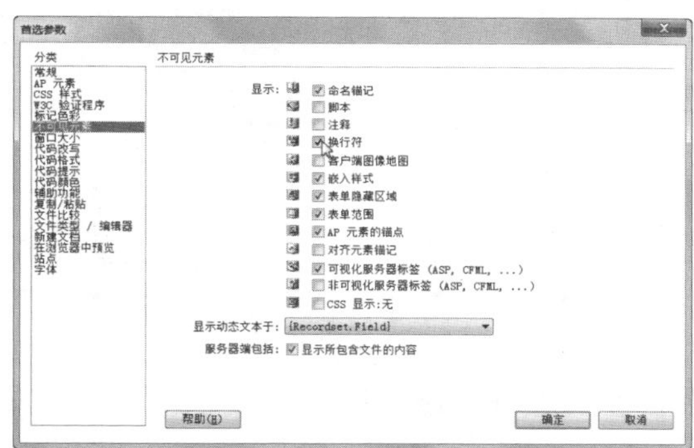

图 2-24

图 2-25

（4）在光标所在的位置输入文字“一次令人心跳加速的神秘约会即将来临!”，如图 2-26 所示。按 Shift+Enter 组合键，将光标切换至下一行，输入文字“精装修外销公寓，直接入住!”，如图 2-27 所示。

图 2-26

图 2-27

（5）按 Enter 键，将光标切换至下一段，如图 2-28 所示，输入文字“家在风景里”，如图 2-29 所示。按 Shift+Enter 组合键，将光标切换至下一行，输入文字“绿意生活即时上演”，如图 2-30 所示。

图 2-28

图 2-29

图 2-30

（6）选择“窗口 > CSS 样式”命令，或按 Shift+F11 组合键，弹出“CSS 样式”面板，单击面板下方的“新建 CSS 规则”按钮，在弹出的“新建 CSS 规则”对话框中进行设置，如图 2-31 所示；单击“确定”按钮，在弹出的“.text1 的 CSS 规则定义”对话框中进行设置，如图 2-32 所示；单击“确定”按钮，完成样式的创建。

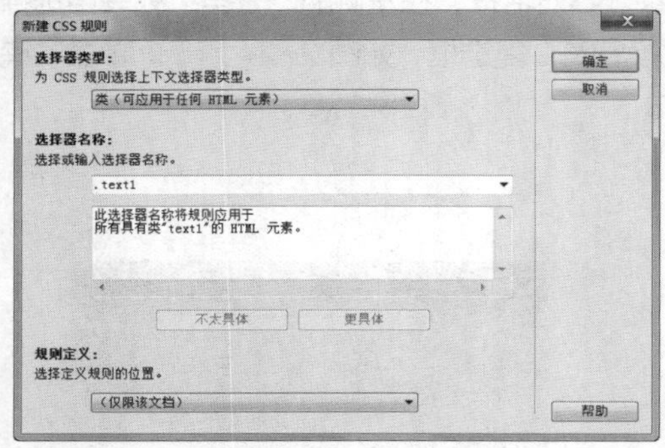

图 2-31

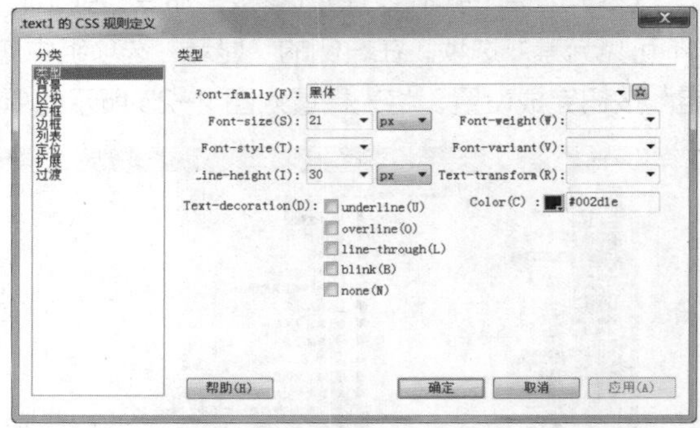

图 2-32

（7）选中图 2-33 所示的文字，在“属性”面板“类”选项的下拉列表中选择“text1”选项，应用样式，效果如图 2-34 所示。

图 2-33

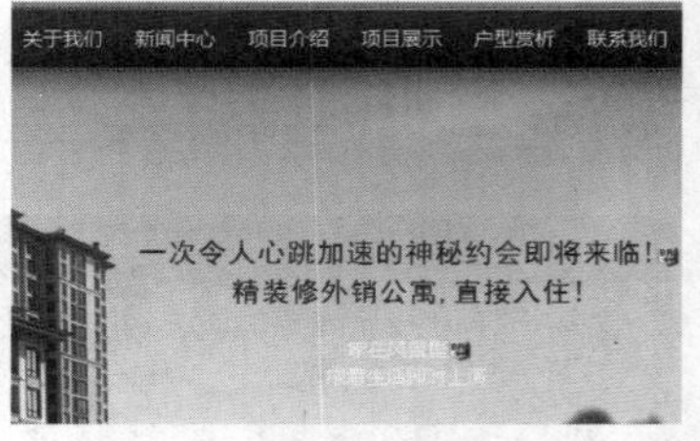

图 2-34

（8）单击“CSS 样式”面板下方的“新建 CSS 规则”按钮，在弹出的“新建 CSS 规则”对话框中进行设置，如图 2-35 所示；单击“确定”按钮，在弹出的“.text2 的 CSS 规则定义”对话框中进行设置，如图 2-36 所示；单击“确定”按钮，完成样式的创建。

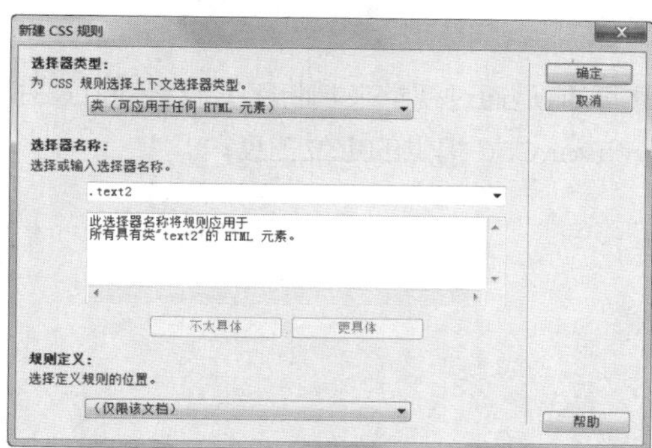

图 2-35

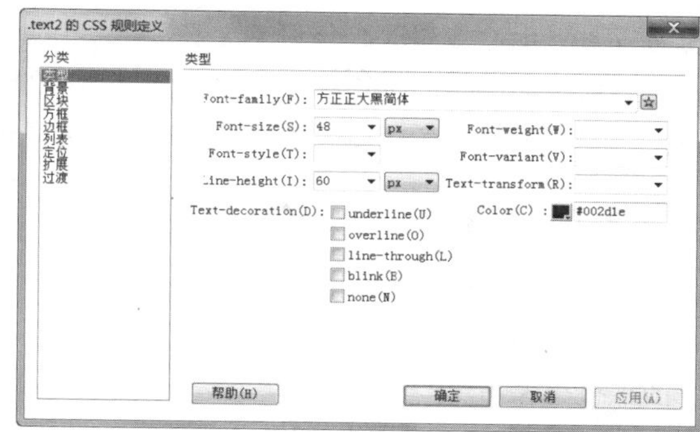

图 2-36

（9）选中图 2-37 所示的文字，在“属性”面板“类”选项的下拉列表中选择“text2”选项，应用样式，效果如图 2-38 所示。

图 2-37

图 2-38

（10）保存文档，按 F12 键预览效果，如图 2-39 所示。

图 2-39

2.2 水平线与网格

水平线可以将文字、图像、表格等对象在视觉上分割开。一篇内容繁杂的文档，如果合理地放置几条水平线，就会变得层次分明，便于阅读。

虽然 Dreamweaver CS6 提供了所见即所得的编辑器，但是通过视觉来判断网页元素的位置并不准确。要想精确地定位网页元素，就必须依靠 Dreamweaver CS6 提供的定位工具。

2.2.1 水平线

1. 创建水平线

选择“插入 > HTML > 水平线”命令。

2. 修改水平线

在文档窗口中，选中水平线，选择“窗口 > 属性”命令，弹出“属性”面板，如图 2-40 所示，可以根据需要对属性进行修改。

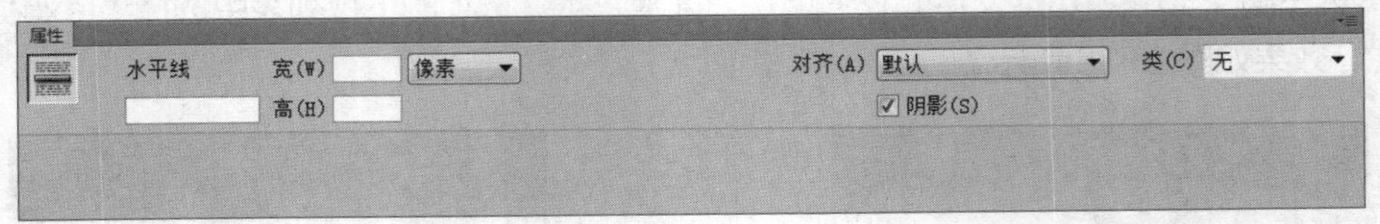

图 2-40

在“水平线”选项下方的文本框中输入水平线的名称。

在“宽”选项的文本框中输入水平线的宽度值，其设置单位值可以是像素，也可以是相对页面水平宽度的百分比。

在“高”选项的文本框中输入水平线的高度值，这里只能是像素值。

在“对齐”选项的下拉列表中，可以选择水平线在水平位置上的对齐方式，可以是“左对齐”“右对齐”“居中对齐”，也可以选择“默认”选项使用默认的对齐方式，一般为“居中对齐”。

如果选择“阴影”复选框，水平线则被设置为阴影效果。

2.2.2 显示和隐藏网格

使用网格可以更加方便地定位网页元素，在网页布局时网格也具有至关重要的作用。

1. 显示和隐藏网格

选择“查看 > 网格设置 > 显示网格”命令，此时处于显示网格的状态。网格在“设计”视图中可见。

2. 修改网格线的颜色和形状

选择“查看 > 网格设置 > 网格设置”命令，弹出“网格设置”对话框，在对话框中，先单击“颜色”按钮并从颜色拾取器中选择一种颜色，或者在文本框中输入一个十六进制的颜色值，然后单击“显示”选项组中的“线”或“点”单选项，最后单击“确定”按钮，完成网格线颜色和线型的修改。

2.2.3 课堂案例——休闲度假村网页

案例学习目标

使用“插入”命令插入水平线，使用代码改变水平线的颜色。

案例知识要点

使用“水平线”命令，在文档中插入水平线；使用“属性”面板，改变水平线的高度；使用代码改变水平线的颜色，如图 2-41 所示。

图 2-41

效果所在位置

云盘/Ch02/效果/休闲度假村网页/index.html。

案例制作步骤

1. 插入水平线

（1）选择“文件 > 打开”命令，在弹出的“打开”对话框中，选择云盘中的“Ch02 > 休闲度假村网页 > index.html”文件，单击“打开”按钮打开文件，如图 2-42 所示。将光标置入图 2-43 所示的单元格。

图 2-42

图 2-43

（2）选择“插入 > HTML > 水平线”命令，插入水平线，效果如图 2-44 所示。选中水平线，在“属性”面板中，将“高”选项设为 1，取消选择“阴影”复选框，如图 2-45 所示，水平线效果如图 2-46 所示。

图 2-44

图 2-45

图 2-46

2. 改变水平线的颜色

（1）选中水平线，单击文档窗口左上方的“拆分”按钮 拆分 ，在“拆分”视图窗口中的“noshade”代码后面置入光标，按 Space 键，标签列表中出现了该标签的属性参数，在其中选择属性“color”，如图 2-47 所示。

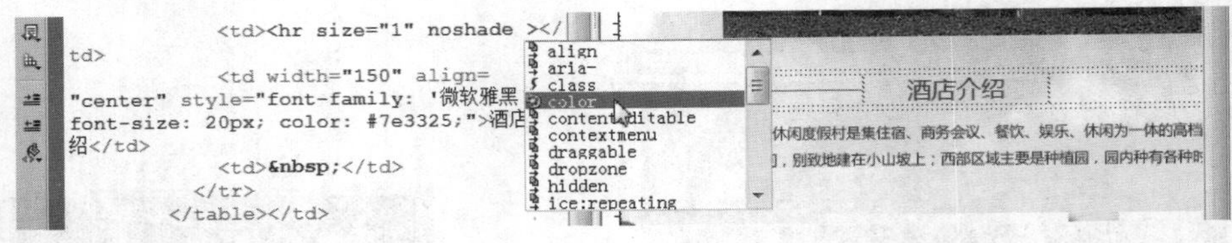

图 2-47

（2）插入属性后，在弹出的颜色面板中选择需要的颜色，如图 2-48 所示，标签效果如图 2-49 所示。

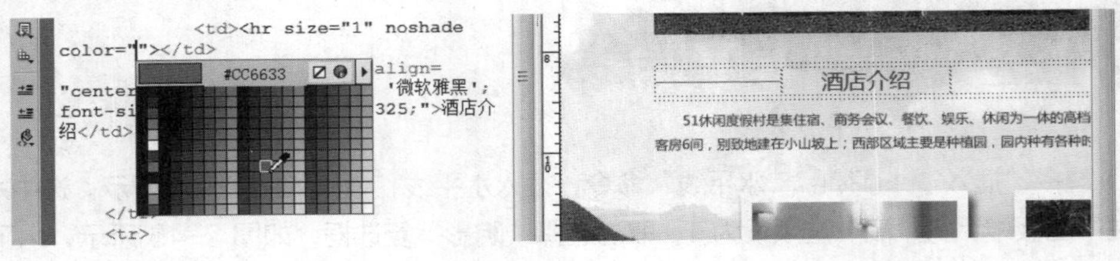

图 2-48

```
<td><hr size="1" noshade color="#CC6633"></td>
```

图 2-49

（3）用上述的方法制作出图 2-50 所示的效果。

图 2-50

（4）水平线的颜色不能在 Dreamweaver CS6 界面中确认。保存文档，按 F12 键，预览效果如图 2-51 所示。

图 2-51

课堂练习——休闲旅游网页

练习知识要点

使用“项目列表”按钮，设置项目列表效果；使用“CSS 样式”命令，改变文字的颜色，如图 2-52 所示。

图 2-52

效果所在位置

云盘/Ch02/效果/休闲旅游网页/index.html。

课后习题——新鲜果蔬网页

习题知识要点

使用“页面属性”命令，设置页边距和标题；使用“首选参数”命令，设置允许多个空格，效果如图 2-53 所示。

图 2-53

效果所在位置

云盘/Ch02/效果/新鲜果蔬网页/index.html。

03 第 3 章 在网页中插入图像

图像和多媒体是网页中的重要元素，在网页中的应用越来越广泛。本章主要讲解图像和多媒体在网页中的应用方法和技巧。通过对这些内容的学习，读者可以使设计制作的网页更加美观形象、生动丰富、具有动感，使网页更具有吸引力。

课堂学习目标

- 掌握在网页中插入和编辑图像的方法
- 掌握多媒体在网页中的应用方法和技巧

3.1 图像的基本操作

图像是网页中最主要的元素之一，它不但能美化网页，而且与文本相比更能够直观地说明问题，使所表达的意思一目了然。图像会为网站增添生命力，同时也会加深用户对网站的印象。因此，对于网站设计者而言，掌握图像的使用技巧是非常必要的。

3.1.1 在网页中插入图像

要在 Dreamweaver CS6 文档中插入的图像必须位于当前站点文件夹内或远程站点文件夹内，否则图像不能正确显示，所以在建立站点时，网站设计者通常应先创建一个名叫“images”的文件夹，并将需要的图像复制到其中。

在网页中插入图像的具体操作步骤如下。

（1）在文档窗口中，将插入点放置在要插入图像的位置。

（2）通过以下几种方法启用“图像”命令，弹出“选择图像源文件”对话框，如图 3-1 所示。

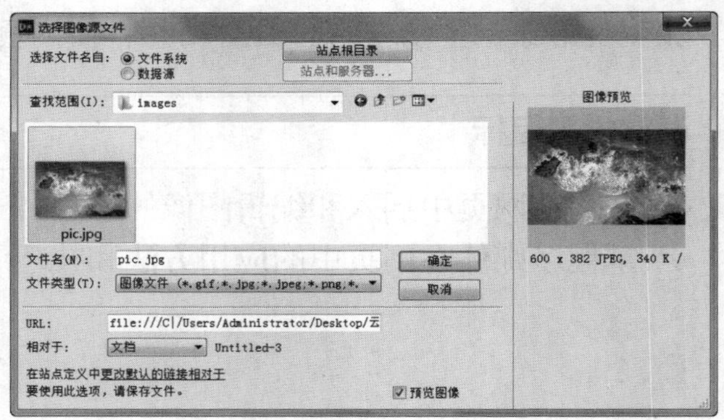

图 3-1

- 单击“插入”面板“常用”选项卡中的“图像”展开式工具按钮上的黑色三角形，在下拉菜单中选择“图像”命令。
- 按 Ctrl+Alt+I 组合键。
- 选择“插入 > 图像”命令。

在对话框中，选择图像文件，单击“确定”按钮完成插入。

3.1.2 设置图像属性

插入图像后，在“属性”面板中显示该图像的属性，如图 3-2 所示。

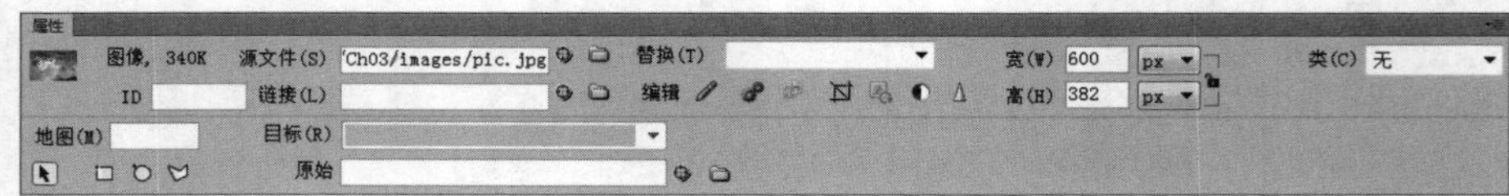

图 3-2

各选项的含义如下。

“编辑”按钮：启动外部图像编辑器，编辑选中的图像。

“编辑图像设置”按钮：弹出“图像预览”对话框，在对话框中对图像进行设置。

“裁剪”按钮：修剪图像，调整大小。

“重新取样”按钮：对已调整过大小的图像进行重新取样，以提高图像在新的大小和形状下的品质。

“亮度和对比度”按钮：调整图像的亮度和对比度。

“锐化”按钮：调整图像的清晰度。

“地图”和“指针热点工具”选项：用于设置图像的热点链接。

“宽”和“高”选项：指定沿图像边缘添加的边距。

“目标”选项：指定链接页面应该在其中载入的框架或窗口，详细参数可见第 4 章。

“原始”选项：为了节省浏览者浏览网页的时间，可通过此选项指定在载入主图像之前快速载入的低品质图像。

3.1.3 图像占位符

在网页中插入图像占位符的具体操作步骤如下。

（1）在文档窗口中，将插入点放置在要插入占位符图像的位置。

（2）通过以下几种方法启用“图像占位符”命令，弹出“图像占位符”对话框，如图 3-3 所示。

- 选择“插入”面板中的“常用”选项卡，单击“图像”展开式工具按钮，选择“图像占位符”选项。
- 选择“插入 > 图像对象 > 图像占位符”命令。

在“图像占位符”对话框中，按需要设置图像占位符的大小和颜色，并为图像占位符提供文本标签，单击“确定”按钮，完成设置，效果如图 3-4 所示。

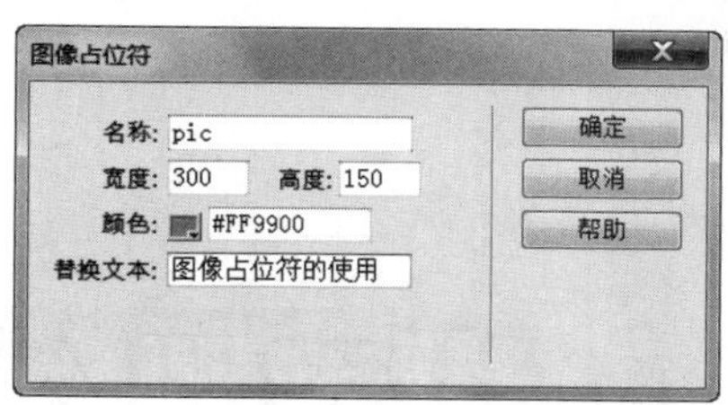

图 3-3

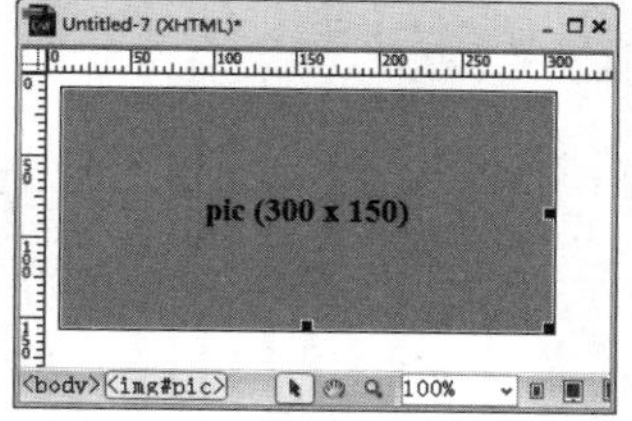

图 3-4

3.1.4 课堂案例——环球旅游网页

案例学习目标

使用“图像”按钮为网页插入图像。

案例知识要点

使用“图像”按钮，插入图像；使用“CSS 样式”命令，控制图像的水平边距，效果如图 3-5 所示。

图 3-5

效果所在位置

云盘/Ch03/效果/环球旅游网页/index.html。

案例制作步骤

（1）选择“文件 > 打开”命令，在弹出的“打开”对话框中，选择云盘中的“Ch03 > 环球旅游网页 > index.html”文件，单击“打开”按钮打开文件，如图 3-6 所示。将光标置入图 3-7 所示的单元格。

图 3-6

图 3-7

（2）单击“插入”面板“常用”选项卡中的“图像”按钮，在弹出的“选择图像源文件”对话框中，选择云盘中的“Ch03 > 环球旅游网页 > images > img_1.jpg”文件，单击“确定”按钮，完成图片的插入，如图 3-8 所示。用相同的方法将云盘中的“Ch03 > 环球旅游网页 > images > img_2.jpg、img_3.jpg 和 img_4.jpg”文件插入该单元格，效果如图 3-9 所示。

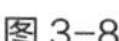
图 3-8

图 3-9

（3）选择“窗口 > CSS 样式”命令，弹出“CSS 样式”面板。单击面板下方的“新建 CSS 规则”按钮，在弹出的“新建 CSS 规则”对话框中进行设置，如图 3-10 所示，单击“确定”按钮，弹出“.pic 的 CSS 规则定义”对话框，在左侧的“分类”列表中选择“方框”选项，取消选择“Margin”选项组中的“全部相同”复选框，将“Right”选项和“Left”选项均设为 2，如图 3-11 所示，单击“确定”按钮，完成样式的创建。

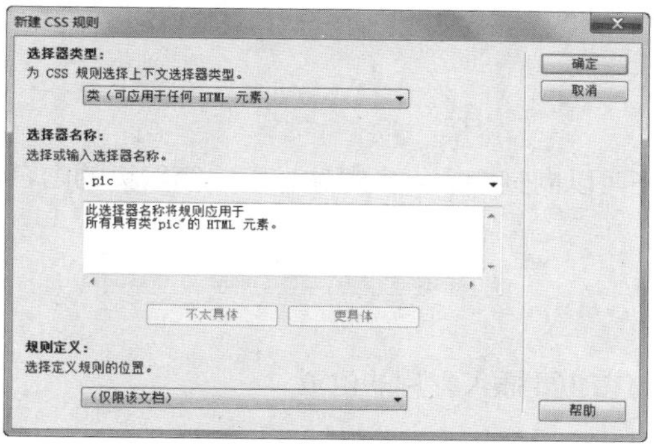

图 3-10

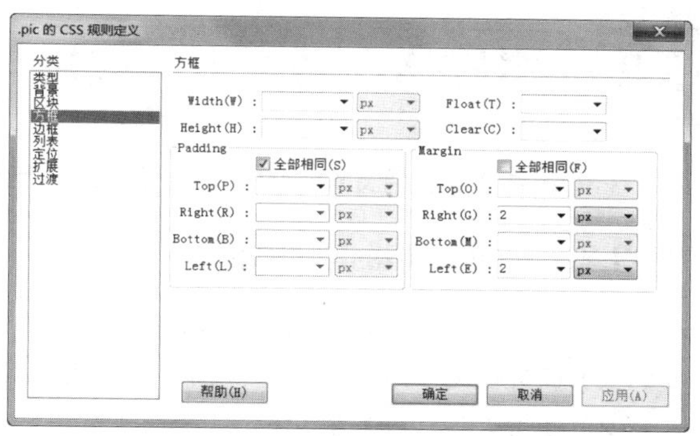

图 3-11

（4）选中图 3-12 所示的图片，在“属性”面板“类”选项的下拉列表中选择“pic”选项，应用样式，效果如图 3-13 所示。用相同的方法为其他图像应用样式，效果如图 3-14 所示。

图 3-12

图 3-13

图 3-14

（5）保存文档，按 F12 键预览效果，如图 3-15 所示。

图 3-15

3.2 多媒体在网页中的应用

在网页中除了使用文本和图像表达信息外，用户还可以向其中插入多媒体，以丰富网页的内容。

3.2.1 插入 Flash 动画

在网页中插入 Flash 动画的具体操作步骤如下。

（1）在文档窗口的“设计”视图中，将插入点放置在想要插入影片的位置。

（2）通过以下几种方法之一可启用“Flash”命令。

- 在“插入”面板的“常用”选项卡中，单击“媒体”展开式工具按钮，选择“SWF”选项。
- 按 Ctrl+Alt+F 组合键。
- 选择“插入 > 媒体 > SWF”命令。

弹出“选择 SWF”对话框，选择一个扩展名为“.swf”的文件，如图 3-16 所示，单击“确定”按钮完成设置。此时，Flash 占位符出现在文档窗口中，如图 3-17 所示。

图 3-16

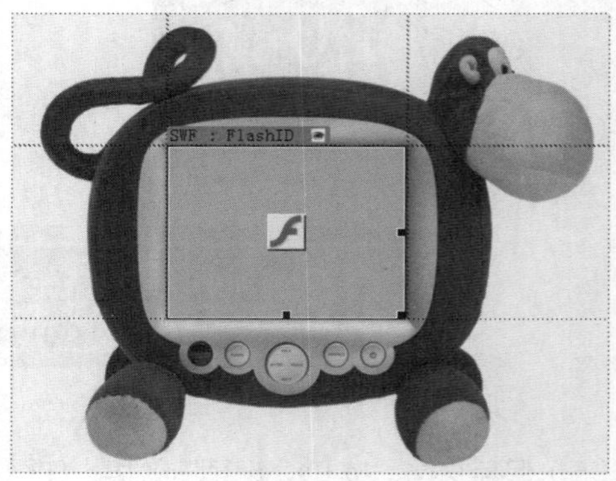

图 3-17

（3）选中文档窗口中的 Flash 对象，在“属性”面板中单击“播放”按钮 播放 ，测试效果。

当网页中包含两个以上的 Flash 动画时，如果想要预览所有的 Flash 内容，可以按 Ctrl+Alt+Shift+P 组合键。

3.2.2 课堂案例——现代木工网页

案例学习目标

使用“插入”面板添加动画，使网页变得生动有趣。

案例知识要点

使用“插入>媒体>SWF”命令，为网页文档插入 Flash 动画；使用“播放”按钮，在文档窗口中预览效果，如图 3-18 所示。

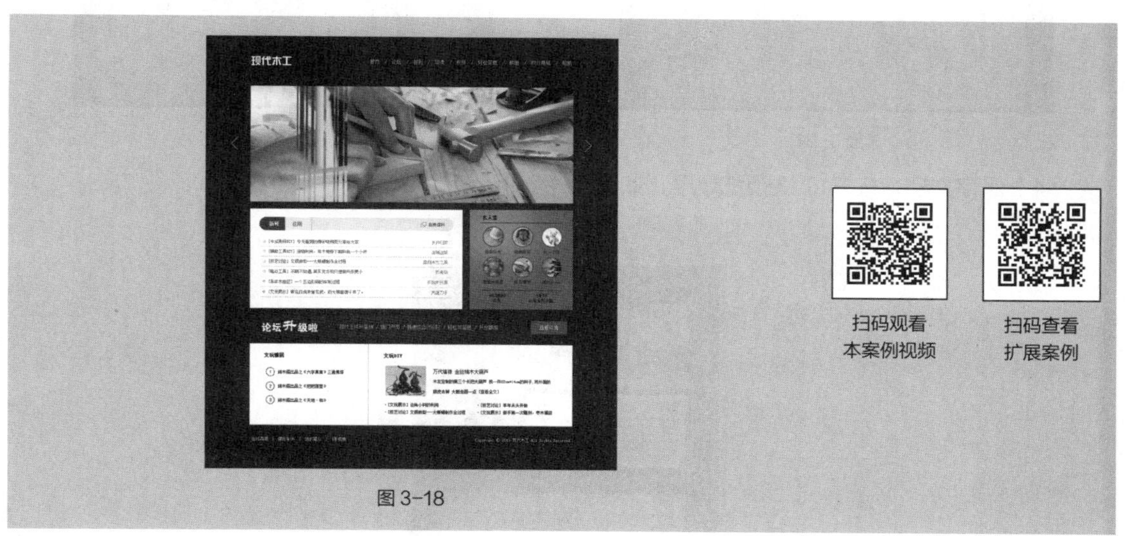

图 3-18

效果所在位置

云盘/Ch03/效果/现代木工网页/index.html。

案例制作步骤

（1）选择“文件 > 打开”命令，在弹出的“打开”对话框中，选择云盘中的“Ch03 > 素材 > 现代木工网页 > index.html”文件，单击“打开”按钮打开文件，如图 3-19 所示。将光标置入图 3-20 所示的单元格。

（2）单击“插入”面板“常用”选项卡中的“媒体”展开式工具按钮，选择“SWF”选项，在弹出的“选择文件”对话框中选择云盘中的“Ch03 > 素材 > 现代木工网页 > images > MG.swf”

文件，单击两次“确定”按钮，完成 Flash 动画的插入，效果如图 3-21 所示。

图 3-19

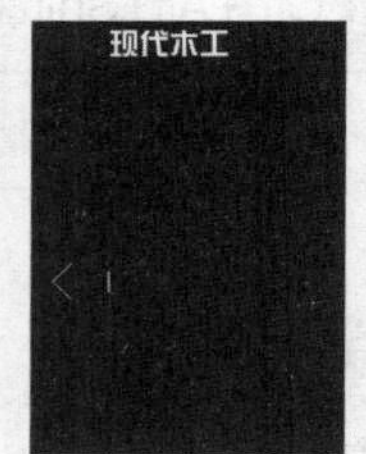

图 3-20

（3）选中插入的 Flash 动画，单击“属性”面板中的“播放”按钮 播放 ，在文档窗口中预览效果，如图 3-22 所示。可以单击“属性”面板中的“停止”按钮 停止 ，停止播放动画。

图 3-21

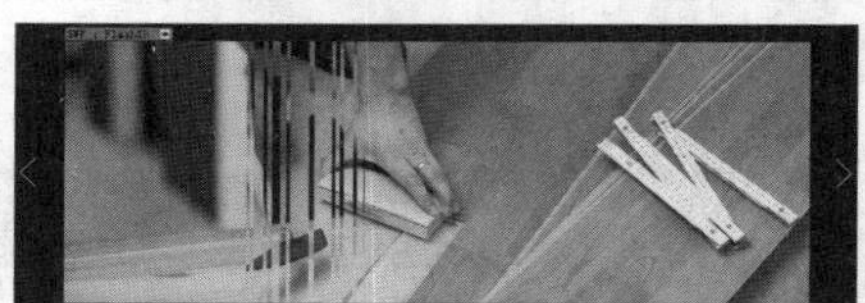

图 3-22

（4）保存文档，按 F12 键预览效果，如图 3-23 所示。

图 3-23

课堂练习——儿童零食网页

练习知识要点

使用“图像”按钮，插入图像；使用“代码”视图，手动输入代码设置图像的水平间距，如图 3-24 所示。

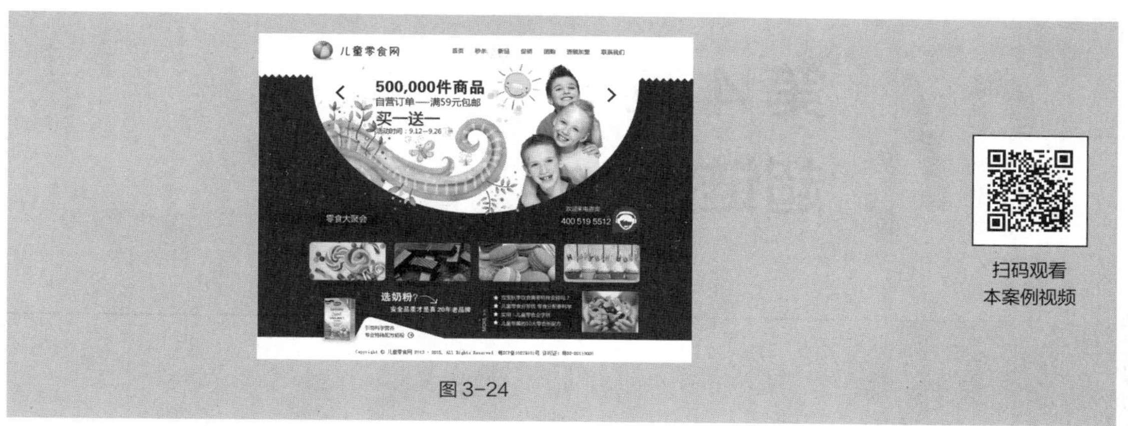

图 3-24

效果所在位置

云盘/Ch03/效果/儿童零食网页/index.html。

课后习题——准妈妈课堂网页

习题知识要点

使用“SWF”选项，为网页文档插入 Flash 动画效果；使用“播放”按钮，在文档窗口中预览效果，如图 3-25 所示。

图 3-25

效果所在位置

云盘/Ch03/效果/准妈妈课堂网页/index.html。

04

第 4 章 超链接

本章主要讲解超链接的概念和使用方法，包括文本超链接、图像超链接、电子邮件超链接和鼠标指针经过图像超链接等内容。通过对这些内容的学习，读者可以熟练掌握网站链接的设置与使用方法，并精心设计网站的链接，为网站访问者能够尽情地遨游在网站之中提供必要的条件。

课堂学习目标

- 掌握设置文本超链接的方法和技巧
- 掌握设置电子邮件超链接的方法和技巧
- 掌握设置图像超链接的方法和技巧
- 掌握设置鼠标经过图像超链接的方法和技巧

4.1 文本超链接

当浏览网页时，鼠标指针经过某些文字时，其形状会发生变化，同时文本也会发生相应的变化（如出现下划线、文本的颜色发生变化、字体发生变化等），提示浏览者这是带链接的文本。此时，单击文本，会打开所链接的网页，这就是文本超链接。

4.1.1 创建文本超链接

创建文本链接的方法非常简单，主要是在链接文本的“属性”面板中指定链接文件。指定链接文件的方法有 3 种。

1. 直接输入要链接的文件的路径和文件名

在文档窗口中选中作为链接对象的文本，选择“窗口 > 属性”命令，弹出“属性”面板，如图 4-1 所示。在“链接”选项的文本框中直接输入要链接的文件的路径和文件名。

图 4-1

要链接到本地站点中的一个文件，直接输入文档相对路径或站点根目录相对路径；要链接到本地站点以外的文件，直接输入其绝对路径。

2. 使用“浏览文件”按钮

在文档窗口中选中作为链接对象的文本，在“属性”面板中单击“链接”选项右侧的“浏览文件”按钮，弹出“选择文件”对话框。选择要链接的文件，在“相对于”选项的下拉列表中选择“文档”选项，如图 4-2 所示，单击“确定”按钮。

图 4-2

3. 使用“指向文件”图标

使用“指向文件”图标，可以快捷地指定站点窗口内的链接文件，或指定另一个打开文件中命名锚点的链接。

在文档窗口中选中作为链接对象的文本，在“属性”面板中，拖曳“指向文件”图标指向右侧站点窗口内的文件即可建立链接。当完成链接文件后，“属性”面板中的“目标”选项变为可用，其下拉列表中各选项的作用如下。

“_blank”选项：将链接文件加载到未命名的新浏览器窗口中。

“_parent”选项：将链接文件加载到包含该链接的父框架集或窗口中。如果包含链接的框架不是嵌套的，则链接文件加载到整个浏览器窗口中。

“_self”选项：将链接文件加载到链接所在的同一框架或窗口中。此目标是默认的，因此通常不需要指定它。

“_top”选项：将链接文件加载到整个浏览器窗口中，并由此删除所有框架。

4.1.2 文本超链接的状态

一个未被访问过的链接文字与一个被访问过的链接文字在形式上是有区别的，它们的状态提示浏览者链接文字所指示的网页是否被看过。下面讲解设置文本链接状态，具体操作步骤如下。

（1）选择“修改 > 页面属性”命令，弹出“页面属性”对话框，如图 4-3 所示。

（2）在对话框中设置文本的链接状态。选择“分类”列表中的“链接（CSS）”选项，单击“链接颜色”选项右侧的图标，打开调色板，选择一种颜色，设置未被访问过的链接文字的颜色；单击“已访问链接”选项右侧的图标，打开调色板，选择一种颜色，设置访问过的链接文字的颜色；单击“活动链接”选项右侧的图标，打开调色板，选择一种颜色，设置活动的链接文字的颜色；在“下划线样式”选项的下拉列表中可以设置链接的下划线样式，如图 4-4 所示。

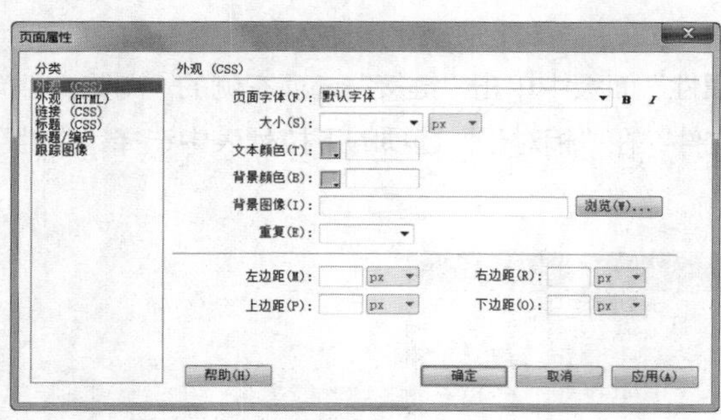

图 4-3

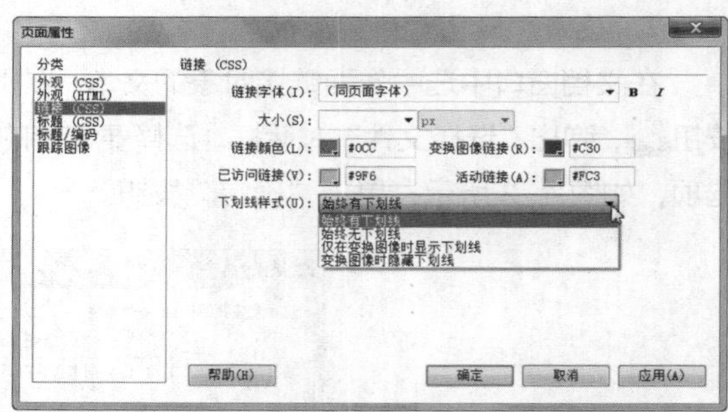

图 4-4

4.1.3 电子邮件超链接

每当浏览者单击包含电子邮件超链接的网页中的对象时，就会打开邮件处理工具（如 Microsoft Outlook），并且自动将收信人地址设为网站建设者的电子邮箱地址，方便浏览者给网站发送反馈信息。

1. 利用“属性”面板建立电子邮件超链接

（1）在文档窗口中选择对象，一般是文字，如“联系我们”。

（2）在“链接”选项的文本框中输入“mailto:”和电子邮箱地址。例如，网站管理者的电子邮箱地址是 xjg_peng@163.com，则在“链接”选项的文本框中输入“mailto:xjg_peng@163.com”，如图 4-5 所示。

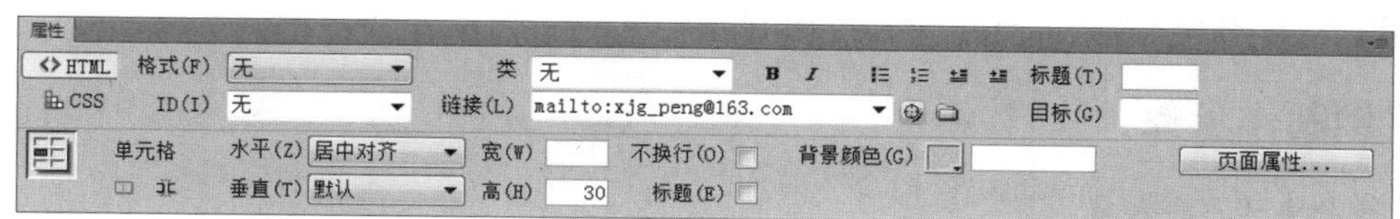

图 4-5

2. 利用“电子邮件链接”对话框建立电子邮件超链接

（1）在文档窗口中选择需要添加电子邮件链接的网页对象。

（2）通过以下几种方法之一打开“电子邮件链接”对话框。

- 选择“插入 > 电子邮件链接”命令。
- 单击“插入”面板“常用”选项卡中的“电子邮件链接”按钮。

在“文本”选项的文本框中输入要在网页中显示的链接文字，并在“电子邮件”选项的文本框中输入完整的电子邮箱地址，如图 4-6 所示。

图 4-6

（3）单击“确定”按钮，完成电子邮件链接的创建。

4.1.4 课堂案例——创意设计网页

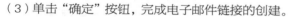

案例学习目标

使用“插入”面板的“常用”选项卡制作电子邮件链接效果；使用“属性”面板为文字制作下载文件链接效果。

案例知识要点

使用“电子邮件链接”命令，制作电子邮件链接；使用“浏览文件”按钮，为文字制作下载文件链接效果，如图 4-7 所示。

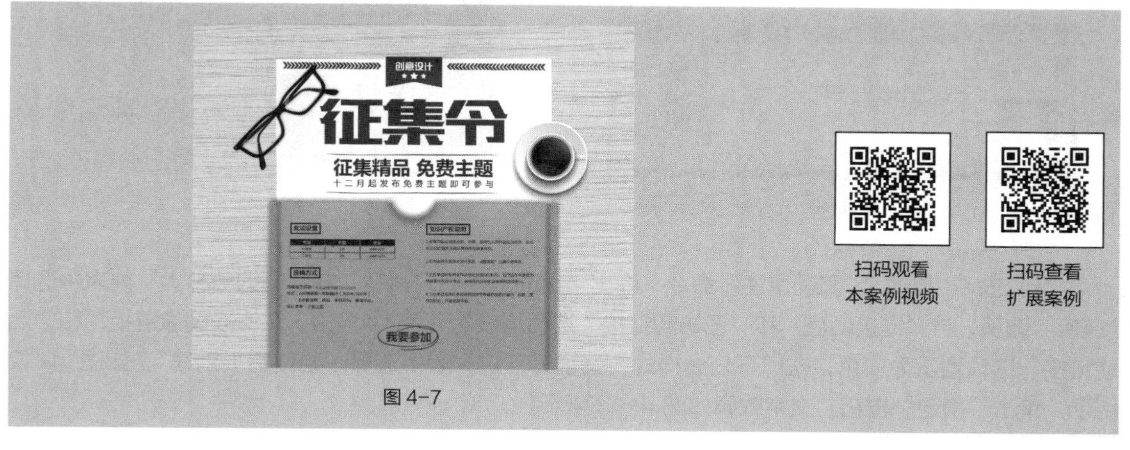

图 4-7

效果所在位置

云盘/Ch04/效果/创意设计网页/index.html。

案例制作步骤

1. 制作电子邮件链接

（1）选择“文件 > 打开”命令，在弹出的“打开”对话框中，选择云盘中的“Ch04 > 素材 > 创意设计网页 > index.html”文件，单击“打开”按钮打开文件，如图 4-8 所示。选中文字“xjg_peng@163.com”，如图 4-9 所示。

图 4-8

图 4-9

（2）单击“插入”面板“常用”选项卡中的“电子邮件链接”按钮，在弹出的“电子邮件链接”对话框中进行设置，如图 4-10 所示。单击“确定”按钮，创建超链接后的文字会出现下划线，如图 4-11 所示。

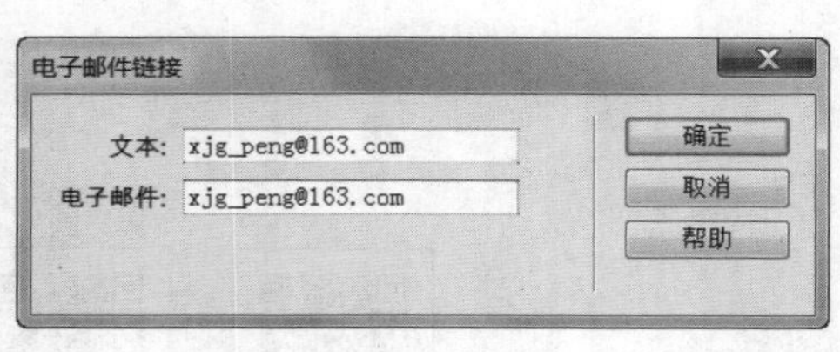

图 4-10

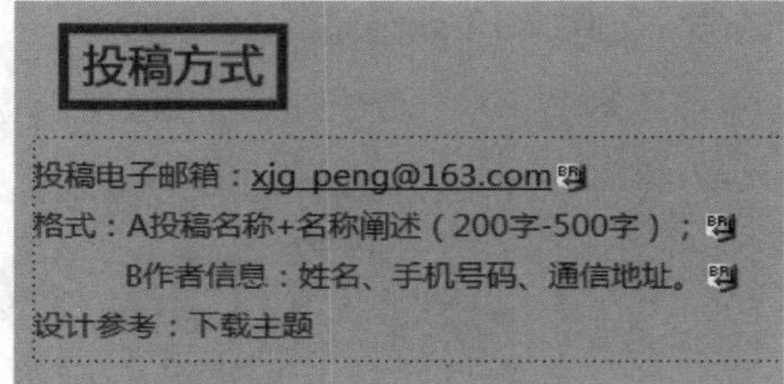

图 4-11

（3）选择“修改 > 页面属性”命令，弹出“页面属性”对话框，在左侧的“分类”列表中选择“链接”选项，将“链接颜色”和“已访问链接”选项均设为红色（#F00），“交换图像链接”和“活动链接”选项均设为白色，在“下划线样式”选项的下拉列表中选择“始终有下划线”，如图 4-12 所示。单击“确定”按钮，文字效果如图 4-13 所示。

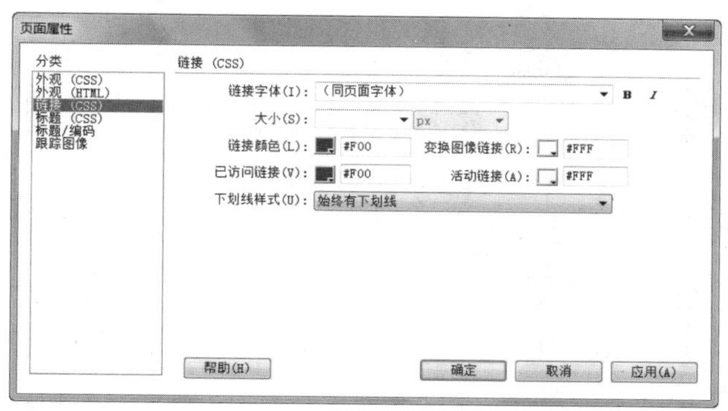

图 4-12

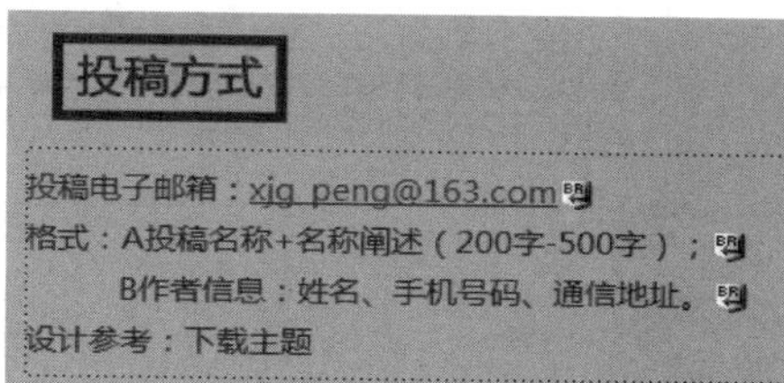

图 4-13

2．制作下载文件链接

（1）选中文字“下载主题”，如图 4-14 所示。在“属性”面板中单击“链接”选项右侧的“浏览文件”按钮，弹出“选择文件”对话框，选择云盘中的“Ch04 > 素材 > 创意设计网页 > images”文件夹中的“Tpl.zip”文件，如图 4-15 所示。单击“确定”按钮，将“Tpl.zip”文件设在链接的文本框中，将“目标”选项设为“_blank”，如图 4-16 所示。

图 4-14

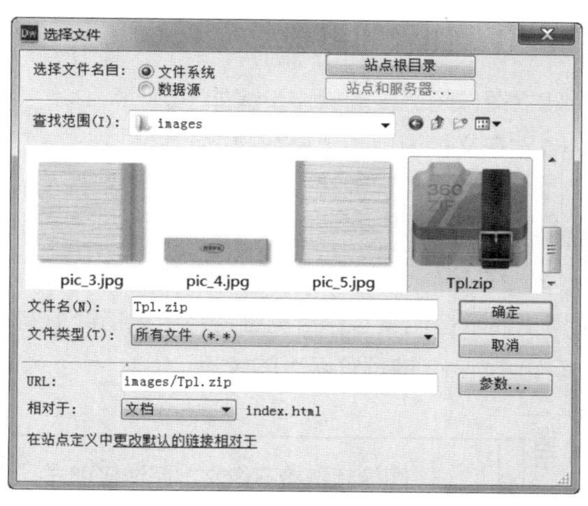

图 4-15

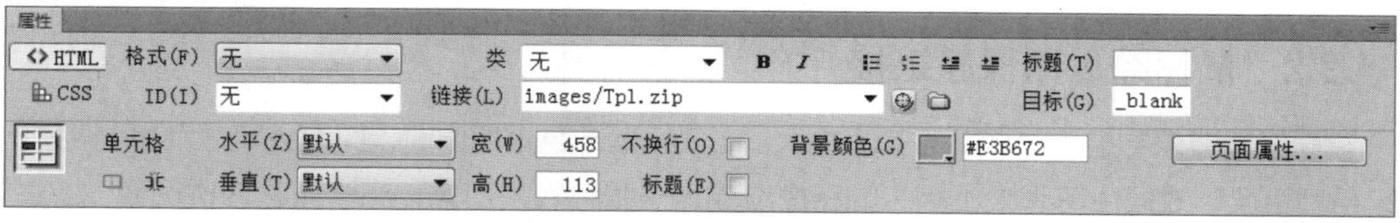

图 4-16

（2）保存文档，按 F12 键预览效果。单击“xjg_peng@163.com”，弹出链接的写邮件窗口，效果如图 4-17 所示。单击“下载主题”，将弹出窗口，在窗口中可以根据提示进行操作，如图 4-18 所示。

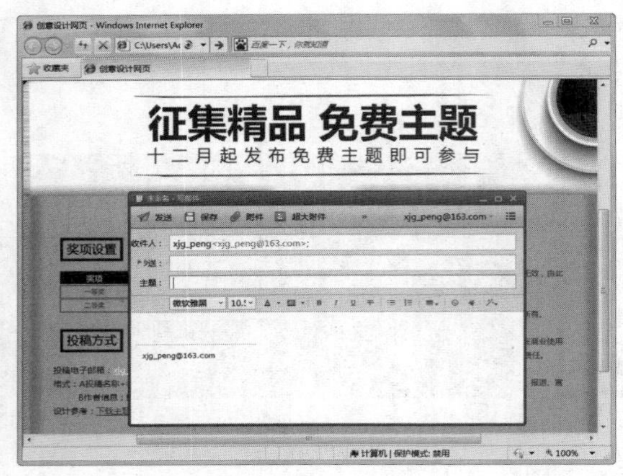

图 4-17

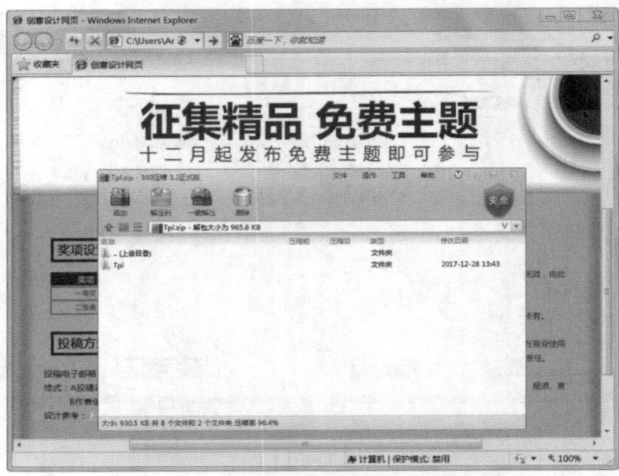

图 4-18

4.2 图像超链接

给图像添加链接，使其指向其他网页或者文档，这就是图像链接。

4.2.1 图像超链接

建立图像超链接的操作步骤如下。

（1）在文档窗口中选择图像。

（2）在“属性”面板中，单击“链接”选项右侧的“浏览文件”按钮，为图像添加文档相对路径的链接。

（3）在“替代”选项的文本框中输入替代文字。设置替代文字后，当图片不能下载时，会在图片的位置上显示替代文字；当浏览者将鼠标指针指向图像时也会显示替代文字。

（4）按 F12 键预览网页的效果。

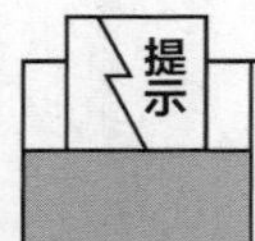

图像超链接不像文本超链接那样，会发生许多提示性的变化，只有当鼠标指针经过图像时指针才呈现手形。

4.2.2 鼠标经过图像超链接

“鼠标经过图像”是一种常用的互动技术，当鼠标指针经过图像时，图像会随之发生变化。一般，“鼠标经过图像”效果由两张大小相等的图像组成，一张称为主图像，另一张称为次图像。主图像是首次载入网页时显示的图像，次图像是当鼠标指针经过时更换的另一张图像。“鼠标经过图像”经常应用于网页中的按钮上。

建立“鼠标经过图像”的具体操作步骤如下。

（1）在文档窗口中将光标放置在需要添加图像的位置。

（2）通过以下几种方法打开“插入鼠标经过图像”对话框。对话框如图 4-19 所示。

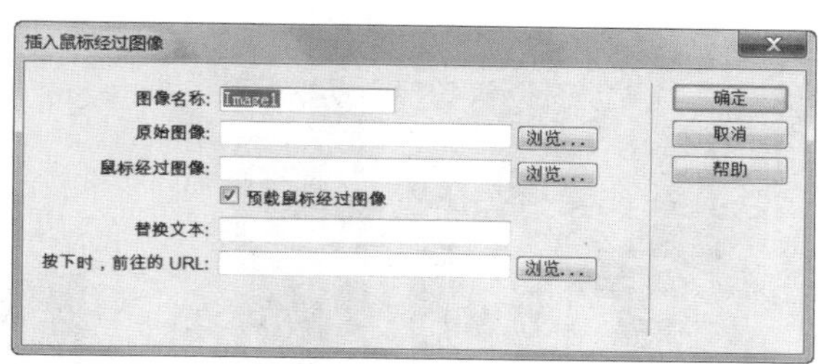

图 4-19

➡ 选择“插入 > 图像对象 > 鼠标经过图像”命令。

➡ 在“插入”面板的“常用”选项卡中，单击“图像”展开式工具按钮，选择“鼠标经过图像”选项。

（3）在对话框中按照需要设置选项，然后单击“确定”按钮完成设置。按 F12 键可预览网页。

4.2.3 课堂案例——狮立地板网页

案例学习目标

使用“鼠标经过图像”按钮制作导航条效果。

案例知识要点

使用“鼠标经过图像”按钮，制作导航条效果，如图 4-20 所示。

图 4-20

效果所在位置

云盘/Ch04/效果/狮立地板网页/index.html。

案例制作步骤

（1）选择“文件 > 打开”命令，在弹出的“打开”对话框中，选择云盘中的“Ch04 > 素材 > 狮立地板网页 > index.html”文件，单击“打开”按钮打开文件，如图 4-21 所示。将光标置入图 4-22 所示的单元格。

图 4-21

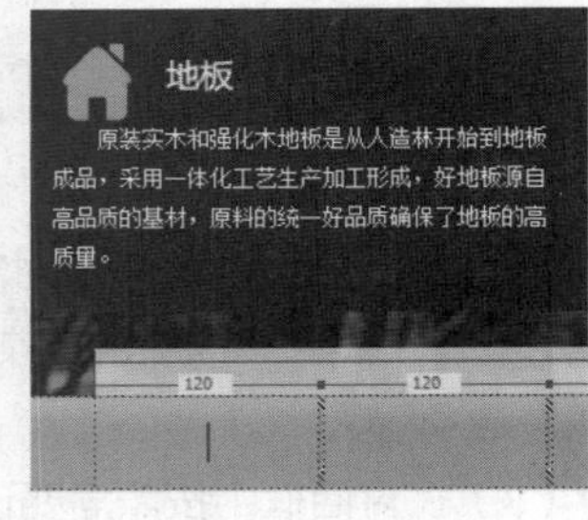

图 4-22

（2）单击“插入”面板“常用”选项卡中的“鼠标经过图像”按钮，弹出“插入鼠标经过图像”对话框。单击“原始图像”选项右侧的“浏览”按钮，弹出“原始图像”对话框，选择云盘中的“Ch04 > 素材 > 狮立地板网页 > images > img_1.png”文件，单击“确定”按钮，如图 4-23 所示。

（3）单击“鼠标经过图像”选项右侧的“浏览”按钮，弹出“鼠标经过图像”对话框，选择云盘中的“Ch04 > 素材 > 狮立地板网页 > images > img_01.png”文件，单击“确定”按钮，如图 4-24 所示。再单击“确定”按钮，文档效果如图 4-25 所示。

（4）用相同的方法在其他单元格插入“鼠标经过图像”，制作出图 4-26 所示的效果。

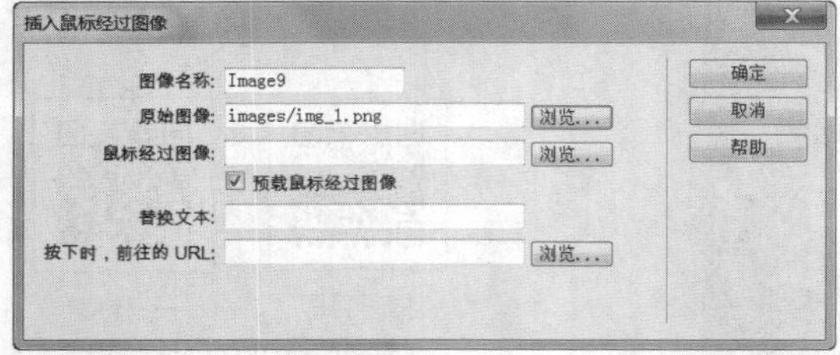

图 4-23　　图 4-24

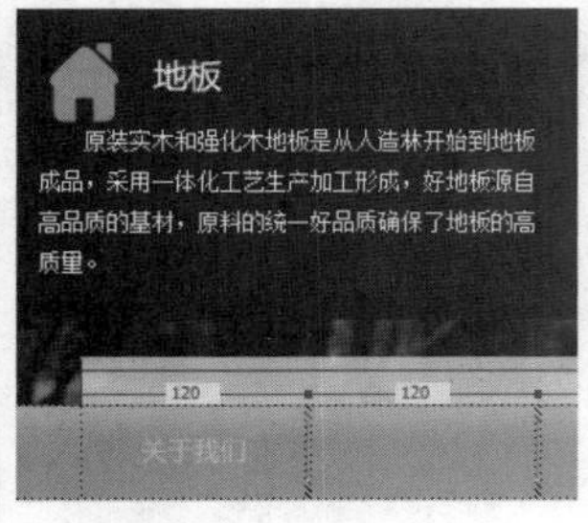

图 4-25

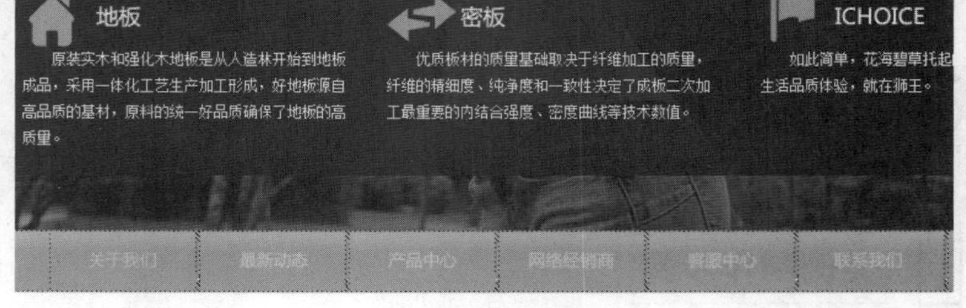

图 4-26

（5）选中图 4-27 所示的图像，在“属性”面板“链接”选项的文本框中输入“mailto:xjg_peng@163.com”，如图 4-28 所示。

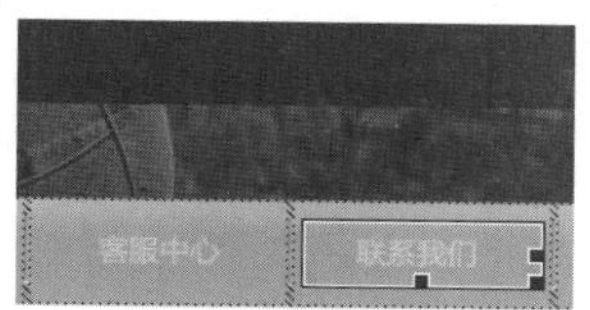

图 4-27

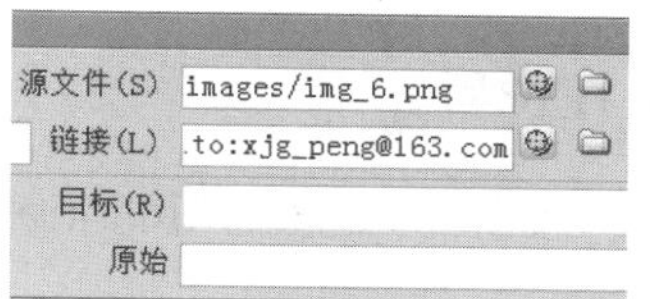

图 4-28

（6）保存文档，按 F12 键预览效果，当鼠标指针移动到导航条上时，图像发生变化，效果如图 4-29 所示。单击“联系我们”，弹出链接的写邮件窗口，效果如图 4-30 所示。

图 4-29

图 4-30

课堂练习——男士服装网页

练习知识要点

使用“命名锚记”按钮，插入锚点制作文档底部移动到顶部的效果，如图 4-31 所示。

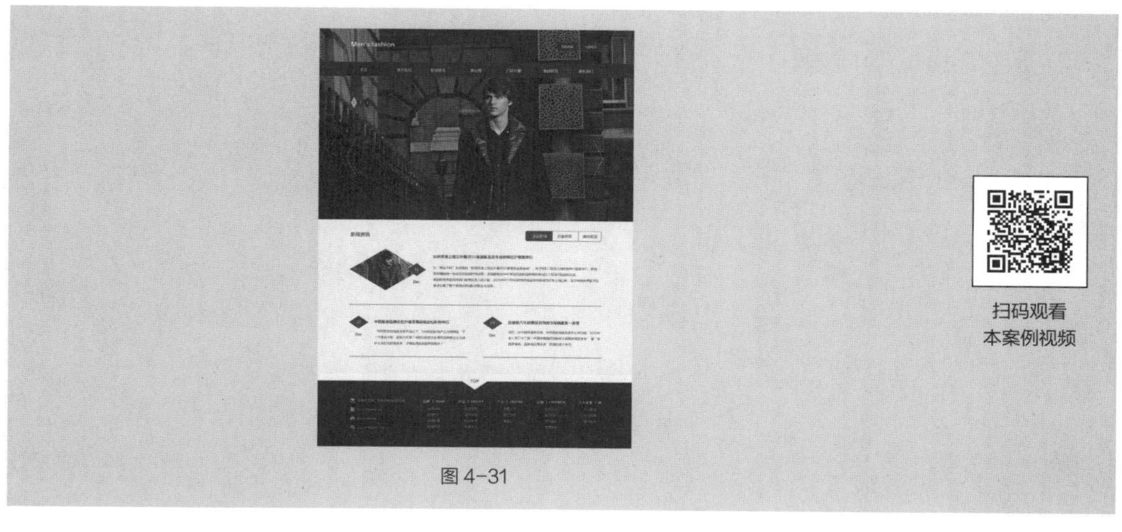

扫码观看
本案例视频

图 4-31

效果所在位置

云盘/Ch04/效果/男士服装网页/index.html。

课后习题——建筑模型网页

习题知识要点

使用“电子邮件链接”按钮，制作电子邮件链接；使用“属性”面板，为文字制作下载链接效果；使用“页面属性”命令，改变链接的显示效果，如图 4-32 所示。

图 4-32

效果所在位置

云盘/Ch04/效果/建筑模型网页/index.html。

05 第 5 章 表格的使用

在制作网页时，表格的作用不仅体现在列举数据上，更多地体现在网页定位上。很多网页都是以表格布局的，这是因为表格在内容的组织、页面中文本和图形的位置控制方面都有很强的功能。本章主要讲解表格的操作方法和制作技巧。通过对这些内容的学习，读者可以熟练地掌握数据表格的编辑方法及如何应用表格对页面进行合理的布局。

课堂学习目标

- 掌握插入表格的方法
- 掌握设置表格的方法和技巧
- 掌握在表格内添加元素的方法
- 掌握网页中数据表格的编辑方法

5.1 表格的简单操作

表格是页面布局方面极为有用的工具。在设计页面时，往往利用表格定位页面元素。Dreamweaver CS6 为网页页面布局提供了强大的表格处理功能。

5.1.1 插入表格

要将相关数据有序地组织在一起，可先插入表格。

插入表格的具体操作步骤如下。

（1）在“文档”窗口中，将插入点放到合适的位置。

（2）通过以下几种方法打开“表格”对话框，如图 5-1 所示。

- 选择“插入 > 表格”命令。
- 按 Ctrl+Alt+T 组合键。
- 单击“插入”面板“常用”选项卡中的“表格”按钮。
- 单击“插入”面板“布局”选项卡中的“表格”按钮。

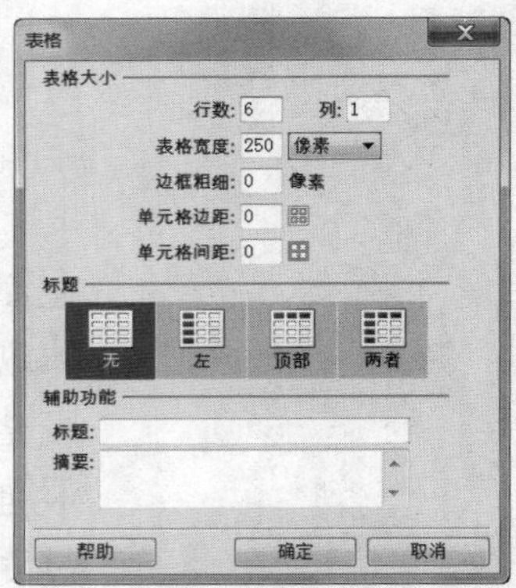

图 5-1

对话框中各选项的作用如下。

“行数”选项：设置表格的行数。

“列”选项：设置表格的列数。

“表格宽度”选项：以像素为单位或以浏览器窗口宽度的百分比设置表格的宽度。

“边框粗细”选项：以像素为单位设置表格边框的宽度。对于大多数浏览器来说，此选项值设置为 1。如果用表格进行页面布局时将此选项值设置为 0，浏览网页时就不显示表格的边框。

“单元格边距”选项：设置单元格边框与单元格内容之间的像素数。对于大多数浏览器来说，此选项的值设置为 1。如果用表格进行页面布局时将此选项值设置为 0，则浏览网页时单元格边框与内容之间没有间距。

“单元格间距”选项：设置相邻的单元格之间的像素数。对于大多数浏览器来说，此选项的值设置为 2。如果用表格进行页面布局时将此选项值设置为 0，则浏览网页时单元格之间没有间距。

“标题”选项：设置表格标题，它显示在表格的外面。

“摘要”选项：对表格的说明，但是该文本不会显示在用户的浏览器中，仅在源代码中显示，可提高源代码的可读性。

（3）根据需要选择新建表格的行列数值等，单击“确定”按钮，完成新建表格的设置。

5.1.2 设置表格属性

插入表格后，通过选择不同的表格对象，可以在“属性”面板中看到它们的各项选项，修改这些选项的参数可以得到不同风格的表格。

表格的“属性”面板如图 5-2 所示，其各选项的作用如下。

“表格”选项：用于标志表格。

“行”和“列”选项：用于设置表格中行和列的数目。

图 5-2

“宽”选项：以像素为单位或以浏览器窗口宽度的百分比设置表格的宽度和高度。

“填充”选项：也称单元格边距，是单元格内容和单元格边框之间的像素数。对于大多数浏览器来说，此选项的值设为 1。如果用表格进行页面布局时将此参数设置为 0，浏览网页时单元格边框与内容之间就没有间距。

“间距”选项：也称单元格间距，是相邻的单元格之间的像素数。对于大多数浏览器来说，此选项的值设为 2。如果用表格进行页面布局时将此参数设置为 0，浏览网页时单元格之间就没有间距。

“对齐”选项：表格在页面中相对于同一段落其他元素的显示位置。

“边框”选项：以像素为单位设置表格边框的宽度。

“清除列宽”按钮和“清除行高”按钮：从表格中删除所有明确指定的列宽或行高的数值。

“将表格宽度转换成像素”按钮：将表格每列宽度的单位转换成像素，还可将表格宽度的单位转换成像素。

“将表格宽度转换成百分比”按钮：将表格每列宽度的单位转换成百分比，还可将表格宽度的单位转换成百分比。

“类”选项：设置表格样式。

如果没有明确指定单元格边距和单元格间距的值，则大多数浏览器按单元格边距设置为 1，单元格间距设置为 2 显示表格。

5.1.3 在表格内添加元素

建立表格后，可以在表格中添加各种网页元素，如文本、图像、表格等。

1. 输入文字

在单元格中输入文字，有以下几种方法。

- 单击任意一个单元格并直接输入文本，此时单元格会随文本的输入自动扩展。
- 粘贴来自其他文字编辑软件中复制的带有格式的文本。

2. 插入其他网页元素

（1）嵌套表格。将插入点放到一个单元格内并插入表格，即可实现嵌套表格。

（2）插入图像。在表格中插入图像有以下几种方法。

- 将插入点放到一个单元格中，单击“插入”面板“常用”选项卡中的“图像”按钮。
- 将插入点放到一个单元格中，选择“插入 > 图像”命令。
- 将插入点放到一个单元格中，将“插入”面板中“常用”选项卡中的“图像”按钮拖曳到单元格内。
- 从资源管理器、站点资源管理器或桌面上直接将图像文件拖到一个需要插入图像的单元格内。

5.1.4 课堂案例——投资理财网页

案例学习目标

使用“表格”布局网页。

案例知识要点

使用“表格”按钮，插入表格；使用“图像”按钮，插入图像，如图 5-3 所示。

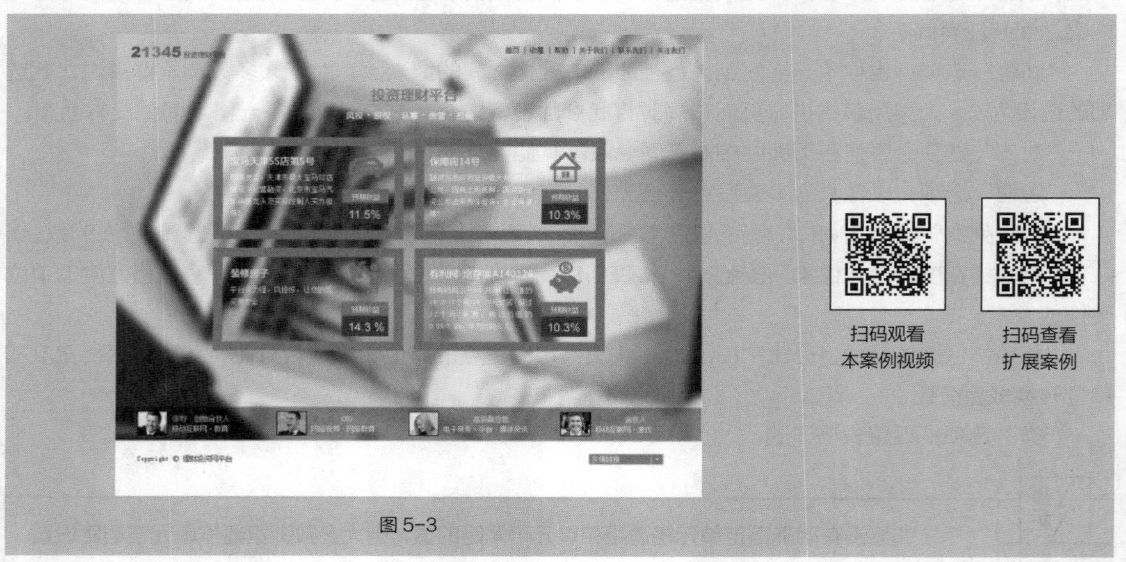

图 5-3

效果所在位置

云盘/Ch05/效果/投资理财网页/index.html。

案例制作步骤

（1）启动 Dreamweaver CS6，新建一个空白文档。选择“文件 > 保存”命令，弹出“另存为”对话框，在“保存在”选项的下拉列表中选择站点目录保存路径，在“文件名”选项的文本框中输入“index”，单击“保存”按钮，返回到编辑窗口。

（2）选择“修改 > 页面属性”命令，弹出“页面属性”对话框。在左侧“分类”列表中选择“外观（CSS）”选项，将右侧的“左边距”“右边距”“上边距”“下边距”选项均设为 0，如图 5-4 所示。

（3）在左侧“分类”列表中选择“标题/编码”选项，在“标题”选项的文本框中输入“投资理财网页”，如图 5-5 所示，单击“确定”按钮，完成对页面属性的修改。

（4）单击“插入”面板“常用”选项卡中的“表格”按钮▦，在弹出的“表格”对话框中进行设置，如图 5-6 所示，单击“确定”按钮，完成表格的插入。保持表格的选取状态，在“属性”面板“对齐”选项的下拉列表中选择“居中对齐”选项。效果如图 5-7 所示。

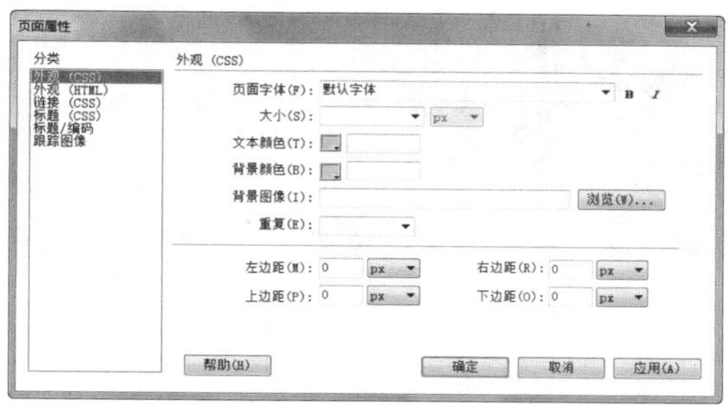

图 5-4

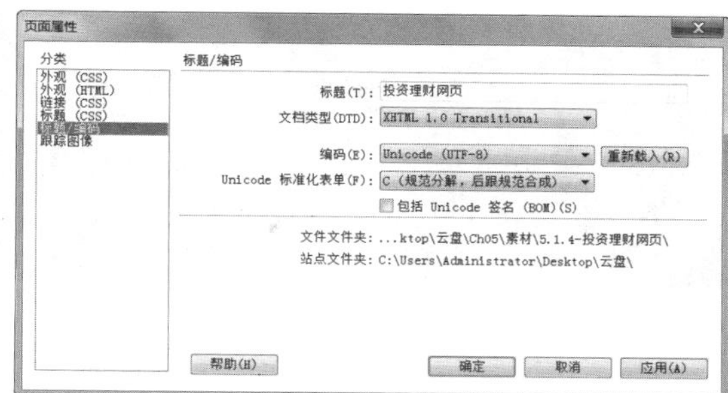

图 5-5

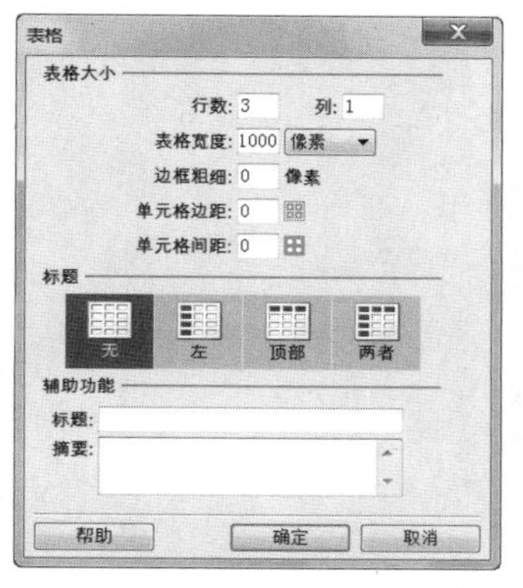

图 5-6

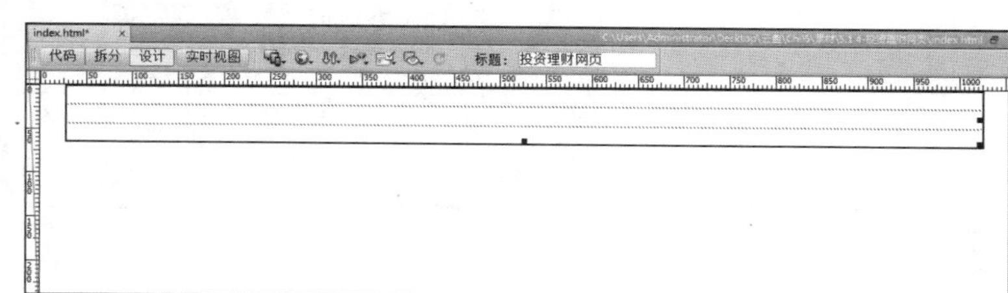

图 5-7

（5）将光标置入第 1 行单元格，单击“插入”面板“常用”选项卡中的“图像”按钮，在弹出的“选择图像源文件”对话框中，选择云盘中的“Ch05 > 素材 > 投资理财网页 > images > pic_1.jpg”文件，连续单击两次“确定”按钮，完成图片的插入，效果如图 5-8 所示。

图 5-8

（6）将光标置入第 2 行单元格，单击“插入”面板“常用”选项卡中的“图像”按钮，在弹出的“选择图像源文件”对话框中，选择云盘中的“Ch05 > 素材 > 投资理财网页 > images > pic_2.jpg”文件，连续单击两次“确定”按钮，完成图片的插入，效果如图 5-9 所示。用相同的方法将云盘中的“pic_3.jpg”文件插入第 3 行单元格，效果如图 5-10 所示。

（7）保存文档，按 F12 键可以预览效果，如图 5-11 所示。

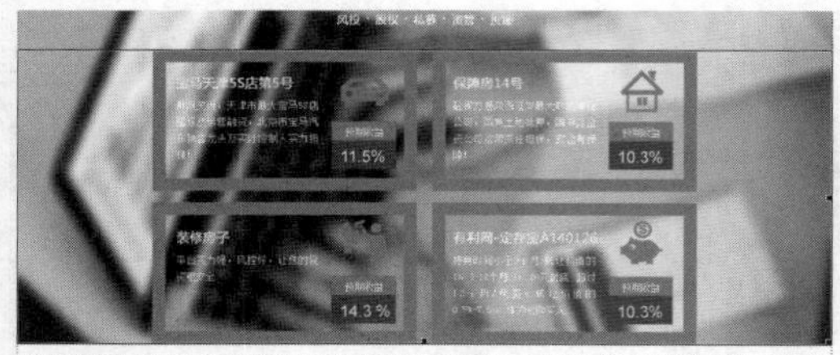

图 5-9

图 5-10

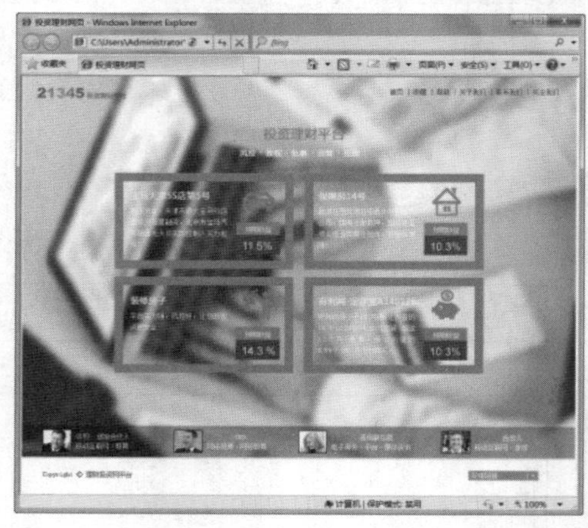

图 5-11

5.2 网页中的数据表格

若要将一个网页的表格导入其他网页或切换并导入 Word 文档，需先将网页内的表格数据导出。

5.2.1 导入和导出表格的数据

（1）将网页内的表格数据导出。选择“文件 > 导出 > 表格”命令，弹出如图 5-12 所示的“导出表格”对话框；根据需要设置参数，单击“导出”按钮，弹出“表格导出为”对话框，输入要保存的导出数据的文件名称，单击“保存”按钮完成设置。

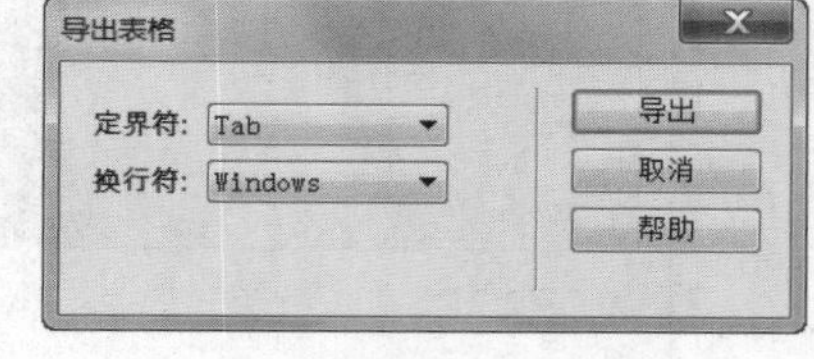

图 5-12

“导出表格”对话框中各选项的作用如下。

“定界符”选项：设置导出文件所使用的分隔符字符。

“换行符”选项：设置打开导出文件的操作系统。

（2）在其他网页中导入表格数据。首先要打开“导入表格式数据”对话框，如图 5-13 所示；然后根据需要进行选项设置，最后单击“确定”按钮完成设置。打开“导入表格式数据”对话框，有以下几种方法。

- 选择“文件 > 导入 > 表格式数据”命令。
- 选择“插入记录 > 表格对象 > 导入表格式数据”命令。

“导入表格式数据”对话框中各选项的作用如下。

“数据文件”选项：单击“浏览”按钮选择要导入的文件。

“定界符”选项：设置正在导入的表格文件所使用的分隔符，包括 Tab、逗号等选项值。如果选择“其他”选项，应在数据文件选项右侧的文本框中输入导入文件使用的分隔符，如图 5-14 所示。

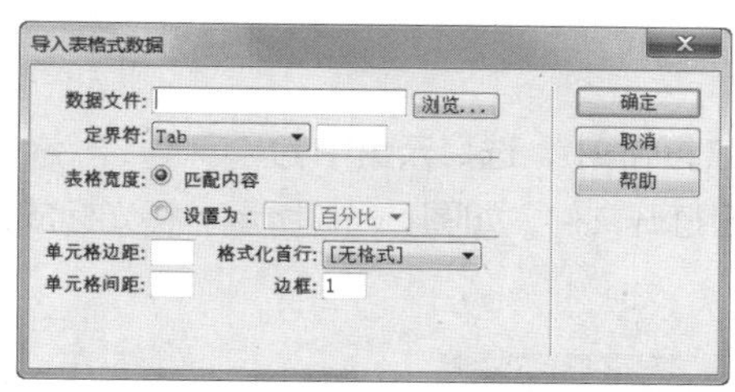

图 5-13

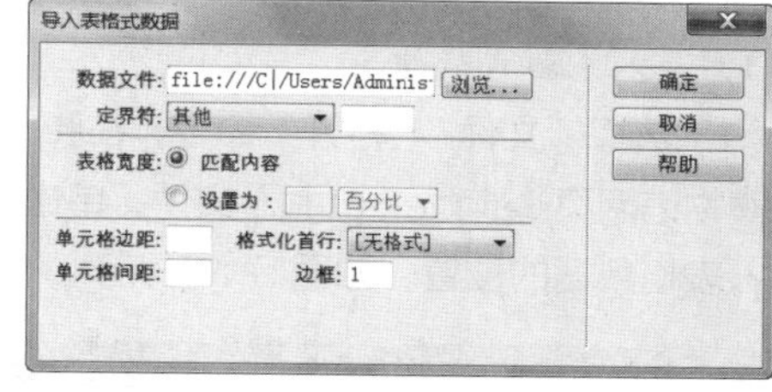

图 5-14

“表格宽度”选项组：设置将要创建的表格宽度。

“单元格边距”选项：以像素为单位设置单元格内容与单元格边框之间的距离。

“单元格间距”选项：以像素为单位设置相邻单元格之间的距离。

“格式化首行”选项：设置应用于表格首行的格式。从下拉列表的“无格式”“粗体”“斜体”“加粗斜体”选项中进行选择。

“边框”选项：设置表格边框的宽度。

5.2.2 课堂案例——典藏博物馆网页

案例学习目标

使用“导入表格式数据”命令导入外部表格数据。

案例知识要点

使用“导入表格式数据”命令，导入外部表格数据；使用“排序表格”命令，将表格的数据排序，效果如图 5-15 所示。

图 5-15

效果所在位置

云盘/Ch05/效果/典藏博物馆网页/index.html。

案例制作步骤

1. 导入表格式数据

（1）选择“文件 > 打开”命令，在弹出的“打开”对话框中，选择云盘中的“Ch05 > 素材 > 典藏博物馆网页 > index.html”文件，单击“打开”按钮打开文件，如图 5-16 所示。将光标放置在要导入表格数据的位置，如图 5-17 所示。

图 5-16

图 5-17

（2）选择“插入 > 表格对象 > 导入表格式数据”命令，弹出“导入表格式数据”对话框。单击“数据文件”选项右侧的“浏览”按钮，在弹出的“打开”对话框中，选择云盘中的“Ch05 > 素材 > 典藏博物馆网页 > SJ.txt”文件，单击“打开”按钮，返回到对话框中，如图 5-18 所示，单击“确定”按钮，导入表格式数据，效果如图 5-19 所示。

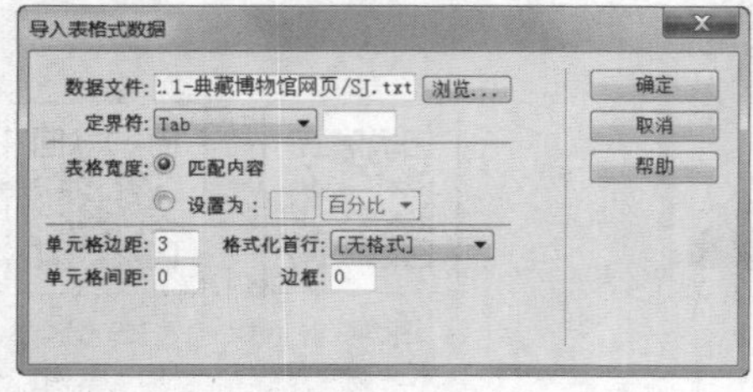

图 5-18

全部活动

活动标题	时间	地点	人数
【纪录片欣赏】春蚕	2018-04-04 周六 14:00-16:00	观众活动中心	50人
【专题讲座】夏衍：世纪的同龄人	2018-04-06 周六 10:00-12:00	观众活动中心	120人
【专题导览】货币艺术	2018-04-10 周五 15:00-16:00	观众活动中心	100人
【专题讲座】内蒙古博物院	2018-04-18 周六 14:00-16:00	观众活动中心	150人
【纪录片欣赏】风云儿女	2018-04-19 周日 14:00-16:00	观众活动中心	113人

图 5-19

（3）保持表格的选取状态，在“属性”面板中，将“宽”选项设为 100，在右侧的列表中选择“%”，表格效果如图 5-20 所示。

全部活动

活动标题	时间	地点	人数
【纪录片欣赏】春蚕	2018-04-04 周六 14:00-16:00	观众活动中心	50人
【专题讲座】夏衍：世纪的同龄人	2018-04-06 周六 10:00-12:00	观众活动中心	120人
【专题导览】货币艺术	2018-04-10 周五 15:00-16:00	观众活动中心	100人
【专题讲座】内蒙古博物院	2018-04-18 周六 14:00-16:00	观众活动中心	150人
【纪录片欣赏】风云儿女	2018-04-19 周日 14:00-16:00	观众活动中心	113人

图 5-20

（4）将第 1 列单元格全部选中，如图 5-21 所示。在“属性”面板中，将“宽”选项设为 300，“高”选项设为 35，效果如图 5-22 所示。

全部活动

活动标题	时间	地点	人数
【纪录片欣赏】春蚕	2018-04-04 周六 14:00-16:00	观众活动中心	50人
【专题讲座】夏衍：世纪的同龄人	2018-04-06 周六 10:00-12:00	观众活动中心	120人
【专题导览】货币艺术	2018-04-10 周五 15:00-16:00	观众活动中心	100人
【专题讲座】内蒙古博物院	2018-04-18 周六 14:00-16:00	观众活动中心	150人
【纪录片欣赏】风云儿女	2018-04-19 周日 14:00-16:00	观众活动中心	113人

图 5-21

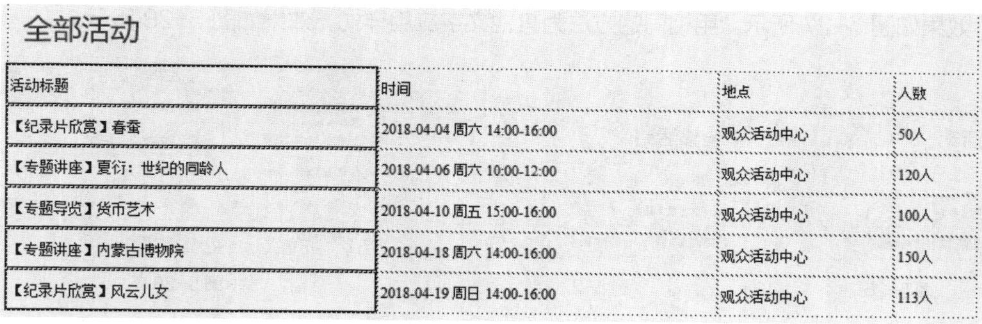

全部活动

活动标题	时间	地点	人数
【纪录片欣赏】春蚕	2018-04-04 周六 14:00-16:00	观众活动中心	50人
【专题讲座】夏衍：世纪的同龄人	2018-04-06 周六 10:00-12:00	观众活动中心	120人
【专题导览】货币艺术	2018-04-10 周五 15:00-16:00	观众活动中心	100人
【专题讲座】内蒙古博物院	2018-04-18 周六 14:00-16:00	观众活动中心	150人
【纪录片欣赏】风云儿女	2018-04-19 周日 14:00-16:00	观众活动中心	113人

图 5-22

（5）选中第 2 列所有单元格，在“属性”面板“水平”选项的下拉列表中选择“居中对齐”选项，将“宽”选项设为 200。分别选中第 3 列和第 4 列所有单元格，在“属性”面板“水平”选项的下拉列表中选择“居中对齐”选项，将“宽”选项设为 150，效果如图 5-23 所示。

全部活动

活动标题	时间	地点	人数
【纪录片欣赏】春蚕	2018-04-04 周六 14:00-16:00	观众活动中心	50人
【专题讲座】夏衍：世纪的同龄人	2018-04-06 周六 10:00-12:00	观众活动中心	120人
【专题导览】货币艺术	2018-04-10 周五 15:00-16:00	观众活动中心	100人
【专题讲座】内蒙古博物院	2018-04-18 周六 14:00-16:00	观众活动中心	150人
【纪录片欣赏】风云儿女	2018-04-19 周日 14:00-16:00	观众活动中心	113人

图 5-23

（6）选择“窗口 > CSS 样式”命令，弹出“CSS 样式”面板，单击面板下方的“新建 CSS 规则”按钮，在对话框中进行设置，如图 5-24 所示。单击“确定”按钮，弹出“.bt 的 CSS 规则定义”对话框，在左侧的“分类”列表中选择“类型”选项，将“Font-family”选项设为“微软雅黑”，“Font-size”选项设为 18，在右侧选项的下拉列表中选择“px”选项，“Color”选项设为深灰色（#333），如图 5-25 所示，单击“确定”按钮，完成样式的创建。

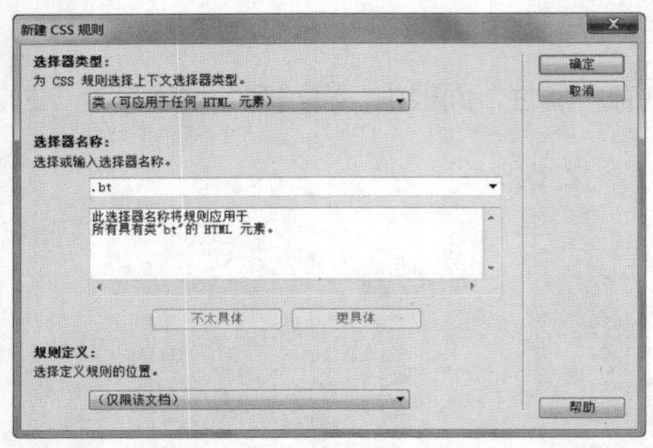

图 5-24

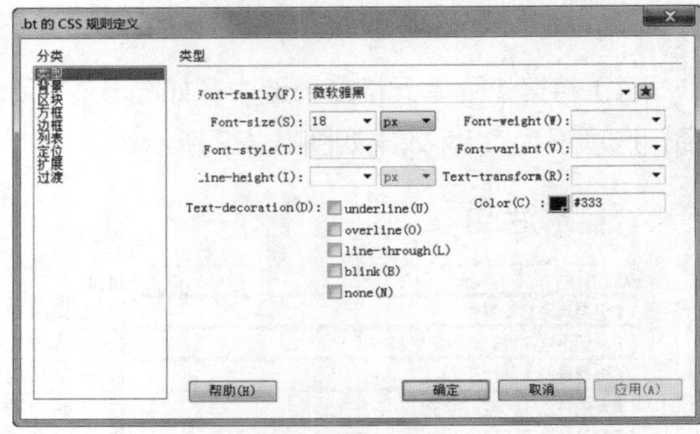

图 5-25

（7）选中图 5-26 所示的文字，在“属性”面板“类”选项的下拉列表中选择“bt”选项，应用样式，效果如图 5-27 所示。用相同的方法为其他文字应用样式，效果如图 5-28 所示。

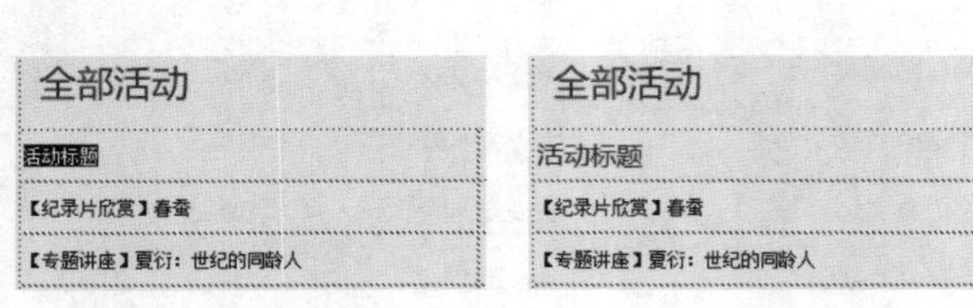

图 5-26　　图 5-27

时间	地点	人数
2018-04-04 周六 14:00-16:00	观众活动中心	50人
2018-04-06 周六 10:00-12:00	观众活动中心	120人
2018-04-10 周五 15:00-16:00	观众活动中心	100人
2018-04-18 周六 14:00-16:00	观众活动中心	150人
2018-04-19 周日 14:00-16:00	观众活动中心	113人

图 5-28

（8）单击“CSS 样式”面板下方的“新建 CSS 规则”按钮，在对话框中进行设置，如图 5-29 所示。单击“确定”按钮，弹出“.text 的 CSS 规则定义”对话框，在左侧的“分类”列表中选择“类型”选项，将“Font-family”选项设为“微软雅黑”，“Font-size”选项设为 13，在右侧选项的下拉列表中选择“px”选项，将“Color”选项设为灰色（#666），如图 5-30 所示，单击“确定”按钮，完成样式的创建。

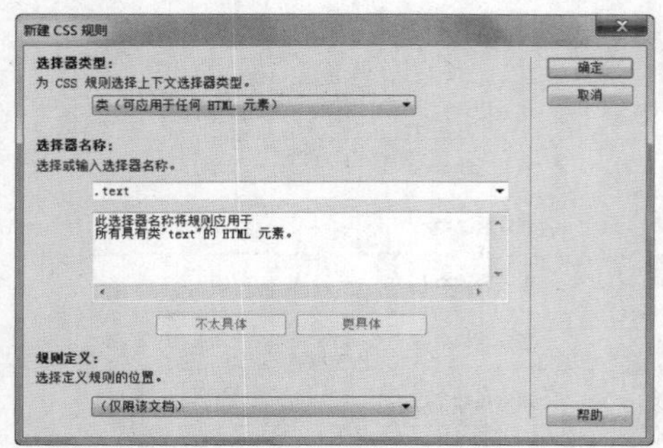

图 5-29

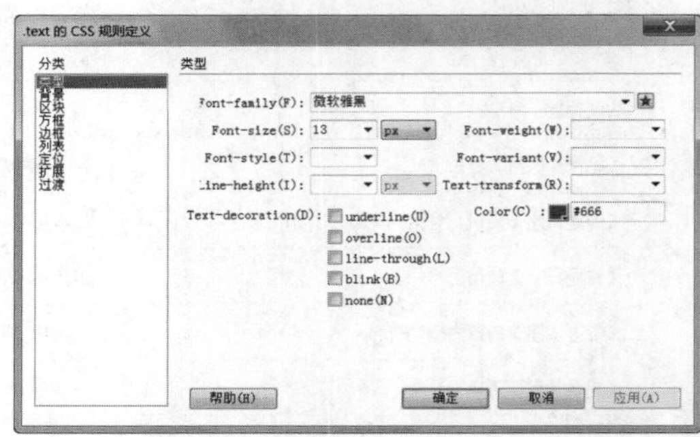

图 5-30

（9）选中图 5-31 所示的单元格，在“属性”面板“类”选项的下拉列表中选择“text”，应用样式，效果如图 5-32 所示。

全部活动

活动标题	时间	地点	人数
【纪录片欣赏】春蚕	2018-04-04 周六 14:00-16:00	观众活动中心	50人
【专题讲座】夏衍：世纪的同龄人	2018-04-06 周六 10:00-12:00	观众活动中心	120人
【专题导览】货币艺术	2018-04-10 周五 15:00-16:00	观众活动中心	100人
【专题讲座】内蒙古博物院	2018-04-18 周六 14:00-16:00	观众活动中心	150人
【纪录片欣赏】风云儿女	2018-04-19 周日 14:00-16:00	观众活动中心	113人

图 5-31

全部活动

活动标题	时间	地点	人数
【纪录片欣赏】春蚕	2018-04-04 周六 14:00-16:00	观众活动中心	50人
【专题讲座】夏衍：世纪的同龄人	2018-04-06 周六 10:00-12:00	观众活动中心	120人
【专题导览】货币艺术	2018-04-10 周五 15:00-16:00	观众活动中心	100人
【专题讲座】内蒙古博物院	2018-04-18 周六 14:00-16:00	观众活动中心	150人
【纪录片欣赏】风云儿女	2018-04-19 周日 14:00-16:00	观众活动中心	113人

图 5-32

（10）保存文档，按 F12 键预览效果，如图 5-33 所示。

图 5-33

2. 排序表格

（1）选中图 5-34 所示的表格，选择“命令 > 排序表格”命令，弹出“排序表格”对话框，如图 5-35 所示。在“排序按”选项的下拉列表中选择“列 1”，“顺序”选项的下拉列表中选择“按数字顺序”，在其右侧选项的下拉列表中选择“升序”，如图 5-36 所示，单击“确定”按钮，对表格进行排序，效果如图 5-37 所示。

全部活动

活动标题	时间	地点	人数
【纪录片欣赏】春蚕	2018-04-04 周六 14:00-16:00	观众活动中心	50人
【专题讲座】夏衍：世纪的同龄人	2018-04-06 周六 10:00-12:00	观众活动中心	120人
【专题导览】货币艺术	2018-04-10 周五 15:00-16:00	观众活动中心	100人
【专题讲座】内蒙古博物院	2018-04-18 周六 14:00-16:00	观众活动中心	150人
【纪录片欣赏】风云儿女	2018-04-19 周日 14:00-16:00	观众活动中心	113人

图 5-34

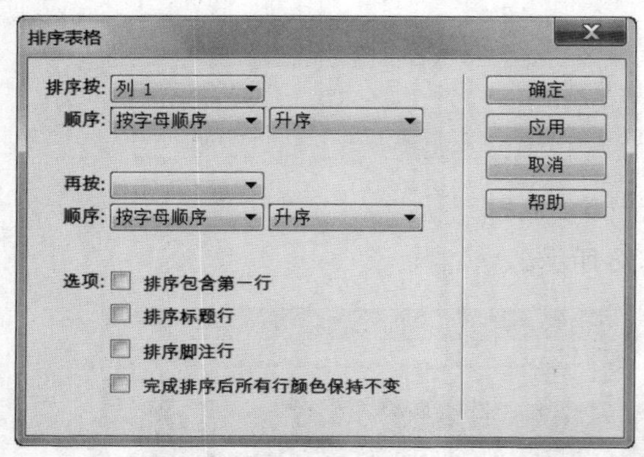

图 5-35

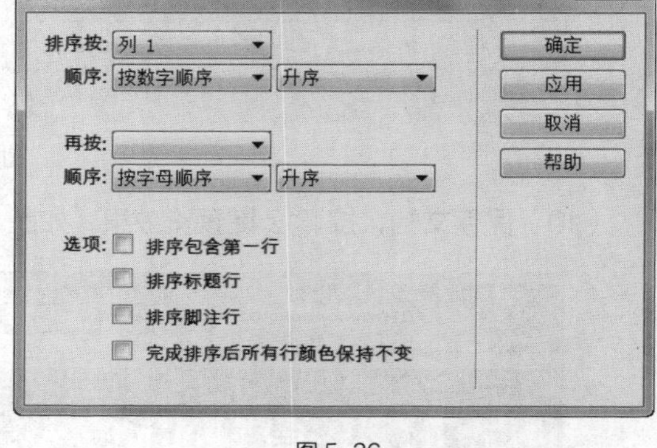

图 5-36

全部活动

活动标题	时间	地点	人数
【专题导览】货币艺术	2018-04-10 周五 15:00-16:00	观众活动中心	100人
【专题讲座】内蒙古博物院	2018-04-18 周六 14:00-16:00	观众活动中心	150人
【专题讲座】夏衍：世纪的同龄人	2018-04-06 周六 10:00-12:00	观众活动中心	120人
【纪录片欣赏】春蚕	2018-04-04 周六 14:00-16:00	观众活动中心	50人
【纪录片欣赏】风云儿女	2018-04-19 周日 14:00-16:00	观众活动中心	113人

图 5-37

（2）保存文档，按 F12 键预览效果，如图 5-38 所示。

图 5-38

课堂练习——火锅餐厅网页

练习知识要点

使用“表格”按钮，插入表格；使用“图像”按钮，插入图像；使用“CSS 样式”命令，为单元格添加背景图像及设置文字大小和字体，效果如图 5-39 所示。

图 5-39

效果所在位置

云盘/Ch05/效果/火锅餐厅网页/index.html。

课后习题——OA 办公系统网页

习题知识要点

使用“导入表格式数据”命令，导入外部表格数据；使用“属性”面板，改变表格的高度和对齐方式；使用“CSS 样式”命令，调整单元格的背景颜色，效果如图 5-40 所示。

图 5-40

效果所在位置

云盘/Ch05/效果/OA 办公系统网页/index.html。

06

第 6 章 框架

框架的作用是把浏览器窗口划分为若干个区域，每个区域可以分别显示不同的页面。框架的出现大大地丰富了网页的布局手段以及页面之间的组织形式。本章主要讲解创建、设置框架和框架集的方法，通过对这些内容的学习，读者可以合理地组织页面中的框架，使浏览者可以通过框架很方便地在不同的页面之间操作。

课堂学习目标

- 掌握创建框架集的方法
- 掌握为框架添加内容的方法
- 掌握设置框架和框架集属性的方法

6.1 创建框架和框架集

框架可以简单地理解为是对浏览器窗口进行划分后的子窗口。每一个子窗口是一个框架，它显示一个独立的网页内容，而这组框架结构被定义在名叫框架集的 HTML 网页中。

6.1.1 建立框架集

在 Dreamweaver CS6 中，可以利用可视化工具方便地创建框架集。用户可以通过菜单命令实现该操作。

1. 通过“插入”命令建立框架集

选择“文件 > 新建”命令，弹出“新建文档”对话框，按如图 6-1 所示设置后，单击“创建”按钮，新建一个 HTML 文档。

将插入点放置在文档窗口中，选择“插入 > HTML > 框架”命令，在其子菜单中选择需要的预定义框架集，如图 6-2 所示。

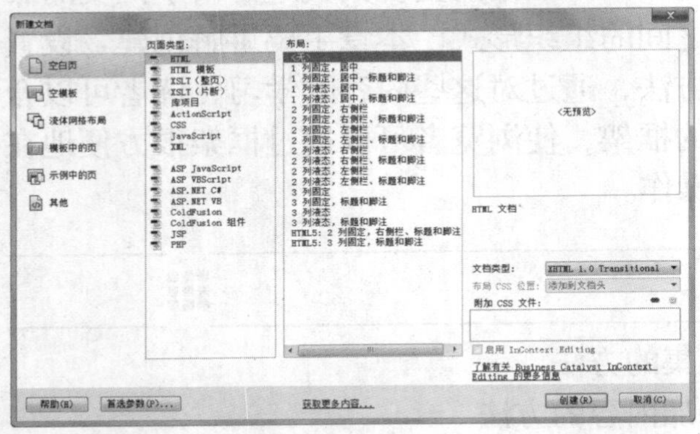

图 6-1

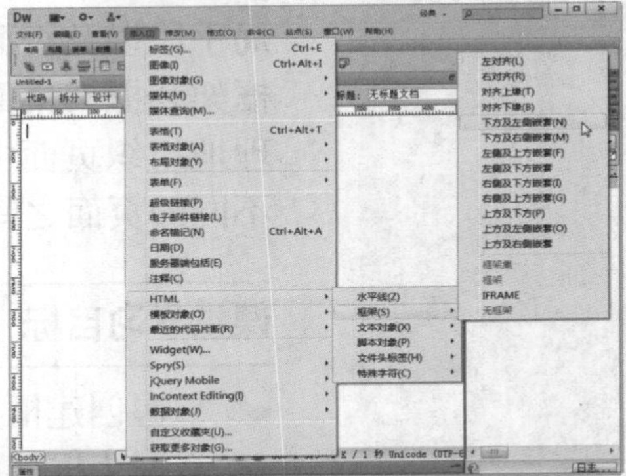

图 6-2

2. 通过拖曳自定义框架

新建一个 HTML 文档。

选择“查看 > 可视化助理 > 框架边框”命令，显示框架线，如图 6-3 所示。

将光标放置到框架边框上，如图 6-4 所示。

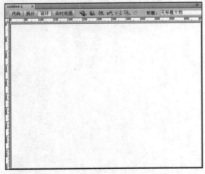

图 6-3

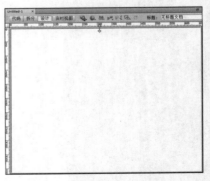

图 6-4

单击并向下拖曳到适当的位置，松开鼠标，效果如图 6-5 所示。

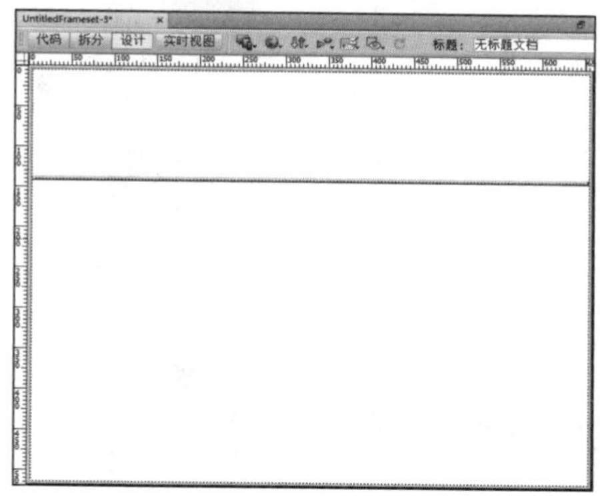

图 6-5

6.1.2 为框架添加内容

因为每一个框架都是一个 HTML 文档，所以可以在创建框架后，直接编辑某个框架中的内容，也可在框架中打开已有的 HTML 文档，具体操作步骤如下。

（1）在文档窗口中，将光标放置在某一框架内。

（2）选择“文件 > 在框架中打开”命令，选择一个已有文档，如图 6-6 所示。

图 6-6

6.1.3 保存框架

保存框架时，分两步进行，先保存框架集，再保存框架。初学者在保存文档时很容易糊涂，明明认为保存的是框架，但实际上保存成了框架集；明明认为保存的是某个框架，但实际上保存成了框架集或其他框架。因此，在保存框架前，用户需要先选择“窗口 > 属性”命令和“窗口 > 框架”命令，打开“属性”面板和“框架”面板；然后，在“框架”面板中选择一个框架，在“属性”面板的“源文件”选项中查看此框架的文件名。用户查看框架的名称后，在保存文件时就可以根据“保存”对话框中的文件名信息知道保存的是框架集还是框架了。

1. 保存框架集和全部框架

使用“保存全部”命令可以保存所有的文件，包括框架集和每个框架。选择“文件 > 保存全部”命令，先弹出的“另存为”对话框是用于保存框架集的，此时框架集边框显示选择线，如图 6-7 所示；再弹出的“另存为”对话框是用于保存框架的，此时文档窗口中的选择线也会自动转移到对应的框架上，据此可以知道正在保存的框架，如图 6-8 所示。

2. 保存框架集文件

单击框架边框选择框架集后，保存框架集文件有以下几种方法。

- 选择“文件 > 保存框架集”命令。
- 选择“文件 > 框架集另存为”命令。

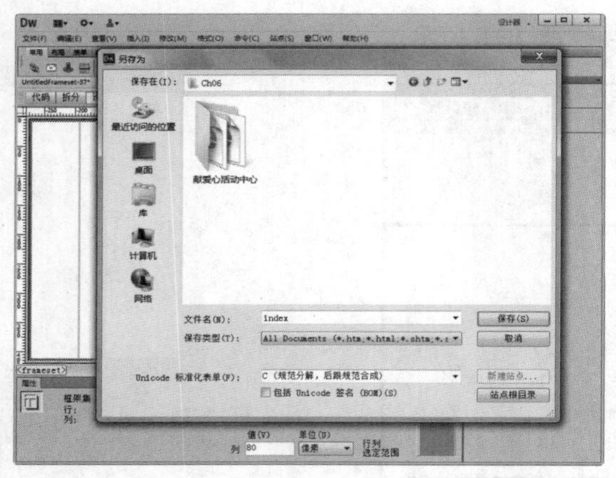

图 6-7

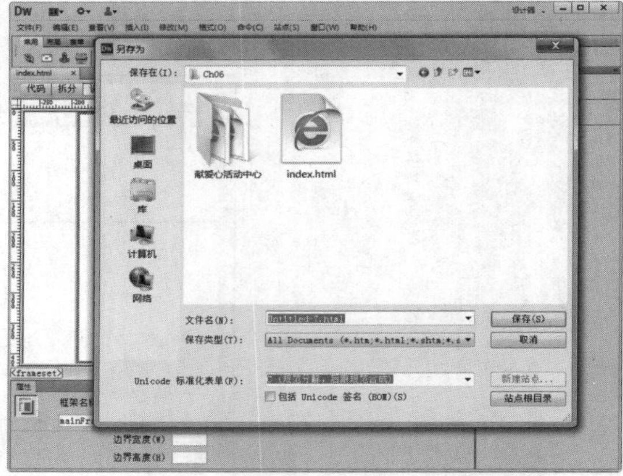

图 6-8

3．保存框架文件

将插入点放到框架中后保存框架文件，有以下几种方法。

- 选择“文件 > 保存框架”命令。
- 选择“文件 > 框架另存为”命令。

6.1.4 框架的选择

在对框架或框架集进行操作之前，必须先选择框架或框架集。

1．选择框架

选择框架有以下几种方法。

- 在文档窗口中，按 Alt+Shift 组合键的同时，单击要选择的框架。
- 先选择“窗口 > 框架”命令，弹出“框架”面板。然后，在面板中单击要选择的框架，如图 6-9 所示。此时，文档窗口中框架的边框会出现虚线轮廓，如图 6-10 所示。

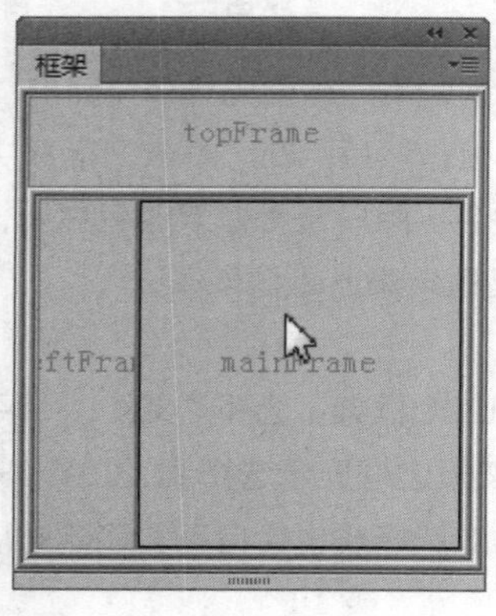

图 6-9

图 6-10

2．选择框架集

选择框架集有以下几种方法。

- 在“框架”面板中单击框架集的边框，如图 6-11 所示。

➔ 在文档窗口中单击框架的边框，如图 6-12 所示。

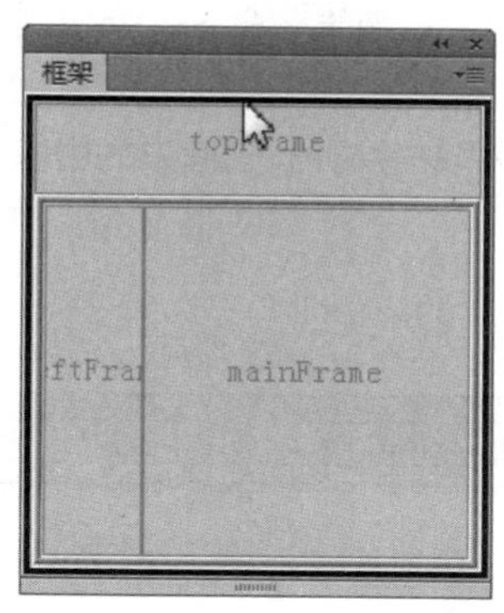

图 6-11

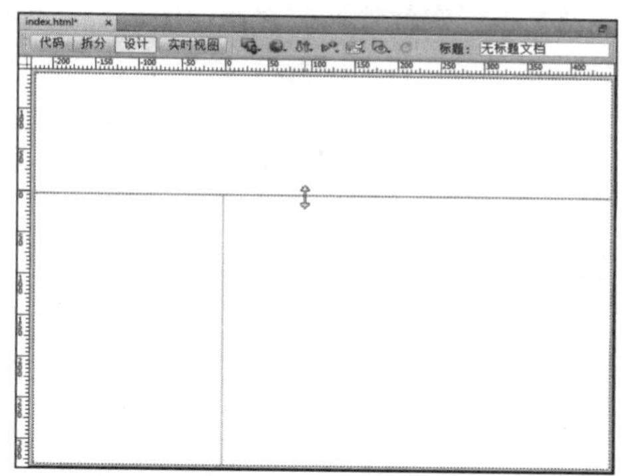

图 6-12

6.1.5 修改框架的大小

建立框架的目的就是将窗口分成大小不同的子窗口，在不同的窗口中显示不同的文档内容。调整子窗口的大小有以下几种方法。

➔ 在“设计”视图中，将鼠标指针放到框架边框上，当鼠标指针呈双向箭头时，按住鼠标左键并拖曳改变框架的大小，如图 6-13 所示。

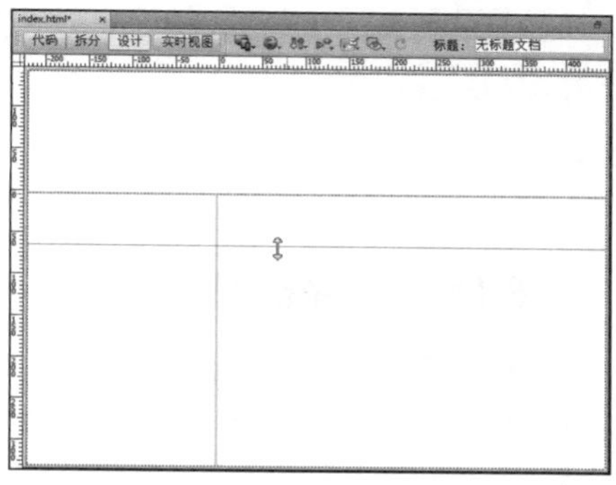

图 6-13

➔ 选择框架集，在“属性”面板中“行”或“列”选项的文本框中输入具体的数值，然后在“单位”选项的下拉列表中选择单位，如图 6-14 所示。

“属性”面板中，“单位”选项下拉列表中各选项的意义如下。

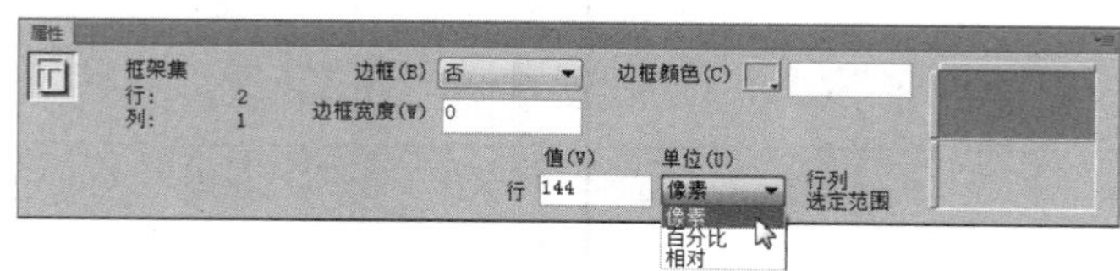

图 6-14

“像素”选项：为默认选项，按照绝对的像素值设定框架的大小。

“百分比”选项：按所选框架占整个框架集的百分比设定框架的大小，是相对尺寸。框架的大小会随浏览器窗口的改变而改变。

“相对”选项：是相对尺寸，框架的大小会随浏览器窗口的改变而改变。一般剩余空间按此方式分配。

6.1.6 拆分框架

通过拆分框架，可以增加框架集中框架的数量，但实际上是在不断地增加框架集，即框架集嵌套。

拆分框架有以下几种方法。

➔ 先将光标置于要拆分的框架窗口中，然后选择“修改 > 框架集”命令，弹出其子菜单，其中有 4 种拆分方式，如图 6-15 所示。

➔ 选定要拆分的框架集，按 Alt+Shift 组合键的同时，将鼠标指针放到框架的边框上，当鼠标指针呈双向箭头时，拖曳鼠标指针拆分框架，如图 6-16 所示。

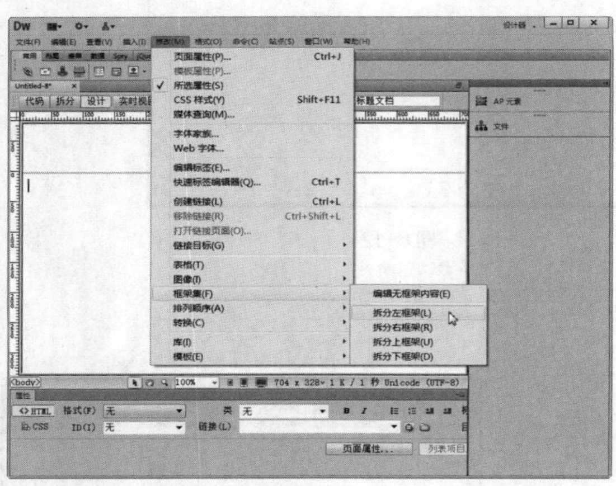

图 6-15

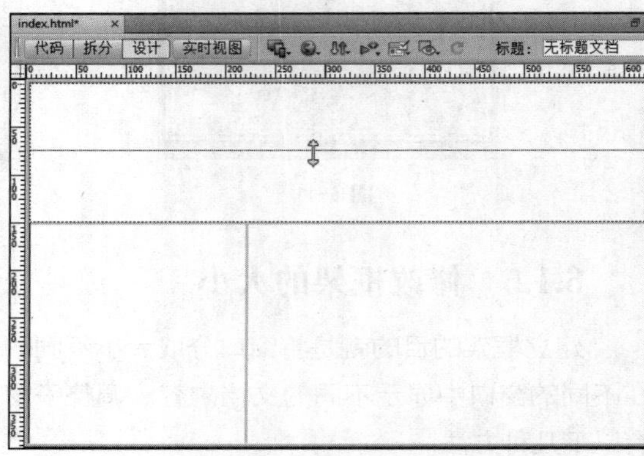

图 6-16

6.1.7 删除框架

将鼠标指针放在要删除的边框上，当鼠标指针变为双向箭头时，按住鼠标左键拖曳鼠标指针到框架相对应的外边框上即可进行删除，如图 6-17 和图 6-18 所示。

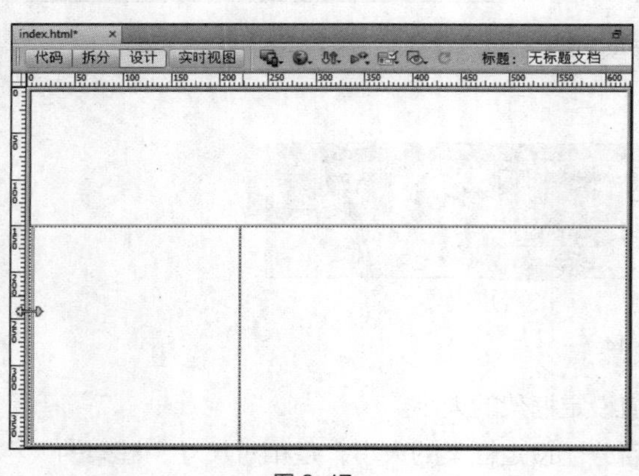

图 6-17

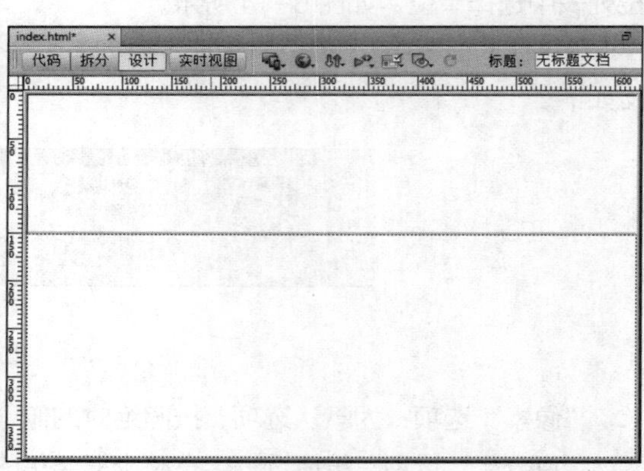

图 6-18

6.1.8 课堂案例——牛奶饮料网页

案例学习目标

使用“新建”等命令建立框架，使用“页面属性”改变页边距。

案例知识要点

使用“对齐上缘”命令，制作网页的结构图效果；使用“属性”面板，改变框架的大小；使用“图像”按钮，插入图像，效果如图 6-19 所示。

图 6-19

效果所在位置

云盘/Ch06/效果/牛奶饮料网页/index.html。

案例制作步骤

1. 新建框架并编辑

（1）选择“文件 > 新建”命令，新建一个空白文档。选择“插入 > HTML > 框架 > 对齐上缘”命令，弹出“框架标签辅助功能属性”对话框，如图 6-20 所示，单击“确定”按钮，效果如图 6-21 所示。

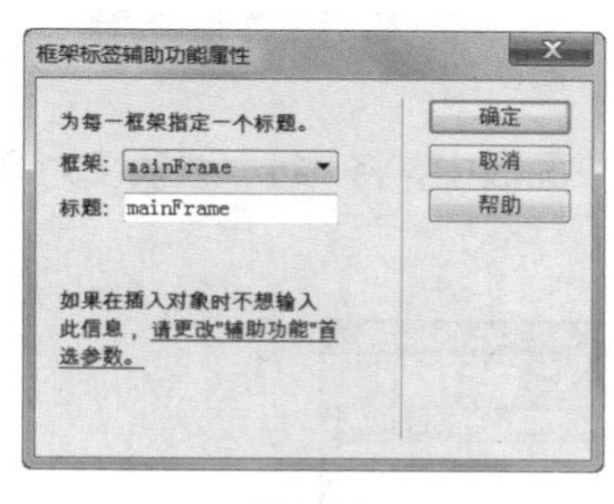

图 6-20

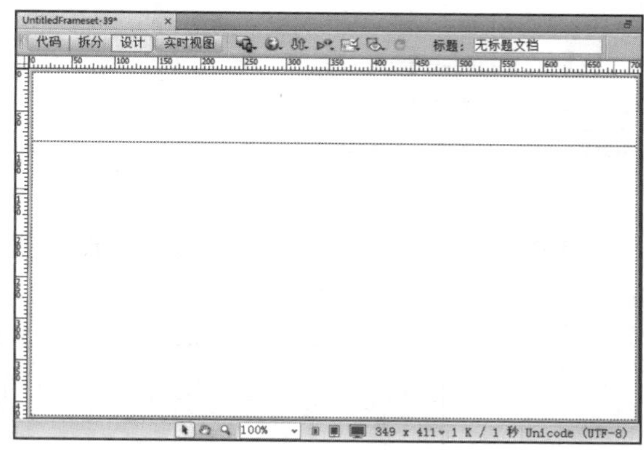

图 6-21

（2）选择“文件 > 保存全部”命令，弹出“另存为”对话框，如图 6-22 所示，在“保存在”选项的下拉列表中选择当前站点目录保存路径，整个框架边框会出现一个阴影框，阴影出现在整个框架集内侧，用于询问框架集的名称，在“文件名”选项的文本框中输入“index”。

（3）单击“保存”按钮，再次弹出“另存为”对话框，在“文件名”右侧的文本框中输入“bottom.html”，如图 6-23 所示。单击“保存”按钮，返回到编辑窗口。

图 6-22

图 6-23

（4）将光标置入顶部框架，选择“文件 > 保存框架”命令，弹出“另存为”对话框，在“文件名”选项的文本框中输入“top.html”，如图 6-24 所示，单击“保存”按钮，框架网页保存完成。

（5）将光标置入顶部框架，选择“修改 > 页面属性”命令，弹出“页面属性”对话框，在左侧的“分类”列表中选择“外观（CSS）”选项，将“左边距”“右边距”“上边距”“下边距”选项均设为 0，如图 6-25 所示，单击“确定”按钮，完成页面属性的修改。

图 6-24

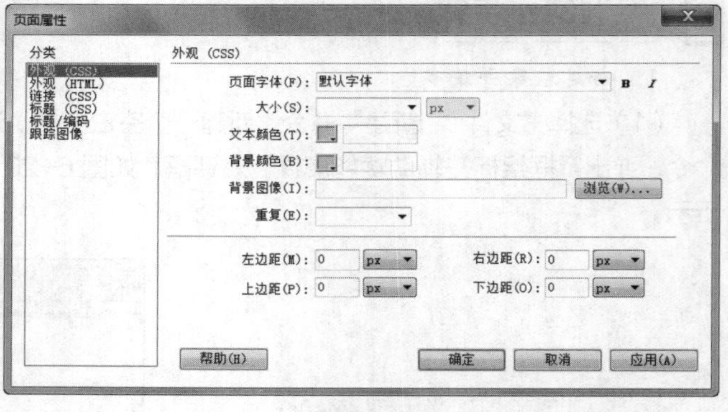

图 6-25

（6）单击框架上下边界线，如图 6-26 所示，在框架集“属性”面板中，将“行”选项设为 308，如图 6-27 所示。按 Enter 键确认，效果如图 6-28 所示。

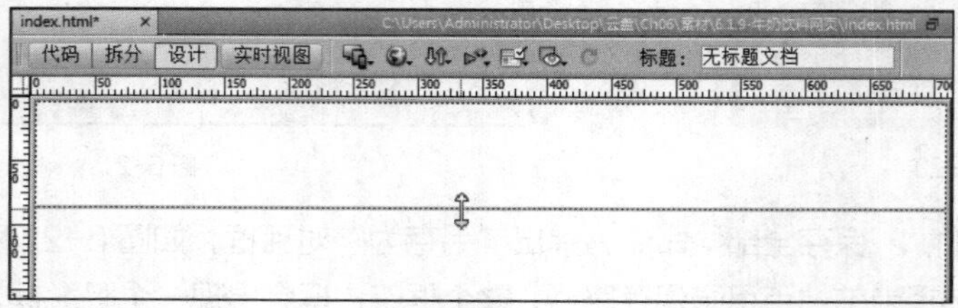

图 6-26

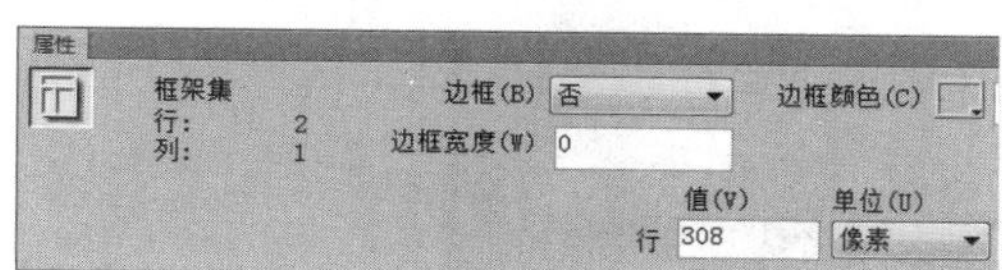

图 6-27

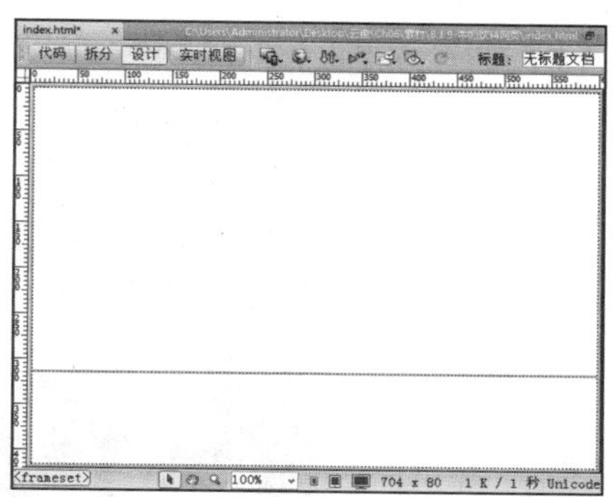

图 6-28

2. 插入图像

（1）将光标置入顶部框架，单击“插入”面板“常用”选项卡中的“图像”按钮，在弹出的“选择图像源文件”对话框中，选择云盘中的“Ch06 > 素材 > 牛奶饮料网页 > images > pic_01.jpg”文件，如图 6-29 所示。单击“确定”按钮，完成图像的插入，效果如图 6-30 所示。

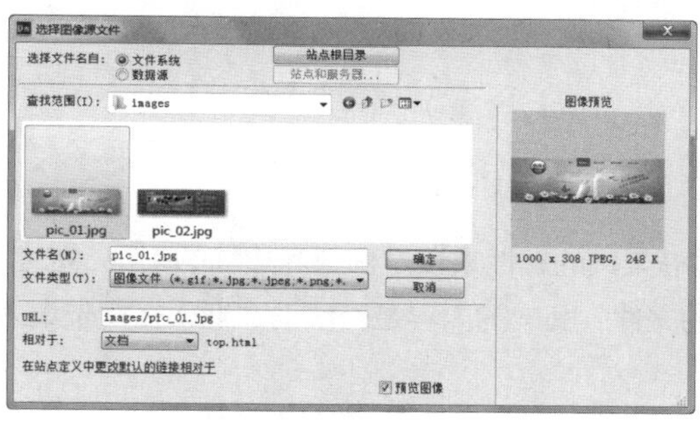

图 6-29

图 6-30

（2）将光标置入底部框架，单击“属性”面板中的“页面属性”按钮，弹出“页面属性”对话框，在左侧“分类”列表中选择“外观（CSS）”选项，将“左边距”“右边距”“上边距”“下边距”选项均设为 0，如图 6-31 所示，单击“确定”按钮，完成页面属性的修改。

（3）单击“插入”面板“常用”选项卡中的“图像”按钮，在弹出的“选择图像源文件”对话框中，选择云盘中的“Ch06 > 素材 > 牛奶饮料网页 > images > pic_02.jpg”文件。单击“确定”按钮，完成图像的插入，效果如图 6-32 所示。

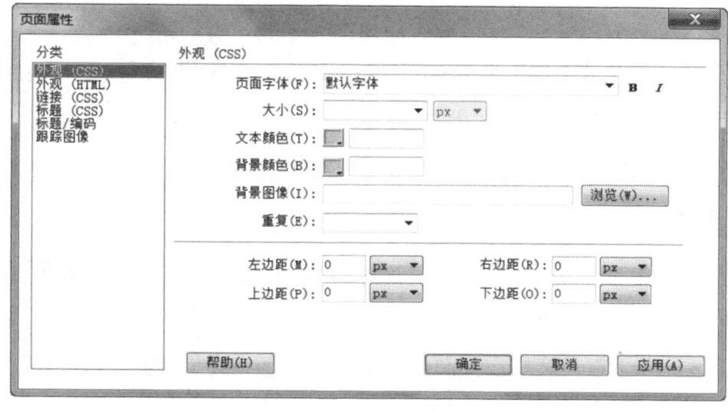

图 6-31

图 6-32

（4）选择“文件 > 保存全部”命令，保存修改的文档。按 F12 键预览效果，如图 6-33 所示。

图 6-33

6.2 设置框架和框架集的属性

框架是框架集的组成部分，在框架集内，可以通过框架集的属性来设定框架间边框的颜色、宽度、框架大小等。还可通过框架的属性来设定框架内显示的文件、框架的内容是否滚动、框架在框架集内的缩放等。

6.2.1 设置框架属性

选中要查看属性的框架，选择“窗口 > 属性”命令，弹出“属性”面板，如图 6-34 所示。

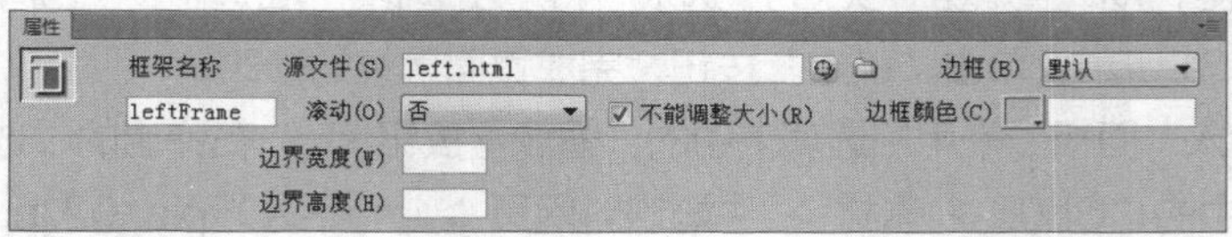

图 6-34

“属性”面板中的各选项的作用介绍如下。

“框架名称”选项：可以为框架命名。框架名称以字母开头，由字母、数字和下画线组成。利用此名称，用户可在设置链接时在“目标”选项中指定打开链接文件的框架。

“源文件”选项：提示框架当前显示的网页文件的名称及路径。还可利用此选项右侧的“浏览文件”按钮，浏览并选择在框架中打开的网页文件。

“边框”选项：设置框架内是否显示边框。为框架设置“边框”选项将重新设置框架集的边框设置。大多数浏览器默认为显示边框，但当父框架集的“边框”选项设置为“否”且共享该边框的框架都将“边框”选项设置为“默认”时，或共享该边框的所有框架都将“边框”选项设置为“否”时，边框会被隐藏。

"滚动"选项：设置框架内是否显示滚动条，一般设为"默认"。大多数浏览器将"默认"选项认为是"自动"，即只有在浏览器窗口没有足够的空间显示内容时才显示滚动条。

"不能调整大小"选项：设置用户是否可以在浏览器窗口中通过拖曳鼠标手动修改框架的大小。

"边框颜色"选项：设置框架边框的颜色。此颜色应用于与框架接触的所有边框，并重新设置框架集的颜色设置。

"边界宽度""边界高度"选项：以像素为单位设置框架内容和框架边界间的距离。

6.2.2 设置框架集属性

选择要查看属性的框架集，然后选择"窗口 > 属性"命令，弹出"属性"面板，如图 6-35 所示。

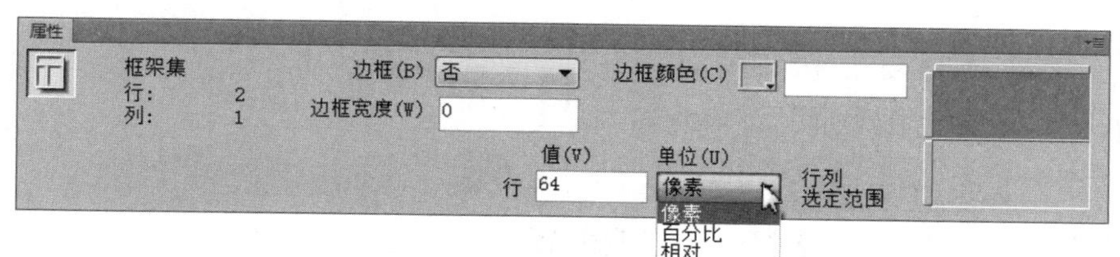

图 6-35

"属性"面板中的各选项的作用介绍如下。

"边框"选项：设置框架集中是否显示边框。若显示边框则设置为"是"，若不显示边框则设置为"否"，若允许浏览器确定是否显示边框则设置为"默认"。

"边框颜色"选项：设置框架集中所有边框的颜色。

"边框宽度"选项：设置框架集中所有边框的宽度。

"行"或"列"选项：设置选定框架集的各行或各列的框架大小。

"单位"选项：设置"行"或"列"选项的设定值是相对的还是绝对的。它包括以下几个选项。

"像素"选项用于将"行"或"列"选项设定为以像素为单位的绝对值。对于大小始终保持不变的框架而言，此选项为最佳选择。

"百分比"选项用于设置行或列相对于其框架集的总宽度和总高度的百分比。

"相对"选项用于在为"像素"和"百分比"分配框架空间后，为选定的行或列分配其余可用空间，此分配是按比例划分的。

课堂练习——建筑规划网页

练习知识要点

使用"左对齐"命令，插入框架进行布局；使用"鼠标经过图像"按钮，设置鼠标经过图像效果；使用"属性"面板，设置链接效果，如图 6-36 所示。

图 6-36

效果所在位置

云盘/Ch06/效果/建筑规划网页/index.html。

课后习题——阳光外语小学网页

习题知识要点

使用“对齐上缘”命令，制作网页的结构图效果；使用“属性”面板，改变框架的大小；使用“图像”按钮，插入图像制作完整的框架网页效果，效果如图 6-37 所示。

图 6-37

效果所在位置

云盘/Ch06/效果/阳光外语小学网页/index.html。

07

第 7 章 层的使用

本章主要讲解网页中层的基本操作方法。通过对这些内容的学习，读者能够在一个网页中创建多个层，也能够自定义各层之间的层关系，可以给网页制作提供强大的页面控制能力。

课堂学习目标

- 掌握创建和选择层的方法
- 掌握设置层属性的方法

7.1 层的基本操作

层作为网页的容器元素，可以包含文本、图像、表单、插件，层内甚至可以包含其他层。在 HTML 文档的正文部分可以放置的元素都可以放入层中。

7.1.1 创建层

创建层的方法有以下几种方法。

- 插入层：把光标放置于文档窗口中要插入层的位置，选择“插入 > 布局对象 > AP Div”命令。
- 拖放层：将“插入”面板中“布局”选项卡中的“绘制 AP Div”按钮拖曳到文档窗口中，释放鼠标，此时在文档窗口中，出现一个矩形层，如图 7-1 所示。
- 绘画层：单击“插入”面板中“布局”选项卡中的“绘制 AP Div”按钮。此时，在文档窗口中，鼠标指针呈“+”形。按住鼠标左键并拖曳，画出一个矩形层，如图 7-2 所示。
- 画多层：单击“绘制 AP Div”按钮，按住 Ctrl 键的同时按住鼠标左键拖曳鼠标，画出一个矩形层。只要不释放 Ctrl 键，就可以继续绘制新的层，如图 7-3 所示。

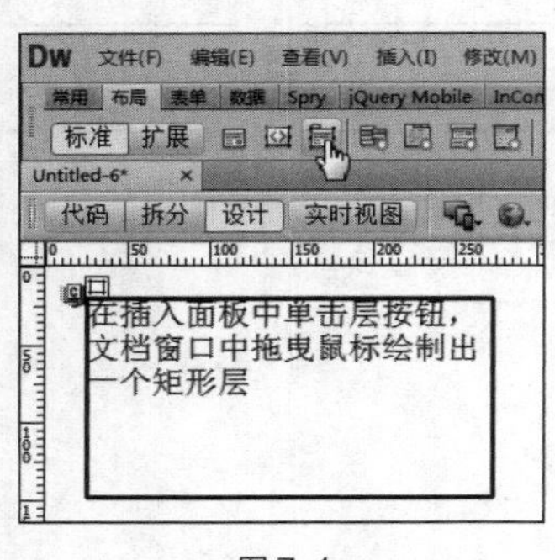

图 7-1

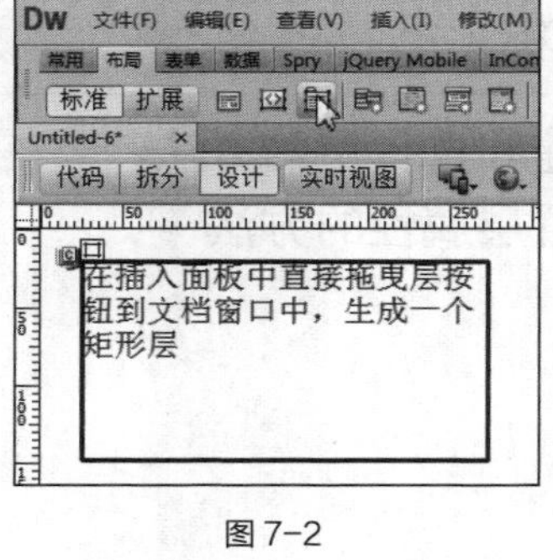

图 7-2

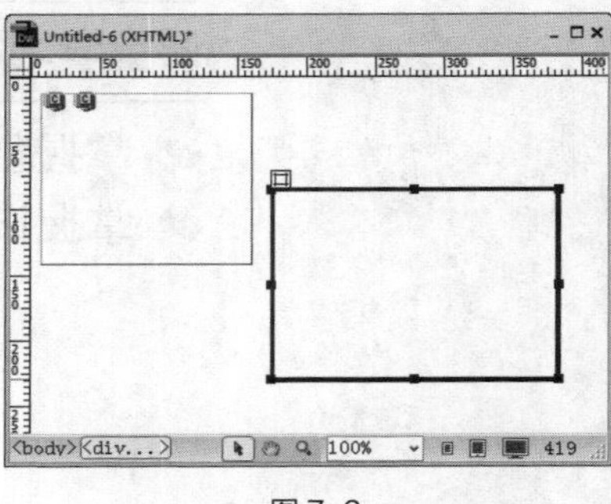

图 7-3

7.1.2 选择层

1. 选择一个层

（1）利用层面板选择一个层。选择“窗口 > AP 元素”命令，弹出“AP 元素”面板，如图 7-4 所示。在“AP 元素”面板中，单击该层的名称。

（2）在文档窗口中选择一个层，有以下几种方法。

- 单击一个层的边框。
- 在一个层中按住 Ctrl+Shift 组合键并单击它。
- 单击一个选择层的选择柄。如果选择柄不可见，可以在该层中的任意位置单击以显示该选择柄。

2. 选定多个层

选择“窗口 > AP 元素”命令，弹出“AP 元素”面板。在“AP 元素”面板中，按住 Shift 键并单击两个或更多的层名称。

在文档窗口中按住 Shift 键并单击两个或更多个层的边框内（或边框上）。当选定多个层时，当前层的选择柄将以蓝色突出显示，其他层的选择柄则以白色显示，如图 7-5 所示，并且只能对当前层进行操作。

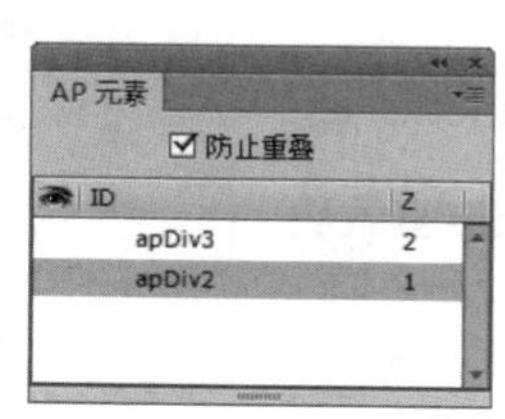

图 7-4

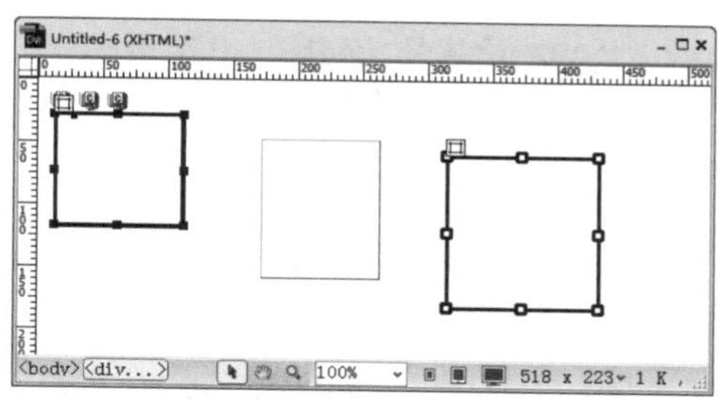

图 7-5

7.2 层的属性

层的属性主要有宽、高、背景等。

7.2.1 设置层的默认属性

当层插入后，其属性为默认值，如果想查看或修改层的属性，选择“编辑 > 首选参数”命令，弹出“首选参数”对话框，在“分类”列表中选择“AP 元素”选项，此时，可查看或修改层的默认属性，如图 7-6 所示。

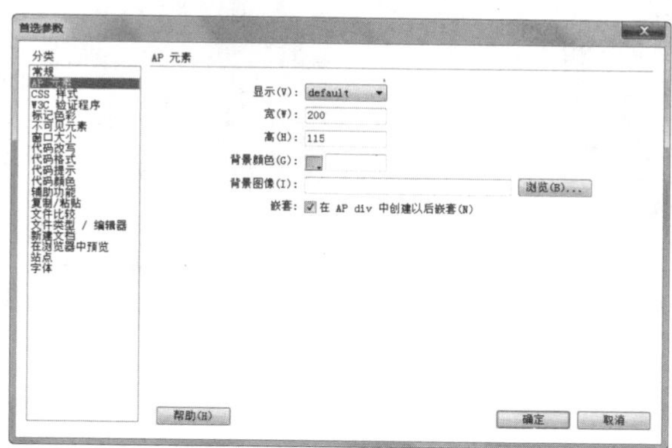

图 7-6

“显示”选项：设置层的初始显示状态。此选项的下拉列表中包含以下几个选项。

- “default”选项：默认值。一般情况下，大多数浏览器都会默认为“inherit”。
- “inherit”选项：继承父级层的显示属性。
- “visible”选项：表示不管父级层是什么都显示层的内容。
- “hidden”选项：表示不管父级层是什么都隐藏层的内容。

“宽”和“高”选项：定义层的默认大小。

“背景颜色”选项：设置层的默认背景颜色。

“背景图像”选项：设置层的默认背景图像。单击右侧的“浏览”按钮选择背景图像文件。

“嵌套”选项：设置在层出现重叠时，是否采用嵌套方式。

7.2.2 “AP 元素”面板

通过“AP 元素”面板可以管理网页文档中的层。选择“窗口 > AP 元素”命令，弹出“AP 元素”面板，如图 7-7 所示。

使用“AP 元素”面板可以防止层重叠，更改层的可见性，将层嵌套或层叠，以及选择一个或多个层。

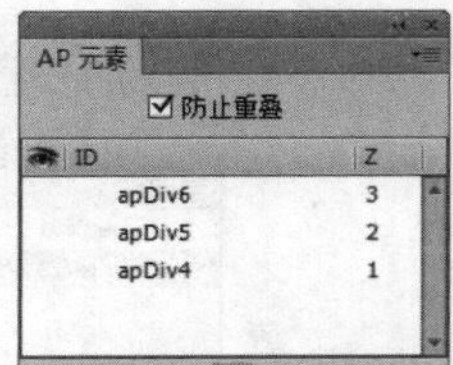

图 7-7

7.2.3 课堂案例——联创网络技术网页

案例学习目标

使用“布局”选项卡中的“绘制 AP Div”按钮绘制层。

案例知识要点

使用“绘制 AP Div”按钮，绘制层；使用“图像”按钮，在绘制的图层中插入图像，如图 7-8 所示。

图 7-8

效果所在位置

云盘/Ch07/效果/联创网络技术网页/index.html。

案例制作步骤

（1）选择“文件 > 打开”命令，在弹出的“打开”对话框中，选择云盘中的“Ch07 > 素材 > 联创网络技术网页 > index.html”文件，单击“打开”按钮打开文件，如图 7-9 所示。

（2）选择“修改 > 页面属性”命令，弹出“页面属性”对话框，在左侧的“分类”列表中选择“外观（CSS）”选项，将“左边距”“右边距”“上边距”“下边距”选项均设为 0，如图 7-10 所示。单击“确定”按钮，完成页面属性的修改。

图 7-9

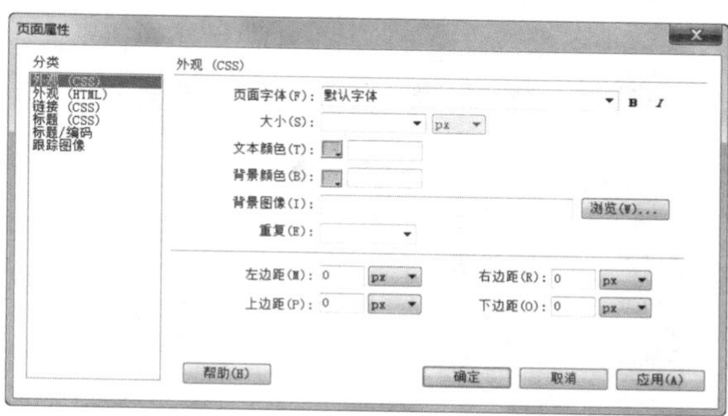

图 7-10

（3）单击“插入”面板“布局”选项卡中的“绘制 AP Div”按钮，在页面中拖动鼠标绘制一个矩形层，如图 7-11 所示。按住 Ctrl 键的同时，绘制多个层，效果如图 7-12 所示。

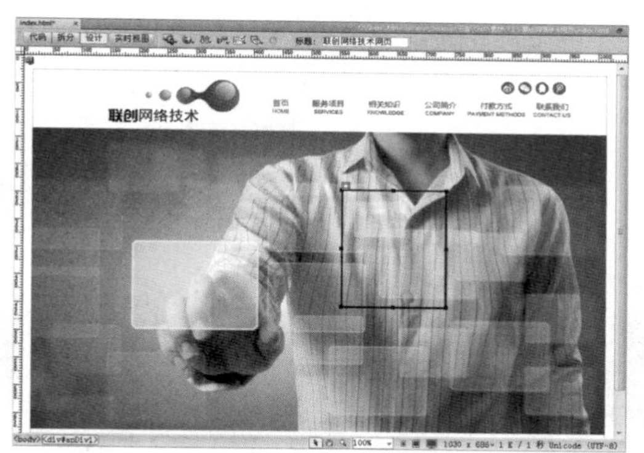

图 7-11

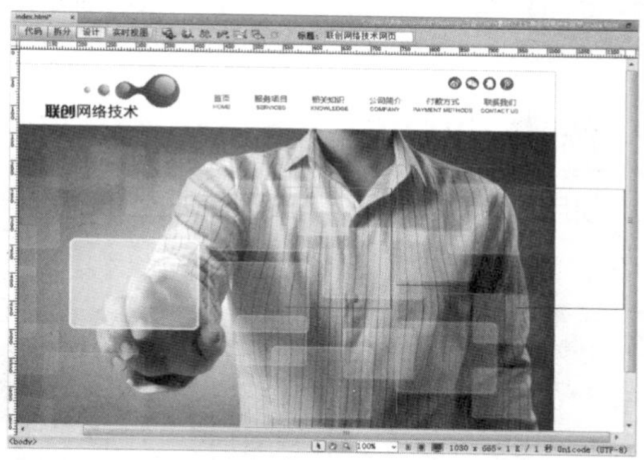

图 7-12

（4）将光标置入第一个层，单击“插入”面板“常用”选项卡中的“图像”按钮，弹出“选择图像源文件”对话框，选择云盘中的“Ch07 > 素材 > 联创网络技术网页 > images > img_0.png”文件，单击“确定”按钮，完成图片的插入，效果如图 7-13 所示。

图 7-13

（5）使用相同的方法在其他层中插入图像，效果如图 7-14 所示。保存文档，按 F12 键预览效果，如图 7-15 所示。

图 7-14

图 7-15

课堂练习——充气浮床网页

练习知识要点

使用“绘制 AP Div”按钮绘制层；使用“图像”按钮在绘制的图层中插入图像，效果如图 7-16 所示。

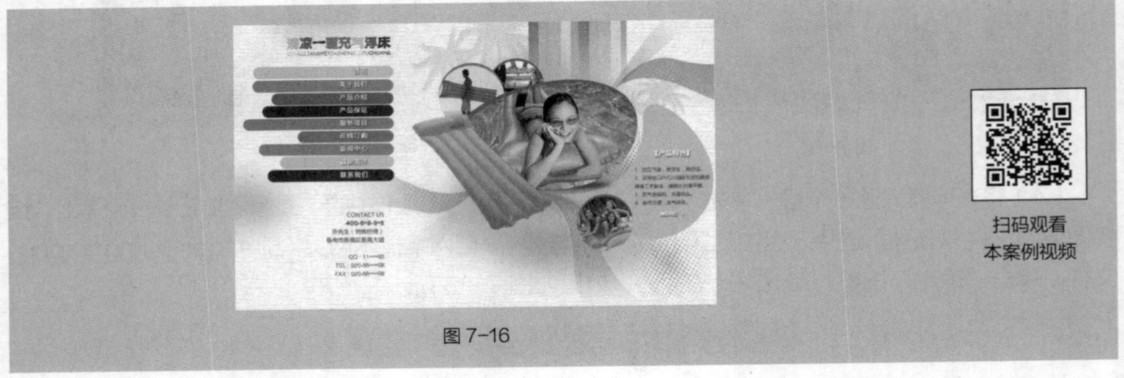

扫码观看
本案例视频

图 7-16

效果所在位置

云盘/Ch07/效果/充气浮床网页/index.html。

课后习题——美味小吃网页

习题知识要点

使用“绘制 AP Div”按钮，绘制层；使用“图像”按钮，插入图像；使用“CSS 样式”命令，设置文字的大小和颜色；使用“移动层”命令，调整层的位置制作阴影效果，效果如图 7-17 所示。

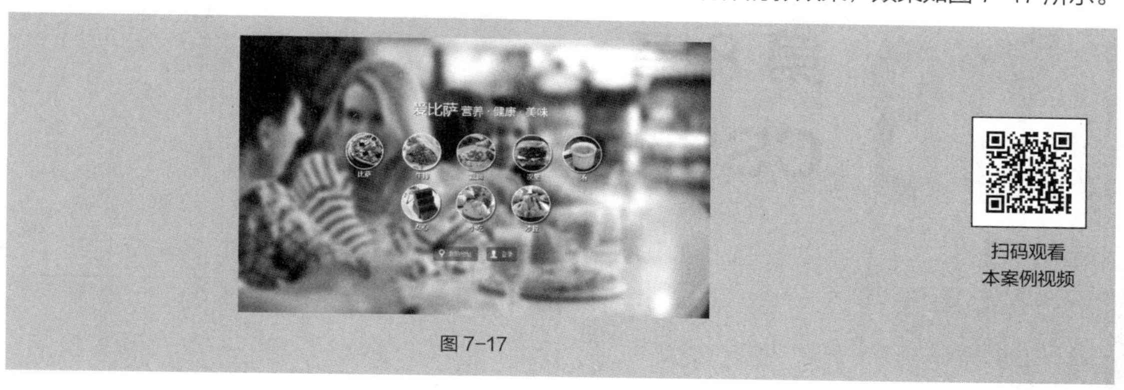

图 7-17

效果所在位置

云盘/Ch07/效果/美味小吃网页/index.html。

08

第 8 章 CSS 样式

通过 CSS 的样式定义，设计者可以将网页制作得更加绚丽多彩。本章主要对 CSS 的技术应用进行讲解。通过对这些内容的学习，设计者可以轻松、有效地对页面的整体布局，如颜色、字体、链接、背景以及同一页面的不同部分、不同页面的外观和格式等效果进行精确的控制。

课堂学习目标

- 了解 CSS 样式
- 掌握 CSS 属性
- 熟练运用 CSS 过滤器

8.1 CSS 样式概述

CSS 是“Cascading Style Sheet”的缩写，有些书上把它译为“层叠样式单”或“级联样式单”，它是一种叫作样式表（stylesheet）的技术，因此也有的人称之为层叠样式表（Cascading Stylesheet）。

8.1.1 “CSS 样式”面板

“CSS 样式”面板如图 8-1 所示，它由样式列表和底部的按钮组成。样式列表用于查看与当前文档相关联的样式定义以及样式的层次结构。“CSS 样式”面板可以显示自定义 CSS 样式、重定义的 HTML 标签和 CSS 选择器样式的样式定义。

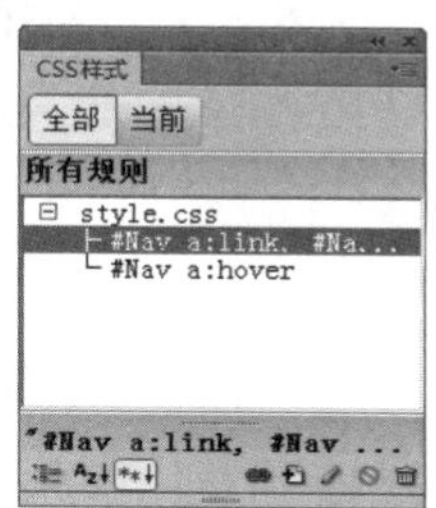

图 8-1

“CSS 样式”面板底部共有 5 个快捷按钮，它们分别为“附加样式表”按钮、“新建 CSS 规则”按钮、“编辑样式”按钮、“禁用/启用 CSS 属性”按钮和“删除 CSS 规则”按钮，它们的含义如下。

“附加样式表”按钮：用于将创建的任何样式表附加到页面或复制到站点中。

“新建 CSS 规则”按钮：用于创建自定义 CSS 样式、重定义的 HTML 标签和 CSS 选择器样式。

“编辑样式表”按钮：用于编辑当前文档或外部样式表中的任何样式。

“禁用/启用 CSS 属性”按钮：用于禁用或启用“CSS 样式”面板中所选的属性。

“删除 CSS 规则”按钮：用于删除“CSS 样式”面板中所选的样式，并从应用该样式的所有元素中删除格式。

8.1.2 CSS 样式的类型

层叠样式表是一系列格式规则，它们可以控制网页各元素的定位和外观，实现 HTML 无法实现的效果。

1. HTML 标签样式

重定义 HTML 标签样式可以使网页中的所有该标签的样式都自动跟着变化。例如，我们重新定义单元格的背景颜色为蓝色（#09F），则页面中所有单元格的背景颜色都会自动被修改。原效果如图 8-2 所示，重新定义 td 标签后的效果如图 8-3 所示。

2. CSS 选择器样式

使用 CSS 选择器对用 ID 属性定义的特定标签应用样式。一般网页中某些特定的网页元素使用 CSS 选择器定义样式。例如，设置 ID 为 pho 的单元格背景颜色为红色，如图 8-4 所示。

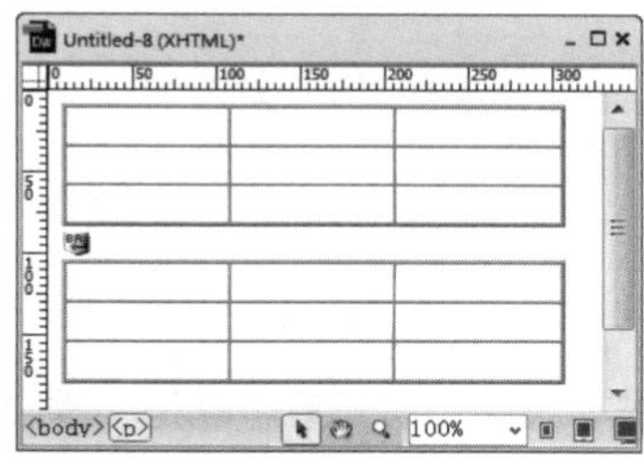

图 8-2

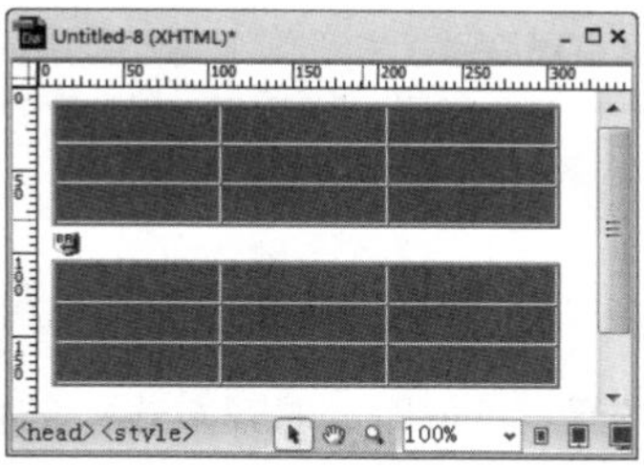

图 8-3

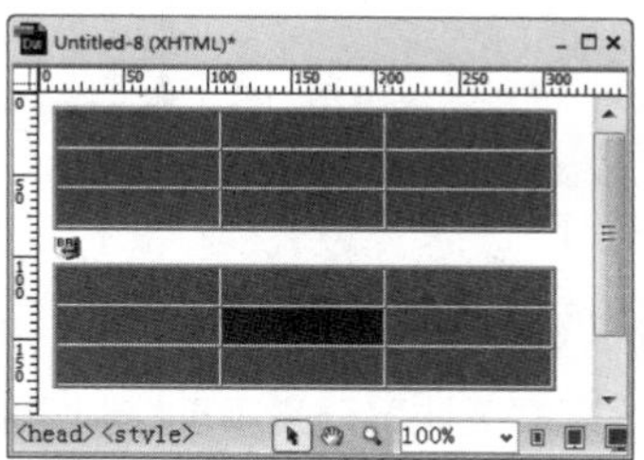

图 8-4

8.2 CSS 属性

CSS 样式可以控制网页元素的外观，如定义字体、颜色、边距等，这些也可以通过设置 CSS 属性来实现。CSS 属性有很多种分类，包括“类型”“背景”“区块”“方框”“边框”“列表”“定位”“扩展”“过渡”9 个分类，分别设定不同网页元素的外观。下面分别进行介绍。

8.2.1 类型

“类型”分类主要是定义网页中文字的字体、字号、颜色等，“类型”选项面板如图 8-5 所示。

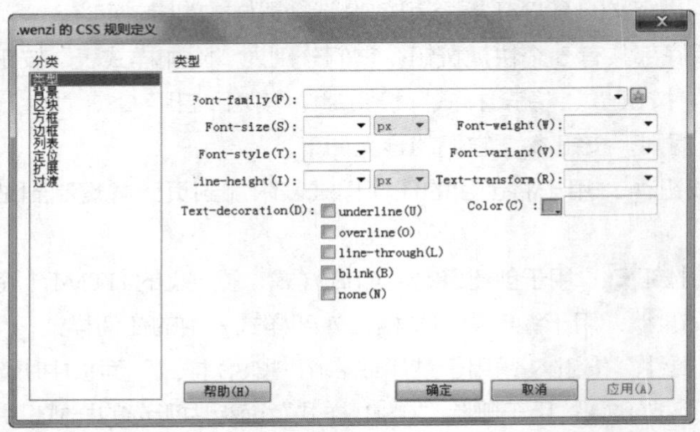

图 8-5

8.2.2 背景

“背景”分类用于在网页元素后加入背景图像或背景颜色，“背景”选项面板如图 8-6 所示。

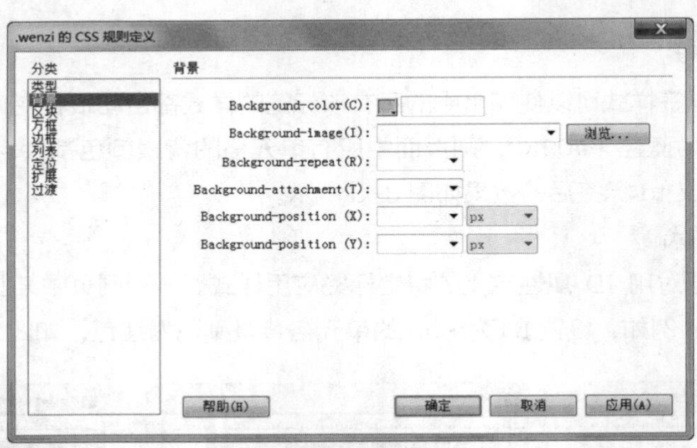

图 8-6

8.2.3 区块

“区块”分类用于控制网页中块元素的间距、对齐方式和文字缩进等属性。块元素可以是文本、图像和层等。“区块”选项面板如图 8-7 所示。

图 8-7

8.2.4　方框

CSS 可被看成将网页中所有的块元素包含在盒子中，这个盒子分成 4 部分，如图 8-8 所示。“方框”属性与“边框”属性都是针对盒子中的各部分的，“方框”选项面板如图 8-9 所示。

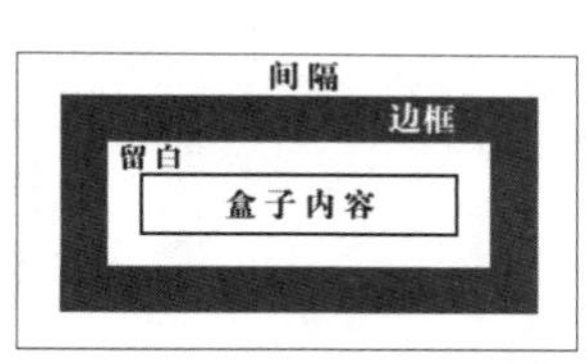

图 8-8

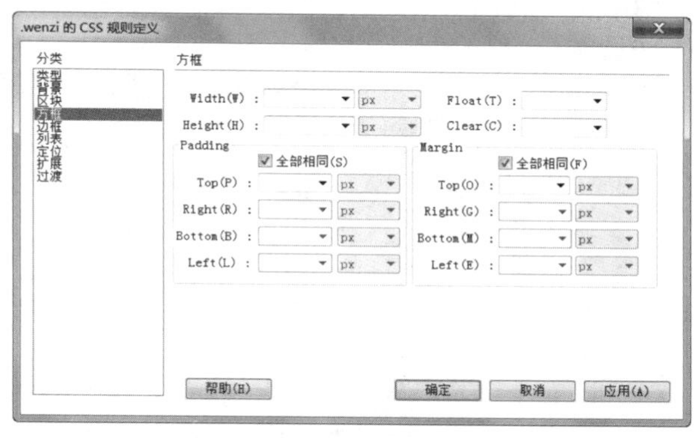

图 8-9

8.2.5　边框

“边框”分类主要是针对盒子边框而言的，“边框”选项面板如图 8-10 所示。

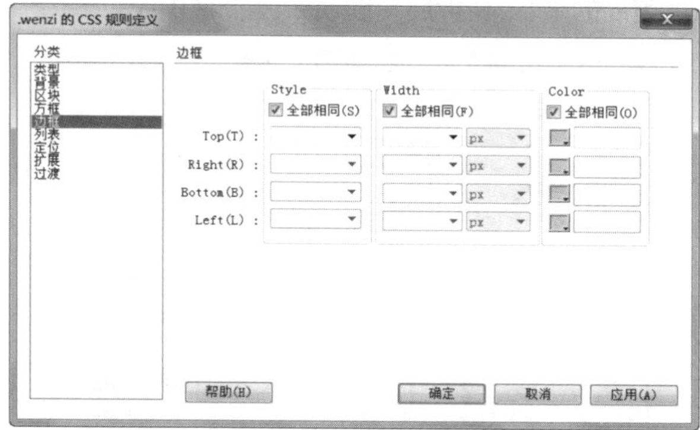

图 8-10

8.2.6 列表

“列表”分类用于设置项目符号或编号的外观，“列表”选项面板如图 8-11 所示。

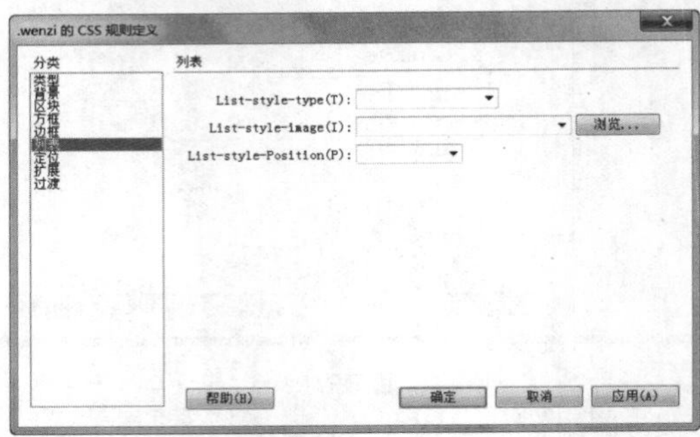

图 8-11

8.2.7 定位

“定位”分类用于精确控制网页元素的位置，主要针对层的位置进行控制，“定位”选项面板如图 8-12 所示。

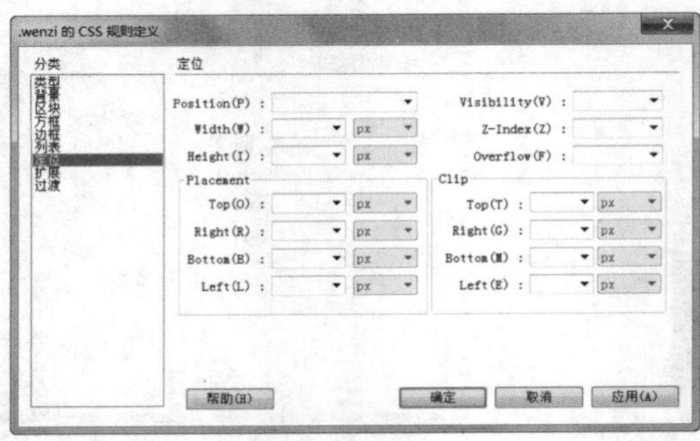

图 8-12

8.2.8 扩展

“扩展”分类主要用于控制鼠标指针形状、控制打印时的分页以及为网页元素添加滤镜效果，但它仅支持 IE 浏览器 4.0 或更高的版本，“扩展”选项面板如图 8-13 所示。

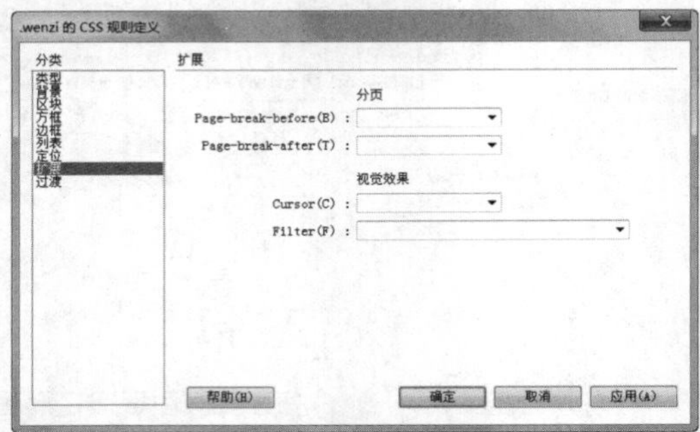

图 8-13

8.2.9　过渡

“过渡”分类主要用于控制动画属性的变化，以响应触发器事件，如悬停、单击和聚焦等，“过渡”选项面板如图 8-14 所示。

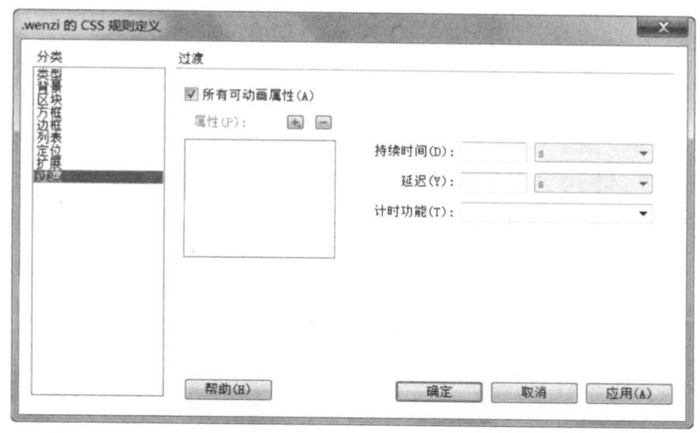

图 8-14

8.2.10　课堂案例——打印机网页

案例学习目标

使用“CSS 样式”命令制作菜单效果。

案例知识要点

使用“表格”按钮，插入表格效果；使用“属性”面板，为文字添加空链接；使用“CSS 样式”命令，设置翻转效果的链接，如图 8-15 所示。

图 8-15

效果所在位置

云盘/Ch08/效果/打印机网页/index.html。

案例制作步骤

1. 插入表格并输入文字

（1）选择“文件 > 打开”命令，在弹出的“打开”对话框中，选择云盘中的“Ch08 > 素材 > 打印机网页 > index.html”文件，单击“打开”按钮打开文件，如图 8-16 所示。

（2）将光标置入图 8-17 所示的单元格，按 Shift+Enter 组合键将光标切换到下一行显示，如图 8-18 所示。

图 8-16

图 8-17

图 8-18

（3）单击“插入”面板“常用”选项卡中的“表格”按钮，在弹出的“表格”对话框中进行设置，如图 8-19 所示，单击“确定”按钮，完成表格的插入。保持表格的选取状态，在“属性”面板“表格 ID”选项文本框中输入“Nav”，在“对齐”选项的下拉列表中选择“居中对齐”选项，效果如图 8-20 所示。在刚插入的表格的单元格中输入文字和空格，效果如图 8-21 所示。

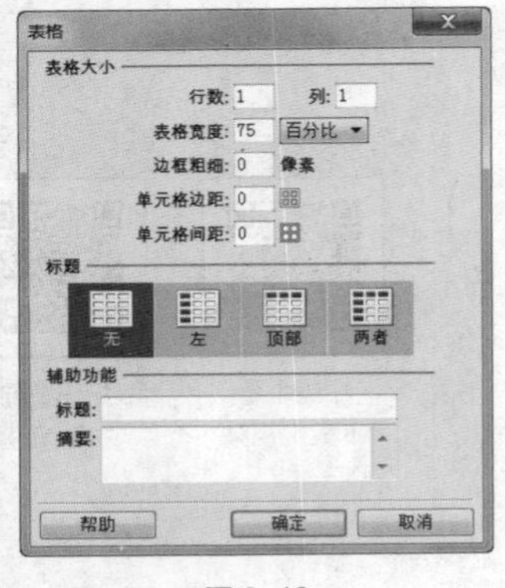

图 8-19

图 8-20

图 8-21

（4）选中图 8-22 所示的文字，在“属性”面板“链接”选项文本框中输入“#”，为文字制作空链接效果，如图 8-23 所示。用相同的方法为其他文字添加链接，效果如图 8-24 所示。

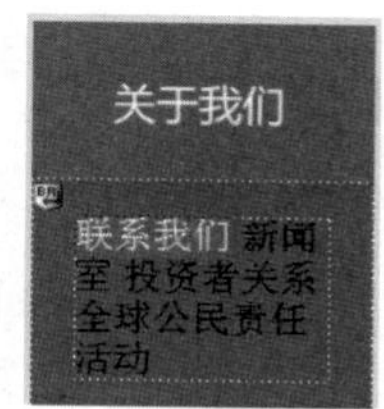

图 8-22

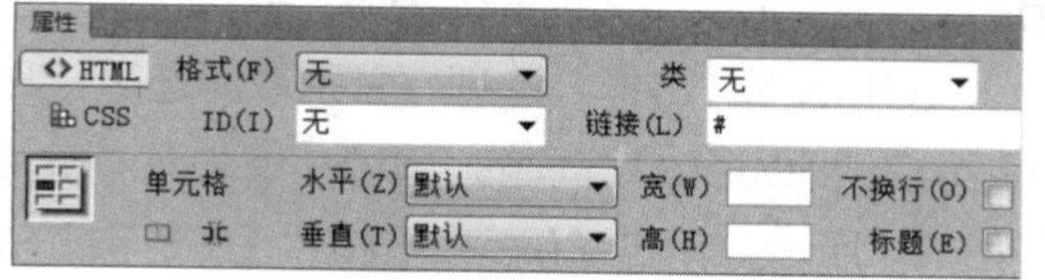

图 8-23

图 8-24

2. 设置 CSS 属性

（1）选中图 8-25 所示的表格，选择“窗口 > CSS 样式”命令，弹出“CSS 样式”面板，单击面板下方的“新建 CSS 规则”按钮，在弹出的“新建 CSS 规则”对话框中进行设置，如图 8-26 所示。

（2）单击“确定”按钮，弹出“将样式表文件另存为”对话框，在“保存在”选项的下拉列表中选择当前站点目录保存路径，在“文件名”选项的文本框中输入“style”，如图 8-27 所示。

图 8-25

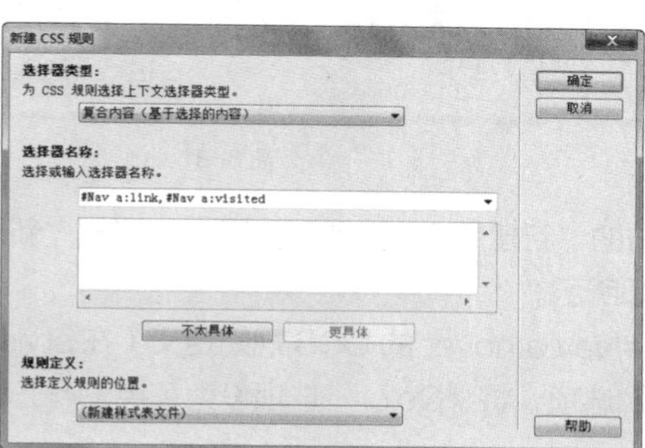

图 8-26

图 8-27

（3）单击“保存”按钮，弹出“#Nav a:link，#Nav a:visited 的 CSS 规则定义（在 style.css 中）”对话框，在左侧的“分类”列表中选择“类型”选项，将“Font-family”选项设为“微软雅黑”，“Font-size”选项设为 15，“Line-height”选项设为 160，“Color”选项设为白色。在“Font-weight”选项的下拉列表中选择“normal”选项，选择“Text-decoration”选项组中的“none”复选框，如图 8-28 所示。

（4）在左侧的“分类”列表中选择“区块”选项，在“Text-align”选项的下拉列表中选择“left”选项，在“Display”选项的下拉列表中选择“block”选项，如图 8-29 所示。

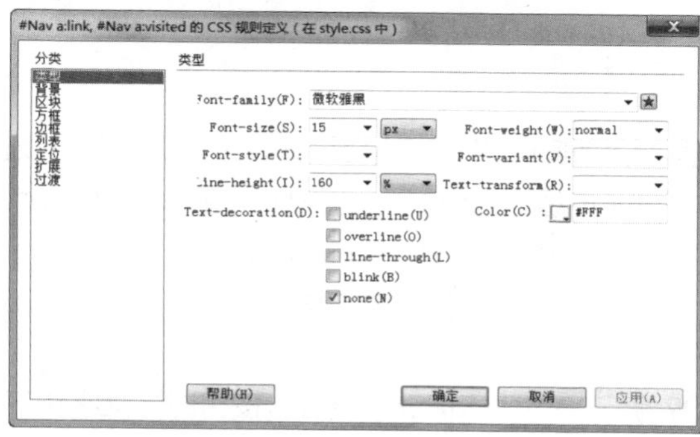

图 8-28

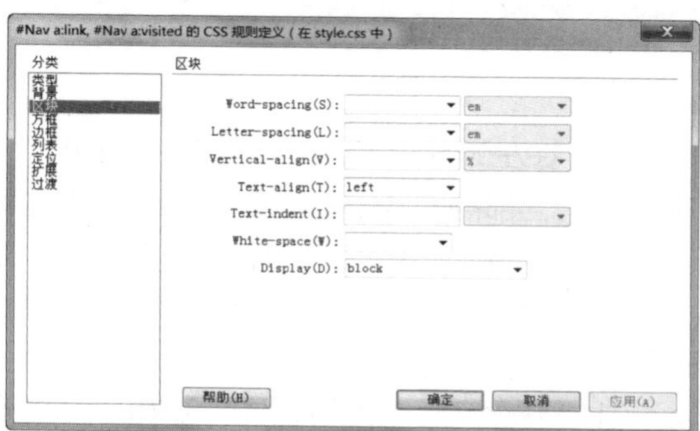

图 8-29

（5）在左侧的“分类”列表中选择“方框”选项，取消选择“Padding”选项组中的“全部相同”复选框，并分别设置“Top”和“Bottom”选项的值为 6、8，如图 8-30 所示。

（6）在左侧的“分类”列表中选择“边框”选项，分别取消选择“Style”“Width”“Color”选项组中的“全部相同”复选框。设置“Bottom”选项的“Style”值为“solid”、“Width”值为 1、“Color”值为青色（#32bff6），如图 8-31 所示。单击“确定”按钮，完成样式的创建，文档窗口中的效果如图 8-32 所示。

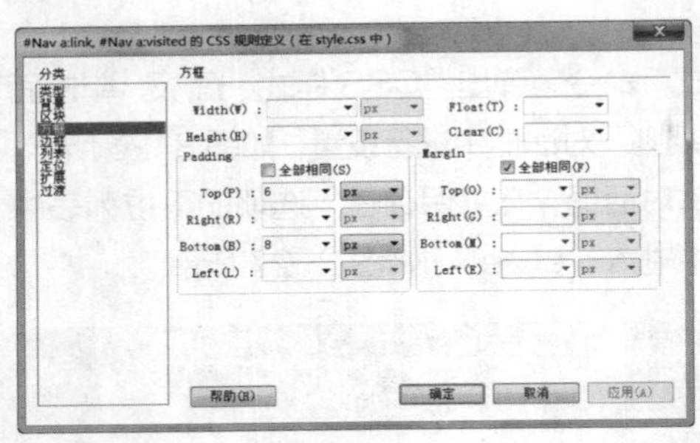

图 8-30

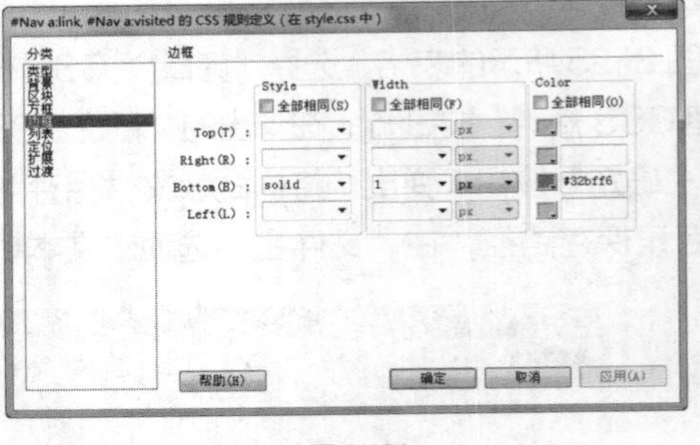

图 8-31

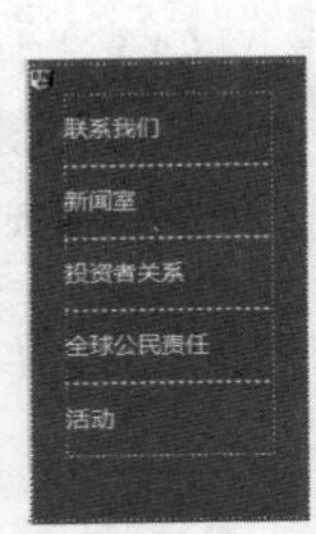

图 8-32

（7）单击“CSS 样式”面板下方的“新建 CSS 规则”按钮，弹出“新建 CSS 规则”对话框，在对话框中进行设置，如图 8-33 所示。

（8）单击“确定”按钮，弹出“#Nav a:hover 的 CSS 规则定义（在 style.css 中）”对话框，在左侧的“分类”列表中选择“类型”选项，将“Color”选项设为黄色（#FEE300），如图 8-34 所示。

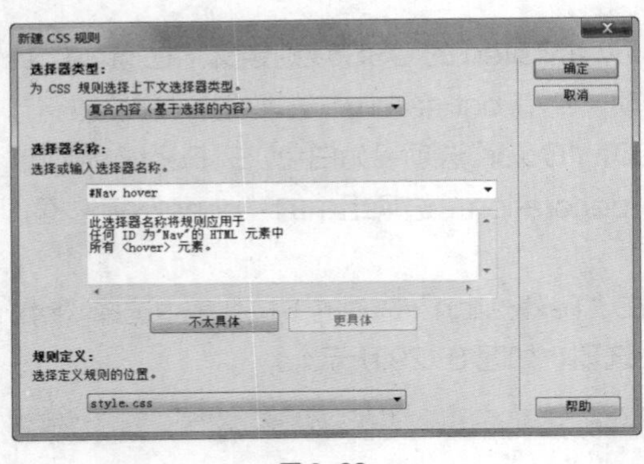

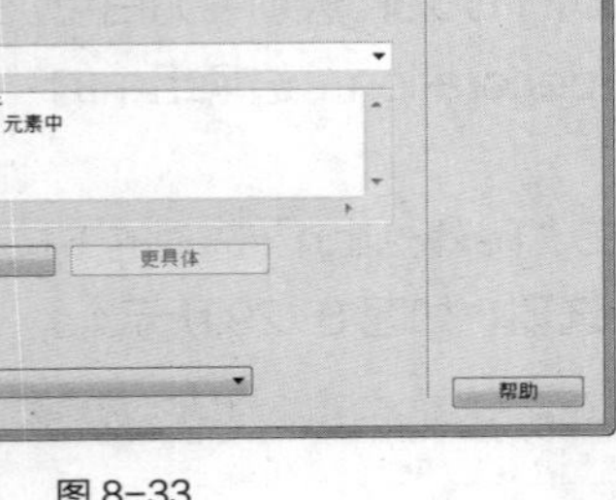

图 8-33

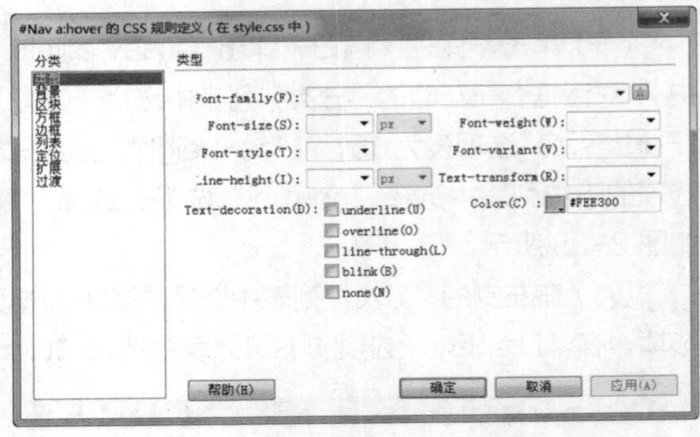

图 8-34

（9）在左侧的“分类”列表中选择“边框”选项，分别取消选择“Style”“Width”“Color”选项组中的“全部相同”复选框。设置“Bottom”选项的“Style”值为“solid”、“Width”值为 1、“Color”值为浅黄色（#FFF001），如图 8-35 所示，单击“确定”按钮，完成样式的创建。

（10）用上述的方法在其他单元格中插入表格，输入文字，并设置相应的样式，效果如图 8-36 所示。

（11）保存文档，按 F12 键预览效果，如图 8-37 所示。当鼠标指针滑过导航按钮时，文字和下边框线的颜色发生变化，效果如图 8-38 所示。

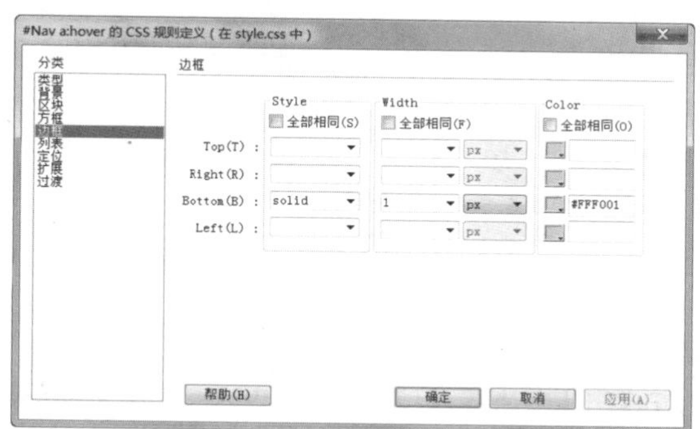

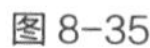

图 8-35

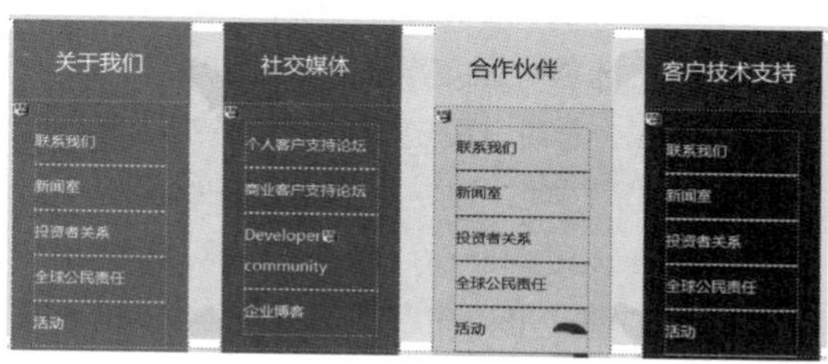

图 8-36

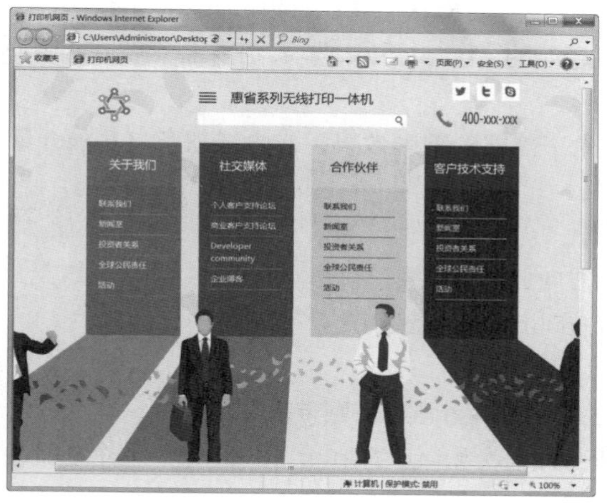

图 8-37

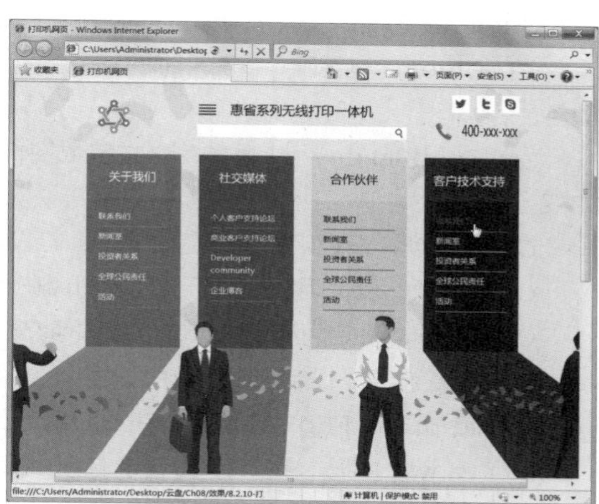

图 8-38

8.3 过滤器

随着网页设计技术的发展，人们希望能在页面中添加一些多媒体属性，如渐变、过滤效果等，CSS 技术使这些成为可能。Dreamweaver CS6 提供的“CSS 过滤器”属性可以将可视化的过滤器和转换效果添加到一个标准的 HTML 元素上。

8.3.1 CSS 的静态过滤器

CSS 中有静态过滤器和动态过滤器两种过滤器。静态过滤器使被施加的对象产生各种静态的特殊效果。IE 浏览器 8.0 版本支持以下 13 种静态过滤器。

（1）Alpha 过滤器：让对象呈现渐变的半透明效果，包含选项及其功能介绍如下。

Opacity 选项：以百分比的方式设置图片的透明程度，取值范围为 0~100，0 表示完全透明，100 表示完全不透明。

FinishOpacity 选项：和 Opacity 选项一起以百分比的方式设置图片的透明渐进效果，取值范围为 0~100，0 表示完全透明，100 表示完全不透明。

Style 选项：设定渐进的显示形状。

StartX 选项：设定渐进开始的横坐标值。

StartY 选项：设定渐进开始的纵坐标值。

FinishX 选项：设定渐进结束的横坐标值。

FinishY 选项：设定渐进结束的纵坐标值。

（2）Blur 过滤器：让对象产生风吹的模糊效果，包含选项及其功能介绍如下。

Add 选项：是否在应用 Blur 过滤器的 HTML 元素上显示原对象的模糊方向，0 表示不显示原对象，1 表示显示原对象。

Direction 选项：设定模糊的方向，0 表示向上，90 表示向右，180 表示向下，270 表示向左。

Strength 选项：以像素为单位设定图像模糊的半径大小，默认值是 5，取值范围是自然数。

（3）Chroma 过滤器：将图片中的某个颜色变成透明的，包含 Color 选项，用来指定要变透明的颜色。

（4）DropShadow 过滤器：让文字或图像产生下落式的阴影效果，包含选项及其功能介绍如下。

Color 选项：设定阴影的颜色。

OffX 选项：设定阴影相对于文字或图像在水平方向上的偏移量。

OffY 选项：设定阴影相对于文字或图像在垂直方向上的偏移量。

Positive 选项：设定阴影的透明程度。

（5）FlipH 和 FlipV 过滤器：在 HTML 元素上产生水平和垂直的翻转效果。

（6）Glow 过滤器：在 HTML 元素的外轮廓上产生光晕效果，包含 Color 和 Strength 两个选项。

Color 选项：用于设定光晕的颜色。

Strength 选项：用于设定光晕的范围。

（7）Gray 过滤器：让彩色图片产生灰色调效果。

（8）Invert 过滤器：让彩色图片产生照片底片的效果。

（9）Light 过滤器：在 HTML 元素上产生模拟光源的投射效果。

（10）Mask 过滤器：在图片上加上遮罩色，包含 Color 选项，用于设定遮罩的颜色。

（11）Shadow 过滤器：与 DropShadow 过滤器一样，让文字或图像产生下落式的阴影效果，但 Shadow 过滤器生成的阴影有渐进效果。

（12）Wave 过滤器：在 HTML 元素上产生垂直方向的波浪效果，包含选项及其功能介绍如下。

Add 选项：是否在应用 Wave 过滤器的 HTML 元素上显示原对象的模糊方向，0 表示不显示原对象，1 表示显示原对象。

Freq 选项：设定波动的数量。

LightStrength 选项：设定光照效果的光照程度，取值范围为 0~100，0 表示光照最弱，100 表示光照最强。

Phase 选项：以百分数的方式设定波浪的起始相位，取值范围为 0~100。

Strength 选项：设定波浪的摇摆程度。

（13）Xray 过滤器：显示图片的轮廓，如同 X 光片的效果。

8.3.2 课堂案例——爱插画网页

案例学习目标

使用“CSS 样式”命令制作图像透明效果。

案例知识要点

使用“Alpha 滤镜”命令，把图像设定为透明效果，如图 8-39 所示。

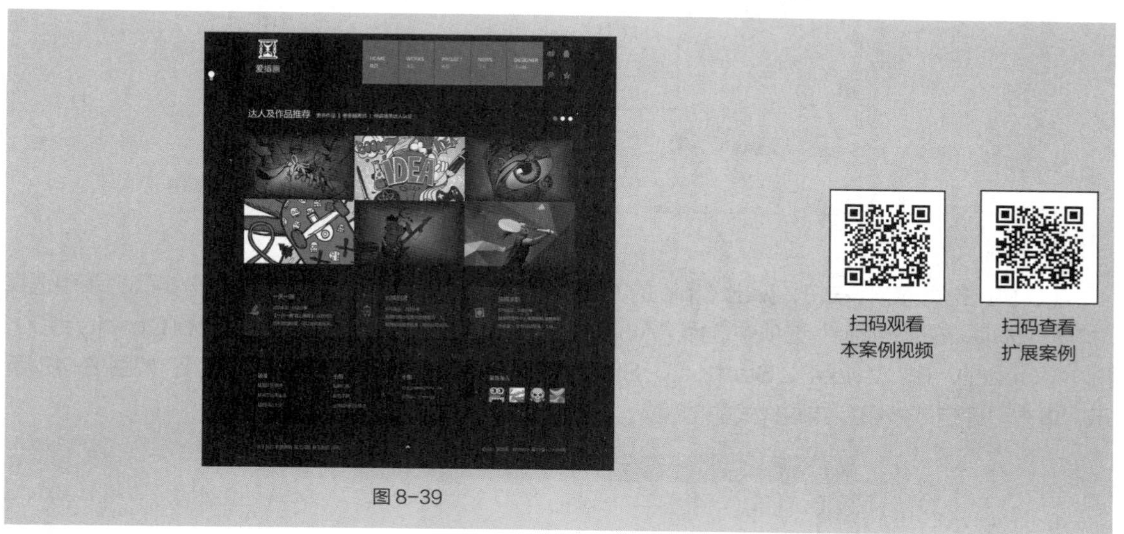

图 8-39

效果所在位置

云盘/Ch08/效果/爱插画网页/index.html。

案例制作步骤

（1）选择“文件 > 打开”命令，在弹出的“打开”对话框中，选择云盘中的“Ch08 > 素材 > 爱插画网页 > index.html”文件，单击“打开”按钮打开文件，如图 8-40 所示。

图 8-40

（2）选择“窗口 > CSS 样式”命令，弹出“CSS 样式”面板，单击面板下方的“新建 CSS 规则”按钮，在弹出的对话框中进行设置，如图 8-41 所示。

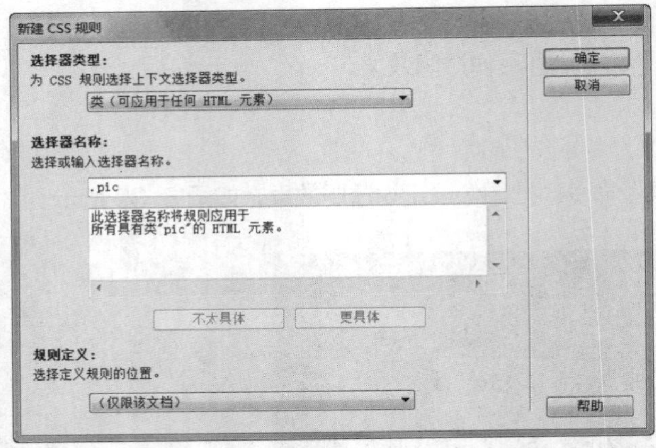

图 8-41

（3）单击“确定”按钮，弹出“.pic 的 CSS 规则定义”对话框，在左侧的“分类”列表中选择“扩展”选项，在“Filtan”选项中选择“Alpha”，将过滤器各参数值设置为“Alpha(Opacity=100，FinishOpacity=0，Style=3，StartX=0，StartY=0，FinishX=80，FinishY=80)”，如图 8-42 所示，单击“确定”按钮，完成样式的创建。

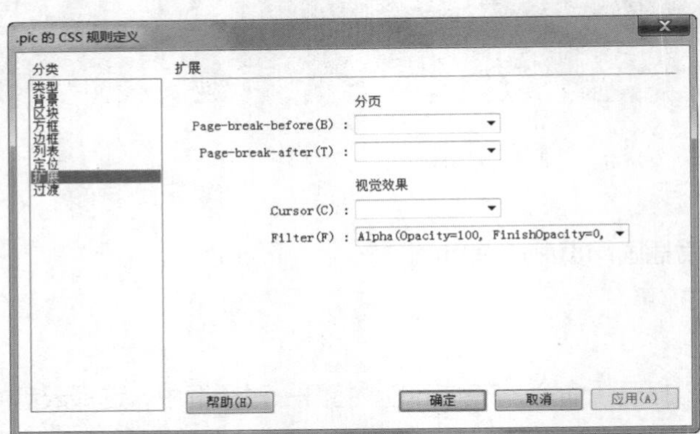

图 8-42

（4）选中图 8-43 所示的图片，在“属性”面板“类”选项的下拉列表中选择“pic”选项，如图 8-44 所示，应用样式。使用相同的方法为其他图像添加样式效果。

图 8-43

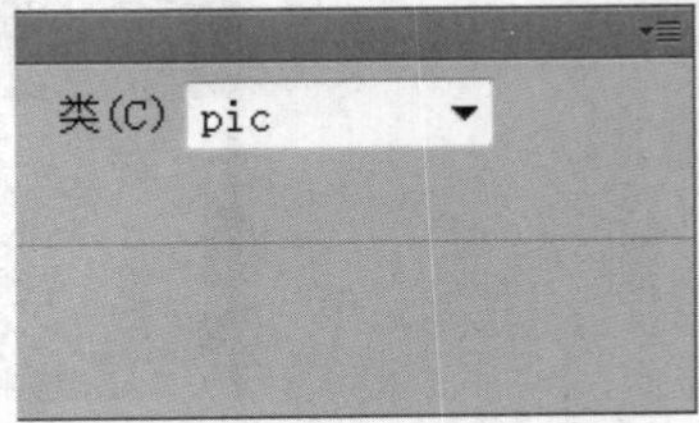

图 8-44

（5）在 Dreamweaver CS6 中看不到过滤器的真实效果，只有在浏览器的状态下才能看到真实效果。保存文档，按 F12 键预览效果，如图 8-45 所示。

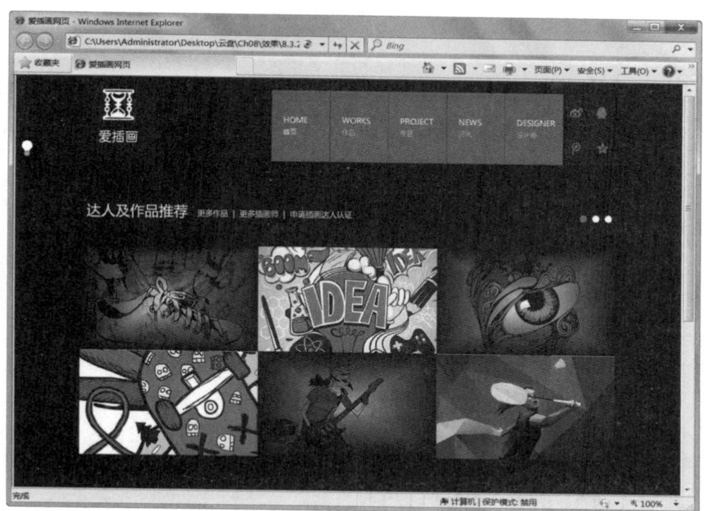

图 8-45

课堂练习——优选购物网页

练习知识要点

使用“项目列表”按钮，创建无序列表；使用“属性”面板，创建空链接；使用“CSS 样式”命令，控制超链接的显示状态，制作导航条效果，效果如图 8-46 所示。

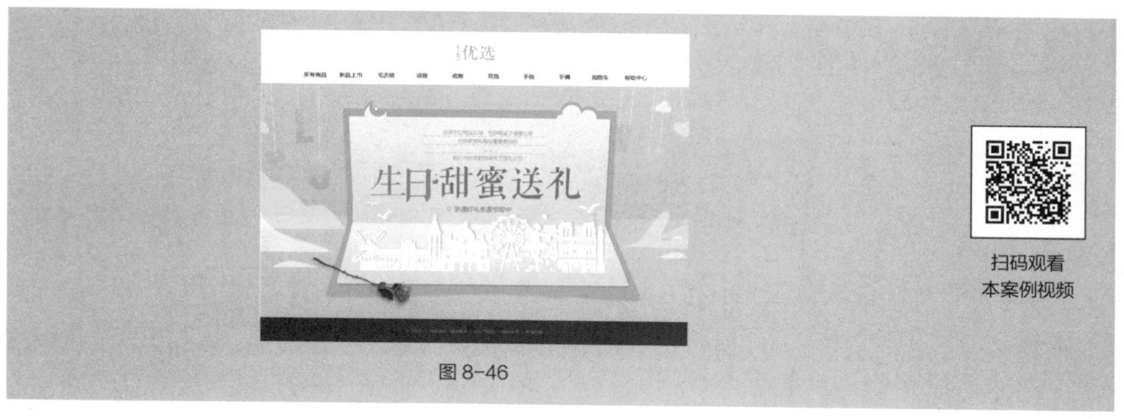

图 8-46

效果所在位置

云盘/Ch08/效果/优选购物网页/index.html。

课后习题——爱美化妆品网页

习题知识要点

使用“Alpha”滤镜，改变图像的透明度，如图 8-47 所示。

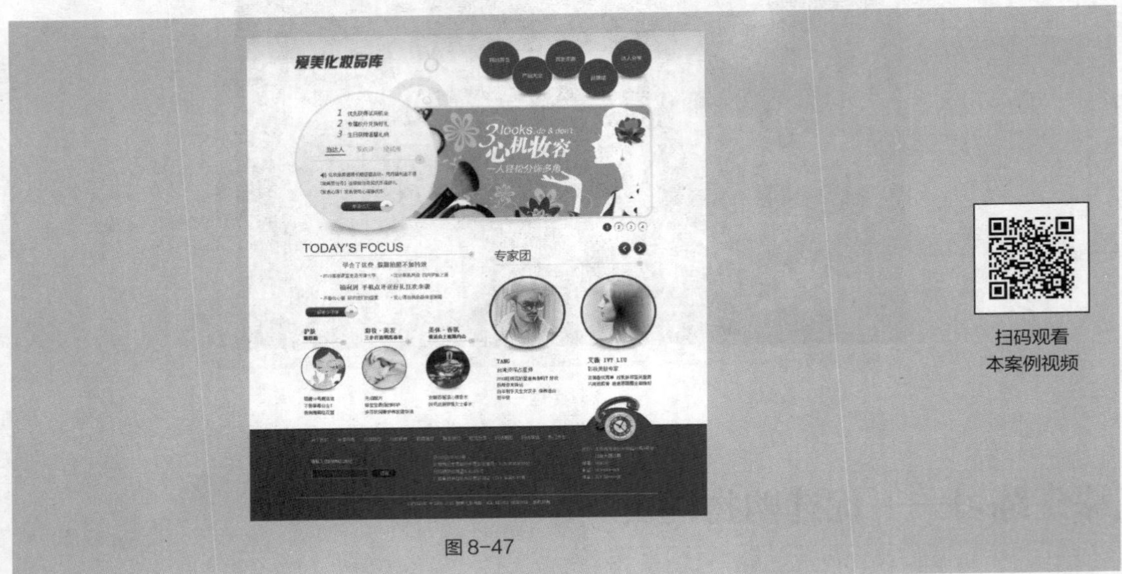

图 8-47

效果所在位置

云盘/Ch08/效果/爱美化妆品网页/index.html。

09

第 9 章 模板和库

模板的功能就是把网页布局和内容分离，在布局设计好之后将其保存为模板。这样，相同的布局页面可以通过模板来创建，因此能够极大地提高工作效率。本章主要讲解模板和库的创建方法和应用技巧，通过对这些内容的学习，读者网站的更新、维护工作将变得更加轻松。

课堂学习目标

- 掌握创建和编辑模板的方法
- 掌握管理模板的方法
- 掌握创建库的方法
- 掌握向页面添加库项目的方法

9.1 模板

使用模板创建文档可以使网站和网页具有统一的风格和外观，如果有好几个网页想要用同一风格来制作，使用“模板”绝对是最有效的、最快捷的方法。模板实质上就是创建其他文档的基础文档。

9.1.1 创建空模板

创建空白模板有以下几种方法。

➔ 在打开的文档窗口中单击“插入”面板“常用”选项卡中的“创建模板”按钮，将当前文档转换为模板文档。

➔ 在“资源”面板中单击“模板”按钮，此时列表为模板列表，如图 9-1 所示。然后单击下方的“新建模板”按钮，创建空模板，此时新的模板添加到“资源”面板的“模板”列表中，为该模板输入名称，如图 9-2 所示。

➔ 在“资源”面板的“模板”列表中单击鼠标右键，在弹出的快捷菜单中选择“新建模板”命令。

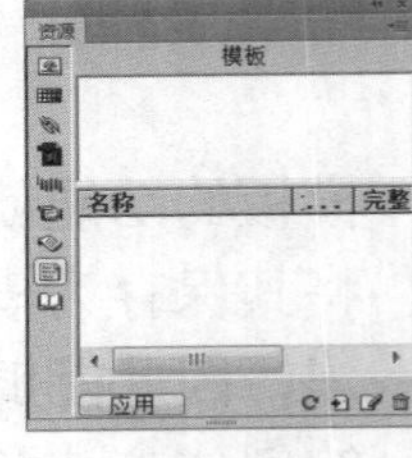

图 9-1

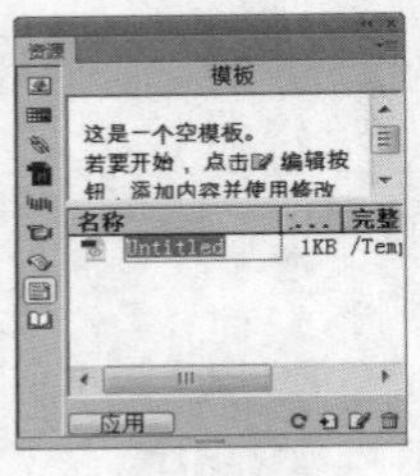

图 9-2

9.1.2 创建可编辑区域

插入可编辑区域的具体操作步骤如下。

（1）打开文档，如图 9-3 所示。

（2）将光标放置在要插入可编辑区域的位置，在“插入”面板“常用”选项卡中，单击“可编辑区域”按钮，弹出“新建可编辑区域”对话框，在“名称”文本框中输入可编辑区域的名称，如图 9-4 所示。

图 9-3

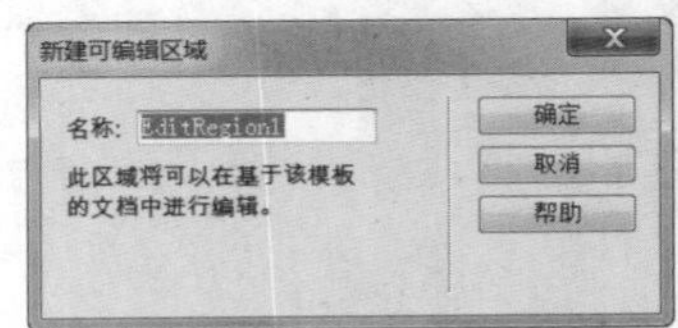

图 9-4

（3）单击“确定”按钮，在网页中即可插入可编辑区域，如图 9-5 所示。

（4）选择“文件 > 另存为模板”命令，弹出“另存模板”对话框，在对话框中的“另存为”选项的文本框中输入模板的名称，在“站点”右侧的下拉列表中选择保存的站点，如图 9-6 所示。

图 9-5

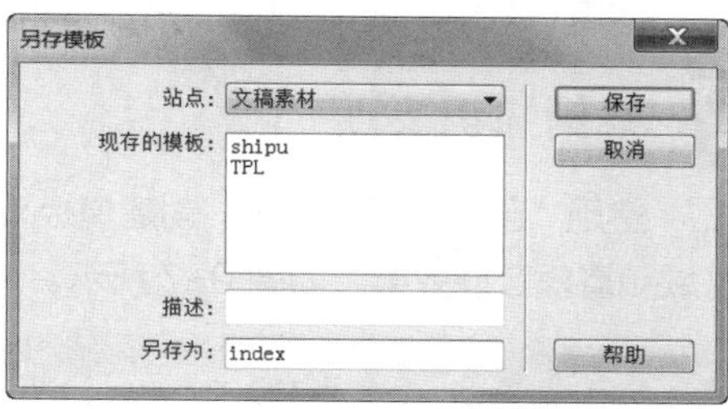

图 9-6

（5）单击“保存”按钮，即可将该文件保存为模板。

9.1.3 管理模板

1. 删除模板

若要删除模板文件，具体操作步骤如下。

（1）在“资源”面板中选择面板左侧的“模板”按钮。

（2）单击模板的名称选择该模板。

（3）单击面板下方的“删除”按钮，并确定要删除该模板，此时该模板文件从站点中删除。

一旦删除模板文件，则无法对其进行检索。

2. 修改模板文件

当更改模板时，Dreamweaver CS6 将提示更新基于该模板的文档，具体操作步骤如下。

（1）在“资源”面板中，选择面板左侧的“模板”按钮。

（2）在可用模板列表中，执行下列操作之一。

- 双击要编辑的模板名称。
- 选择要编辑的模板，然后单击面板底部的“编辑”按钮。
- 模板在文档窗口中打开。

（3）根据需要修改模板的内容。

若要修改模板的页面属性，选择“修改 > 页面属性”命令（基于模板的文档将继承该模板的页面属性）。

（4）保存该模板。

（5）单击“更新”按钮，更新基于修改后的模板的所有文档。如果不想更新基于模板后的模板文档，单击“不更新”按钮。

9.1.4 课堂案例——水果慕斯网页

案例学习目标

使用“常用”选项卡中的按钮创建模板网页效果。

案例知识要点

使用“创建模板”按钮，创建模板；使用“可编辑区域”按钮和“重复区域”按钮，制作可编辑区域和重复区域效果，如图 9-7 所示。

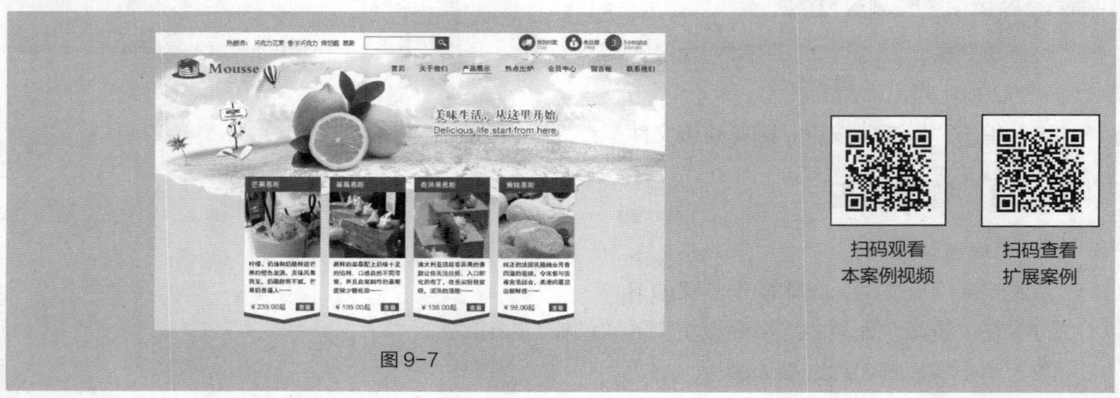

图 9-7

效果所在位置

云盘/Templates/TPL.dwt。

案例制作步骤

1．创建模板

（1）选择“文件 > 打开”命令，在弹出的“打开”对话框中，选择云盘中的“Ch09 > 素材 > 水果慕斯网页 > index.html”文件，单击“打开”按钮打开文件，如图 9-8 所示。

图 9-8

（2）在“插入”面板“常用”选项卡中，单击“创建模板”按钮，在弹出的“另存模板”对话框中进行设置，如图 9-9 所示，单击“保存”按钮，弹出“Dreamweaver”提示对话框，如图 9-10 所示，单击“是”按钮，将当前文档转换为模板文档，其文档名称也随之改变，如图 9-11 所示。

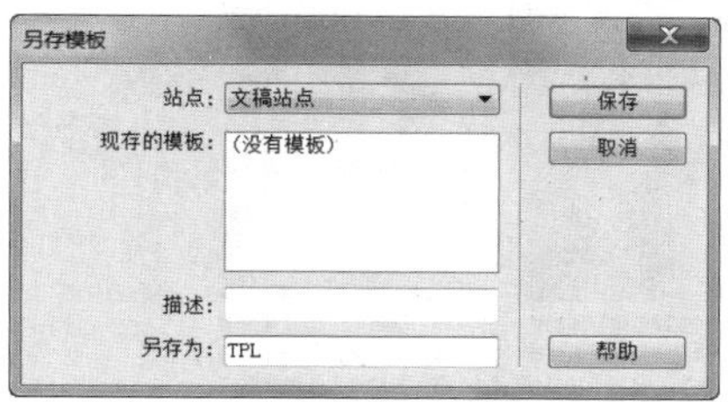

图 9-9

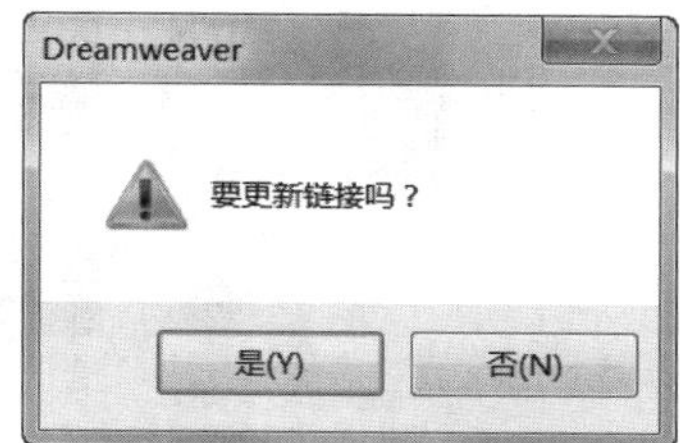

图 9-10

图 9-11

2. 创建可编辑区域

（1）选中图 9-12 所示图片，在“插入”面板“常用”选项卡中，单击“可编辑区域”按钮，弹出“新建可编辑区域”对话框，在“名称”文本框中输入名称，如图 9-13 所示，单击“确定”按钮创建可编辑区域，如图 9-14 所示。

图 9-12

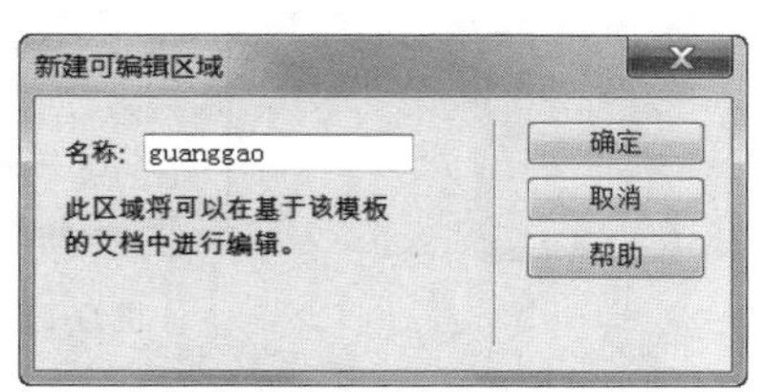

图 9-13

图 9-14

（2）选中图 9-15 所示的单元格，在“插入”面板“常用”选项卡中，单击“重复区域”按钮，在弹出的“新建重复区域”对话框中进行设置，如图 9-16 所示，单击“确定”按钮，效果如图 9-17 所示。

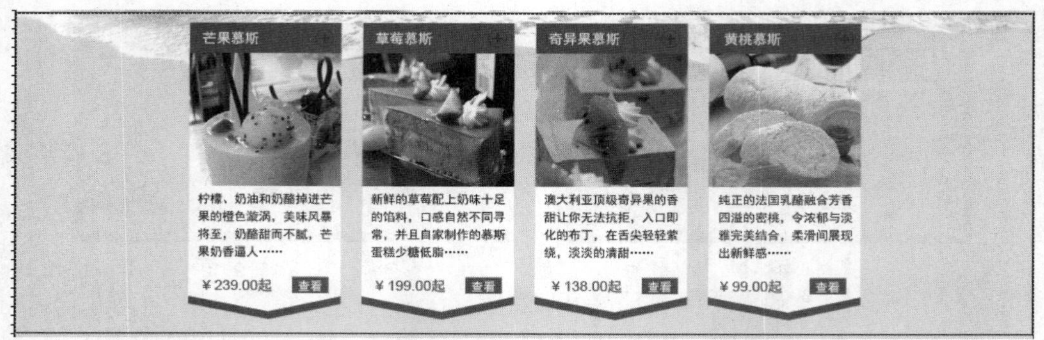

图 9-15

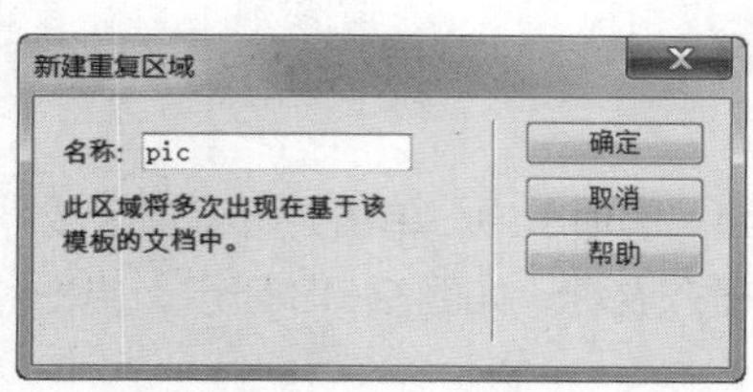

图 9-16

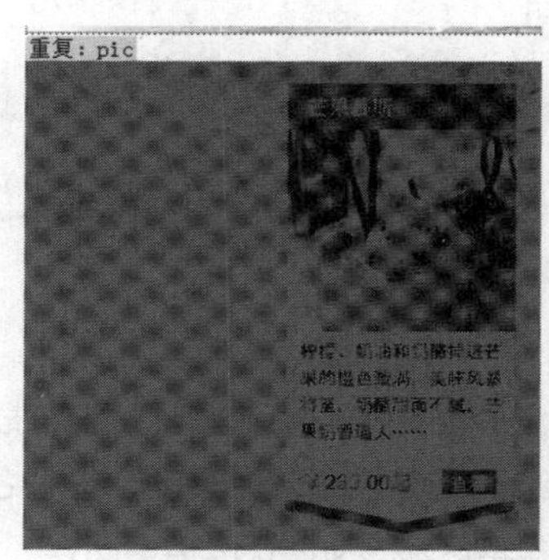

图 9-17

（3）选中图 9-18 所示的图像，在“插入”面板“模板”选项卡中，再次单击“可编辑区域”按钮，在弹出的“新建可编辑区域”对话框中进行设置，如图 9-19 所示，单击“确定”按钮，创建可编辑区域，如图 9-20 所示。

图 9-18

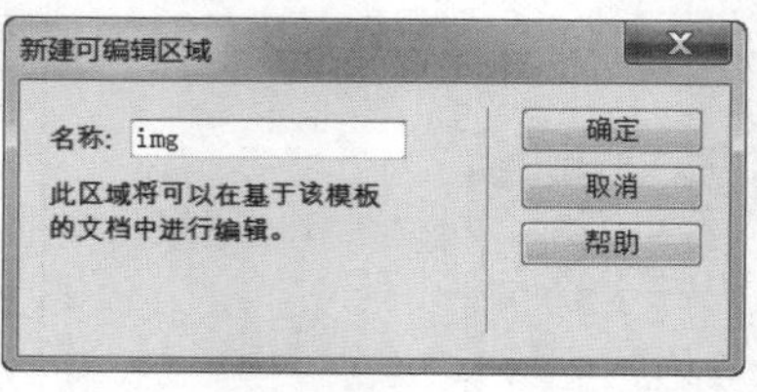

图 9-19

图 9-20

（4）模板网页效果制作完成，如图 9-21 所示。

图 9-21

9.2 库

Dreamweaver CS6 允许把网站中需要重复使用或要经常更新的页面元素（如图像、文本或其他对象）存入库中，存入库中的元素都被称为库项目。

9.2.1 创建库文件

库项目可以包含文档<body>部分中的任意元素，包括文本、表格、表单、Java applet、插件、ActiveX 元素、导航条、图像等。库项目只是对网页元素的引用，原始文件必须保存在指定的位置。

1. 基于选定内容创建库项目

先在文档窗口中选择要创建为库项目的网页元素，然后创建库项目，并为新的库项目输入一个名称。

创建库项目有以下几种方法。

➲ 选择"窗口 > 资源"命令，弹出"资源"面板。单击"库"按钮📖，进入"库"面板，按住鼠标左键将选定的网页元素拖曳到"资源"面板中，如图 9-22 所示。

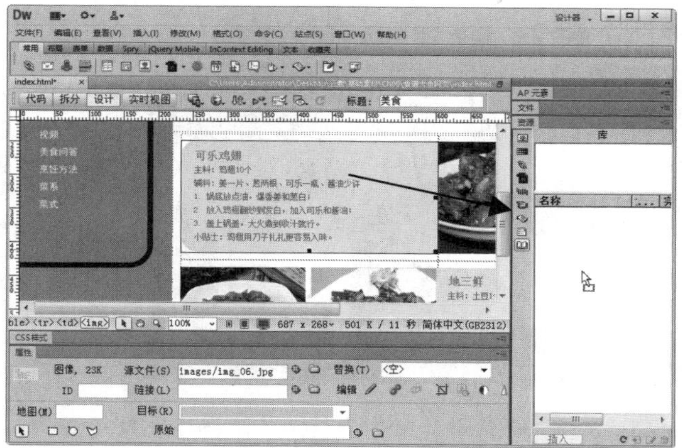

图 9-22

- 单击“库”面板底部的“新建库项目”按钮。
- 在“库”面板中单击鼠标右键，在弹出的快捷菜单中选择“新建库项目”命令。
- 选择“修改 > 库 > 增加对象到库”命令。

2. 创建空白库项目

（1）确保没有在文档窗口中选择任何内容。

（2）选择“窗口 > 资源”命令，弹出“资源”面板。单击“库”按钮，进入“库”面板。

（3）单击“库”面板底部的“新建库项目”按钮，会在库列表中增加一个新项目。

9.2.2 向页面添加库项目

当向页面添加库项目时，将把实际内容以及对该库项目的引用一起插入文档。此时，无须提供原项目就可以正常显示。在页面中插入库项目的具体操作步骤如下。

（1）将插入点放在文档窗口中的合适位置。

（2）选择“窗口 > 资源”命令，弹出“资源”面板。单击“库”按钮，进入“库”面板，将库项目插入网页。

将库项目插入网页有以下几种方法。

- 将一个库项目从“库”面板拖曳到文档窗口中。
- 在“库”面板中选择一个库项目，然后单击面板底部的“插入”按钮 插入 。

9.2.3 课堂案例——律师事务所网页

案例学习目标

使用“库”面板，添加库项目并使用注册的项目制作网页文档。

案例知识要点

使用“库”面板，添加库项目；使用“库”中注册的项目制作网页文档；使用“CSS 样式”命令，修改文本的颜色，如图 9-23 所示。

图 9-23

效果所在位置

云盘/Ch09/效果/律师事务所网页/index.html。

案例制作步骤

1. 把经常用的图标注册到库中

（1）选择“文件 > 打开”命令，在弹出的“打开”对话框中，选择云盘中的“Ch09 > 素材 > 律师事务所网页 > index.html”文件，单击“打开”按钮打开文件，如图 9-24 所示。

（2）选择“窗口 > 资源”命令，弹出“资源”面板，单击左侧的“库”按钮，进入“库”面板，选择图 9-25 所示的图片，按住鼠标左键将其拖曳到“库”面板中，如图 9-26 所示。

图 9-24

图 9-25

图 9-26

（3）松开鼠标左键，选定的图像将添加为库项目，如图 9-27 所示。在可输入状态下，将其重命名为“logo”，按 Enter 键确认，如图 9-28 所示。

（4）选择图 9-29 所示的图片，按住鼠标左键将其拖曳到“库”面板中，松开鼠标左键，选定的图像将添加为库项目。在可输入状态下，将其重命名为“daohang”，按 Enter 键确认。

图 9-27

图 9-28

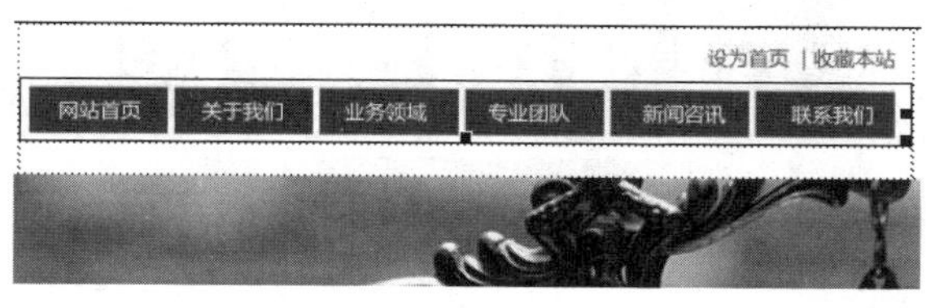

图 9-29

（5）选中图 9-30 所示的文字，按住鼠标左键将其拖曳到“库”面板中，如图 9-31 所示。松开鼠标左键，选定的图像将添加为库项目，如图 9-32 所示。在可输入状态下，将其重命名为“text”并按 Enter 键，效果如图 9-33 所示。文档窗口中文本的背景变成黄色，效果如图 9-34 所示。

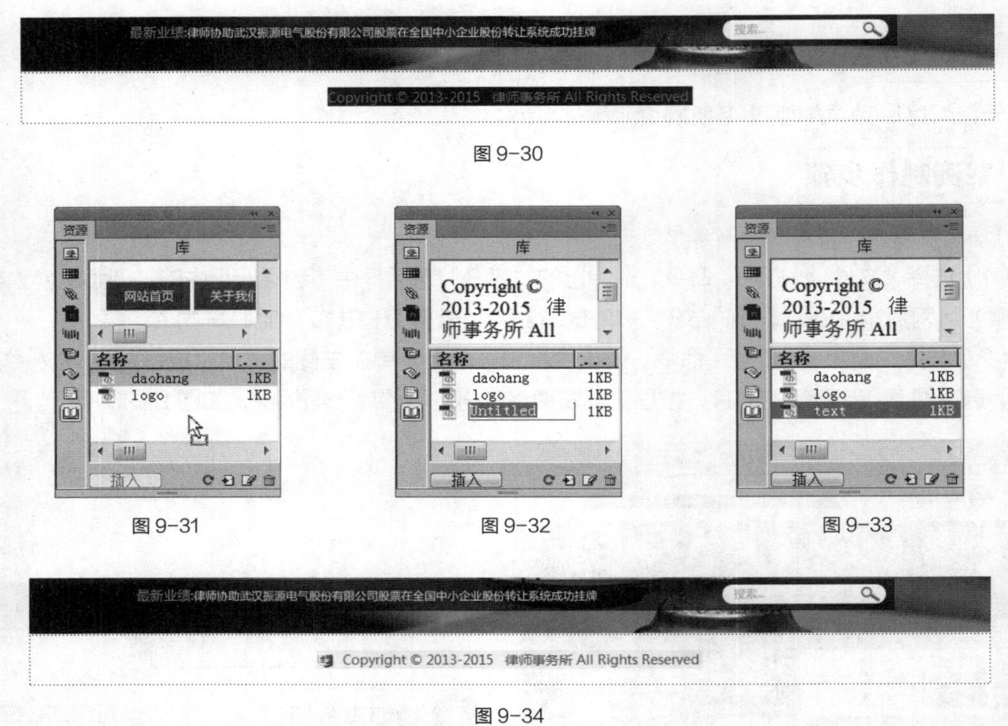

图 9-30

图 9-31　图 9-32　图 9-33

图 9-34

2. 利用库中注册的项目制作网页文档

（1）选择“文件 > 打开”命令，在弹出的“打开”对话框中，选择云盘中的“Ch09 > 素材 > 律师事务所网页 > ziye.html”文件，单击“打开”按钮，效果如图 9-35 所示。将光标置入图 9-36 所示的单元格。

图 9-35

图 9-36

（2）选择“库”面板中的“logo”选项，如图 9-37 所示，按住鼠标左键将其拖曳到单元格中，如图 9-38 所示，然后松开鼠标左键，效果如图 9-39 所示。

图 9-37

图 9-38

图 9-39

（3）选择“库”面板中的“daohang”选项，按住鼠标左键将其拖曳到单元格中，效果如图 9-40 所示。

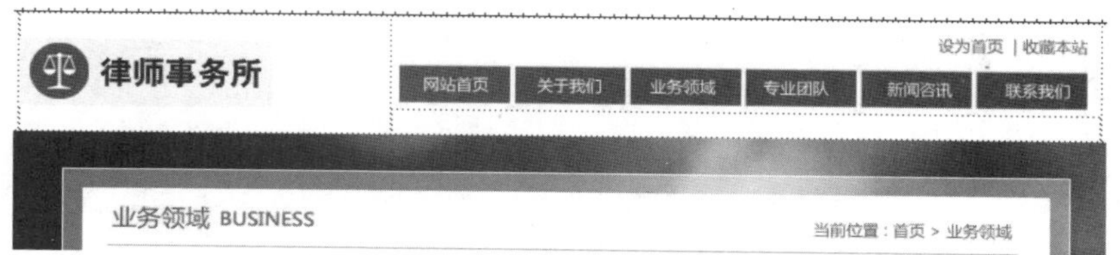

图 9-40

（4）选择“库”面板中的“text”选项，按住鼠标左键将其拖曳到单元格中，效果如图 9-41 所示。

图 9-41

（5）保存文档，按 F12 键预览效果，如图 9-42 所示。

图 9-42

3. 修改库中注册的项目

（1）返回 Dreamweaver CS6 界面中，在“库”面板中双击“text”选项，进入项目的编辑界面，效果如图 9-43 所示。

（2）按 Shift+F11 组合键，弹出“CSS 样式”面板，单击面板下方的“新建 CSS 规则”按钮，在弹出的“新建 CSS 规则”对话框中进行设置，如图 9-44 所示。

图 9-43

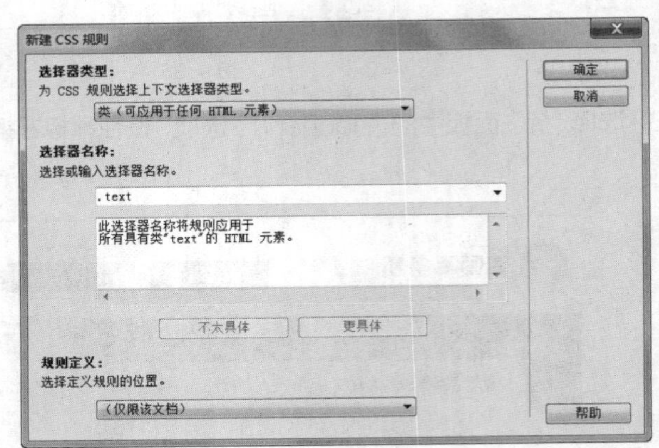

图 9-44

（3）单击“确定”按钮，弹出“.text 的 CSS 规则定义”对话框，在左侧的“分类”列表中选择“类型”选项，将“Font-family”选项设为“微软雅黑”，“Font-size”选项设为 16，“Color”选项设为红色（#F00），如图 9-45 所示。

（4）选择图 9-46 所示的文字，在“属性”面板“类”选项的下拉列表中选择“text”选项，应用样式，效果如图 9-47 所示。

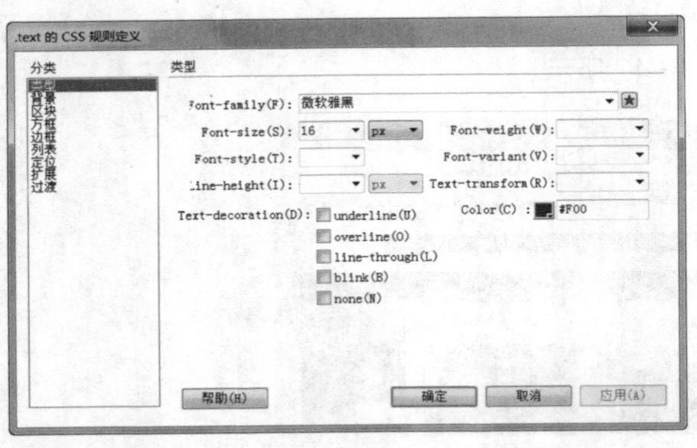

图 9-45

图 9-46

图 9-47

（5）选择“文件 > 保存”命令，弹出“更新库项目”对话框，如图 9-48 所示，单击“更新”按钮，弹出“更新页面”对话框，如图 9-49 所示，单击“关闭”按钮。

（6）返回到“ziye.html”编辑窗口中，按 F12 键预览效果，可以看到文字的颜色发生了改变，如图 9-50 所示。

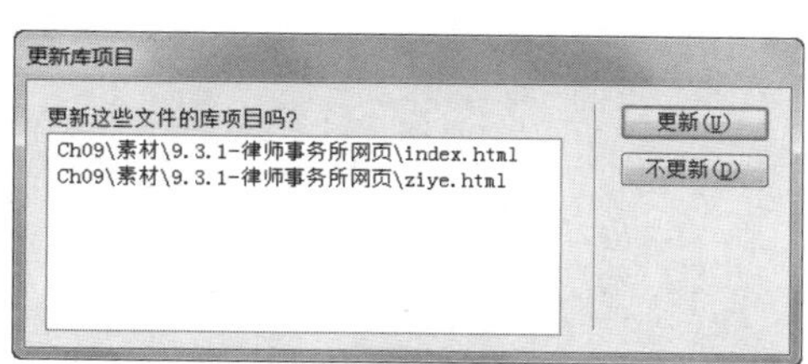

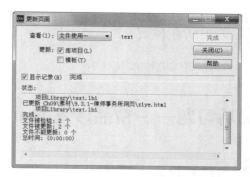

图 9-48

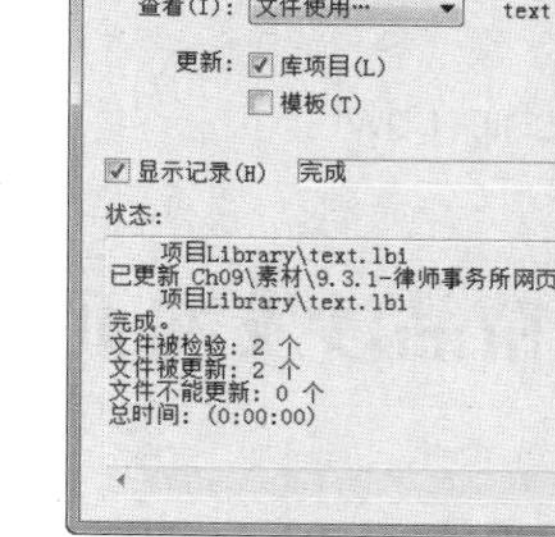

图 9-49

图 9-50

课堂练习——食谱大全网页

练习知识要点

使用“另存模板”命令，将页面存为模板；使用“可编辑区域”按钮，添加可编辑区，效果如图 9-51 所示。

图 9-51

效果所在位置

云盘/Templates/shipu.dwt。

课后习题——精品沙发网页

习题知识要点

使用“库”面板，添加库项目；使用库中注册的项目，制作网页文档，效果如图 9-52 所示。

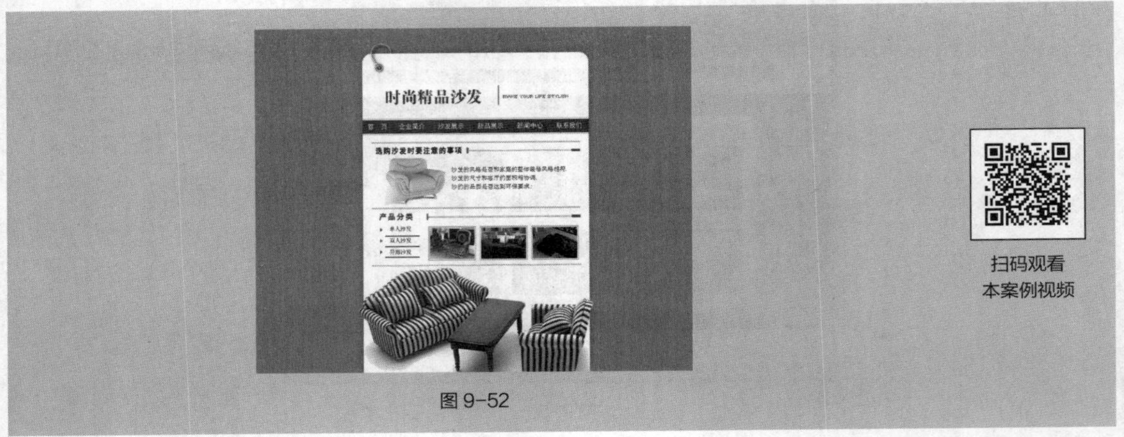

图 9-52

效果所在位置

云盘/Ch09/效果/精品沙发网页/index.html。

10 第10章 表单

表单的出现已经使网页从单向的信息传递，发展到能够实现与用户交互的地步，使网页的交互性越来越强。本章主要讲解表单的使用方法和应用技巧。通过对这些内容的学习，读者可以利用表单输入信息或进行选择，使用包括文本域、密码域、单选按钮/多选按钮、列表框、跳转菜单、按钮等表单对象，将表单相应的信息提交给服务器进行处理。使用表单可以实现网上投票、网站注册、信息发布、网上交易等功能。

课堂学习目标

- 掌握创建表单的方法
- 掌握设置表单属性的方法
- 掌握创建列表和菜单的方法
- 掌握创建跳转菜单的方法
- 掌握创建文本域和图像域的方法
- 掌握创建按钮的方法

10.1 表单的创建

表单的作用是使访问者与服务器交流信息。利用表单，服务器可根据访问者输入的信息自动生成页面并反馈给访问者，还可以为网站收集访问者输入的信息。

10.1.1 创建表单

在文档中插入表单的具体操作步骤如下。

（1）在文档窗口中，将插入点放在希望插入表单的位置。

（2）选择“表单”命令，文档窗口中出现一个红色的虚轮廓线用来指示表单区域，如图 10-1 所示。

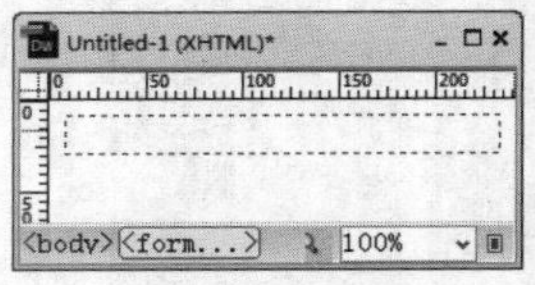

图 10-1

选择“表单”命令有以下几种方法。

- 单击“插入”面板“表单”选项卡中的“表单”按钮，或直接拖曳“表单”按钮到文档窗口中。
- 选择“插入 > 表单 > 表单”命令。

一个页面中包含多个表单，每一个表单都是用<form>和</form>标记来标志。在插入表单后，如果没有看到表单的轮廓线，可选择“查看 > 可视化助理 > 不可见元素”命令来显示表单的轮廓线。

10.1.2 表单的属性

在文档窗口中选择表单，“属性”面板中出现如图 10-2 所示的表单属性。

图 10-2

表单“属性”面板中各选项的作用介绍如下。

“表单 ID”选项：为表单输入一个名称。

“动作”选项：识别处理表单信息的服务器端应用程序。

“方法”选项：定义表单数据处理的方式。包括下面 3 个选项。

- “默认”：使浏览器的默认设置将表单数据发送到服务器。通常默认方法为“GET”。
- “GET”：将在 HTTP 请求中嵌入表单数据传送给服务器。
- “POST”：将值附加到请求该页的 URL 中传送给服务器。

“编码类型”选项：指定对提交给服务器进行处理的数据使用 MIME 编码类型。

“目标”选项：指定一个窗口，在该窗口中显示调用程序所返回的数据。包括下面 4 个选项。

- “_blank”选项：在新窗口中打开目标文档。
- “_parent”选项：在显示当前文档窗口的父窗口中打开目标文档。

➔ "_self"选项：在提交表单所使用的窗口中打开目标文档。

➔ "_top"选项：在当前文档窗口的窗体内打开目标文档。此值可用于确保目标文档占用整个窗口，即使文档显示在框架中。

"类"选项：表示当前表单的样式，默认状态下为无。

10.2 表单的使用

表单的使用可分为两部分：一是表单本身，把表单作为页面元素添加到网页页面中；二是表单的处理，即调用服务器端的脚本程序或以电子邮件方式发送。

10.2.1 单行文本域

1. 插入单行文本域

单行文本域通常提供单字或短语响应，如姓名或地址。

单击"插入"面板"表单"选项卡中的"文本字段"按钮，在文档窗口的表单中出现一个单行文本域，如图 10-3 所示。在"属性"面板中显示文本字段的属性，如图 10-4 所示。

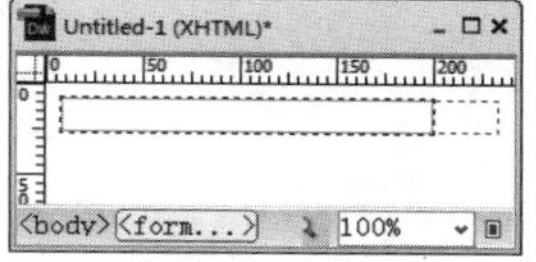

图 10-3

单行文本域"属性"面板中各选项作用介绍如下。

"文本域"选项：用于标识该文本域的名称，每个文本域都必须有一个唯一的名称。

"字符宽度"选项：最多可显示的字符数。此数字可以小于"最多字符数"。

"最多字符数"选项：设置单行文本域中最多可输入的字符数。

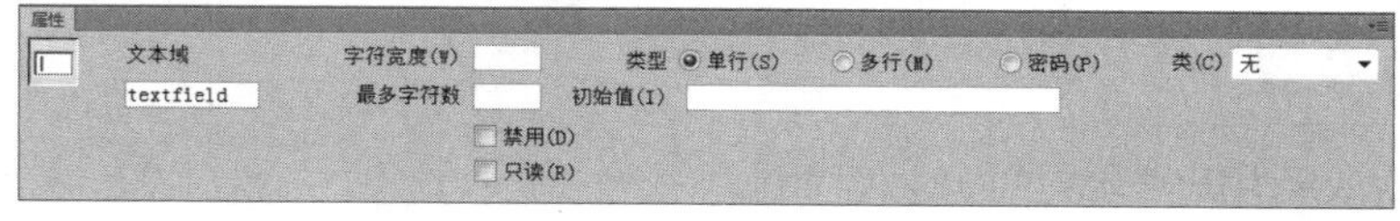

图 10-4

"类型"选项：指定输入信息的类型。

"初始值"选项：指定在首次载入表单时域中显示的值。它可以指示用户在域中输入信息。

"类"选项：使用户可以将 CSS 规则用于对象。

2. 插入密码文本域

密码域是特殊类型的文本域。当用户在密码域中输入文本时，所输入的文本被替代为星号或项目符号，以隐藏该文本，保护这些信息不被看到。

当将文本域设置为"密码"类型时将产生一个 type 属性为"password"的 input 标签。"字符宽度"和"最多字符数"设置与单行文本域中的属性设置相同。"最多字符数"可将密码限制为 10 个字符。

3. 插入多行文本域

多行文本域为访问者提供一个较大的区域，供其输入信息。可以指定访问者最多输入的行数以及对象的字符宽度。如果输入的文本超过这些设置，则该域将按照换行属性中指定的设置进行滚动。

当将文本域设置为"多行"时将产生一个 textarea 标签，"字符宽度"设置默认为 cols 属性。"行为”设置默认为 rows 属性。

“行数”选项：设置多行文本域的域高度。

“换行”选项：设定当用户输入的信息较多，无法在定义的文本域内全部显示时，“换行”选项中将包含“默认”“关”“虚拟”“实体”4 个选项。

10.2.2 课堂案例——用户登录界面

案例学习目标

使用“表单”选项卡中的按钮插入文本字段并设置相应的属性。

案例知识要点

使用“表单”按钮，插入表单；使用“表格”按钮，插入表格；使用“文本字段”按钮，插入文本字段；使用“属性”面板设置表格、文本字段的属性，效果如图 10-5 所示。

图 10-5

效果所在位置

云盘/Ch10/效果/用户登录界面/index.html。

案例制作步骤

1. 插入表单和表格

（1）选择“文件 > 打开”命令，在弹出的“打开”对话框中，选择云盘中的“Ch10 > 素材 > 用户登录界面 > index.html”文件，单击“打开”按钮打开文件，如图 10-6 所示。

图 10-6

（2）将光标置入图 10-7 所示的单元格。单击“插入”面板“表单”选项卡中的“表单”按钮，插入表单，如图 10-8 所示。单击“插入”面板“常用”选项卡中的“表格”按钮，在弹出的“表格”对话框中进行设置，如图 10-9 所示，单击“确定”按钮，完成表格的插入，效果如图 10-10 所示。

图 10-7

图 10-8

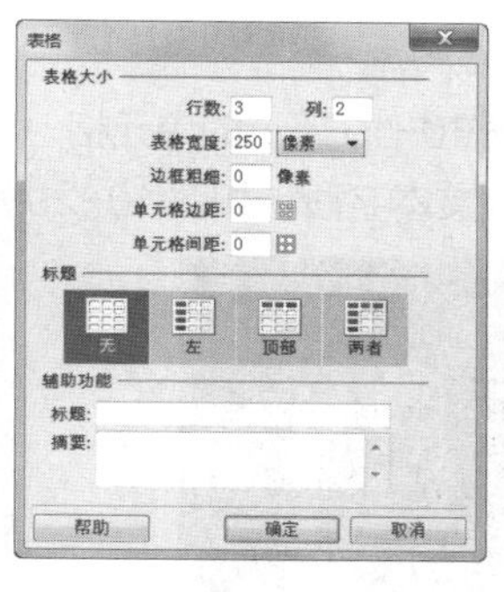

图 10-9

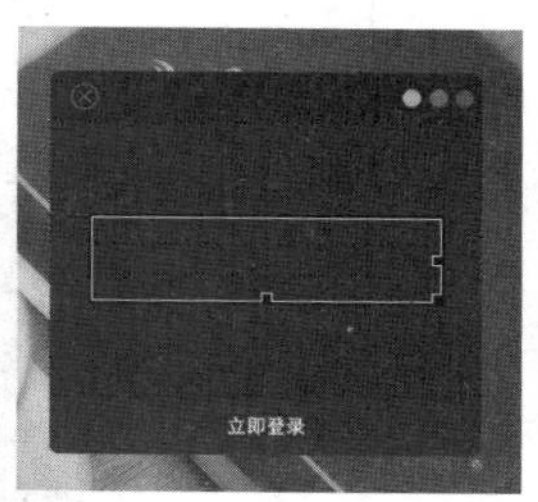

图 10-10

（3）选中图 10-11 所示的单元格，单击“属性”面板中的“合并所选单元格，使用跨度”按钮，将选中单元格合并，效果如图 10-12 所示。在“属性”面板“水平”选项的下拉列表中选择“居中对齐”选项，将“高”选项设为 80，效果如图 10-13 所示。

（4）单击“插入”面板“常用”选项卡中的“图像”按钮，在弹出的“选择图像源文件”对话框中，选择云盘中的“Ch10 > 素材 > 用户登录界面 > images”文件夹中的“tx.png”文件，单击“确定”按钮，完成图片的插入，效果如图 10-14 所示。

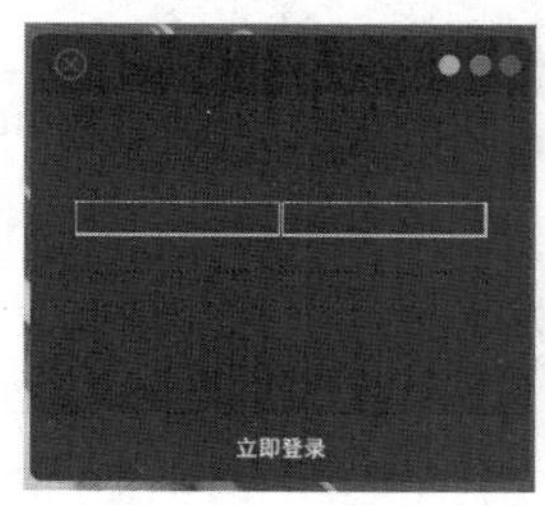

图 10-11

图 10-12

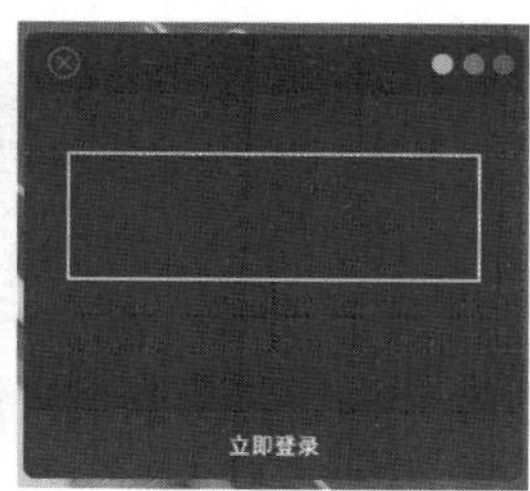

图 10-13

图 10-14

（5）将光标置入第 2 行第 1 列单元格，如图 10-15 所示，在“属性”面板中，将“宽”选项设为 50，“高”选项设为 40。用相同的方法设置第 3 行第 1 列单元格，效果如图 10-16 所示。

（6）将光标置入第 2 行第 1 列单元格，单击“插入”面板“常用”选项卡中的“图像”按钮，在弹出的“选择图像源文件”对话框中，选择云盘中的“Ch10 > 素材 > 用户登录界面 > images”文件夹中的“adm.png”文件，单击“确定”按钮，完成图片的插入，效果如图 10-17 所示。用相同的方法将云盘中的“key.png”文件插入相应的单元格，如图 10-18 所示。

图 10-15

图 10-16

图 10-17

图 10-18

2. 插入文本字段与密码域

（1）将光标置入如图 10-19 所示的单元格，单击“插入”面板“表单”选项卡中的“文本字段”按钮，在单元格中插入文本字段，如图 10-20 所示。

图 10-19

图 10-20

（2）选中文本字段，在“属性”面板中，将“字符宽度”设置为 20，如图 10-21 所示，效果如图 10-22 所示。

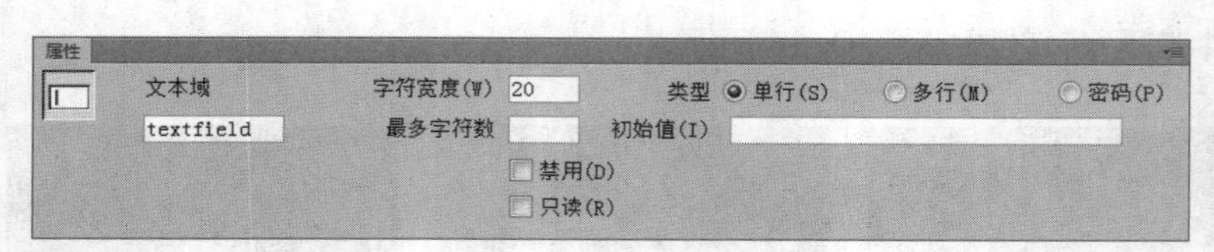

图 10-21

图 10-22

（3）将光标置入图 10-23 所示的单元格，单击“插入”面板“表单”选项卡中的“文本字段”按钮，在单元格中插入文本字段，如图 10-24 所示。

（4）选中文本字段，在“属性”面板中，将“字符宽度”设置为 21，选中“类型”选项组中的“密码”单选按钮，如图 10-25 所示，效果如图 10-26 所示。

图 10-23

图 10-24

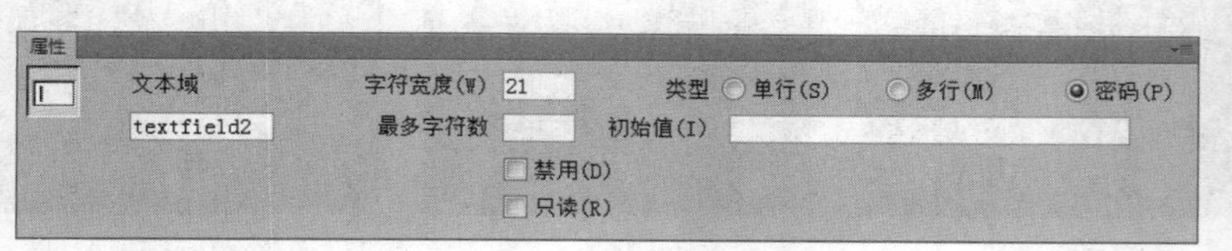

图 10-25

图 10-26

（5）保存文档，按 F12 键预览效果，如图 10-27 所示。

图 10-27

10.2.3　复选框

插入复选框有以下几种方法。

- 单击“插入”面板“表单”选项卡中的“复选框”按钮，在文档窗口的表单中出现一个复选框。
- 选择“插入 > 表单 > 复选框”命令，在文档窗口的表单中出现一个复选框。

在“属性”面板中显示复选框的属性，如图 10-28 所示，可以根据需要设置该复选框的各项属性。

图 10-28

“属性”面板中各选项的作用介绍如下。

“复选框名称”选项：用于输入该复选框组的名称。一组复选框中每个复选框的名称相同。

“选定值”选项：设置在该复选框被选中时发送给服务器的值。

“初始状态”选项组：确定在浏览器中载入表单时，该复选框是否被选中。

“类”选项：将 CSS 规则应用于复选框。

10.2.4　单选按钮

插入单选按钮有以下几种方法。

- 单击“插入”面板“表单”选项卡中的“单选按钮”按钮，在文档窗口的表单中出现一个单选按钮。
- 选择“插入 > 表单 > 单选按钮”命令，在文档窗口的表单中出现一个单选按钮。

在“属性”面板中显示单选按钮的属性，如图 10-29 所示，可以根据需要设置该单选按钮的各项属性。

图 10-29

单选按钮“属性”面板中各选项的作用介绍如下。

“单选按钮”选项：用于输入该单选按钮组的名称。一组单选按钮中每个单选按钮的名称相同。

“选定值”选项：设置此单选按钮代表的值，一般为字符型数据，即当选中该单选按钮时，表单指定的处理程序获得的值。

“初始状态”选项组：设置该单选按钮的初始状态。即当浏览器中载入表单时，该单选按钮是否处于被选中的状态。一组单选按钮中只能有一个按钮的初始状态被选中。

“类”选项：将 CSS 规则应用于单选按钮。

10.2.5 单选按钮组

先将光标放在表单轮廓内需要插入单选按钮组的位置，然后打开“单选按钮组”对话框，如图 10-30 所示。

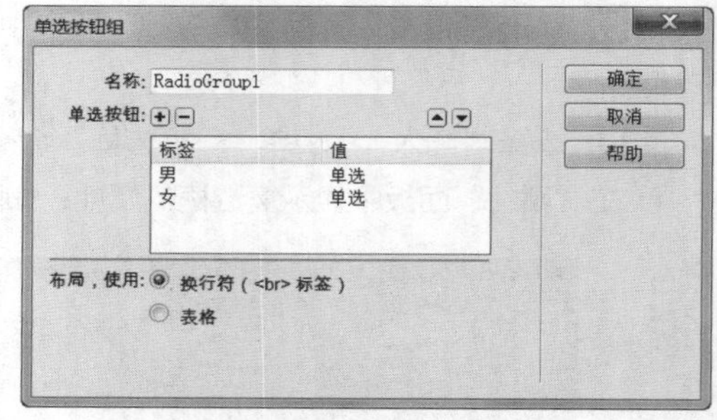

图 10-30

打开“单选按钮组”对话框有以下几种方法。

- 单击“插入”面板中“表单”选项卡的“单选按钮组”按钮。
- 选择“插入 > 表单 > 单选按钮组”命令。

“单选按钮组”对话框中各选项的作用如下。

“名称”选项：用于输入该单选按钮组的名称，每个单选按钮组的名称都不能相同。

“加号”按钮和“减号”按钮：用于向单选按钮组内添加或删除单选按钮。

“向上”按钮和“向下”按钮：用于将单选按钮重新排序。

“标签”选项：设置单选按钮右侧的提示信息。

“值”选项：设置此单选按钮代表的值，一般为字符型数据，即当用户选中该单选按钮时，表单指定的处理程序获得的值。

“换行符”选项：以换行符的布局显示每个单选按钮（br）的位置。

“表格”选项：创建一个单列表，并将这些单选按钮放在左侧，将标签放在右侧。

10.2.6 课堂案例——人力资源网页

案例学习目标

使用“表单”按钮为页面添加单选按钮和下拉菜单。

案例知识要点

使用“单选按钮”按钮，插入单选按钮；使用“复选框”按钮，插入复选框，效果如图 10-31 所示。

图 10-31

效果所在位置

云盘/Ch10/效果/人力资源网页/index.html。

案例制作步骤

1. 插入单选按钮

（1）选择“文件 > 打开”命令，在弹出的“打开”对话框中，选择资源包中的“素材文件\Ch10\人力资源网页\index.html”文件，单击“打开”按钮打开文件，如图 10-32 所示。将光标置入“注册类型”右侧的单元格，如图 10-33 所示。

图 10-32

图 10-33

（2）单击“插入”面板“表单”选项卡中的“单选按钮”按钮，在光标所在位置插入一个单选按钮，效果如图 10-34 所示。选中单选按钮，在“属性”面板中，选中“初始状态”选项组中的“已勾选”单选按钮，效果如图 10-35 所示。将光标放置在单选按钮的后面，输入文字“个人注册”，如图 10-36 所示。

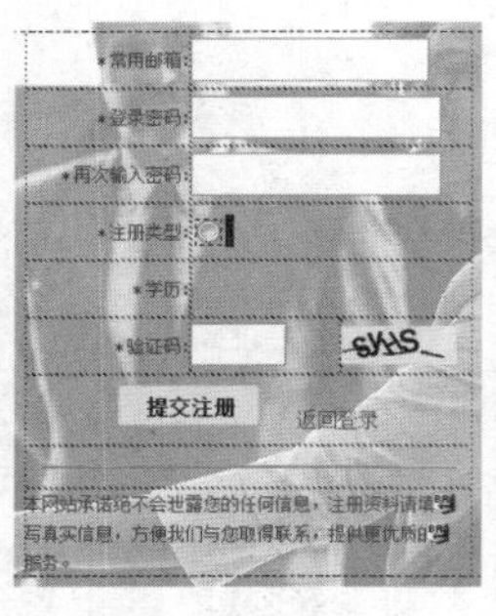
图 10-34

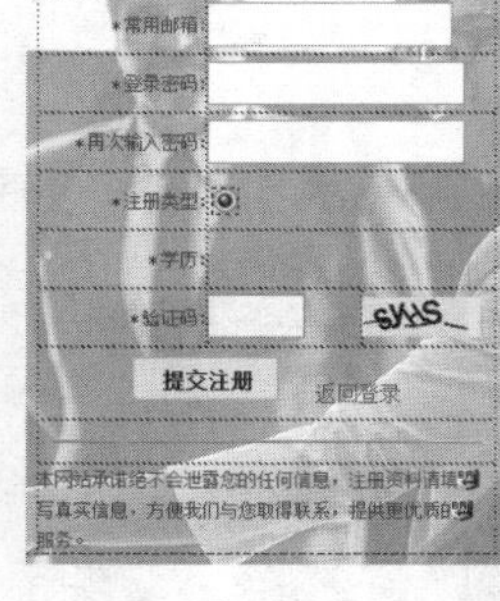
图 10-35

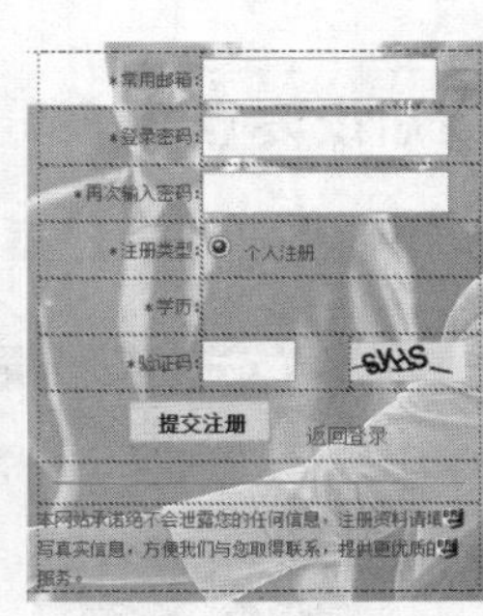
图 10-36

（3）选中刚插入的单选按钮，按 Ctrl+C 组合键，将其复制到剪切板中。将光标放置在文字“个人注册”的右侧，如图 10-37 所示。按 Ctrl+V 组合键，将剪切板中的单选按钮粘贴到光标所在位置，效果如图 10-38 所示。

（4）选中文字“个人注册”右侧的单选按钮，在“属性”面板中，选中“初始状态”选项组中的“未选中”单选按钮，效果如图 10-39 所示。将光标放置在右侧单选按钮的后面，输入文字“企业注册”，如图 10-40 所示。

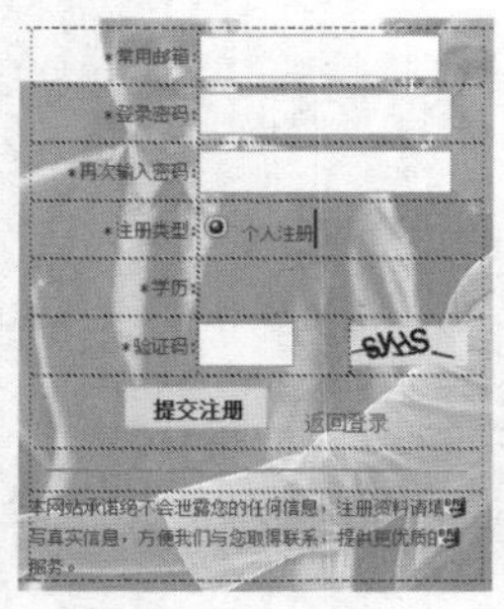
图 10-37

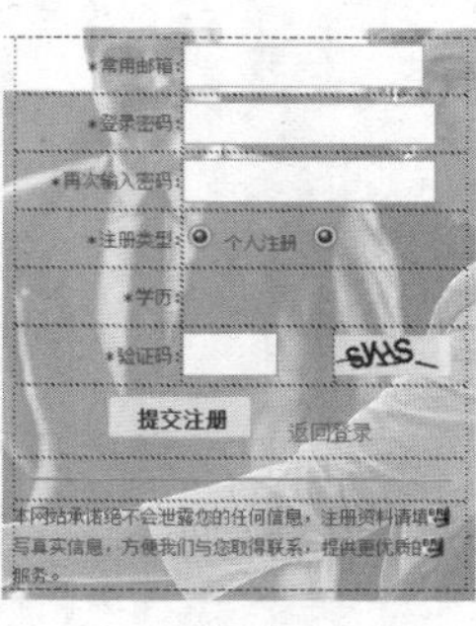
图 10-38

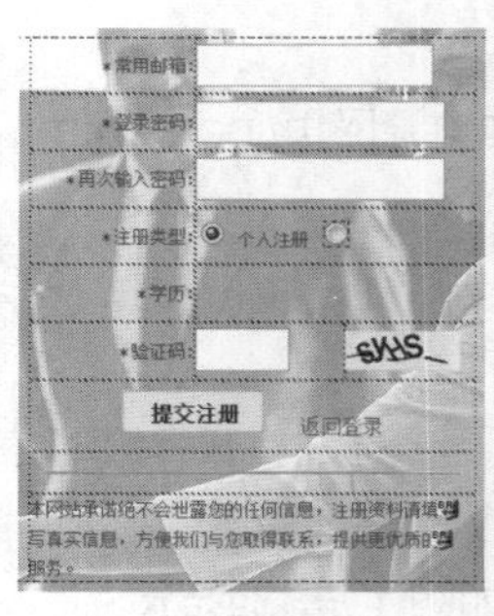
图 10-39

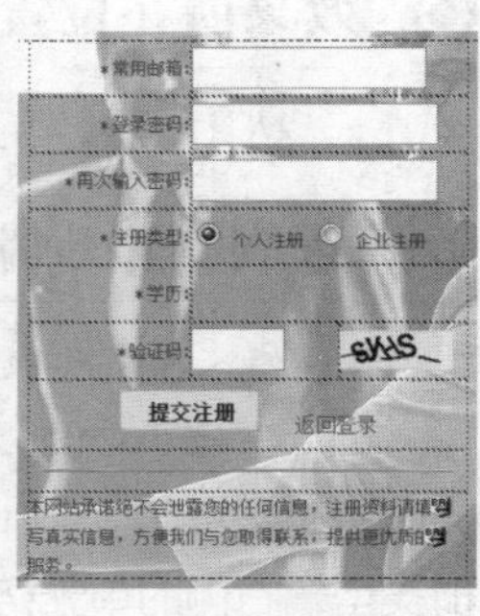
图 10-40

2. 插入复选框

（1）将光标置入“学历”右侧的单元格，如图 10-41 所示，单击“插入”面板“表单”选项卡中的“复选框”按钮☑，在单元格中插入一个复选框，效果如图 10-42 所示。在复选框的右侧输入文字“研究生”，如图 10-43 所示。用相同的方法插入多个复选框，并分别输入文字，效果如图 10-44 所示。

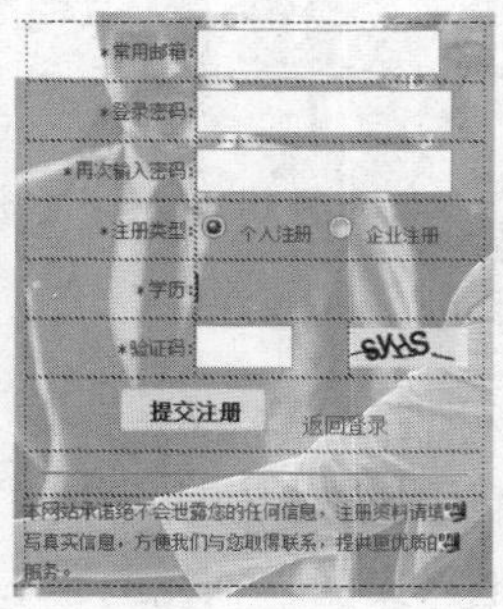
图 10-41

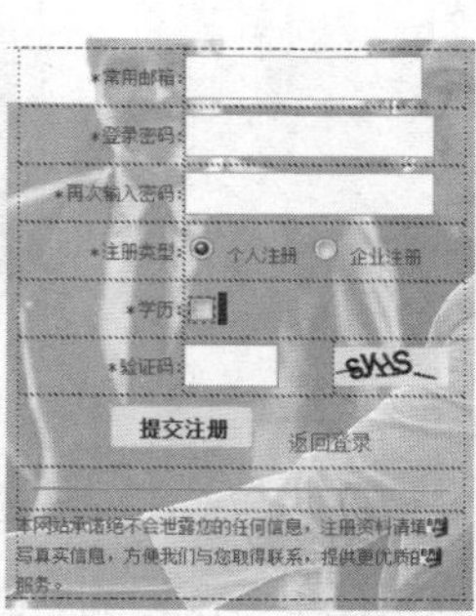
图 10-42

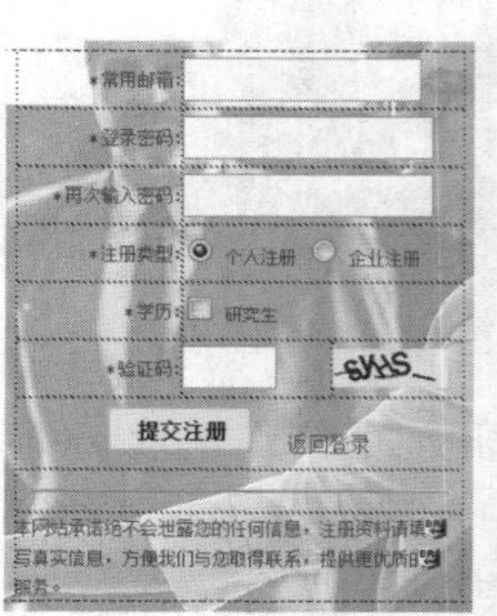
图 10-43

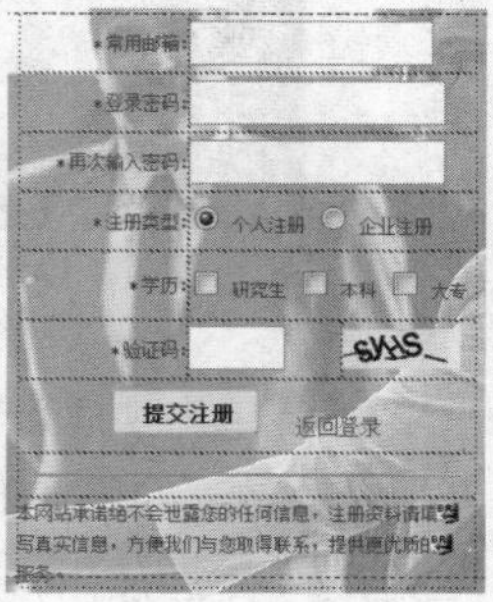

图 10-44

（2）保存文档，按 F12 键预览效果，如图 10-45 所示。

图 10-45

10.2.7 创建列表和菜单

1. 插入下拉菜单

插入下拉菜单有以下几种方法。

➔ 单击“插入”面板“表单”选项卡中的“列表/菜单”按钮，在文档窗口的表单中出现下拉菜单。

➔ 选择“插入 > 表单 > 列表/菜单”命令，在文档窗口的表单中会出现下拉菜单。

在“属性”面板中显示下拉菜单的属性，如图 10-46 所示，可以根据需要设置该下拉菜单。

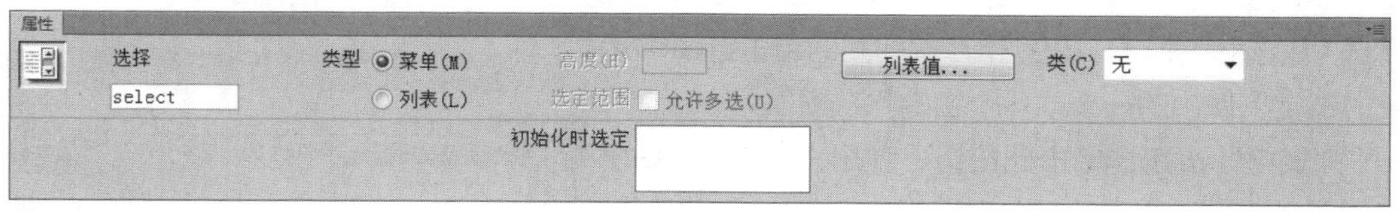

图 10-46

下拉菜单“属性”面板中各选项的作用介绍如下。

“选择”选项：用于输入该下拉菜单的名称。每个下拉菜单的名称都必须是唯一的。

“类型”选项组：设置菜单的类型。若添加下拉菜单，则选择“菜单”单选按钮；若添加可滚动列表，则选择“列表”单选按钮。

“列表值”按钮：单击此按钮，弹出一个图 10-47 所示的“列表值”对话框，在该对话框中单击“加号”按钮或“减号”按钮向下拉菜单中添加或删除列表项。菜单项在列表中出现的顺序与在“列表值”对话框中出现的顺序一致。在浏览器载入页面时，列表中的第 1 个选项是默认选项。

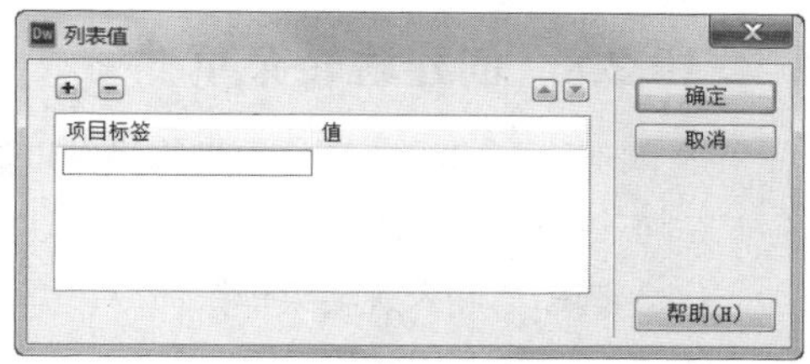

图 10-47

“初始化时选定”选项：设置下拉菜单中默认选择的菜单项。

2. 插入滚动列表

若要在表单域中插入滚动列表，先将光标放在表单轮廓内需要插入滚动列表的位置，然后插入滚动列表，如图 10-48 所示。

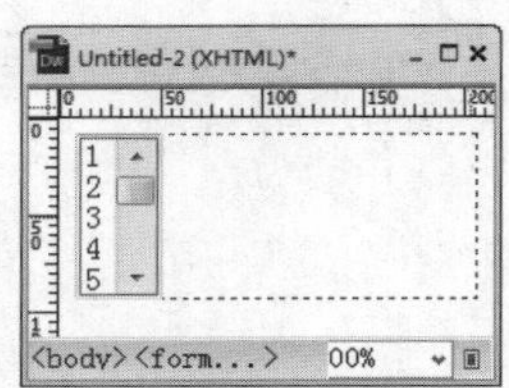

图 10-48

插入滚动列表有以下几种方法。

➔ 单击“插入”面板“表单”选项卡的“列表/菜单”按钮，在文档窗口的表单中出现滚动列表。

➔ 选择“插入 > 表单 > 列表/菜单”命令，在文档窗口的表单中出现滚动列表。

在“属性”面板中显示滚动列表的属性，如图 10-49 所示，可以根据需要设置该滚动列表。

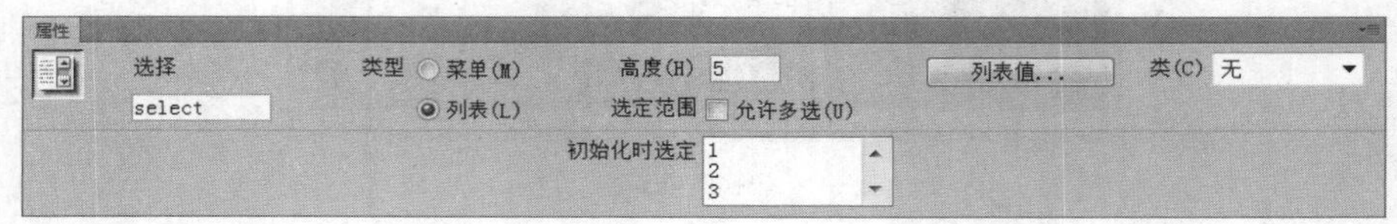

图 10-49

滚动列表“属性”面板中各选项的作用介绍如下。

“选择”选项：用于输入该滚动列表的名称。每个滚动列表的名称都必须是唯一的。

“类型”选项组：设置菜单的类型。若添加下拉菜单，则选中“菜单”单选按钮；若添加滚动列表，则选中“列表”单选按钮。

“高度”选项：设置滚动列表的高度，即列表中一次最多可显示的项目数。

“选定范围”选项：设置用户是否可以从列表中选择多个项目。

“初始化时选定”选项：设置可滚动列表中默认选择的菜单项。若在“选定范围”选项中选中“允许多选”复选框，则可在按住 Ctrl 键的同时单击选择“初始化时选定”域中的一个或多个初始化选项。

“列表值”按钮：单击此按钮，弹出一个图 10-50 所示的“列表值”对话框，在该对话框中单击“加号”按钮或“减号”按钮向下拉菜单中添加或删除列表项。菜单项在列表中出现的顺序与在“列表值”对话框中出现的顺序一致。在浏览器中载入页面时，列表中的第 1 个选项是默认选项。

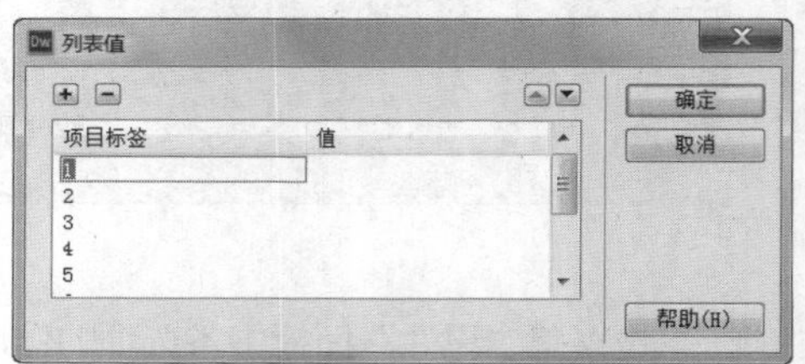

图 10-50

10.2.8 创建跳转菜单

在网页中创建跳转菜单的具体操作步骤如下。

（1）将光标放在表单轮廓内需要创建跳转菜单的位置。

（2）选择“插入跳转菜单”命令，弹出“插入跳转菜单”对话框，如图 10-51 所示。打开“插入跳转菜单”对话框有以下几种方法。

➔ 在“插入”面板“表单”选项卡中单击“跳转菜单”按钮。

➔ 选择“插入 > 表单 > 跳转菜单”命令。

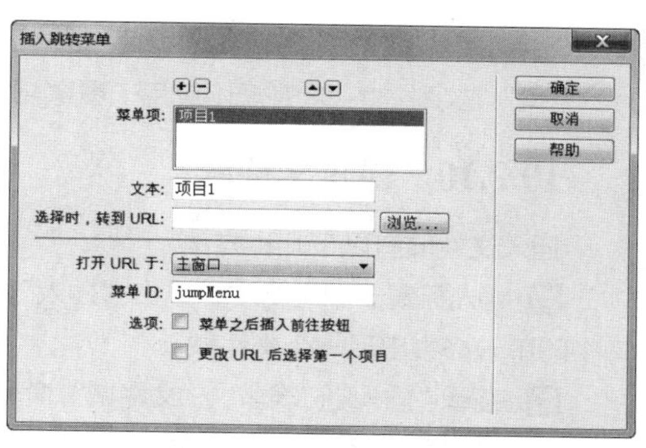

图 10-51

“插入跳转菜单”对话框中各选项的作用介绍如下。

“加号”按钮和“减号”按钮：添加或删除菜单项。

“向上”按钮和“向下”按钮：在菜单项列表中移动当前菜单项，设置该菜单项在菜单列表中的位置。

“菜单项”选项：显示所有菜单项。

“文本”选项：设置当前菜单项的显示文字，它会出现在菜单列表中。

“选择时，转到 URL”选项：为当前菜单项设置浏览者单击它时要打开的网页地址。

“打开 URL 于”选项：设置打开浏览网页的窗口，包括“主窗口”和“框架”两个选项。“主窗口”选项表示在同一个窗口中打开文件，“框架”选项表示在所选中的框架中打开文件，但选择“框架”选项前应先给框架命名。

“菜单 ID”选项：设置菜单的名称，每个菜单的名称都不能相同。

“菜单之后插入前往按钮”选项：设置在菜单后是否添加“前往”按钮。

“更改 URL 后选择第一个项目”选项：设置浏览者通过跳转菜单打开网页后，该菜单项是否是第一个菜单项目。

10.2.9 创建图像域

弹出“选择图像源文件”对话框有以下几种方法。

- 单击“插入”面板“表单”选项卡中的“图像域”按钮。
- 选择“插入 > 表单 > 图像域”命令。

在“属性”面板中出现如图 10-52 所示的图像按钮的属性，可以根据需要设置该图像按钮的各项属性。

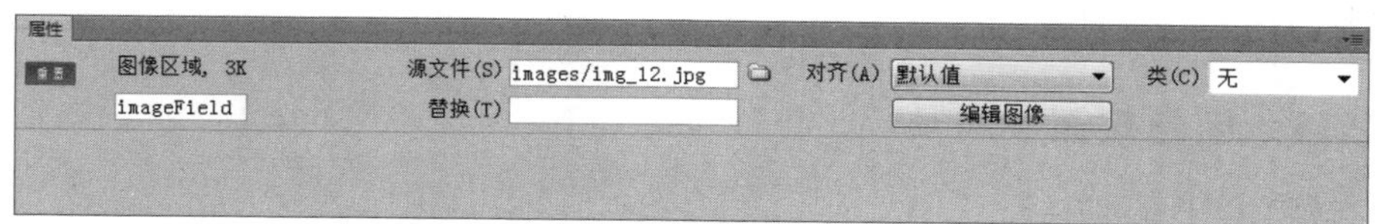

图 10-52

图像按钮“属性”面板中各选项的作用介绍如下。

“图像区域”选项：为图像按钮指定一个名称。其中“提交”和“重置”是两个保留名称，“提交”是通知表单将表单数据提交给处理程序或脚本，“重置”是将所有表单域重置为其原始值。

“源文件”选项：设置要为该图像按钮使用的图像。

“替换”选项：用于输入描述性文本，如果图像在浏览器中载入失败，将在图像域的位置显示文本。

“对齐”选项：设置对象的对齐方式。

“编辑图像”按钮：启动默认的图像编辑器并打开该图像文件进行编辑。

“类”选项：将 CSS 规则应用于图像域。

10.2.10 创建文件域

插入文件域有以下几种方法。

➔ 将光标置于单元格中，单击“插入”面板“表单”选项卡中的“文件域”按钮，在文档窗口中的单元格中出现一个文件域。

➔ 选择“插入 > 表单 > 文件域”命令，在文档窗口的表单中出现一个文件域。

在“属性”面板中显示文件域的属性，如图 10-53 所示，可以根据需要设置该文件域的各项属性。文件域“属性”面板各选项的作用介绍如下。

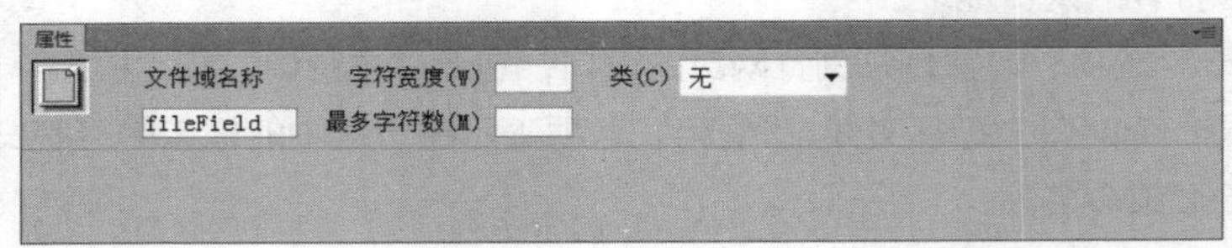

图 10-53

“文件域名称”选项：设置文件域对象的名称。

“字符宽度”选项：设置文件域中最多可输入的字符数。

“最多字符数”选项：设置文件域中最多可容纳的字符数。如果用户通过“浏览”按钮来定位文件，则文件名和路径可超过指定的“最多字符数”的值。但是，如果用户手动输入文件名和路径，则文件域仅允许输入“最多字符数”值所指定的字符数。

“类”选项：将 CSS 规则应用于文件域。

在使用文件域之前，要与服务器管理员联系，确认允许使用匿名上传文件，否则此选项无效。

10.2.11 创建按钮

插入按钮有以下几种方法。

➔ 单击“插入”面板“表单”选项卡中的“按钮”按钮，在文档窗口的表单中出现一个按钮。

➔ 选择“插入 > 表单 > 按钮”命令，在文档窗口的表单中出现一个按钮。

在“属性”面板中显示按钮的属性，如图 10-54 所示。可以根据需要设置该按钮的各项属性。

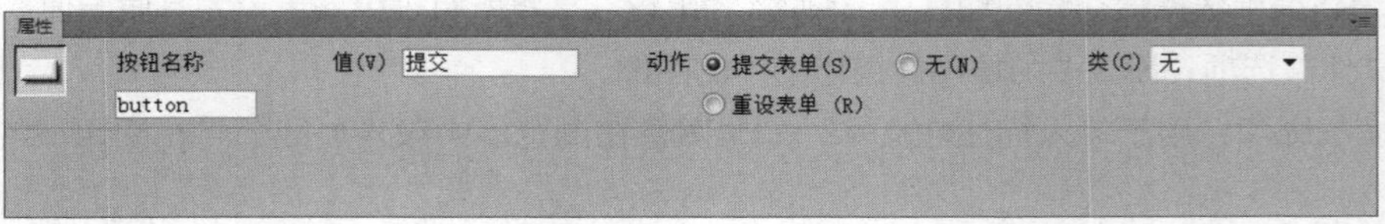

图 10-54

按钮“属性”面板各选项的作用介绍如下。

“按钮名称”选项：用于设置该按钮的名称，每个按钮的名称都不能相同。

“值”选项：设置按钮上显示的文本。

“动作”选项组：设置用户单击按钮时将发生的操作。有以下 3 个选项。

“提交表单”选项：当用户单击按钮时，表单数据将提交给表单指定的处理程序处理。

“重设表单”选项：当用户单击按钮时，表单域内的各对象值将还原为初始值。

“无”选项：当用户单击按钮时，将选择为该按钮附加的行为或脚本。

“类”选项：将 CSS 规则应用于按钮。

课堂练习——智能扫地机器人网页

练习知识要点

使用“文本字段”按钮，制作用户名、手机、密码和验证码等文本框；使用“CSS 样式”命令，设置文本框的大小及边距，效果如图 10-55 所示。

图 10-55

效果所在位置

云盘/Ch10/效果/智能扫地机器人网页/index.html。

课后习题——美食在线网页

习题知识要点

使用“文本字段”按钮，插入文本字段；使用“图像域”按钮，插入图像域；使用“选择（列表/菜单）”按钮，制作下拉菜单，效果如图 10-56 所示。

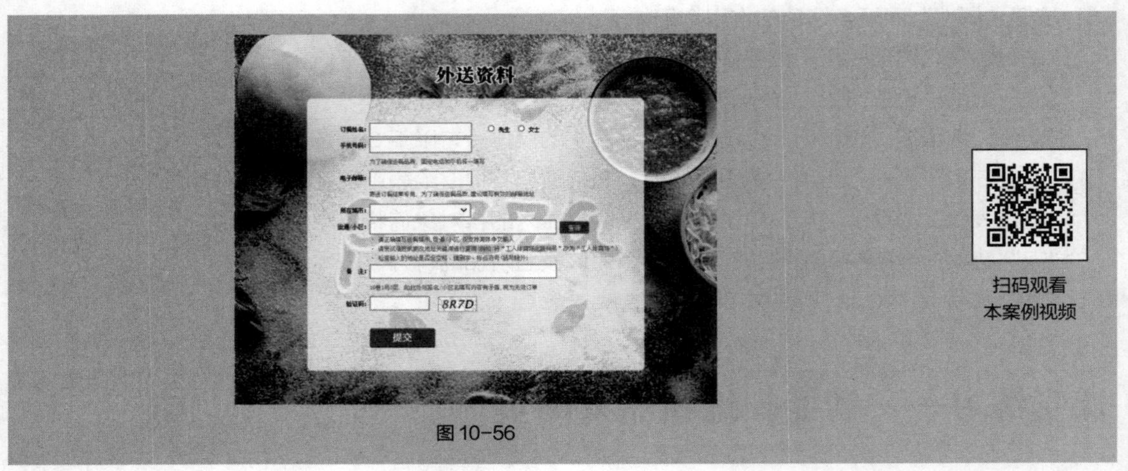

图 10-56

效果所在位置

云盘/Ch10/效果/美食在线网页/index.html。

11

第 11 章 行为

行为是 Dreamweaver CS6 预置的 JavaScript 程序库，每个行为包括一个动作和一个事件。任何一个动作都需要一个事件激活，两者相辅相成。动作是一段已编辑好的 JavaScript 代码，这些代码在特定事件被激发时执行。本章主要讲解行为和动作的应用方法，通过对这些内容的学习，读者可以在网页中熟练应用行为和动作，使设计制作的网页更加生动精彩。

课堂学习目标

- 了解“行为”面板
- 掌握应用行为的方法
- 掌握动作的使用方法和技巧

11.1 行为概述

行为可理解成在网页中选择的一系列动作，实现用户与网页间的交互。行为代码是Dreamweaver CS6 提供的内置代码，运行于用户的浏览器中。

11.1.1 “行为”面板

用户习惯于使用“行为”面板为网页元素指定动作和事件。在文档窗口中，选择“窗口 > 行为”命令，或按 Shift+F4 组合键，弹出“行为”面板，如图 11-1 所示。

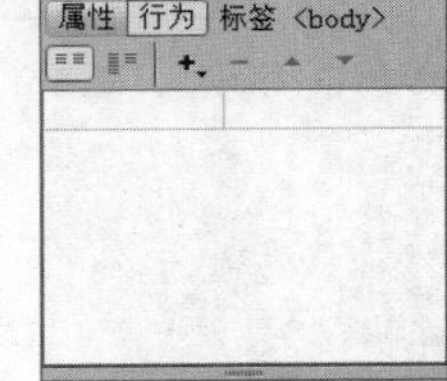

图 11-1

“行为”面板由以下几部分组成。

“添加行为”按钮 +：单击这些按钮，弹出快捷菜单，添加行为。添加行为时，从动作菜单中选择一个行为即可。

“删除事件”按钮 −：在面板中删除所选的事件和动作。

“增加事件值”按钮 ▲、“降低事件值”按钮 ▼：在面板中通过上、下移动所选择的动作来调整动作的顺序。在“行为”面板中，所有事件和动作按照它们在面板中的显示顺序选择，设计时要根据实际情况调整动作的顺序。

11.1.2 应用行为

1. 将行为附加到网页元素上

（1）在文档窗口中选择一个元素，例如一个图像或一个链接。若要将行为附加到整个网页，则单击文档窗口左下侧的标签选择器的 <body> 标签。

（2）选择“窗口 > 行为”命令，弹出“行为”面板。

（3）单击“添加行为”按钮 +，并在弹出的快捷菜单中选择一个动作，如图 11-2 所示，将弹出相应的参数设置对话框，在其中进行设置后，单击“确定”按钮。

（4）在“行为”面板的“事件”列表中显示动作的默认事件，单击该事件，会弹出包含全部事件的事件列表，如图 11-3 所示，用户可根据需要选择相应的事件。

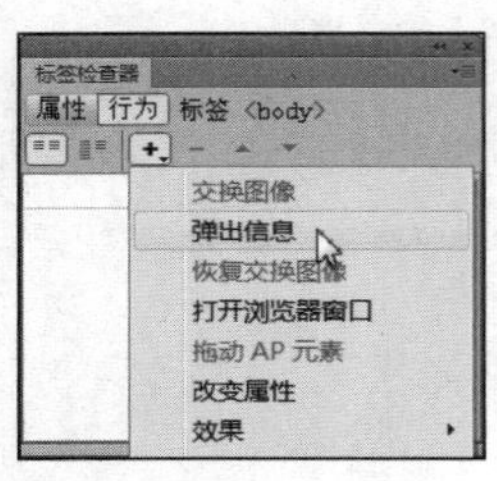

图 11-2

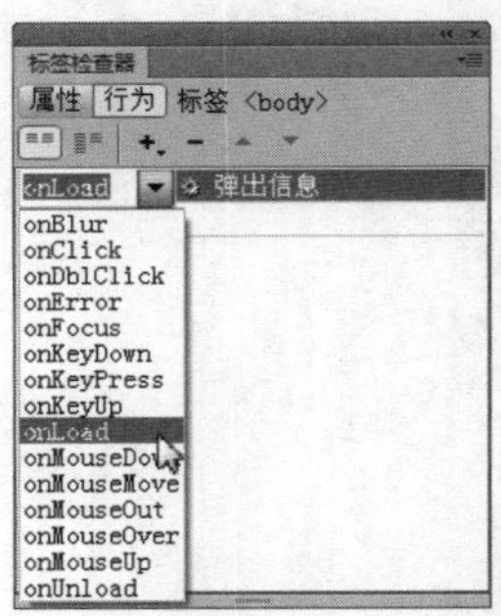

图 11-3

2. 将行为附加到文本上

将某个行为附加到所选的文本上，具体操作步骤如下。

（1）为文本添加一个空链接。

（2）选择“窗口 > 行为”命令，弹出“行为”面板。

（3）选中链接文本，单击“添加行为”按钮 +，从弹出的快捷菜单中选择一个动作，如“弹出信息”动作，并在弹出的对话框中设置消息，如图 11-4 所示。

（4）在“行为”面板的“事件”列表中显示动作的默认事件，单击该事件，会弹出包含全部事件的事件列表，如图 11-5 所示。用户可根据需要选择相应的事件。

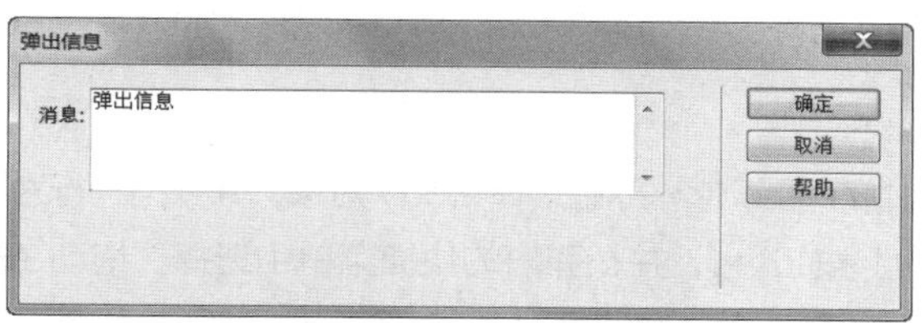

图 11-4

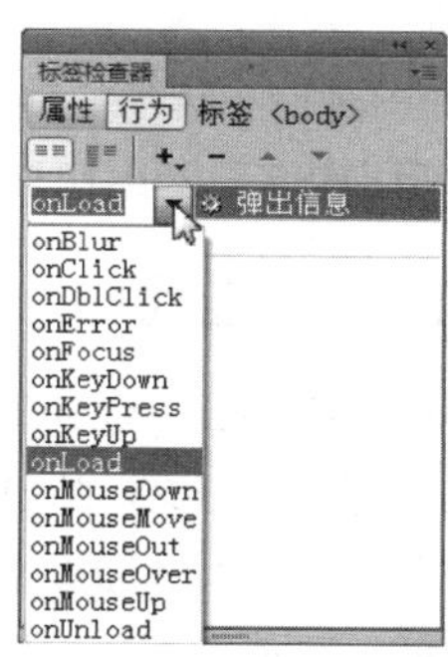

图 11-5

11.2 动作

动作是系统预先定义好的选择指定任务的代码。因此，用户需要了解系统所提供的动作，掌握每个动作的功能以及实现这些功能的方法。下面将介绍几个常用的动作。

11.2.1 打开浏览器窗口

使用“打开浏览器窗口”在一个新的窗口中打开指定的 URL，还可以指定新窗口的属性、特征和名称，具体操作步骤如下。

（1）打开一个网页文件，选择一张图片。

（2）弹出“行为”面板，单击“添加行为”按钮 +，并在弹出的快捷菜单中选择“打开浏览器窗口”，弹出“打开浏览器窗口”对话框。在对话框中根据需要设置相应参数，如图 11-6 所示，单击“确定”按钮完成设置。

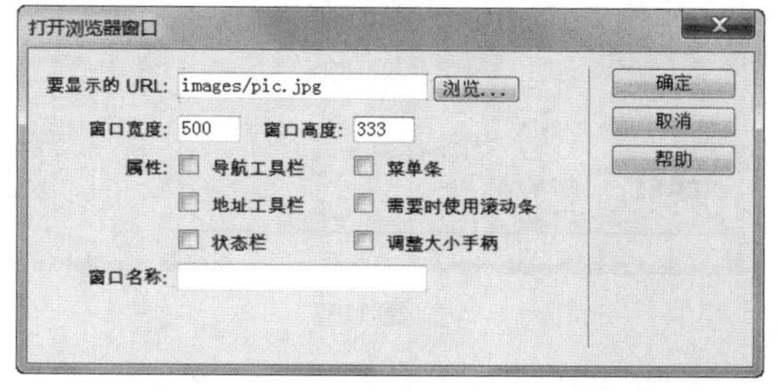

图 11-6

对话框中各选项的作用如下。

“要显示的 URL”选项：是必填项，用于设置要显示网页的地址。

“窗口宽度”和“窗口高度”选项：以像素为单位设置窗口的宽度和高度。

“属性”选项组：根据需要选择下列复选框以设定窗口的外观。

“导航工具栏”复选框：设置是否在浏览器顶部显示导航工具栏。导航工具栏包括“后退”“前进”

“主页”“重新载入”等按钮。

“地址工具栏”复选框：设置是否在浏览器顶部显示地址栏。

“状态栏”复选框：设置是否在浏览器窗口底部显示状态栏，用以显示提示、状态等信息。

“菜单条”复选框：设置是否在浏览器顶部显示菜单，包括“文件”“编辑”“查看”“转到”“帮助”等菜单项。

“需要时使用滚动条”复选框：设置在浏览器的内容超出可视区域时，是否显示滚动条。

“调整大小手柄”复选框：设置是否能够调整窗口的大小。

“窗口名称”选项：输入新窗口的名称。因为要通过 JavaScript 使用链接指向新窗口或控制新窗口，所以应该对新窗口进行命名。

11.2.2 拖动层

使用“拖动层”动作的具体操作步骤如下。

（1）通过单击文档窗口底部标签选择器中的 <body> 标签选择 body 对象，并弹出“行为”面板。

（2）在“行为”面板中单击“添加行为”按钮 +，并在弹出的快捷菜单中选择“拖动 AP 元素”动作，弹出“拖动 AP 元素”对话框。“拖动 AP 元素”对话框有“基本”和“高级”两个选项卡。

“基本”选项卡中有以下几个选项。

“AP 元素”选项：选择可拖曳的层。

“移动”选项：包括“限制”和“不限制”两个选项。若选择“限制”选项，则右侧出现限制移动的 4 个文本框，如图 11-7 所示；在“上”“下”“左”“右”文本框中输入值（以像素为单位），以确定限制移动的矩形区域范围。“不限制”选项表示不限制图层的移动，适用于拼板游戏和其他拖放游戏；一般情况下，对于滑块控件和可移动的布景等，如文件抽屉、窗帘和小百叶窗，通常选择限制移动。

“放下目标”选项：设置用户将图层自动放下的位置坐标。

“靠齐距离”选项：设置图层自动靠齐到目标时与目标的最小距离。

“高级”选项卡的内容如图 11-8 所示，主要用于定义层的拖动控制点，在拖动层时跟踪层的移动以及当放下层时触发的动作。“高级”选项卡中有以下几个选项。

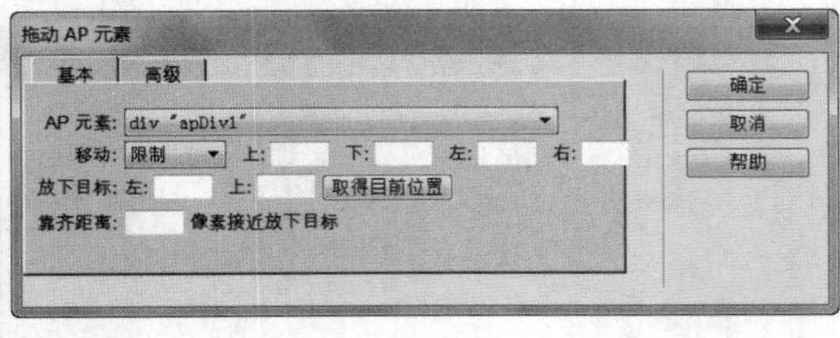

图 11-7

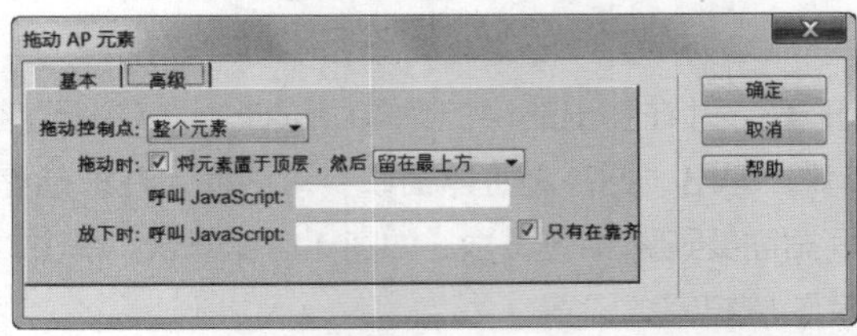

图 11-8

“拖动控制点”选项：设置浏览者是否必须单击层的特定区域才能拖动层。

“拖动时”选项组：设置层拖动后的堆叠顺序。

“呼叫 JavaScript”选项：输入在拖动层时重复选择的 JavaScript 代码或函数名称。

“放下时：呼叫 JavaScript”选项：输入在放下层时重复选择的 JavaScript 代码或函数名称。如果只有在层到达拖曳目标时才选择该 JavaScript，则选择“只有在靠齐时”复选框。

在对话框中根据需要设置相应选项，单击“确定”按钮完成设置。

（3）如果不是默认事件，则单击该事件，会弹出包含全部事件的事件列表，用户可根据需要选择相应的事件。

（4）按 F12 键浏览网页效果。

11.2.3 设置容器的文本

使用“设置层文本”动作的具体操作步骤如下。

（1）选择“插入”面板“布局”选项卡中的“绘制 AP Div”按钮，在“设计”视图中拖曳出一个图层。在“属性”面板的“层编号”选项中输入层的唯一名称。

（2）在文档窗口中选择一个对象，如文字、图像、按钮等，并弹出“行为”面板。

（3）在“行为”面板中单击“添加行为”按钮，并在弹出的快捷菜单中选择“设置文本 > 设置容器的文本”命令，弹出“设置容器的文本”对话框，如图 11-9 所示。

图 11-9

对话框中各选项的作用如下。

“容器”选项：选择目标层。

“新建 HTML”选项：输入层内显示的消息或相应的 JavaScript 代码。

在对话框中根据需要选择相应的层，并在“新建 HTML”选项中输入层内显示的消息，单击“确定”按钮完成设置。

（4）如果不是默认事件，则单击该事件，会弹出包含全部事件的事件列表，用户可根据需要选择相应的事件。

（5）按 F12 键浏览网页效果。

可以在文本中嵌入任何有效的 JavaScript 函数调用属性、全局变量或其他表达式，但要嵌入一个 JavaScript 表达式，则需将其放置在花括号（{}）中。若要显示花括号，则需在它前面加一个反斜杠（\{}）。例如“The URL for this page is {window.location}, and today is {new Date()}.”。

11.2.4 设置状态栏文本

使用“设置状态栏文本”动作的具体操作步骤如下。

（1）选择一个对象，如文字、图像、按钮等，并弹出“行为”面板。

（2）在“行为”面板中单击“添加行为”按钮，并在弹出的快捷菜单中选择“设置文本 > 设置状态栏文本”命令，弹出“设置状态栏文本”对话框，如图 11-10 所示。对话框中只有一个“消息”选项，其含义是在文本框中输入要在状态栏中显示的消息。消息要简明扼要，否则，浏览器将把溢出的消息截断。

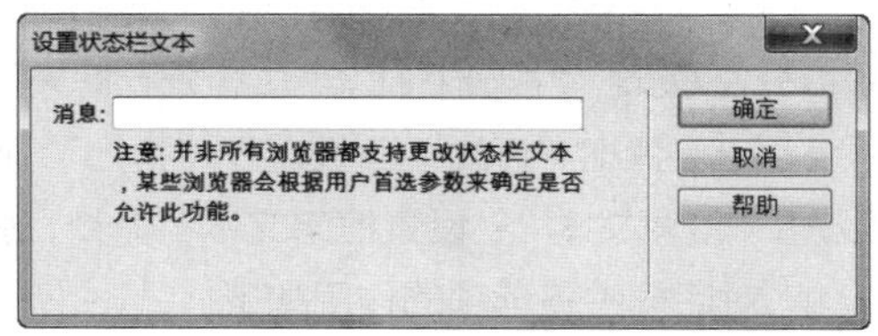

图 11-10

在对话框中根据需要输入状态栏消息或相应的 JavaScript 代码，单击“确定”按钮完成设置。

（3）如果不是默认事件，可在“行为”面板中单击该动作前的事件列表，选择相应的事件。

（4）按 F12 键浏览网页效果。

11.2.5 设置文本域文字

使用“设置文本域文字”动作的具体操作步骤如下。

（1）若文档中没有“文本域”对象，要创建命名的文本域，应先选择“插入 > 表单 > 文本域”命令，在表单中创建文本域。然后在“属性”面板的“文本域”选项中输入该文本域的名称，并确保该名称在网页中是唯一的，如图 11-11 所示。

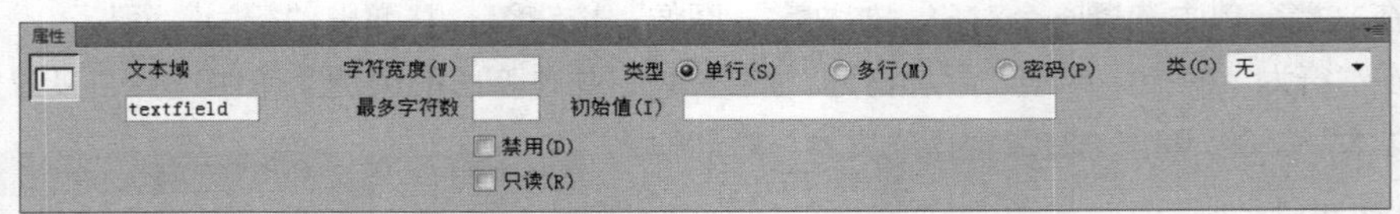

图 11-11

（2）选择文本域并弹出“行为”面板。

（3）在“行为”面板中单击“添加行为”按钮+，并在弹出的快捷菜单中选择“设置文本 > 设置文本域文字”命令，弹出“设置文本域文字”对话框，如图 11-12 所示。

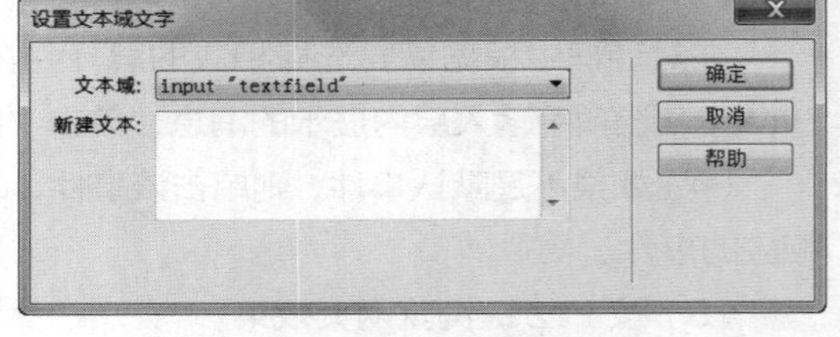

图 11-12

对话框中各选项的作用如下。

“文本域”选项：选择目标文本域。

“新建文本”选项：输入要替换的文本信息或相应的 JavaScript 代码，如要在表单文本域中显示网页的地址和当前日期，则在“新建文本”选项中输入“The URL for this page is {window.location}, and today is {new Date()}.”。

在对话框中根据需要选择相应的文本域，并在“新建文本”选项中输入要替换的文本信息或相应的 JavaScript 代码，单击“确定”按钮完成设置。

（4）如果不是默认事件，则单击该事件，会弹出包含全部事件的事件列表，用户可根据需要选择相应的事件。

（5）按 F12 键浏览网页效果。

11.2.6 设置框架文本

使用“设置框架文本”动作的具体操作步骤如下。

（1）若网页不包含框架，则选择“修改 > 框架集”命令，然后在其子菜单中选择一个命令，如“拆分左框架”“拆分右框架”“拆分上框架”或“拆分下框架”，创建框架集。

（2）弹出“行为”面板。在“行为”面板中单击“添加行为”按钮+，并在弹出的快捷菜单中选择“设置文本 > 设置框架文本”命令，弹出“设置框架文本”对话框，如图 11-13 所示。

对话框中各选项的作用如下。

“框架”选项：在其下拉列表中选择目标框架。

“新建 HTML”选项：输入替换的文本信息或相应的 JavaScript 代码。如表单文本域中显示网页的地址和当前日期，则在“新建 HTML”选项中输入“The URL for this page is {window.location}, and today is {new Date()}.”。

图 11-13

“获取当前 HTML”按钮：复制当前目标框架的 body 部分的内容。

“保留背景色”复选框：选择此复选框，则保留网页背景色和文本颜色属性，而不替换框架的格式。

在对话框中根据需要，从“框架”选项的下拉列表中选择目标框架，并在“新建 HTML”选项的文本框中输入消息、要替换的文本信息或相应的 JavaScript 代码，单击“获取当前 HTML”按钮复制当前目标框架的 body 部分的内容。若要保留网页背景色和文本颜色属性，则选择“保留背景色”复选框，单击“确定”按钮完成设置。

（3）如果不是默认事件，则单击该事件，会弹出包含全部事件的事件列表，用户可根据需要选择相应的事件。

（4）按 F12 键浏览网页效果。

11.2.7 课堂案例——爱在七夕网页

案例学习目标

使用“行为”面板，设置打开浏览器内容。

案例知识要点

使用“打开浏览器窗口”命令，设置打开浏览器，如图 11-14 所示。

图 11-14

效果所在位置

云盘/Ch11/效果/爱在七夕网页/index.html。

案例制作步骤

1. 在网页中显示指定大小的弹出窗口

（1）选择“文件 > 打开”命令，在弹出的“打开”对话框中，选择云盘中的“Ch11 > 爱在七夕网页 > index.html”文件，单击“打开”按钮打开文件，如图 11-15 所示。

（2）单击窗口下方“标签选择器”中的<body>标签，如图 11-16 所示，选择整个网页文档，如图 11-17 所示。

图 11-15

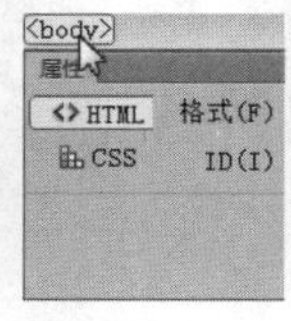

图 11-16

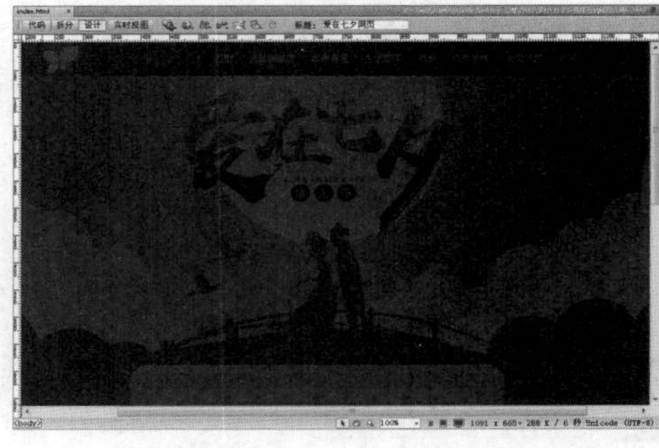

图 11-17

（3）按 Shift+F4 组合键，弹出“行为”面板，如图 11-18 所示，单击面板中的“添加行为”按钮 +，在弹出的快捷菜单中选择“打开浏览器窗口”命令，弹出“打开浏览器窗口”对话框，如图 11-19 所示。

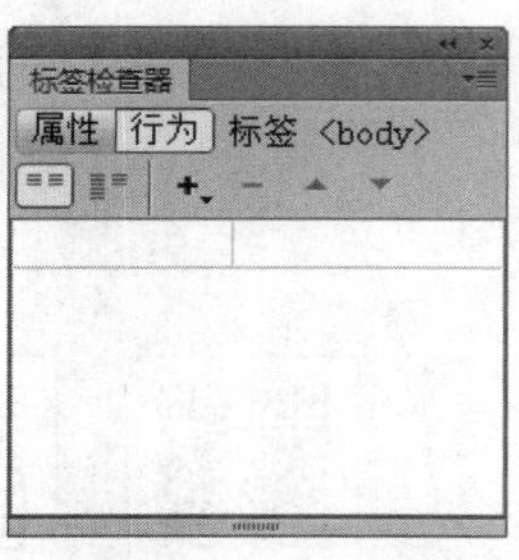

图 11-18

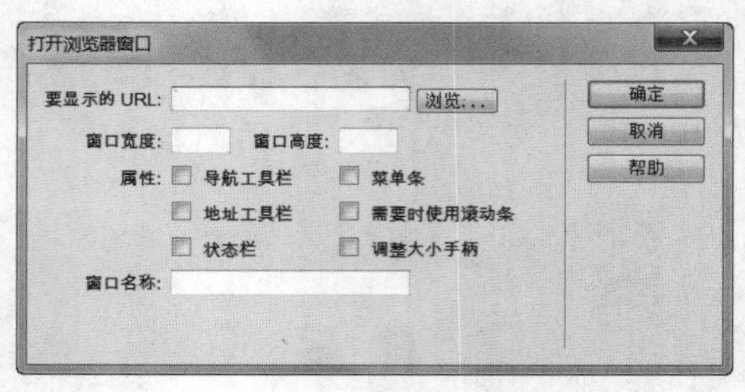

图 11-19

（4）单击“要显示的 URL”选项右侧的“浏览”按钮，在弹出的“选择文件”对话框中，选择云盘中的“11.2.7 > 爱在七夕网页 > ziye.html”文件，如图 11-20 所示。

（5）单击“确定”按钮，返回到“打开浏览器窗口”对话框中，其他选项的设置如图 11-21 所示，单击“确定”按钮，“行为”面板如图 11-22 所示。

（6）保存文档，按 F12 键预览效果，加载网页文档的同时会弹出窗口，如图 11-23 所示。

图 11-20

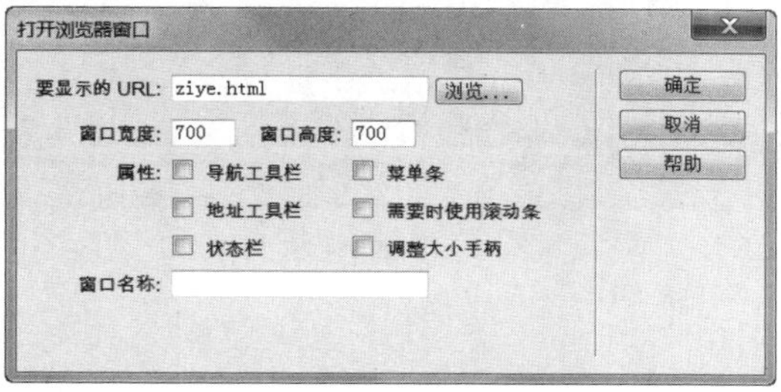

打开浏览器窗口
要显示的 URL：ziye.html 浏览...
窗口宽度：700 窗口高度：700
属性：导航工具栏 菜单条
地址工具栏 需要时使用滚动条
状态栏 调整大小手柄
窗口名称：
确定
取消
帮助

图 11-21

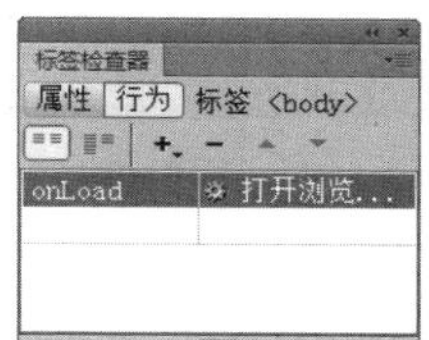

图 11-22

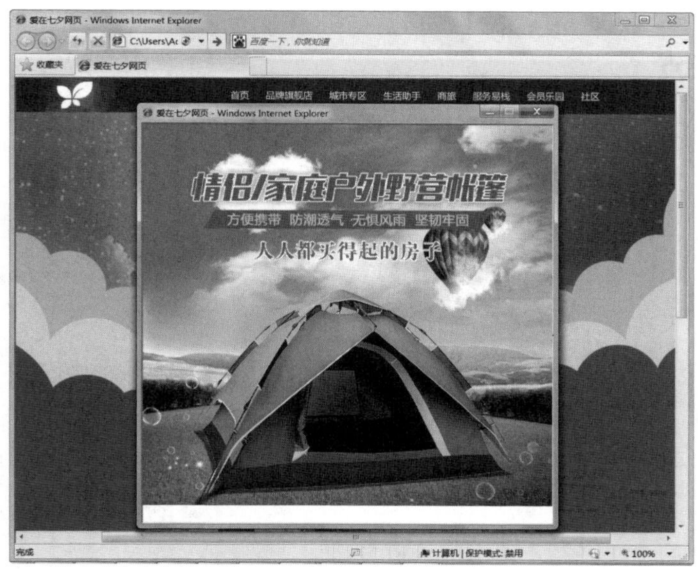

图 11-23

2. 添加导航条和菜单栏

（1）返回到 Dreamweaver CS6 界面中，双击“打开浏览器窗口”，弹出“打开浏览器窗口”对话框，选择“导航工具栏”和“菜单条”复选框，如图 11-24 所示，单击“确定”按钮完成设置。

（2）保存文档，按 F12 键预览效果，在弹出的窗口中显示所选的导航条和菜单栏，如图 11-25 所示。

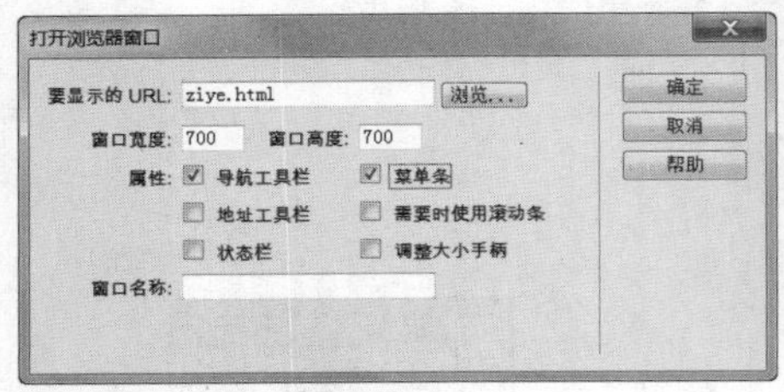

图 11-24

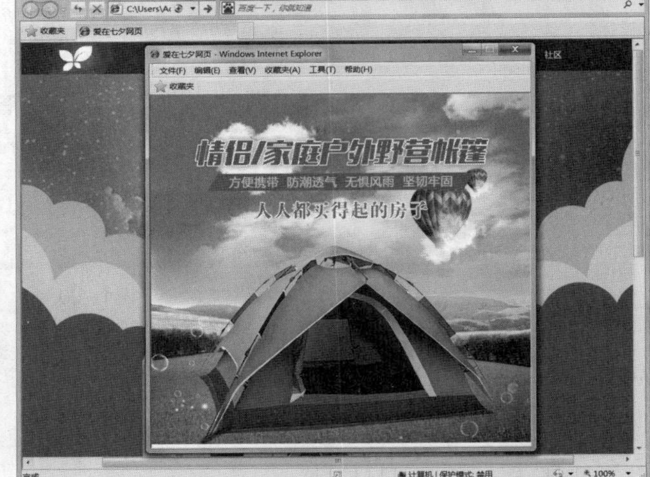

图 11-25

课堂练习——品牌商城网页

练习知识要点

使用“弹出信息”，制作弹出信息效果；使用“状态栏文本”，制作状态栏文本，如图 11-26 所示。

图 11-26

效果所在位置

云盘/Ch11/效果/品牌商城网页/index.html。

课后习题——开心烘焙网页

习题知识要点

使用“交换图像”命令，制作鼠标指针经过图像发生变化效果，效果如图 11-27 所示。

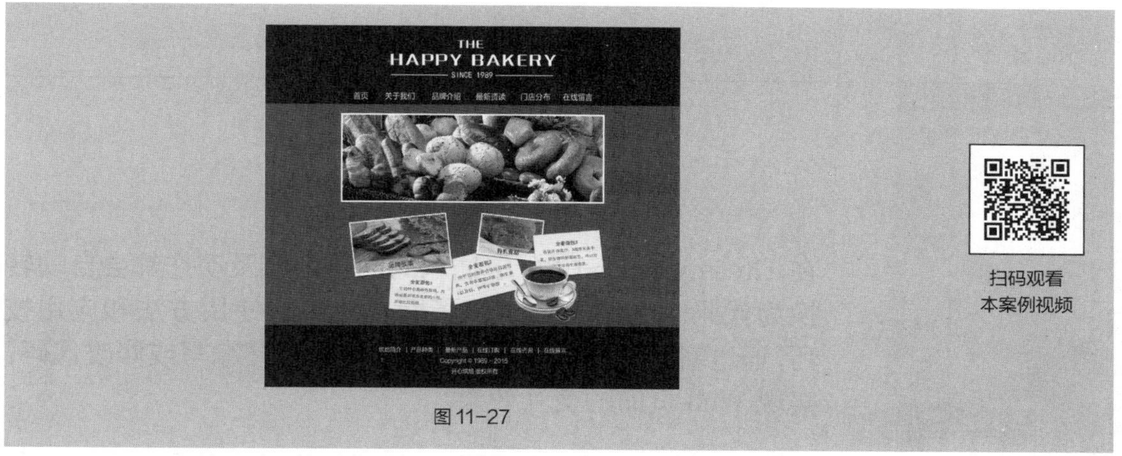

图 11-27

效果所在位置

云盘/Ch11/效果/开心烘焙网页/index.html。

12 第 12 章 网页代码

在 Dreamweaver CS6 中插入的网页内容及动作都会自动转换为代码。本章主要讲解了网页代码的使用方法和应用技巧,通过对这些内容的学习,读者可以直接编写或修改代码,实现 Web 页面的交互效果。

课堂学习目标

- 了解网页代码
- 掌握编辑代码的方法
- 掌握常用的 HTML 标签
- 掌握响应的 HTML 事件

12.1 网页代码概述

用户可以直接切换到“代码”视图查看和修改代码。代码中很小的 bug 会导致网页出现致命的错误，使网页无法正常浏览。Dreamweaver CS6 提供了标签库编辑器来有效地创建源代码。

12.1.1 使用“参考”面板

1. 弹出“参考”面板的方法

- 选中标签后，选择“窗口 > 结果 > 参考”命令，弹出“参考”面板。
- 将插入点放在标签、属性或关键字中，然后按 Shift+F1 组合键。

2. “参考”面板的参数

“参考”面板显示的内容是与用户所单击的标签、属性或关键字有关的信息，如图 12-1 所示。

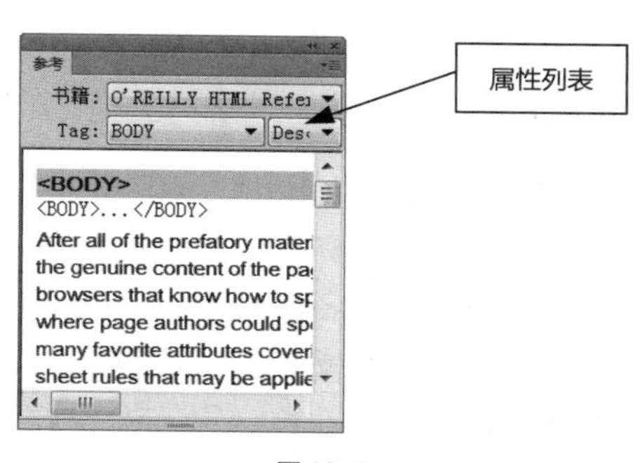

图 12-1

“参考”面板中各选项的作用如下。

“书籍”选项：显示或选择参考材料出自的书籍名称。参考材料包括其他书籍的标签、对象或样式等。

“Tag”选项：根据选择书籍的不同，该选项可变成“对象”“样式”或“CFML”选项。用于显示用户在“代码”视图或代码检查器中选择的对象、样式或函数，还可选择新的标签。该选项包含两个下拉列表，左侧的用于选择标签，右侧的用于选择标签的属性。

“属性列表”选项：显示所选项目的说明。

3. 调整“参考”面板中文本的大小

单击“参考”面板右上方的选项菜单，选择“大字体”“中等字体”或“小字体”命令，调整“参考”面板中文本的大小。

12.1.2 使用标签库插入标签

在 Dreamweaver CS6 中，标签库中有一组特定类型的标签，其中还包含 Dreamweaver CS6 应如何设置标签格式的信息。标签库提供了 Dreamweaver CS6 用于代码提示、目标浏览器检查、标签选择器和其他代码功能的标签信息。使用标签库编辑器，可以添加和删除标签库、标签和属性，设置标签库的属性以及编辑标签和属性。

选择“编辑 > 标签库”命令，弹出“标签库编辑器”对话框，如图 12-2 所示。标签库中列出了绝大部分各种语言所用到的标签及其属性参数，设计者可以轻松地添加和删除标签库、标签和属性。

1. 新建标签库

弹出“标签库编辑器”对话框，单击“加号”按钮，在弹出的快捷菜单中选择“新建标签库”命令，弹出“新建标签库”对话框，如图 12-3 所示，在“库名称”选项的文本框中输入一个名称，单击“确定”按钮完成设置。

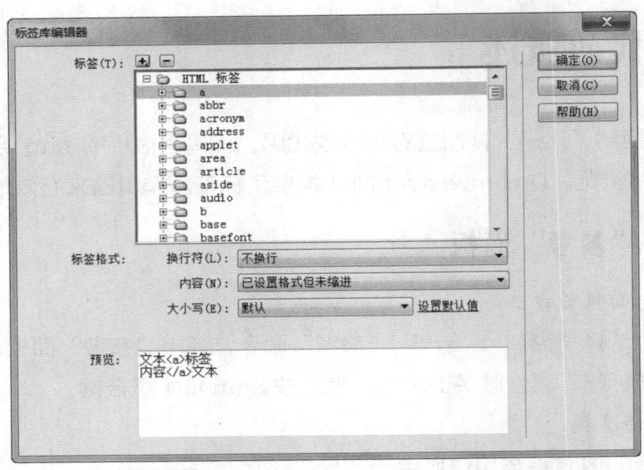

图 12-2

2. 新建标签

弹出“标签库编辑器”对话框，单击“加号”按钮[+]，在弹出的快捷菜单中选择“新建标签”命令，弹出“新建标签”对话框，如图 12-4 所示。先在“标签库”选项的下拉列表中选择一个标签库，然后在“标签名称”选项的文本框中输入新标签的名称。若要添加多个标签，则输入这些标签的名称，中间以逗号或空格来分隔标签的名称，如“First Tags，Second Tags”。如果新的标签具有相应的结束标签 （</...>），则选择“具有匹配的结束标签”复选框，最后单击“确定”按钮完成设置。

3. 新建属性

使用“新建属性”命令可为标签库中的标签添加新的属性。弹出“标签库编辑器”对话框，单击“加号”按钮[+]，在弹出的快捷菜单中选择“新建属性”命令，弹出“新建属性”对话框，如图 12-5 所示，设置对话框中的选项。一般情况下，在“标签库”选项的下拉列表中选择一个标签库，在“标签”选项的下拉列表中选择一个标签，在“属性名称”选项的文本框中输入新属性的名称。若要添加多个属性，则输入这些属性的名称，中间以逗号或空格来分隔标签的名称，如“width，height”，最后单击“确定”按钮完成设置。

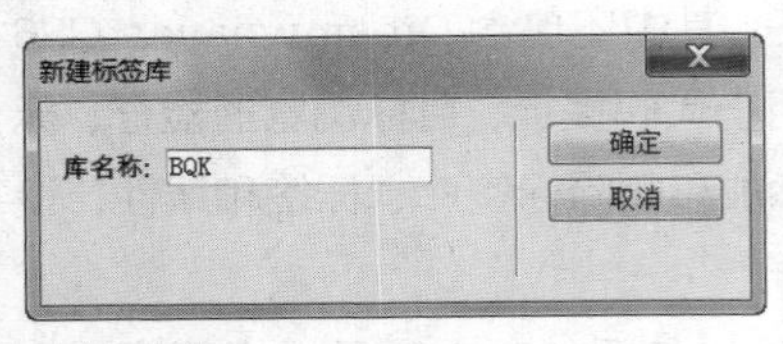

图 12-3

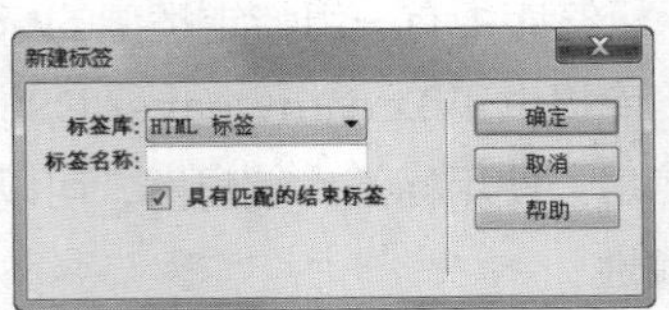

图 12-4

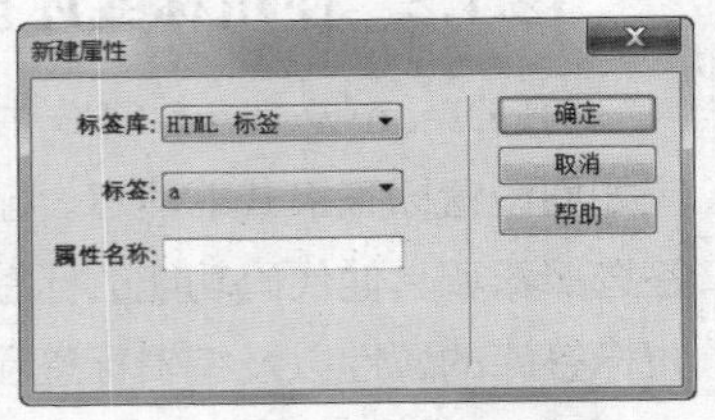

图 12-5

4. 删除标签库、标签或属性

弹出“标签库编辑器”对话框。先在“标签”列表中选择一个标签库、标签或属性，再单击“减号”按钮[-]，则将选中的项从“标签”列表中删除，单击“确定”按钮关闭“标签库编辑器”对话框。

12.1.3 用标签选择器插入标签

在“代码”视图中单击鼠标右键，在弹出的快捷菜单中选择“插入标签”命令，弹出“标签选择器”对话框，如图 12-6 所示。左侧列表中包含支持的标签库的列表，右侧列表中显示选定标签库文件夹中的单独标签，下方列表中显示选定标签的详细信息。

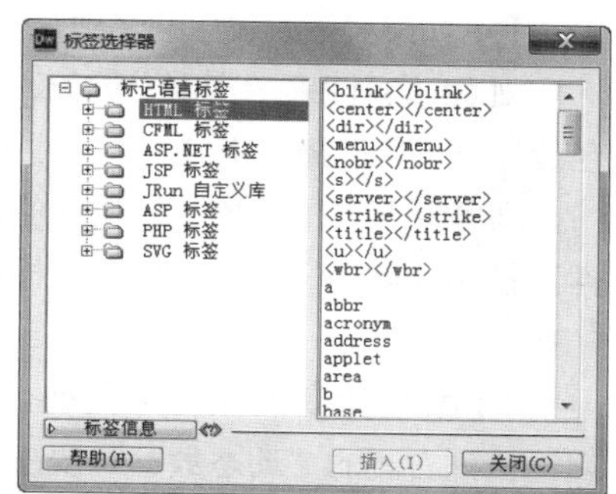

图 12-6

使用“标签选择器”对话框插入标签的操作步骤如下。

（1）弹出“标签选择器”对话框。在左侧列表中展开标签库，即从标签库中选择标签类别，或者展开该类别并选择一个子类别，从右侧列表中选择一个标签。

（2）若要在“标签选择器”对话框中查看该标签的语法和用法信息，则单击“标签信息”按钮 标签信息 ，如果有可用信息，则会显示关于该标签的信息。

（3）若要在“参考”面板中查看该标签的相同信息，单击图标，如果有可用信息，则会显示关于该标签的信息。

（4）若要将选定标签插入代码中，则单击“插入”按钮 插入(I) ，弹出“标签编辑器”对话框。如果该标签出现在右侧列表中并带有尖括号（如<title></title>），那么它不会要求其他信息立即插入文档的插入点。

（5）单击“确定”按钮回到“标签选择器”对话框，单击“关闭”按钮则关闭“标签选择器”对话框。

12.2 编辑代码

呆板的表格容易使人阅读疲劳，当用表格承载一些相关数据时，常常通过采用不同的字体、文字颜色、背景颜色等方式，对不同类别的数据加以区分或突出显示某些内容。

12.2.1 使用标签检查器编辑代码

标签检查器列出所选标签的属性表，方便设计者查看和编辑选择的标签对象的各项属性。选择“窗口 > 标签检查器”命令，弹出“标签检查器”面板。若想查看或修改某标签的属性，只需先在文档窗口中用鼠标指针选择对象或选择文档窗口下方要选择对象相应的标签，再选择“窗口 > 标签检查器”命令，弹出“标签检查器”面板，此时，面板将列出该标签的属性，如图 12-7 所示。设计者可以根据需要轻松地找到各属性参数，并方便地修改属性值。

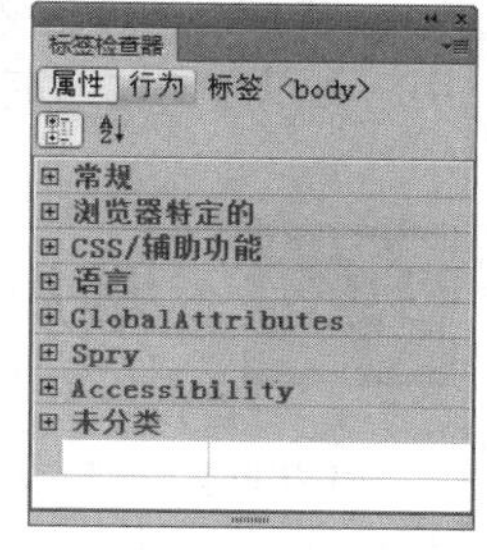

图 12-7

在“标签检查器”面板的“属性”选项卡中，显示所选对象的属性及其当前值。若要查看其中的属性，有以下几种方法。

- 若要查看按类别组织的属性，则单击“显示类别视图”按钮。
- 若要在按字母排序的列表中查看属性，则单击“显示列表视图”按钮。

若要更改属性值，则选择该值并进行编辑，具体操作方法如下。

- 在属性值列（属性名称的右侧）中为该属性输入一个新的值。若要删除一个属性值，则选择该值，然后按 Backspace 键。

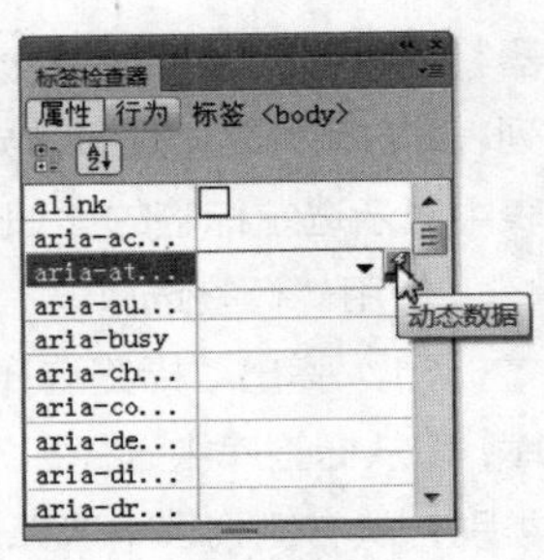

图 12-8

➔ 如果要更改属性的名称，则选择该属性名称，然后进行编辑。

如果该属性采用预定义的值，则从属性值列右侧的下拉列表（或颜色选择器）中选择一个值。

如果采用 URL 值作为属性值，则单击“属性”面板中的“浏览文件”按钮或使用“指向文件”图标选择一个文件，或者在文本框中输入 URL。

如果该属性采用的是来自动态内容来源（如数据库）的值，则单击属性值列右侧的“动态数据”按钮，然后选择一个来源，如图 12-8 所示。

12.2.2 使用标签编辑器编辑代码

标签编辑器是另一个编辑标签的方式。先在文档窗口中选择特定的标签，然后单击“标签检查器”面板右上角的选项菜单，在弹出的快捷菜单中选择“编辑标签”命令。打开“标签编辑器-frame”对话框，如图 12-9 所示。

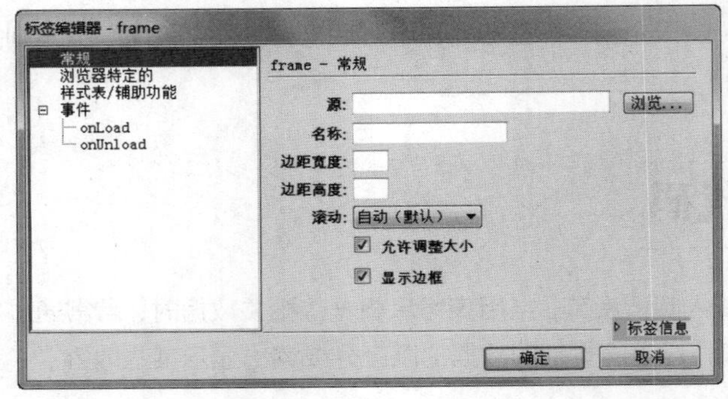

图 12-9

“标签编辑器”对话框列出被不同浏览器版本支持的特殊属性、事件和关于该标签的说明信息，用户可以方便地指定或编辑该标签的属性。

12.3 常用的 HTML 标签

HTML，即超文本标记语言，HTML 文件是被网络浏览器读取并产生网页的文件。常用的 HTML 标签有以下几种。

1. 文件结构标签

文件结构标签包含 html、head、title、body 等。html 标签用于表示页面的开始，它由文档头部分和文档体部分组成，浏览时只有文档体部分会被显示；head 标签用于表示网页的开头部分，开头部分用以存载重要信息，如注释、meta、标题等；title 标签用于表示页面的标题，浏览时在浏览器的标题栏上显示；body 标签用于表示网页的文档部分。

2. 排版标签

在网页中有 4 种段落对齐方式：左对齐、右对齐、居中对齐和两端对齐。在 HTML 语言中，可以使用 ALIGN 属性来设置段落的对齐方式。

ALIGN 属性可以应用于多种标签，例如分段标签<p>、标题标签<hn>以及水平线标签<hr>等。ALIGN 属性的取值可以是 left（左对齐）、center（居中对齐）、right（右对齐）以及 justify（两边对齐）。两边对齐是指将一行中的文本在排满的情况下向左右两个页边对齐，以避免在左右页边出现锯齿状。

对于不同的标签，ALIGN 属性的默认值是有所不同的。对于分段标签和各个标题标签，ALIGN 属性的默认值为 left；对于水平线标签<hr>，ALIGN 属性的默认值为 center。若要将文档中的多个段落设置成相同的对齐方式，可将这些段落置于<div>和</div>标签之间组成一个节，并使用 ALIGN 属性来设置该节的对齐方式；如果要将部分文档内容设置为居中对齐，也可以将这部分内容置于<center>和</center>标签之间。

3. 列表标签

列表分为无序列表和有序列表两种。<li>标签标志无序列表，如项目符号；ol 标签标志有序列表，如标号。

4. 表格标签

表格标签包括表格标签<table>、表格标题标签<caption>、表格行标签<tr>、表格字段名标签<th>、列标签<td>等几个标签。

5. 框架

框架网页将浏览器上的视窗分成不同区域，在每个区域中都可以独立显示一个网页。框架网页通过一个或多个<frameset>和<frame>标签来定义。框架集包含如何组织各个框架的信息，可以通过<frameset>标签来定义。框架集<frameset>标签置于<head>之后，以取代<body>的位置，还可以使用<noframes>标签给出框架不能被显示时的替换内容。框架集<frameset>标签中包含多个<frame>标签，用以设置框架的属性。

6. 图形标签

图形的标签为<img>，其常用参数是<src>和<alt>，用于设置图像的位置和替换文本。SRC 属性给出图像文件的 URL 地址，图像可以是 JPEG 文件、GIF 文件或 PNG 文件。ALT 属性给出图像的简单文本说明，这段文本在浏览器不能显示图像时显示出来，或图像加载时间过长时先显示出来。

<img>标签不仅可以用于在网页中插入图像，也可以用于播放 Video for Windows 等多媒体文件（*.avi）。若要在网页中播放多媒体文件，应在<img>标签中设置 dynsrc、start、loop、Controls 和 loopdelay 属性。

例如，表示将影片循环播放 3 次，中间延时 250 毫秒，其代码如下。

```
<img src="SAMPLE-S.GIF" dynsrc="SAMPLE-S.AVI" loop=3 loopdelay=250>
```

例如，表示在鼠标指针移到 AVI 播放区域之上时才开始播放 SAMPLE-S.AVI 影片，其代码如下。

```
<img src="SAMPLE-S.GIF" dynsrc="SAMPLE-S.AVI" start=mouseover>
```

7. 链接标签

链接标签为<a>，其常用参数 href 标志目标端点的 URL 地址，target 显示链接文件的一个窗口或框架，title 显示链接文件的标题文字。

8．表单标签

表单在 HTML 页面中起着重要作用，它是与用户交互信息的主要手段。一个表单至少应该包括说明性文字、用户填写的表格、提交和重填按钮等内容。用户填写了所需的资料之后，按下“提交”按钮，所填资料就会通过专门的 CGI 接口传到 Web 服务器上。网页的设计者随后就能在 Web 服务器上看到用户填写的资料，从而完成了从用户到设计者之间的反馈和交流。

表单中主要包括下列元素：普通按钮、单选按钮、复选框、下拉列表、单行文本框、多行文本框、提交按钮、重填按钮。

9．滚动标签

滚动标签是 marquee，它会将其文字和图像进行滚动，形成滚动字幕的页面效果。

10．载入网页的背景音乐标签

载入网页的背景音乐标签是 bgsound，它可设定页面载入时的背景音乐。

12.4 响应的 HTML 事件

前面已经介绍了基本的事件及其触发条件，现在讨论在代码中调用事件过程的方法。调用事件过程有 3 种方法，下面以在按钮上单击弹出欢迎对话框为例介绍调用事件过程的方法。

1．通过名称调用事件过程

```
<HTML>
<HEAD>
<TITLE>事件过程调用的实例</TITLE>
<SCRIPT LANGUAGE=vbscript>
<!--
sub bt1_onClick()
msgbox "欢迎使用代码实现浏览器的动态效果！"
end sub
-->
</SCRIPT>
</HEAD>
<BODY>
<INPUT name=bt1 type="button" value="单击这里">
</BODY>
</HTML>
```

2．通过 FOR/EVENT 属性调用事件过程

```
<HTML>
<HEAD>
<TITLE>事件过程调用的实例</TITLE>
<SCRIPT LANGUAGE=vbscript for="bt1" event="onclick">
<!--
```

```
msgbox "欢迎使用代码实现浏览器的动态效果！"
-->
</SCRIPT>
</HEAD>
<BODY>
<INPUT name=bt1 type="button" value="单击这里">
</BODY>
</HTML>
```

3. 通过控件属性调用事件过程

```
<HTML>
<HEAD>
<TITLE>事件过程调用的实例</TITLE>
<SCRIPT LANGUAGE=vbscript >
<!--
sub msg()
msgbox "欢迎使用代码实现浏览器的动态效果！"
end sub
-->
</SCRIPT>
</HEAD>
<BODY>
<INPUT name=bt1 type="button" value="单击这里" onclick="msg">
</BODY>
</HTML>
<HTML>
<HEAD>
<TITLE>事件过程调用的实例</TITLE>
</HEAD>
<BODY>
<INPUT name=bt1 type="button" value="单击这里" onclick='msgbox "欢迎使用代码实现浏览器的动态效果！"' language="vbscript">
</BODY>
</HTML>
```

课堂练习——品质狂欢节网页

练习知识要点

使用“插入标签”命令，制作浮动框架效果，如图 12-10 所示。

图 12-10

效果所在位置

云盘/Ch12/效果/品质狂欢节网页/index.html。

13 第13章 个人网页

个人网页是许多初学网页制作的读者非常感兴趣的事物。它是个人根据自己的爱好，自由制作出来的网页。对网页设计初学者来说，制作个人网页无疑是一件令人愉悦的事情。个人网页通常在结构和内容上都比较简单、随意。本章以多个类型的个人网页为例，讲解个人网页的设计方法和制作技巧。

课堂学习目标

- 了解个人网页的特色和功能
- 掌握个人网页的设计流程
- 掌握个人网页的设计思路和布局
- 掌握个人网页的制作方法

13.1 个人网页概述

个人网页是指个人或团体因某种兴趣、拥有某种专业技术、提供某种服务或为展示、销售自己的作品、商品而制作的具有独立空间域名的网站。网站内容强调以个人信息为中心。个人网页包括博客、个人论坛、个人主页等，从某种角度看，网络的发展趋势就是向个人网页发展。

13.2 妞妞的个人网页

13.2.1 案例分析

妞妞是个快乐活泼的小女孩，她的个人网页主要表现的是她成长中的点点滴滴，这其中有生动的个人记录、可爱的生活照片等。个人网页可以表现出妞妞的快乐童年和精彩生活。

在网页设计制作过程中，使用蓝天、白云和星球作为背景，给人天高云阔、自然闲适的感觉。悬浮在空中的页面主体与云朵有异曲同工之妙，在突出孩子天真活泼个性的同时，还可体现出孩子无限的想象空间和丰富多彩的童年生活。路标式导航栏、卡通游乐园、自由活泼的人物图像组合成一幅快乐幸福的网页画面，生动活泼且让人印象深刻。

本例将使用“表格”布局网页，使用“页面属性”命令改变网页的字体、大小、颜色、页边距和页面标题，使用“CSS 样式”命令设置单元格的背景图像及文字的颜色、大小和行距，使用“属性”面板改变单元格的宽度及高度。

13.2.2 案例效果

本案例的效果如图 13-1 所示。

图 13-1

13.2.3 案例制作

1. 制作网页背景效果

（1）选择“文件 > 新建”命令，新建空白文档。选择“文件 > 保存”命令，弹出“另存为”对话框，在“保存在”选项的下拉列表中选择当前站点目录保存路径；在“文件名”选项的文本框中输入“index”，单击“保存”按钮，返回网页编辑窗口。

（2）选择“修改 > 页面属性”命令，弹出“页面属性”对话框，在左侧的“分类”列表中选择“外观（CSS）”选项，将“页面字体”选项设为“宋体”，“大小”选项设为 12，“文本颜色”选项设为灰色（#646464），“左边距”“右边距”“上边距”“下边距”选项均设为 0，如图 13-2 所示。

（3）在左侧的“分类”列表中选择“标题/编码”选项，在“标题”选项的文本框中输入“妞妞的个人网页”，如图 13-3 所示。单击“确定”按钮，完成页面属性的修改。

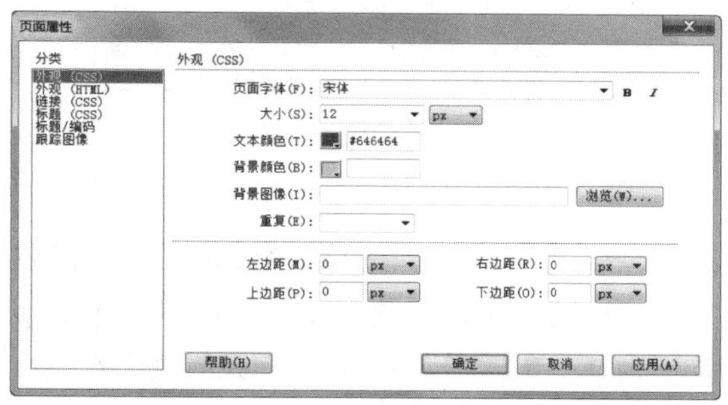

图 13-2

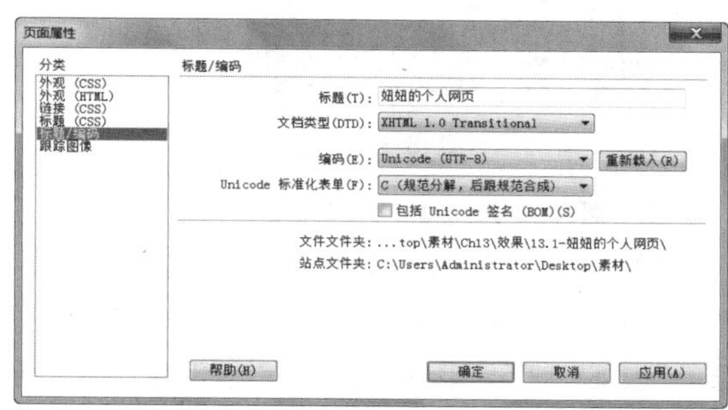

图 13-3

（4）单击“插入”面板“常用”选项卡中的“表格”按钮，在弹出的“表格”对话框中进行设置，如图 13-4 所示。单击“确定”按钮，完成表格的插入。保持表格的选取状态，在“属性”面板“对齐”选项的下拉列表中选择“居中对齐”选项。

（5）选择“窗口 > CSS 样式”命令，弹出“CSS 样式”面板，单击“新建 CSS 规则”按钮，在弹出的对话框中进行设置，如图 13-5 所示。单击“确定”按钮，弹出“.bj 的 CSS 规则定义”对话框，在左侧的“分类”列表中选择“背景”选项，单击“Background-image”选项右侧的“浏览”按钮，在弹出的“选择图像源文件”对话框中，选择云盘“Ch13 > 素材 > 妞妞的个人网页 > images”文件夹中的“bj.jpg”文件，单击“确定”按钮，返回到对话框中，单击“确定”按钮，完成样式的创建。

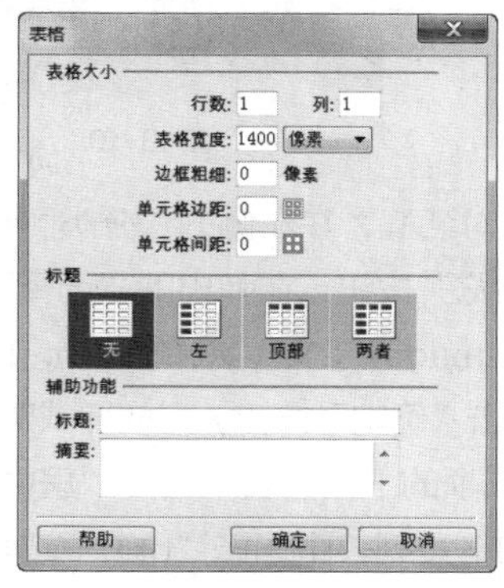

图 13-4

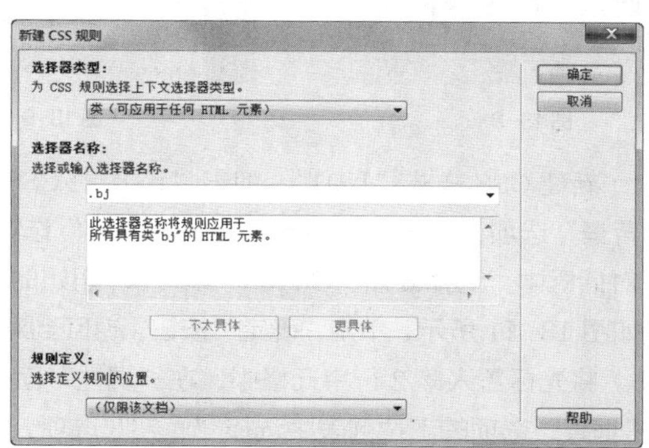

图 13-5

（6）将光标置入刚插入的表格的单元格，在“属性”面板“水平”选项的下拉列表中选择“居中对齐”选项，“垂直”选项的下拉列表中选择“顶端”选项，“类”选项的下拉列表中选择“bj”选项，将“高”选项设为 900，如图 13-6 所示。效果如图 13-7 所示。

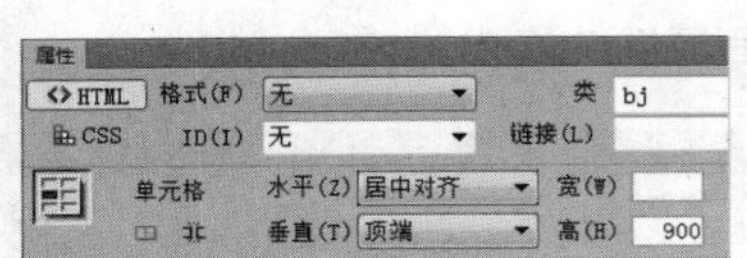

图 13-6

图 13-7

2．制作网页内容

（1）单击“插入”面板“常用”选项卡中的“表格”按钮，弹出“表格”对话框，将“行数”选项设为 3，“列”选项设为 1，“表格宽度”选项设为 1122，在右侧选项的下拉列表中选择“px”选项，“边框粗细”“单元格边距”“单元格间距”选项均设为 0，单击“确定”按钮，完成表格的插入。

（2）将光标置入刚插入的表格的第 1 行单元格，在“属性”面板“水平”选项的下拉列表中选择“左对齐”选项，将“高”选项设为 90。单击“插入”面板“常用”选项卡中的“图像”按钮，在弹出的“选择图像源文件”对话框中，选择云盘“Ch13 > 素材 > 妞妞的个人网页 > images”文件夹中的“logo.png”文件，单击“确定”按钮，完成图像的插入，如图 13-8 所示。

（3）保持图像的选取状态，单击文档窗口左上方的“拆分”按钮 拆分，在“拆分”视图窗口中的“height="70"”代码的后面置入光标，手动输入“hspace="100"”，如图 13-9 所示。单击文档窗口左上方的“设计”按钮 设计，切换到“设计”视图中，效果如图 13-10 所示。

图 13-8

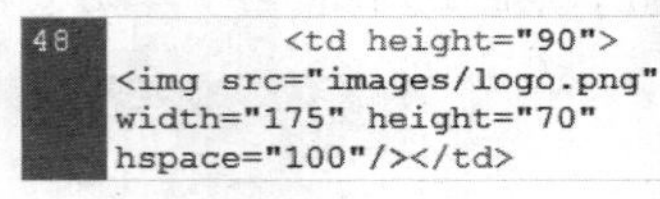

```
48      <td height="90">
<img src="images/logo.png"
width="175" height="70"
hspace="100"/></td>
```

图 13-9

图 13-10

（4）新建 CSS 样式“.bj01”，弹出“.bj01 的 CSS 规则定义”对话框，在左侧的“分类”列表中选择“背景”选项，单击“Background-image”选项右侧的“浏览”按钮，在弹出的“选择图像源文件”对话框中，选择云盘“Ch13 > 素材 > 妞妞的个人网页 > images”文件夹中的“bj_1.png”文件，如图 13-11 所示，单击“确定”按钮，返回到对话框中，单击“确定”按钮，完成样式的创建。

（5）将光标置入第 2 行单元格中，在“属性”面板“水平”选项的下拉列表中选择“居中对齐”选项，“垂直”选项的下拉列表中选择“底部”选项，“类”选项的下拉列表中选择“bj01”选项，将“高”选项设为 571，效果如图 13-12 所示。

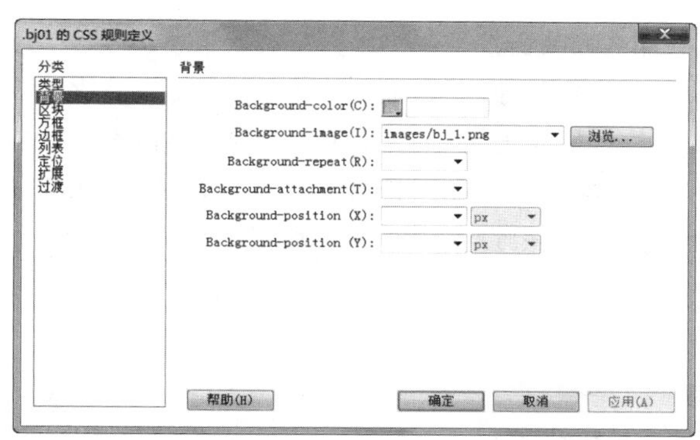

图 13-11

图 13-12

（6）在当前单元格中插入一个 2 行 6 列、宽为 950 像素的表格。将光标置入刚插入的表格的第 2 行第 1 列单元格，在“属性”面板中，将“高”选项设为 40。用相同的方法将第 1 行的第 2 列、第 3 列、第 4 列和第 5 列单元格的宽分别设为 260、50、300、50，效果如图 13-13 所示。

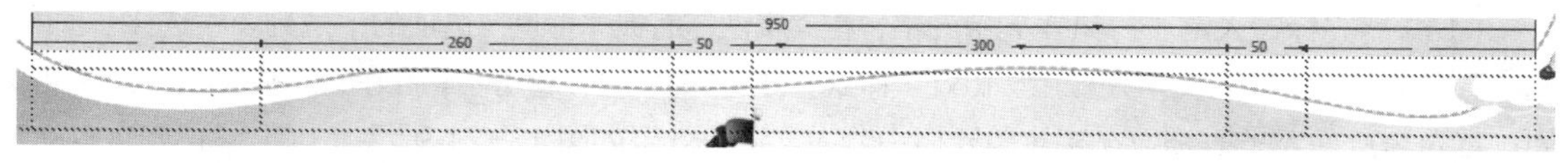

图 13-13

（7）将光标置入第 1 行第 1 列单元格，将云盘中的“girl.png”文件插入该单元格，效果如图 13-14 所示。

（8）将光标置入第 1 行第 2 列单元格，在“属性”面板“水平”选项的下拉列表中选择“左对齐”选项，“垂直”选项的下拉列表中选择“顶端”选项。在单元格中输入文字，效果如图 13-15 所示。

（9）新建 CSS 样式“.text”，弹出“.text 的 CSS 规则定义”对话框，在左侧的“分类”列表中选择“类型”选项，将“Font-size”选项设为 16，在右侧选项的下拉列表中选择“px”选项，“Font-weight”选项的下拉列表中选择“bold”选项，将“Color”选项设为黄色（#ffa949），单击“确定”按钮，完成样式的创建。

（10）选中文字“关于我”，在“属性”面板“类”选项的下拉列表中选择“text”选项，应用样式，效果如图 13-16 所示。

图 13-14

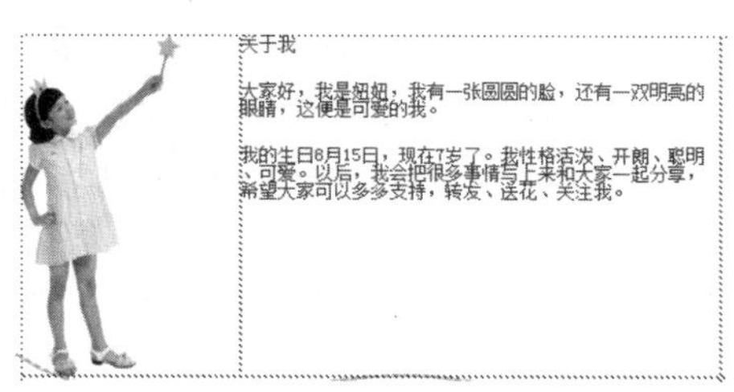

图 13-15

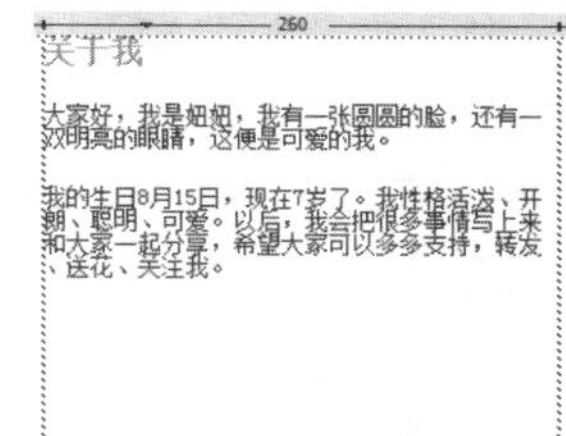

图 13-16

（11）新建 CSS 样式“.text1”，弹出“.text1 的 CSS 规则定义”对话框，在左侧的“分类”列表中选择“类型”选项，将“Line-height”选项设为 25，在右侧选项的下拉列表中选择“px”选项。在左侧的“分类”列表中选择“区块”选项，将“Text-indent”选项设为 2，在右侧选项的下拉列表表中选择“ems”选项，单击“确定”按钮，完成样式的创建。

（12）将光标置于文字的最后，按 Enter 键，将光标切换到下一段显示。将云盘“Ch13 > 素材 > 妞妞的个人网页 > images”文件夹中的“an.jpg”文件插入光标所在的位置。保持图像的选取状态，选择“格式 > 对齐 > 右对齐”命令，将图像右对齐，效果如图 13-17 所示。选中如图 13-18 所示的文字，在“属性”面板“类”选项的下拉列表中选择“text1”选项，应用样式，效果如图 13-19 所示。

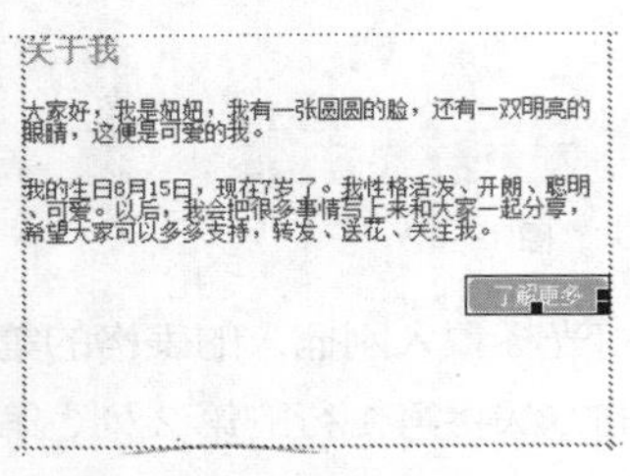

图 13-17

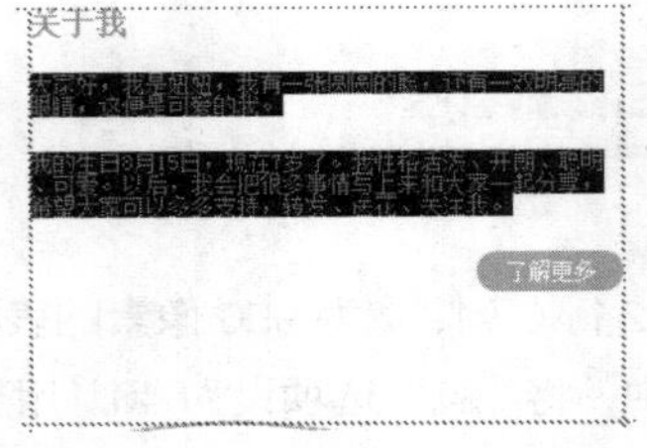

图 13-18

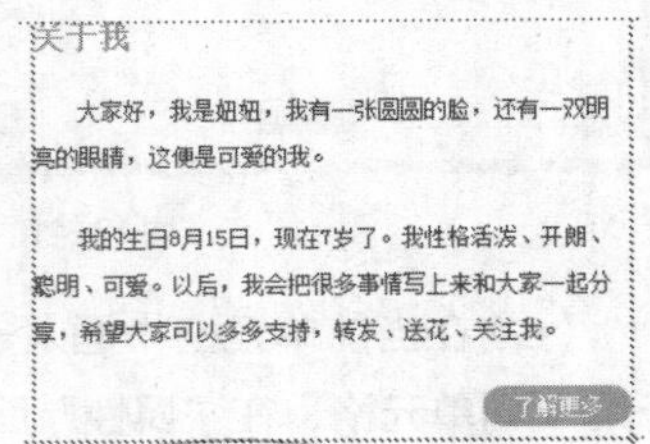

图 13-19

（13）将光标置入第 1 行第 4 列单元格，在“属性”面板“垂直”选项的下拉列表中选择“顶端”选项。在单元格中输入文字并应用“text”样式，效果如图 13-20 所示。在单元格中插入一个 9 行 2 列、宽为 300 像素的表格。在相应单元格中输入文字，效果如图 13-21 所示。

（14）选中刚插入的表格的第 2 行所有单元格，单击“属性”面板中的“合并所选单元格，使用跨度”按钮，并将“高”选项设为 20。用相同的方法将其他偶数行的单元格合并，并设置单元格的高度为 20。将云盘“Ch13 > 素材 > 妞妞的个人网页 > images”文件夹中的“line.png”文件分别插入合并单元格内，效果如图 13-22 所示。

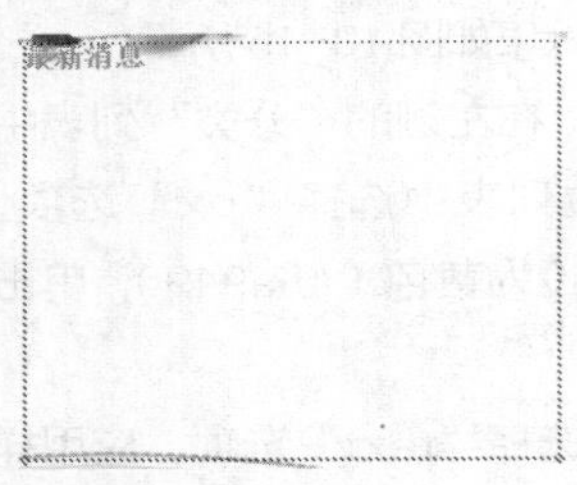

图 13-20

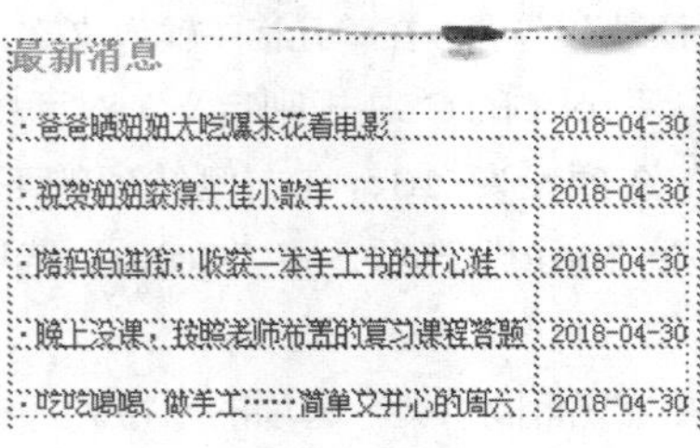

图 13-21

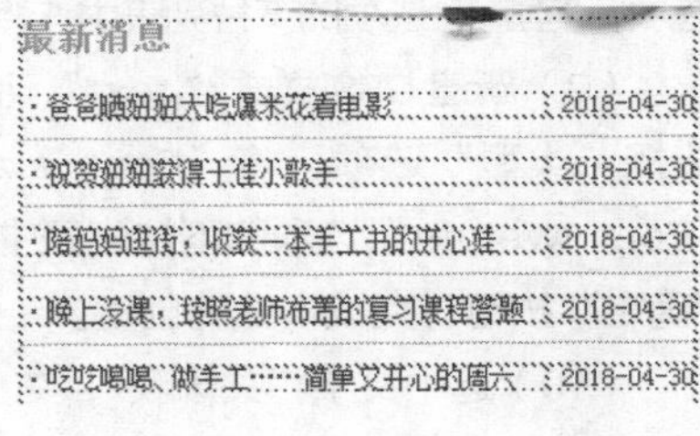

图 13-22

（15）将光标置入第 1 行第 6 列单元格，在“属性”面板“垂直”选项的下拉列表中选择“顶端”选项。在单元格中输入文字并应用“text”样式，效果如图 13-23 所示。按 Enter 键，将光标切换到下一段。将云盘中的“Ch13 > 素材 > 妞妞的个人网页 > images > pic.jpg”文件，插入该单元格中，效果如图 13-24 所示。

（16）将光标置入主体表格的第 3 行单元格，在“属性”面板“水平”选项的下拉列表中选择“居中对齐”选项，“垂直”选项的下拉列表中选择“底部”选项，将“高”选项设为 220。在单元格中输入文字，效果如图 13-25 所示。

（17）新建 CSS 样式“.text2”，弹出“.text2 的 CSS 规则定义”对话框，在左侧的“分类”列表中选择“类型”选项，将“Line-height”选项设为 25，在右侧选项的下拉列表中选择“px”选项，“Color”选项设为黑色，单击“确定”按钮，完成样式的创建。

图 13-23

图 13-24

图 13-25

（18）选中刚输入的文字，在“属性”面板“类”选项的下拉列表中选择“text2”选项，应用样式，效果如图 13-26 所示。妞妞的个人网页效果制作完成，保存文档，按 F12 键，预览网页效果，如图 13-27 所示。

图 13-26

图 13-27

13.3 李明的个人网页

13.3.1 案例分析

李明是个喜欢接近自然、热爱生活的男孩，他希望自己的个人网页充满自然舒适感。网页设计上要针对自己的爱好和专业特长，按自己的想法来收集资料和制作网页。网页的风格要现代时尚，能感受到自由和创造的力量。

在网页中，蓝、绿的色调可给人温柔平和、成熟可靠的感觉。不同的风景照片和排列方式在将页面分割的同时，简洁直观地展现出李明的爱好和专业特长，让人一目了然。上方的导航栏简单实用，方便浏览。整个页面简洁时尚、个性突出。

本例将使用“页面属性”命令设置文档的页边距和页面标题，使用“属性”面板设置单元格和文字颜色制作导航效果，使用“CSS 样式”命令设置文字的颜色及行距，手动输入代码设置图片的间距。

13.3.2　案例效果

本案例的效果如图 13-28 所示。

图 13-28

13.3.3　案例制作

1. 插入表格制作网页导航和焦点区

（1）选择“文件 > 新建”命令，新建空白文档。选择“文件 > 保存”命令，弹出“另存为”对话框。在“保存在”选项的下拉列表中选择当前站点目录保存路径，在“文件名”选项的文本框中输入“index”，单击“保存”按钮，返回网页编辑窗口。

（2）选择“修改 > 页面属性”命令，弹出“页面属性”对话框，在左侧“分类”列表中选择“外观（CSS）”选项，将“左边距”“右边距”“上边距”“下边距”选项均设为 0，如图 13-29 所示。在左侧的“分类”列表中选择“标题/编码”选项，在“标题”选项的文本框中输入“李明的个人网页”，如图 13-30 所示，单击“确定”按钮，完成页面属性的修改。

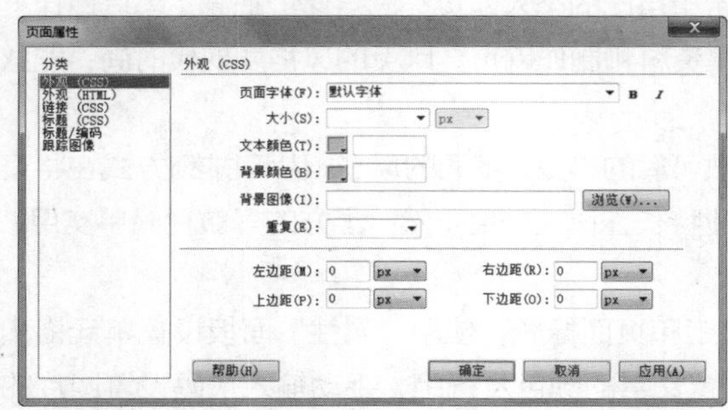

图 13-29

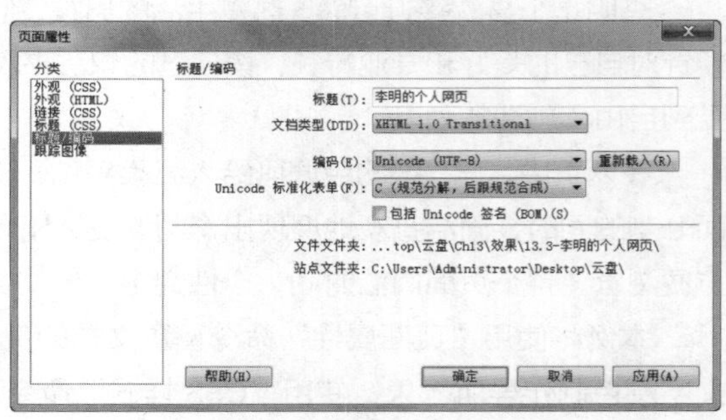

图 13-30

（3）单击“插入”面板“常用”选项卡中的“表格”按钮，在弹出的“表格”对话框中进行设置，如图 13-31 所示。单击“确定”按钮，完成表格的插入。保持表格的选取状态，在“属性”面板“对齐”选项的下拉列表中选择“居中对齐”选项。

（4）将光标置入第 1 行单元格，在“属性”面板“水平”选项的下拉列表中选择“居中对齐”选项，将“高”选项设为 80，“背景颜色”选项设为绿色（#53acbc）。在单元格中插入一个 1 行 2 列、宽为 900 像素的表格。

（5）将光标置入刚插入的表格的第 1 列单元格，在“属性”面板“目标规则”选项的下拉列表中选择“<新内联样式>”选项，将“字体”选项设为“楷体”，“大小”选项设为 36，“Color”选项设为白色。在单元格中输入文字，效果如图 13-32 所示。

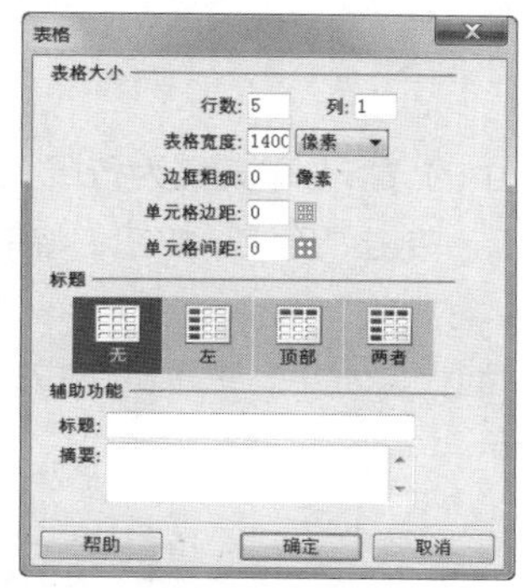

图 13-31

图 13-32

（6）将光标置入第 2 列单元格，在“属性”面板“目标规则”选项的下拉列表中选择“<新内联样式>”选项，“水平”选项的下拉列表中选择“居中对齐”选项，将“字体”选项设为“楷体”，“大小”选项设为 16，“Color”选项设为白色。在单元格中输入文字，效果如图 13-33 所示。

图 13-33

（7）将光标置入主体表格的第 2 行单元格，单击“插入”面板“常用”选项卡中的“图像”按钮，在弹出的“选择图像源文件”对话框中，选择云盘“Ch13 > 素材 > 李明的个人网页 > images”文件夹中的“top.jpg”文件，单击“确定”按钮，完成图像的插入，如图 13-34 所示。

图 13-34

2. 制作图片欣赏

（1）将光标置入主体表格的第 3 行单元格，在“属性”面板“水平”选项的下拉列表中选择“居中对齐”选项，“垂直”选项的下拉列表中选择“顶端”选项，将“高”选项设为 550，“背景颜色”选项设为浅绿色（#a9e3ee）。在该单元格中插入一个 2 行 1 列、宽为 850 像素的表格。

（2）将云盘中的“Ch13 > 素材 > 李明的个人网页 > images > bt.png”文件，插入刚插入的表格的第 1 行单元格，效果如图 13-35 所示。

图 13-35

（3）将光标置入第 2 行单元格，单击“属性”面板中的“拆分单元格为行或列”按钮，在弹出的“拆分单元格”对话框中进行设置，如图 13-36 所示，单击“确定”按钮，将单元格拆分成两列显示。

（4）将光标置入第 2 行第 1 列单元格，在“属性”面板“水平”选项的下拉列表中选择“居中对齐”选项。在单元格中输入文字，效果如图 13-37 所示。

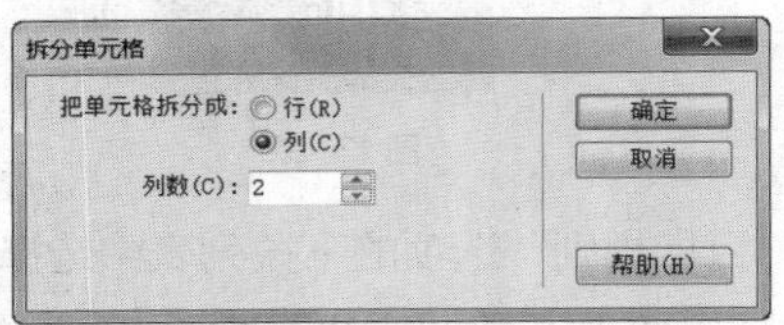

图 13-36

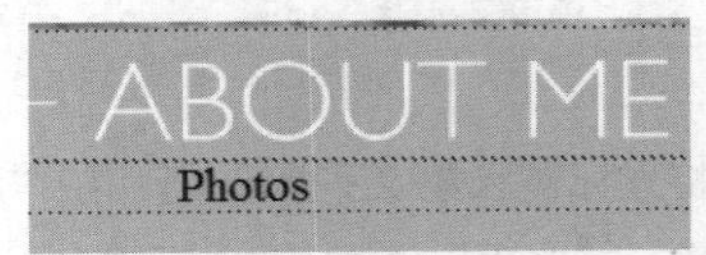

图 13-37

（5）选择“窗口 > CSS 样式”命令，弹出“CSS 样式”面板，单击“新建 CSS 规则”按钮，在弹出的对话框中进行设置，如图 13-38 所示，单击“确定”按钮，在弹出“.text 的 CSS 规则定义”对话框中进行设置，如图 13-39 所示，单击“确定”按钮，完成样式的创建。

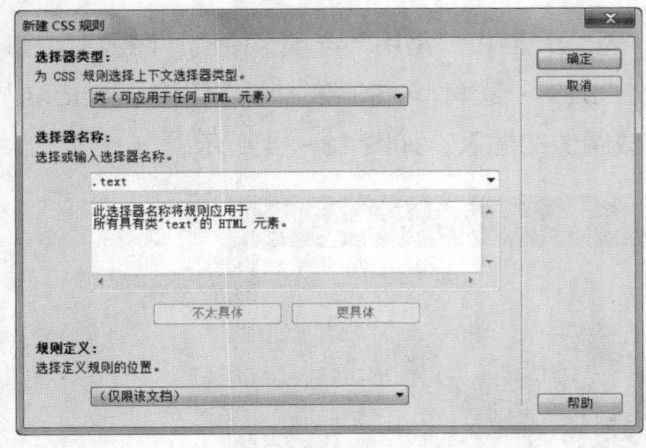

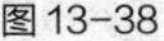

图 13-38

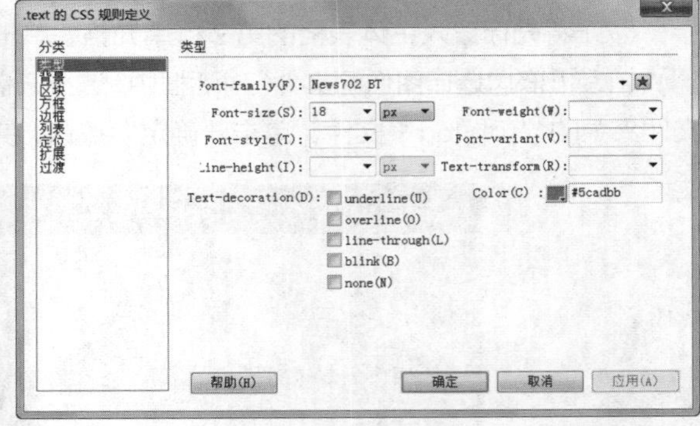

图 13-39

（6）选中文字“Photos”，在“属性”面板“类”选项的下拉列表中选择“text”选项，应用样式，效果如图 13-40 所示。插入一个 2 行 3 列、宽为 351 像素、单元格间距为 10 的表格。将云盘“Ch13 >

素材 > 李明的个人网页 > images”文件夹中的“img_1.jpg”“img_2.jpg”“img_3.jpg”“img_4.jpg”“img_5.jpg”“img_6.jpg”文件，分别插入相应的单元格，效果如图 13-41 所示。

图 13-40

图 13-41

（7）将光标置入第 2 列单元格，插入一个 2 行 1 列、宽为 380 像素的表格。将光标置入刚插入的表格的第 1 行单元格，在“属性”面板“水平”选项的下拉列表中选择“右对齐”选项。将云盘中的“pic01.png”文件插入该单元格，效果如图 13-42 所示。将光标置入第 2 行单元格，输入文字，效果如图 13-43 所示。

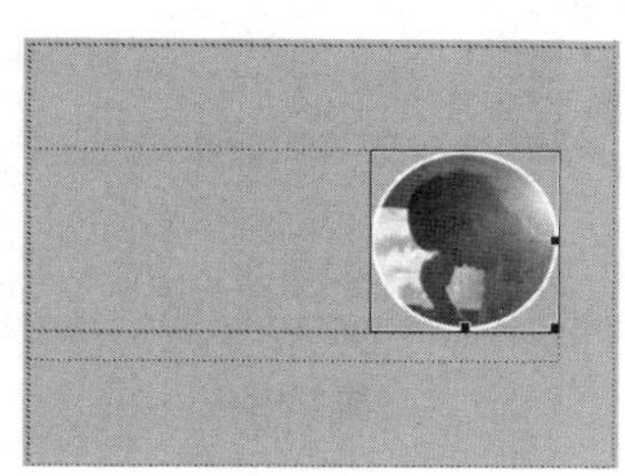

图 13-42

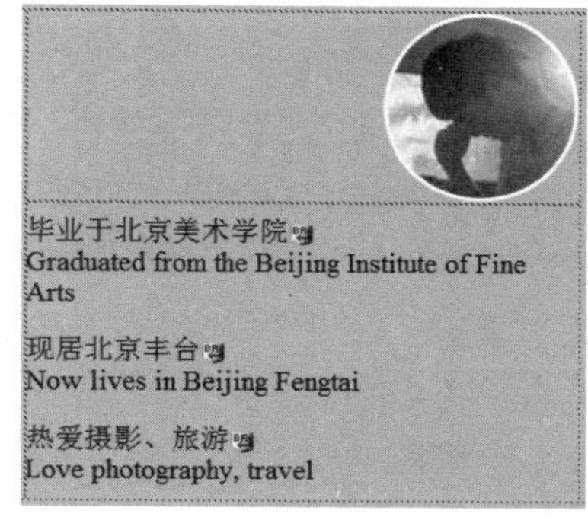

图 13-43

（8）新建 CSS 样式“.text1”，弹出“.text1 的 CSS 规则定义”对话框，在左侧“分类”列表中选择“类型”选项，将“Line-height”选项设为 25，在右侧选项的下拉列表中选择“px”选项，“Color”选项设为绿色（#3f8999），单击“确定”按钮，完成样式的创建。

（9）选中图 13-44 所示的文字，在“属性”面板“类”选项的下拉列表中选择“text1”选项，应用样式，效果如图 13-45 所示。

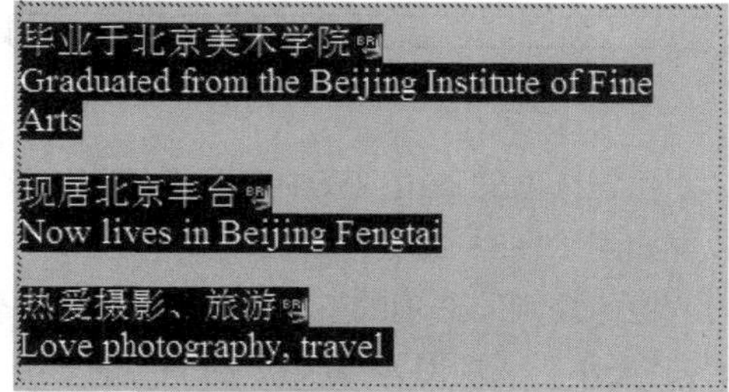

图 13-44

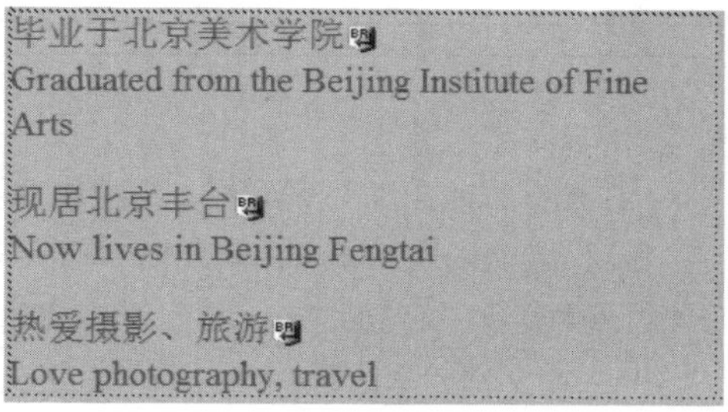

图 13-45

（10）新建 CSS 样式“.pic”，弹出“. pic 的 CSS 规则定义”对话框，在左侧“分类”列表中选择“方框”选项，在“Float”选项的下拉列表中选择“left”选项，取消选择“Padding”选项组中的“全部相同”复选框，将“Right”选项设为 15，单击“确定”按钮，完成样式的创建。

（11）将光标置于图 13-46 所示的位置，将云盘中的“Ch13 > 素材 > 李明的个人网页 > images > tb_1.png”文件插入光标所在的位置，如图 13-47 所示。

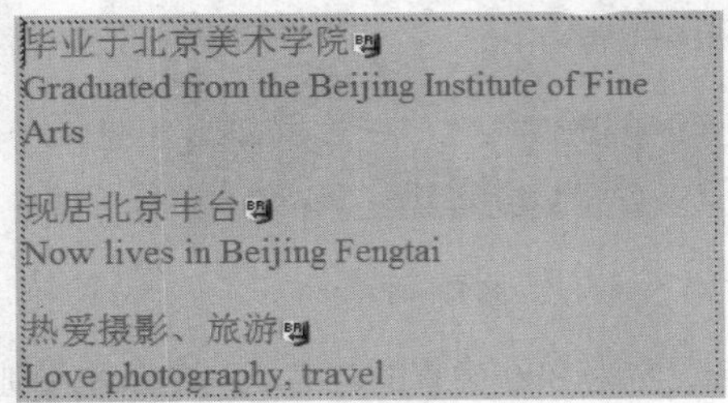

图 13-46

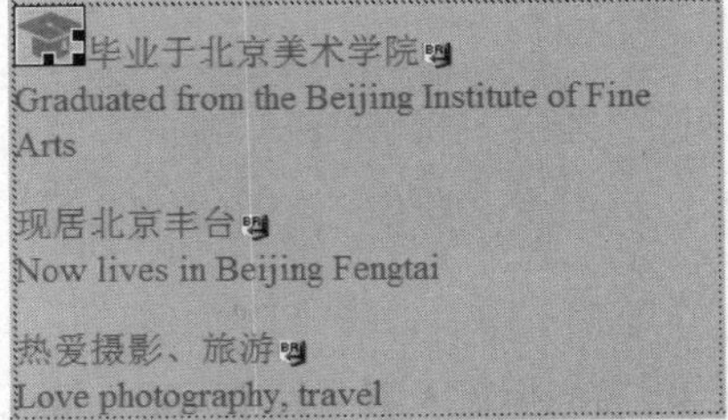

图 13-47

（12）保持图像的选取状态，在“属性”面板“类”选项的下拉列表中选择“pic”选项，应用样式，效果如图 13-48 所示。用相同的方法制作出如图 13-49 所示的效果。

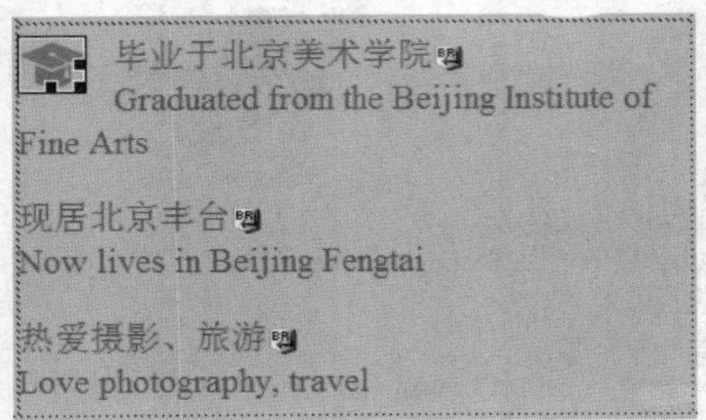

图 13-48

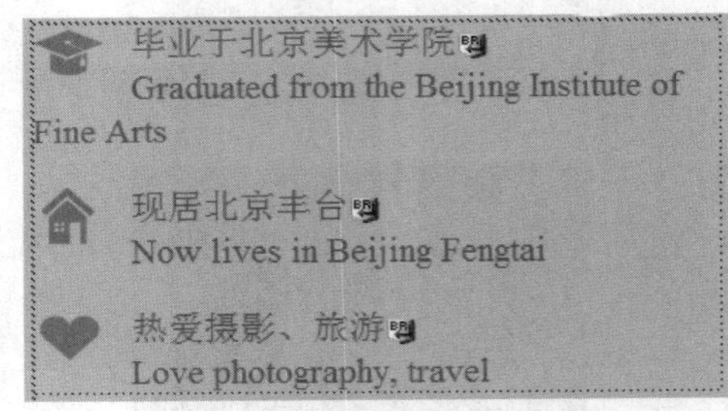

图 13-49

3. 制作足迹欣赏

（1）将光标置入主体表格的第 4 行单元格，在“属性”面板“水平”选项的下拉列表中选择“居中对齐”选项，将“高”选项设为 520。在该单元格中插入一个 4 行 4 列、宽为 1000 像素的表格。

（2）选中刚插入的表格的第 1 行所有单元格，单击“属性”面板“合并所选单元格，使用跨度”按钮▣，将选中的单元格合并。用相同的方法合并第 4 行单元格，效果如图 13-50 所示。

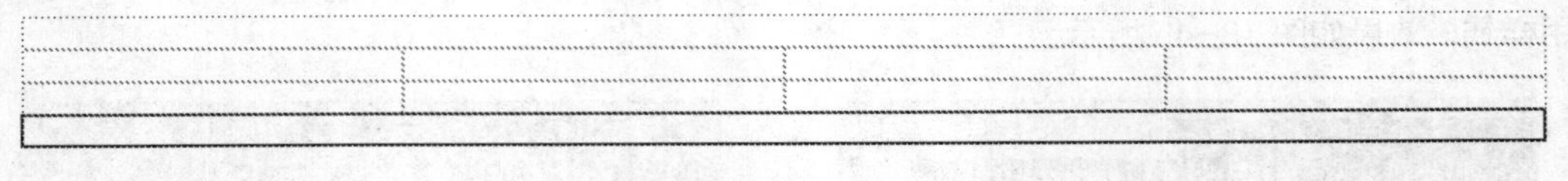

图 13-50

（3）将光标置入第 1 行单元格，在“属性”面板“水平”选项的下拉列表中选择“居中对齐”选项，将“高”选项设为 150。在单元格中输入文字，效果如图 13-51 所示。

（4）选中文字“足迹/Travels”，在“属性”面板“目标规则”选项的下拉列表中选择“<新内联样式>”选项，将“字体”选项设为“方正大黑简体”，“大小”选项设为 36，“Color”选项设为深绿色（#06252a），效果如图 13-52 所示。

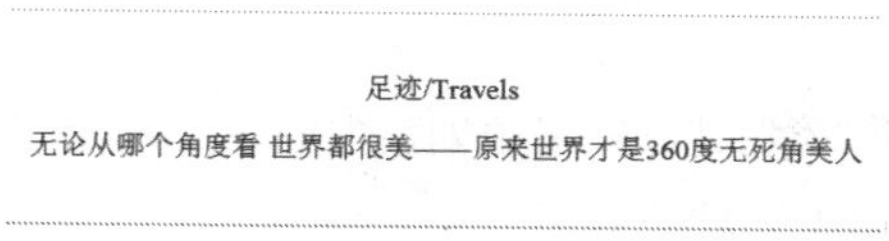

足迹/Travels
无论从哪个角度看 世界都很美——原来世界才是360度无死角美人

图 13-51

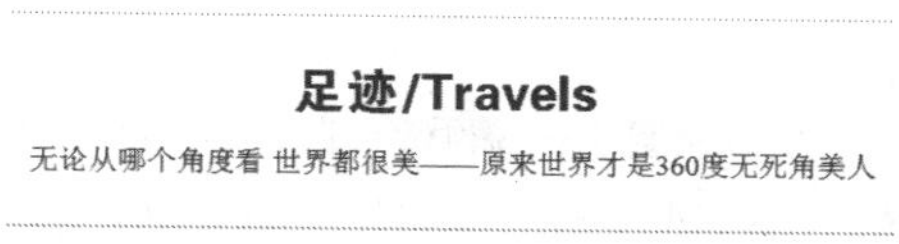

足迹/Travels
无论从哪个角度看 世界都很美——原来世界才是360度无死角美人

图 13-52

（5）选中图 13-53 所示的文字，在“属性”面板“目标规则”选项的下拉列表中选择“<新内联样式>”选项，将 “大小”选项设为 14，“Color”选项设为绿色（#1d4851），效果如图 13-54 所示。

足迹/Travels
无论从哪个角度看 世界都很美——原来世界才是360度无死角美人

图 13-53

足迹/Travels
无论从哪个角度看 世界都很美——原来世界才是360度无死角美人

图 13-54

（6）选中第 2 行、第 3 行和第 4 行所有单元格，如图 13-55 所示。在“属性”面板“水平”选项的下拉列表中选择“居中对齐”选项。

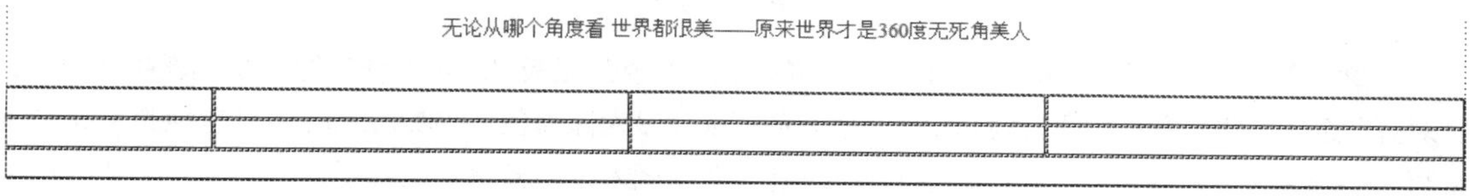

无论从哪个角度看 世界都很美——原来世界才是360度无死角美人

图 13-55

（7）将云盘“Ch13 > 素材 > 李明的个人网页 > images”文件夹中的“zj01.jpg”“zj02.jpg”“zj03.jpg”“zj04.jpg”文件，分别插入第 2 行单元格，效果如图 13-56 所示。

图 13-56

（8）将光标置入第 3 行第 1 列单元格，在“属性”面板中，将“高”选项设为 60。分别在第 3 行单元格中输入文字，效果如图 13-57 所示。

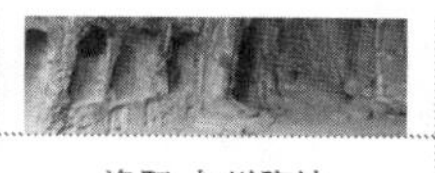

海南-东方夏威夷	西安-历史遗存	杭州-文化名城	洛阳-九州腹地

图 13-57

（9）新建 CSS 样式“.bt”，弹出“.bt 的 CSS 规则定义”对话框，在左侧“分类”列表中选择“类型”选项，将“Font-family”选项设为“宋体”，“Font-size”选项设为 14，“Font-weight”选项的下拉列表中选择“bold”，“Color”选项设为绿色（#1d4851），单击“确定”按钮，完成样式的创建。

（10）选中图 13-58 所示的文字，在“属性”面板“类”选项的下拉列表中选择“bt”选项，应用样式。用相同的方法为其他文字应用样式，效果如图 13-59 所示。

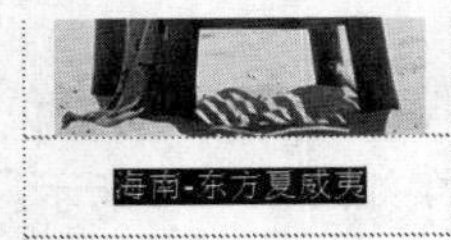

图 13-58

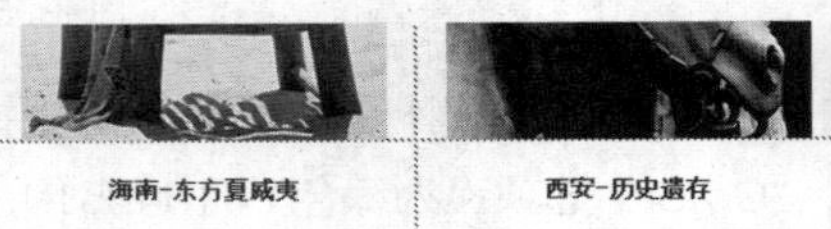

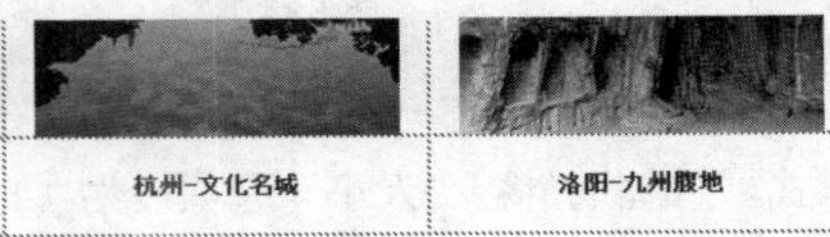

图 13-59

（11）将光标置入第 4 行单元格，在“属性”面板中，将“高”选项设为 40。在单元格中输入文字，效果如图 13-60 所示。

海南-东方夏威夷	西安-历史遗存	杭州-文化名城	洛阳-九州腹地
MORE >>			

图 13-60

（12）将光标置入主体表格的第 5 行单元格，在“属性”面板“水平”选项的下拉列表中选择“居中对齐”选项，将“高”选项设为 50，“背景颜色”选项设为深绿色（#06252a）。将云盘中的“Ch13 > 素材 > 李明的个人网页 > images > fx01.png”文件插入该单元格。

（13）保持图像的选取状态，单击文档窗口左上方的“拆分”按钮 拆分 ，在“拆分”视图窗口中的“height="32"”代码的后面放置光标，手动输入“hspace="10"”，如图 13-61 所示。

（14）用相同的方法将云盘“Ch13 > 素材 > 李明的个人网页 > images”文件夹中的“fx02.png”“fx03.png”“fx04.png”文件，插入该单元格，并设置相应的属性。李明的个人网页效果制作完成，保存文档，按 F12 键，预览网页效果，如图 13-62 所示。

```
    <td height="50" align=
"center" bgcolor="#06252a"><img
src="images/fx01.png" width="34"
 height="32" hspace="10"/></td>
```

图 13-61

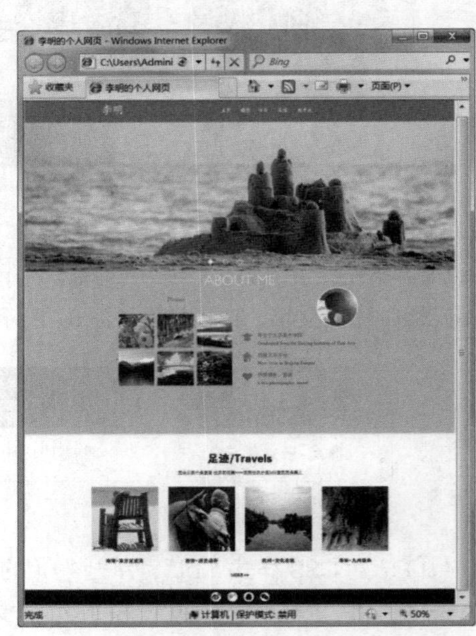

图 13-62

13.4 美琪的个人网页

13.4.1 案例分析

美琪是一个快乐活泼的女孩，她希望自己的个人网页充满青春和活力感。网页设计上要现代时尚，以体现青年人的个性和特色。

在网页中，自然闲适的背景起到衬托的作用，突出前方的主体。青春活泼的照片及简单的个人资料展示，给人直观率真、活泼个性的感觉，让人一目了然。整个页面表现出年轻人追求自我的个性风格。

本例将使用“页面属性”命令修改页面的页边距和页面标题，使用“属性”面板设置单元格宽度和高度，使用“CSS 样式”命令制作表格背景和文字的行距效果。

13.4.2 案例效果

本案例的效果如图 13-63 所示。

图 13-63

13.4.3 案例制作

（1）选择“文件 > 新建”命令，新建空白文档。选择“文件 > 保存”命令，弹出“另存为”对话框。在“保存在”选项的下拉列表中选择当前站点目录保存路径，在“文件名”选项的文本框中输入“index”，单击“保存”按钮，返回网页编辑窗口。

（2）选择“修改 > 页面属性”命令，弹出“页面属性”对话框，在左侧“分类”列表中选择“外观（CSS）”选项，将“页面字体”选项设为“宋体”，“大小”选项设为 13，“文本颜色”选项设为灰色（#646464），“左边距”“右边距”“上边距”“下边距”选项均设为 0，如图 13-64 所示。在左侧的“分类”列表中选择“标题/编码”选项，在“标题”选项的文本框中输入“美琪的个人网页”，如图 13-65 所示，单击“确定”按钮，完成页面属性的修改。

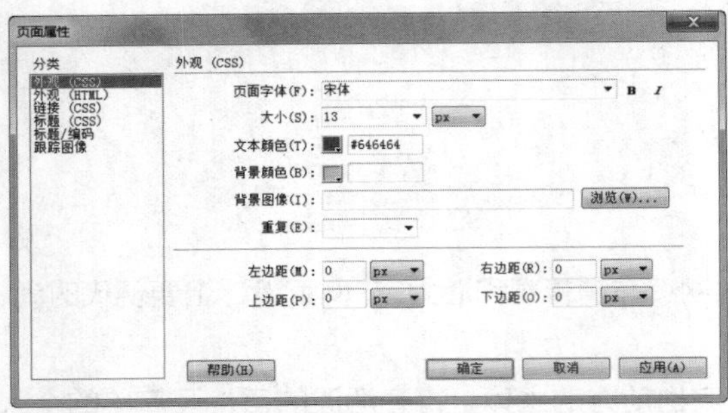

图 13-64

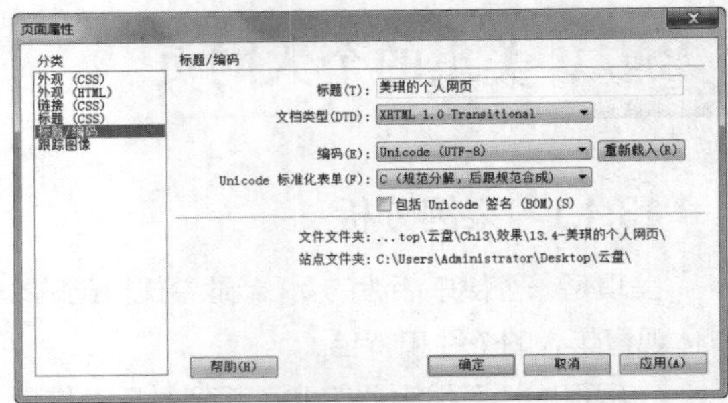

图 13-65

（3）单击“插入”面板“常用”选项卡中的“表格”按钮，在弹出的“表格”对话框中进行设置，如图 13-66 所示。单击“确定”按钮，完成表格的插入。保持表格的选取状态，在“属性”面板“对齐”选项的下拉列表中选择“居中对齐”选项。

（4）选择“窗口 > CSS 样式”命令，弹出“CSS 样式”面板，单击“新建 CSS 规则”按钮，在弹出的对话框中进行设置，如图 13-67 所示，单击“确定”按钮，弹出“.bj 的 CSS 规则定义”对话框，在左侧“分类”列表中选择“背景”选项，单击“Background-image”选项右侧的“浏览”按钮，在弹出的“选择图像源文件”对话框中，选择云盘中的“Ch13 > 素材 > 美琪的个人网页 > images > bj.jpg”文件，单击“确定”按钮，返回到对话框中，单击“确定”按钮，完成样式的创建。

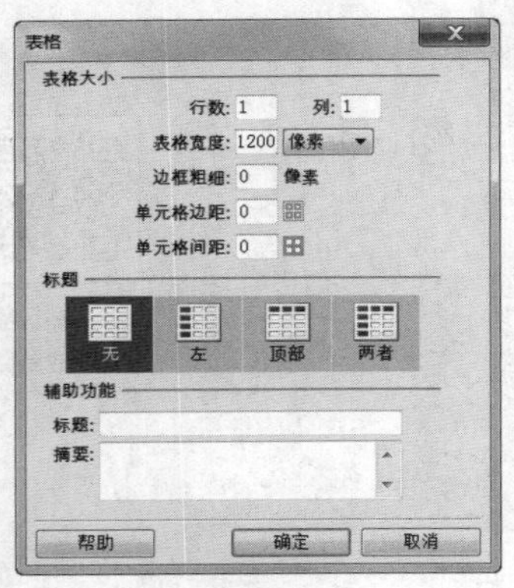

图 13-66

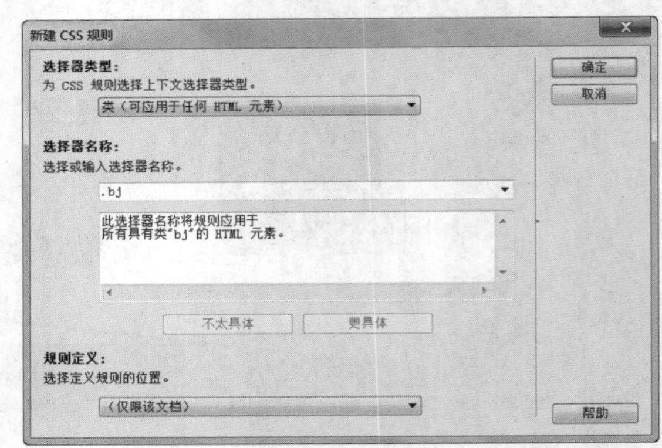

图 13-67

（5）将光标置入单元格，在“属性”面板“水平”选项的下拉列表中选择“居中对齐”选项，“垂直”选项的下拉列表中选择“顶端”选项，“类”选项的下拉列表中选择“bj”选项，将“高”选项设为 800，效果如图 13-68 所示。

（6）插入一个 2 行 3 列、宽为 800 像素的表格。将光标置入刚插入的表格的第 1 行第 1 列单元格，在“属性”面板中，将“高”选项设为 255。

（7）新建 CSS 样式“.bj01”，在弹出“.bj01 的 CSS 规则定义”对话框进行设置，如图 13-69 所示，单击“确定”按钮，完成样式的创建。

（8）将光标置入第 2 行第 1 列单元格，在“属性”面板“垂直”选项的下拉列表中选择“底部”选项，“类”选项的下拉列表中选择“bj01”选项，将“宽”选项设为 400，“高”选项设为 319，效果如图 13-70 所示。

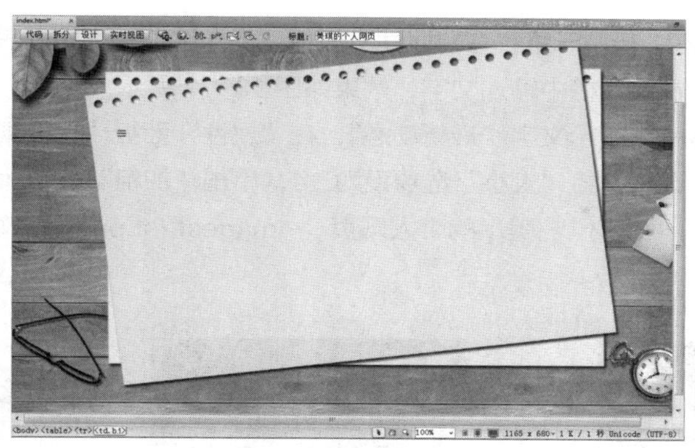

图 13-68

图 13-69

图 13-70

（9）在该单元格中插入一个 2 行 1 列、宽为 320 像素的表格。将光标置入第 2 行单元格，在“属性”面板中，将“高”选项设为 70。新建 CSS 样式“.bj02”，弹出“.bj02 的 CSS 规则定义”对话框，在左侧“分类”列表中选择“类型”选项，将“Font-size”选项设为 12，“Line-height”选项设为 25，在右侧选项的下拉列表中选择“px”选项，“Color”选项设为白色。

（10）在左侧“分类”列表中选择“背景”选项，单击“Background-image”选项右侧的“浏览”按钮，在弹出的“选择图像源文件”对话框中，选择云盘中的“Ch13 > 素材 > 美琪的个人网页 > images > bj_2.png”文件，单击“确定”按钮，返回到对话框中，在“Background-repeat”选项的下拉列表中选择“no-repeat”，如图 13-71 所示，单击“确定”按钮，完成样式的创建。

图 13-71

（11）将光标置入第 1 行单元格，在“属性”面板“类”选项的下拉列表中选择“bj02”选项，将“高”选项设为 55。在单元格中输入文字，效果如图 13-72 所示。

（12）选中如图 13-72 所示文字“最新动态”，在“属性”面板“目标规则”选项的下拉列表中选择“<新内联样式>”选项，将“大小”选项设为 14，单击“加粗”按钮 B，效果如图 13-73 所示。将云盘中的“Ch13 > 素材 > 美琪的个人网页 > images > jt.png”文件插入文字“最新动态”的右侧，效果如图 13-74 所示。

图 13-72

图 13-73

图 13-74

（13）将光标置入主体表格的第 2 行第 2 列单元格，在“属性”面板中，将“宽”选项设为 65。将光标置入第 2 行第 3 列单元格，在“属性”面板“垂直”选项的下拉列表中选择“顶端”选项。将云盘中的“bt.png”文件插入该单元格，效果如图 13-75 所示。

（14）在该单元格中插入一个 1 行 2 列、宽为 250 像素的表格，并在单元格中输入文字，效果如图 13-76 所示。

图 13-75

图 13-76

（15）新建 CSS 样式“.text”，弹出“.text 的 CSS 规则定义”对话框，在左侧“分类”列表中选择“类型”选项，将“Line-height”选项设为 25，在右侧选项的下拉列表中选择“px”选项，单击“确定”按钮，完成样式的创建。

（16）选中如图 13-77 所示的文字，在“属性”面板“类”选项的下拉列表中选择“text”选项，应用样式，效果如图 13-78 所示。用相同的方法为其他文字设置样式，效果如图 13-79 所示。

图 13-77

图 13-78

图 13-79

（17）将光标置入当前表格的右侧，插入一个 1 行 7 列、宽为 100%的表格。将光标置入刚插入的表格的第 1 列单元格，在“属性”面板“目标规则”选项的下拉列表中选择“<新内联样式>”选项，将“字体”选项设为“微软雅黑”，“大小”选项设为 14。在单元格中输入文字，效果如图 13-80 所示。

（18）选中第 3 列、第 4 列、第 5 列和第 6 列单元格，在“属性”面板“水平”选项的下拉列表中选择“居中对齐”选项。将云盘“Ch13 > 素材 > 美琪的个人网页 > images”文件夹中的“zkh.png”“img_1.png”“img_2.png”“img_3.png”“img_4.png”“ykh.png”文件，分别插入对应的单元格中，效果如图 13-81 所示。

图 13-80

图 13-81

（19）美琪的个人网页效果制作完成，保存文档，按 F12 键，预览网页效果，如图 13-82 所示。

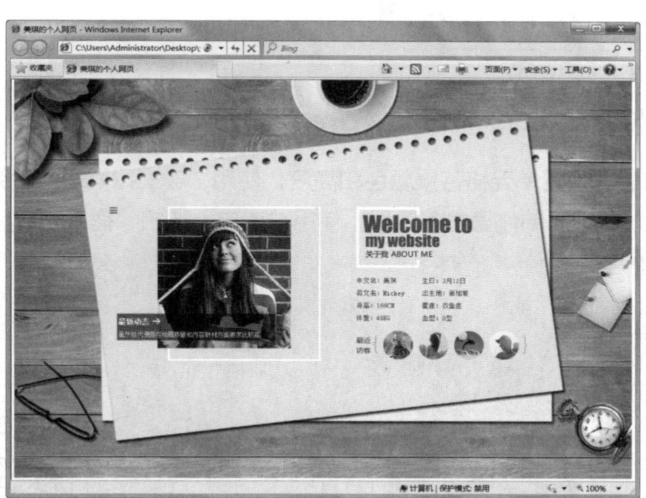

图 13-82

课堂练习——娟娟的个人网页

练习知识要点

使用“页面属性”命令，设置背景颜色、页边距和文字颜色大小；使用“属性”面板，改变单元格的高度和宽度；使用“CSS 样式”命令，设置单元格的背景图像，效果如图 13-83 所示。

图 13-83

效果所在位置

云盘/Ch13/效果/娟娟的个人网页/ index.html。

课后习题——李梅的个人网页

习题知识要点

使用“属性”面板，设置单元格背景颜色和高度；使用“CSS 样式”命令，设置文字行间距；使用“鼠标经过图像”按钮，制作导航条效果；使用“表单”按钮，插入表单，如图 13-84 所示。

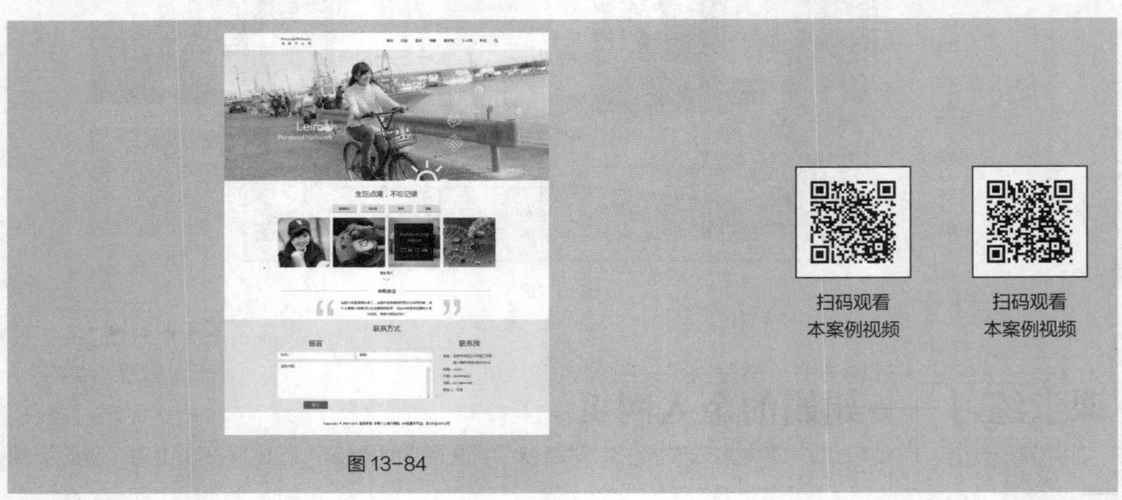

图 13-84

效果所在位置

云盘/Ch13/效果/李梅的个人网页/index.html。

14 第 14 章 游戏娱乐网页

游戏娱乐网页包含了游戏网页和娱乐网页两大主题网页。游戏娱乐网页是现在较热门的网页，主要针对的是喜欢游戏，追逐娱乐和流行文化的青年。本章以多个类型的游戏娱乐网页为例，讲解游戏娱乐网页的设计方法和制作技巧。

课堂学习目标

- 了解游戏娱乐网页的内容和服务
- 掌握游戏娱乐网页的设计流程
- 掌握游戏娱乐网页的设计布局
- 掌握游戏娱乐网页的制作方法

14.1 游戏娱乐网页概述

游戏网页以游戏服务和与玩家互动娱乐为核心，整合多种信息，提供游戏官网信息、玩家圈子、图片中心、论坛等一系列优质的联动服务，满足游戏玩家个性展示和游戏娱乐的需求。娱乐网页提供了各类娱乐的相关信息，包括时尚、电影、电视、音乐、新闻、最新动态等在线内容。

14.2 锋芒游戏网页

14.2.1 案例分析

Flash 游戏网站提供了大量各种各样的 Flash 游戏和配套的讲解说明，是喜爱 Flash 游戏的朋友们不可多得的好地方。本例为锋芒游戏公司设计制作的 Flash 游戏网页界面。在网页的设计布局上要清晰合理、设计风格上要活泼生动，体现出游戏的趣味性。

在设计制作过程中，页面以简单的黑白灰为背景，营造出清爽的页面环境。导航栏放在页面的上方，方便游戏玩家浏览。不同游戏的展示可以让人直观地了解游戏潮流，以便于更加快速地选择自己喜欢的游戏。

本例将使用“页面属性”命令修改页面的页边距和页面标题，使用“属性”面板设置单元格宽度、高度及背景颜色，使用“CSS 样式”命令设置文字的大小、字体及行距。

14.2.2 案例效果

本案例的效果如图 14-1 所示。

图 14-1

14.2.3 案例制作

1. 制作导航条

（1）选择“文件 > 新建”命令，新建空白文档。选择“文件 > 保存”命令，弹出“另存为”对话框，在“保存在”选项的下拉列表中选择当前站点目录保存路径；在“文件名”选项的文本框中输入“index”，单击“保存”按钮，返回网页编辑窗口。

扫码观看
本案例视频

（2）选择“修改 > 页面属性”命令，弹出“页面属性”对话框，在左侧的“分类”列表中选择“外观（CSS）”选项，将“页面字体”选项设为“宋体”，“大小”选项设为 12，“文本颜色”选项设为灰色（#646464），“左边距”“右边距”“上边距”“下边距”选项均设为 0，如图 14-2 所示。

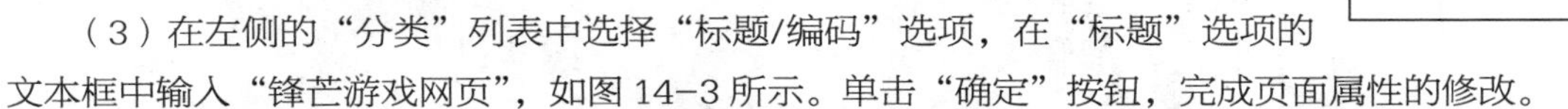

（3）在左侧的“分类”列表中选择“标题/编码”选项，在“标题”选项的文本框中输入“锋芒游戏网页”，如图 14-3 所示。单击“确定”按钮，完成页面属性的修改。

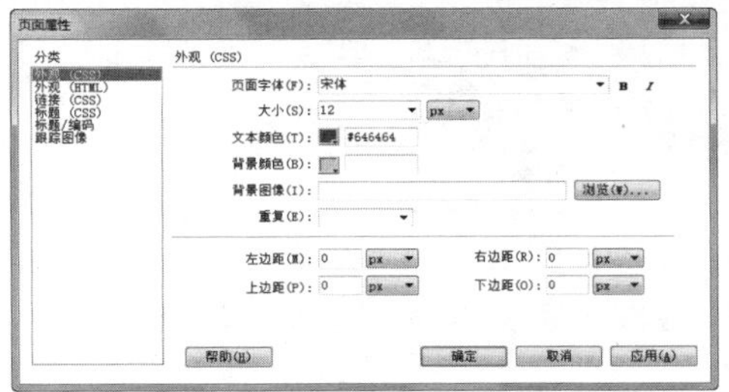

图 14-2

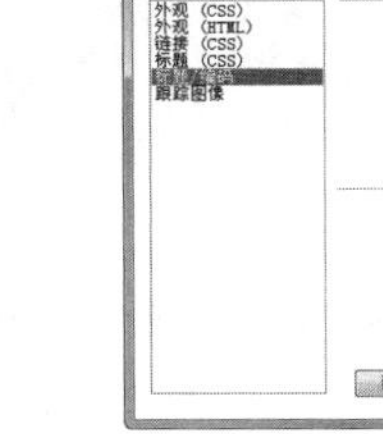

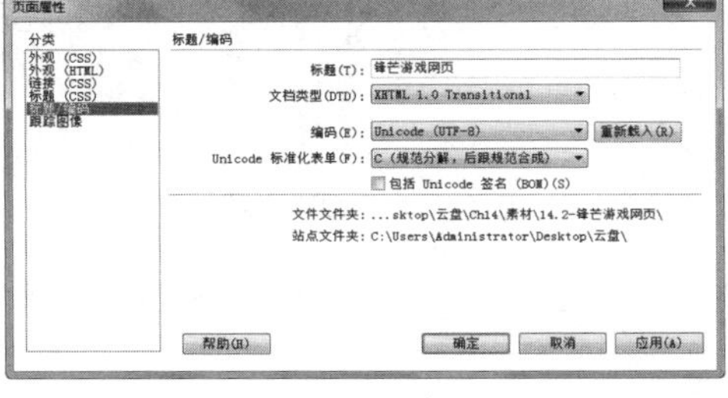

图 14-3

（4）单击“插入”面板“常用”选项卡中的“表格”按钮，在弹出的“表格”对话框中进行设置，如图 14-4 所示。单击“确定”按钮，完成表格的插入。保持表格的选取状态，在“属性”面板“对齐”选项的下拉列表中选择“居中对齐”选项。

（5）将光标置入第 1 行单元格，在“属性”面板“水平”选项的下拉列表中选择“居中对齐”选项，将“高”选项设为 75。在该单元格中插入一个 1 行 2 列，宽为 1110 像素的表格。将光标置入刚插入的表格的第 1 列单元格，在“属性”面板“水平”选项的下拉列表中选择“左对齐”选项。

（6）单击“插入”面板“常用”选项卡中的“图像”按钮，在弹出的“选择图像源文件”对话框中，选择云盘中的“Ch14 > 素材 > 锋芒游戏网页 > images > logo.jpg”文件，单击“确定”按钮，完成图像的插入，如图 14-5 所示。

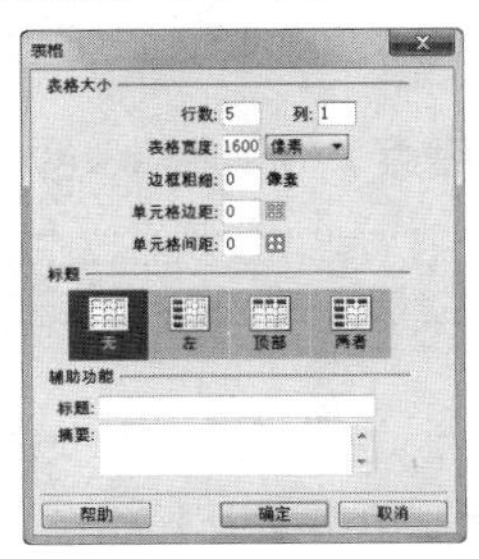

图 14-4

图 14-5

（7）将光标置入第 2 列单元格，在“属性”面板“目标规则”选项的下拉列表中选择“<新内联样式>”选项，“水平”选项的下拉列表中选择“右对齐”选项，将“大小”选项设为 16。在单元格中输入文字，效果如图 14-6 所示。

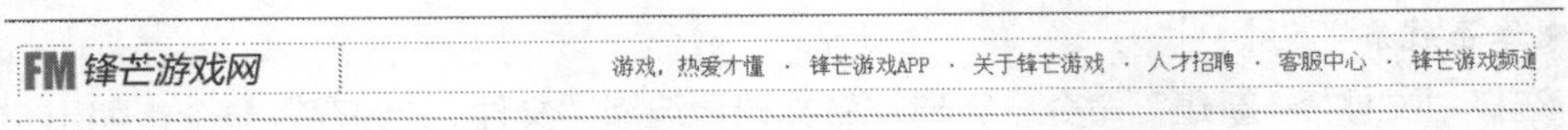

图 14-6

（8）将云盘中的“Ch14 > 素材 > 锋芒游戏网页 > images > jd.jpg”文件插入主体表格的第 2 行单元格，效果如图 14-7 所示。

图 14-7

2. 制作游戏热点

（1）将光标置入主体表格的第 3 行单元格，在“属性”面板“水平”选项的下拉列表中选择“居中对齐”选项，将“高”选项设为 430。在该单元格中插入一个 5 行 5 列，宽为 1200 像素的表格。

（2）将光标置入刚插入的表格的第 1 行第 1 列单元格，在“属性”面板“水平”选项的下拉列表中选择“左对齐”选项，将“高”选项设为 60。在单元格中输入文字，效果如图 14-8 所示。

（3）选中文字“游戏热点”，在“属性”面板“目标规则”选项的下拉列表中选择“<新内联样式>”选项，将“字体”选项设为“微软雅黑”，“大小”选项设为 20，单击“加粗”按钮 B ，效果如图 14-9 所示。

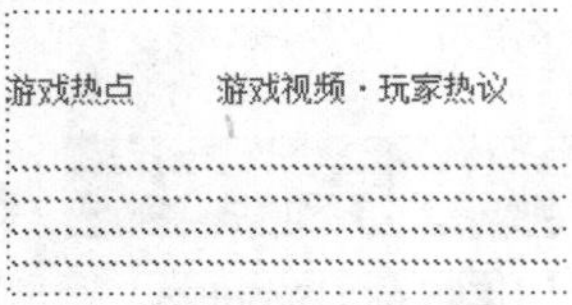

图 14-8

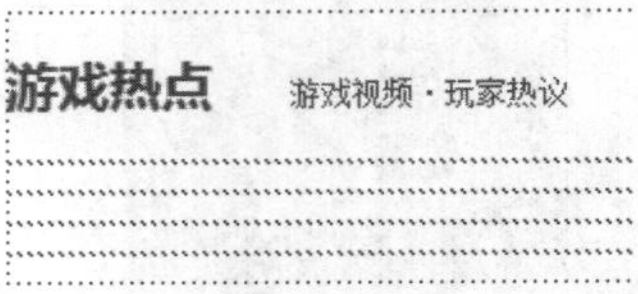

图 14-9

（4）选择“窗口 > CSS 样式”命令，弹出“CSS 样式”面板，单击面板下方的“新建 CSS 规则”按钮 ，在弹出的对话框中进行设置，如图 14-10 所示，单击“确定”按钮，弹出“.pic 的 CSS 规则定义”对话框，在左侧的“分类”列表中选择“区块”选项，“Vertical-align”选项的下拉列表中选择“middle”选项，如图 14-11 所示，单击“确定”按钮，完成样式的创建。

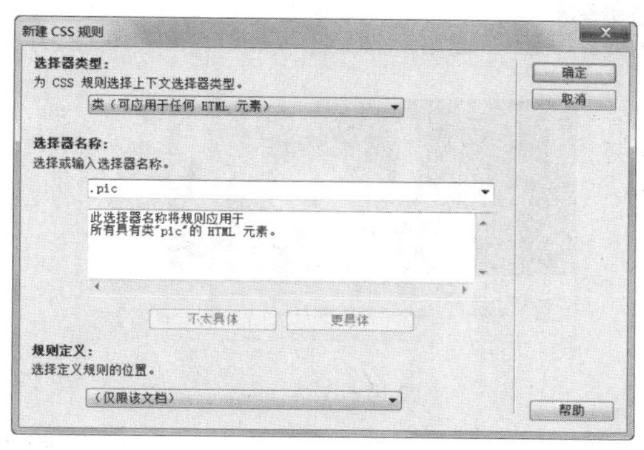

图 14-10

图 14-11

（5）将光标置于图 14-12 所示的位置，将云盘中的“Ch14 > 素材 > 锋芒游戏网页 > images > line.jpg”文件，插入光标所在的位置，效果如图 14-13 所示。保持图像的选取状态，在“属性”面板“类”选项的下拉列表中选择“pic”选项，应用样式，效果如图 14-14 所示。在图片与文字之间输入空格，效果如图 14-15 所示。

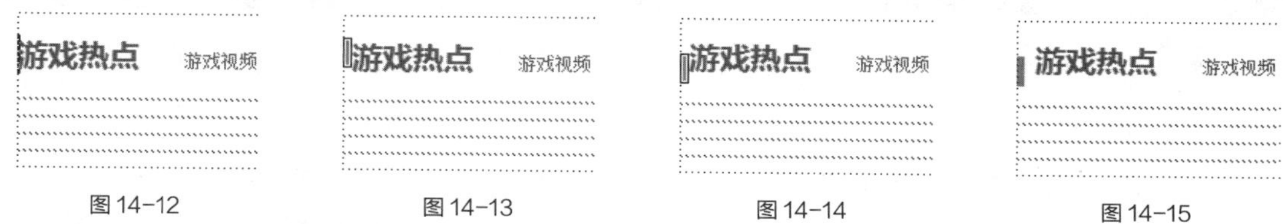

图 14-12　　图 14-13　　图 14-14　　图 14-15

（6）将光标置入第 2 行第 2 列单元格，在“属性”面板中，将“宽”选项设为 32。用相同的方法设置第 4 列。分别将云盘“Ch14 > 素材 > 锋芒游戏网页 > images”文件夹中的“img_1.jpg”“img_2.jpg”“img_3.jpg”文件，插入相应的单元格，效果如图 14-16 所示。

图 14-16

（7）新建 CSS 样式“.sj”，弹出“.sj 的 CSS 规则定义”对话框，在左侧的“分类”列表中选择“方框”选项，取消选择“Padding”选项组中的“全部相同”复选框，将“Left”选项设为 10，在右侧选项的下拉列表中选择“px”选项，单击“确定”按钮，完成样式的创建。

（8）将光标置入第 3 行第 1 列单元格，在“属性”面板“类”选项的下拉列表中选择“sj”选项，“水平”选项的下拉列表中选择“左对齐”选项，将“高”选项设为 65，“背景颜色”选项设为浅灰色（#fafafa），效果如图 14-17 所示。在单元格中输入文字，效果如图 14-18 所示。

（9）新建 CSS 样式“.bt”，弹出“.bt 的 CSS 规则定义”对话框，在左侧的“分类”列表中选择“类型”选项，将“Font-family”选项设为“微软雅黑”，“Font-size”选项设为 12，“Line-height”

选项设为 35，在右侧选项的下拉列表中选择“px”选项，单击“确定”按钮，完成样式的创建。

图 14-17

图 14-18

（10）选中文字“《主公莫慌》线下 PK 赛”，在“属性”面板“类”选项的下拉列表中选择“bt”选项，应用样式，效果如图 14-19 所示。用上述的方法制作出如图 14-20 所示的效果。

图 14-19

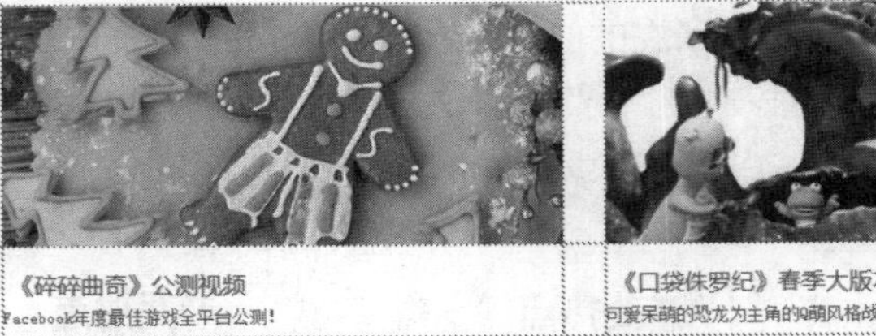

图 14-20

（11）将光标置入第 4 行第 1 列单元格，在“属性”面板“水平”选项的下拉列表中选择“右对齐”选项，将“高”选项设为 65，“背景颜色”选项设为浅灰色（#fafafa）。将云盘“Ch14 > 素材 > 锋芒游戏网页 > images”文件夹中的“ax.png”和“chxq.png”文件，分别插入该单元格，效果如图 14-21 所示。在两个图像的中间输入文字，效果如图 14-22 所示。

图 14-21

图 14-22

（12）新建 CSS 样式“.pic1”，弹出“.pic1 的 CSS 规则定义”对话框，在左侧的“分类”列表中选择“区块”选项，“Vertical-align”选项的下拉列表中选择“middle”选项。在左侧的“分类”列表中选择“方框”选项，取消选择“Padding”选项组中的“全部相同”复选框，将“Right”选项设为 10，在右侧选项的下拉列表中选择“px”选项，单击“确定”按钮，完成样式的创建。

（13）新建 CSS 样式“.pic2”，弹出“.pic2 的 CSS 规则定义”对话框，在左侧的“分类”列表中选择“区块”选项，“Vertical-align”选项的下拉列表中选择“middle”选项。在左侧的“分类”列表中选择“方框”选项，取消选择“Padding”选项组中的“全部相同”复选框，将“Right”选项设为 20，在右侧选项的下拉列表中选择“px”选项，“Left”选项设为 20，在右侧选项的下拉列表中选择“px”选项，单击“确定”按钮，完成样式的创建。

（14）选中图 14-23 所示的图片，在“属性”面板“类”选项的下拉列表中选择“pic1”选项，应用样式，效果如图 14-24 所示。选中图 14-25 所示的图片，在“属性”面板“类”选项的下拉列表中选择“pic2”选项，应用样式，效果如图 14-26 所示。

图 14-23　　图 14-24　　图 14-25　　图 14-26

（15）用上述的方法制作出如图 14-27 所示的效果。

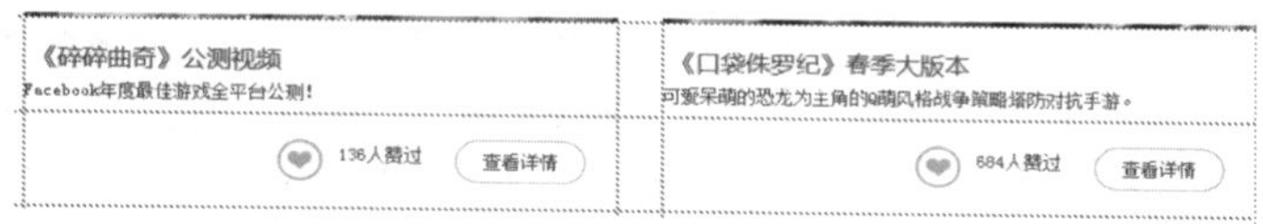

图 14-27

（16）将光标置入第 5 行第 1 列单元格，在“属性”面板中，将“高”选项设为 3，“背景颜色”选项设为灰色（#ebebeb）。单击文档窗口左上方的“拆分”按钮 拆分 ，切换到“拆分”视图中，选中该单元格中的“ ”，按 Delete 键将其删除，单击文档窗口左上方的“设计”按钮 设计 ，切换到“设计”视图中。用相同的方法设置第 5 行第 2 列、第 3 列、第 4 列和第 5 列单元格的背景颜色和高度，效果如图 14-28 所示。

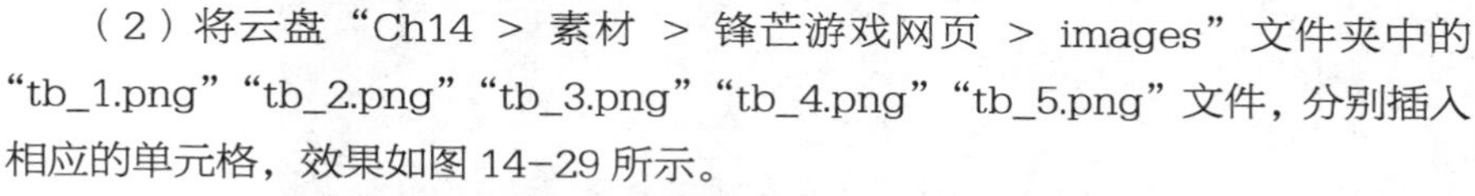

图 14-28

3. 制作底部效果

（1）将光标置入主体表格的第 4 行单元格，在“属性”面板“水平”选项的下拉列表中选择“居中对齐”选项，将“高”选项设为 335，“背景颜色”选项设为深灰色（#1e1f24）。在该单元格中插入一个 1 行 9 列，宽为 1000 像素，单元格边距为 10 的表格。选中刚插入的表格的所有单元格，在“属性”面板“水平”选项的下拉列表中选择“居中对齐”选项。

（2）将云盘“Ch14 > 素材 > 锋芒游戏网页 > images”文件夹中的“tb_1.png”“tb_2.png”“tb_3.png”“tb_4.png”“tb_5.png”文件，分别插入相应的单元格，效果如图 14-29 所示。

图 14-29

（3）将云盘中的“Ch14 > 素材 > 锋芒游戏网页 > images > line1.jpg”文件，分别插入第 2 列、第 4 列、第 6 列和第 8 列单元格，效果如图 14-30 所示。将光标置于第 1 列图片的右侧，按 Enter 键，将光标切换到下一段，输入文字，效果如图 14-31 所示。

图 14-30

图 14-31

（4）新建 CSS 样式“.bt1”，弹出“.bt1 的 CSS 规则定义”对话框，在左侧的“分类”列表中选择“类型”选项，将“Font-family”选项设为“微软雅黑”，“Font-size”选项设为 18，“Color”选项设为白色，单击“确定”按钮，完成样式的创建。

（5）新建 CSS 样式“.text”，弹出“.text 的 CSS 规则定义”对话框，在左侧“分类”列表中选择“类型”选项，将“Line-height”选项设为 25，在右侧选项的下拉列表中选择“px”选项，“Color”选项设为白色，单击“确定”按钮，完成样式的创建。

（6）选中图 14-32 所示的文字，在“属性”面板“类”选项的下拉列表中选择“bt1”选项，应用样式，效果如图 14-33 所示。选中图 14-34 所示的文字，在“属性”面板“类”选项的下拉列表中选择“text”选项，应用样式，效果如图 14-35 所示。

图 14-32

图 14-33

图 14-34

图 14-35

（7）用上述的方法在其他单元格中输入文字，并应用样式，效果如图 14-36 所示。

图 14-36

（8）将光标置入主体表格的第 5 行单元格，在“属性”面板“水平”选项的下拉列表中选择“居中对齐”选项，将“高”选项设为 85，“背景颜色”选项设为黑色。在单元格中输入文字并应用“text”样式，效果如图 14-37 所示。

公司简介 - 客户服务 - 相关法律 - 手游游戏 - 联系我们 - 商务合作 - 加入我们
COPYRIGHT © 1998 - 2015 锋芒游戏 ALL RIGHTS RESERVED.

图 14-37

（9）锋芒游戏网页制作完成，保存文档，按 F12 键，预览网页效果，如图 14-38 所示。

图 14-38

14.3 娱乐星闻网页

14.3.1 案例分析

娱乐星闻网页为浏览者提供了娱乐明星的相关信息，包括明星的电影、电视、音乐、演出、情报站、专题、资料库、最新动态等在线内容。在设计娱乐星闻网页时要注意界面的时尚美观、布局的合理搭配，并体现出娱乐的现代感和流行文化的魅力。

在网页中，采用白色的背景并且使用红色作为点缀搭配，使画面看起来清爽舒适；导航栏放在页面上方，方便追星族浏览；页面中间使用图片和文字展示娱乐星闻，可以帮助追星族更快捷地了解最新的娱乐信息；网页整体内容丰富使人感受到巨大的信息量。

本例使用“表格”布局网页，使用“属性”面板设置单元格的大小，输入文字制作网页导航，使用“CSS 样式”命令设置图片的对齐方式，使用文本字段制作搜索栏，使用“CSS 样式”命令控制文字的大小、颜色及行距的显示。

14.3.2 案例效果

本案例的效果如图 14-39 所示。

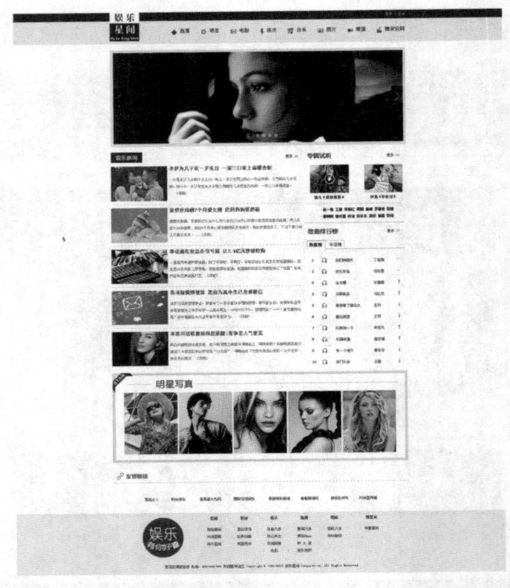

图 14-39

14.3.3 案例制作

1. 制作导航条

扫码观看
本案例视频

（1）选择“文件 > 新建”命令，新建空白文档。选择“文件 > 保存”命令，弹出“另存为”对话框，在“保存在”选项的下拉列表中选择当前站点目录保存路径；在“文件名”选项的文本框中输入“index”，单击“保存”按钮，返回网页编辑窗口。

（2）选择“修改 > 页面属性”命令，弹出“页面属性”对话框，在左侧的“分类”选项列表中选择“外观（CSS）”选项，将“页面字体”选项设为“宋体”，“大小”选项设为 12，单击“背景图像”选项右侧的“浏览”按钮，在弹出的“选择图像源文件”对话框中，选择云盘“Ch14 > 素材 > 娱乐星闻网页 > images”文件夹中的“bj.png”文件，如图 14-40 所示；单击“确定”按钮，返回对话框，在“重复”选项的下拉列表中选择“repeat-x”选项，将“左边距”“右边距”“上边距”“下边距”选项均设为 0，如图 14-41 所示，单击“确定”按钮，完成页面属性的修改。

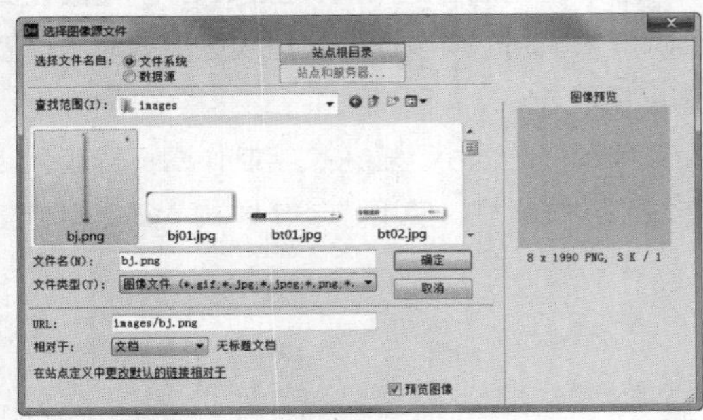

图 14-40

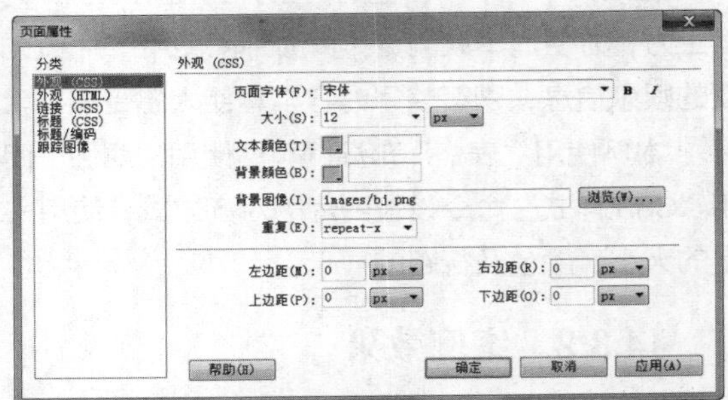

图 14-41

（3）单击“插入”面板“常用”选项卡中的“表格”按钮，在弹出的“表格”对话框中进行设置，如图 14-42 所示，单击“确定”按钮，完成表格的插入。保持表格的选取状态，在“属性”面板“对齐”选项的下拉列表中选择“居中对齐”选项，效果如图 14-43 所示。

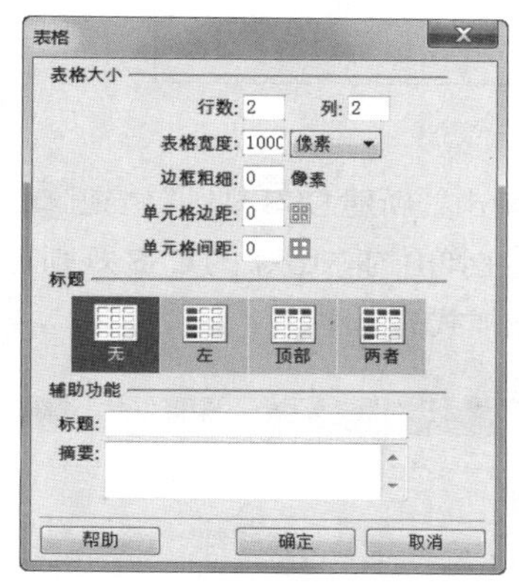

图 14-42

图 14-43

（4）选中第 1 列所有单元格，单击“属性”面板中的“合并所选单元格，使用跨度”按钮，将选中的单元格合并，效果如图 14-44 所示。

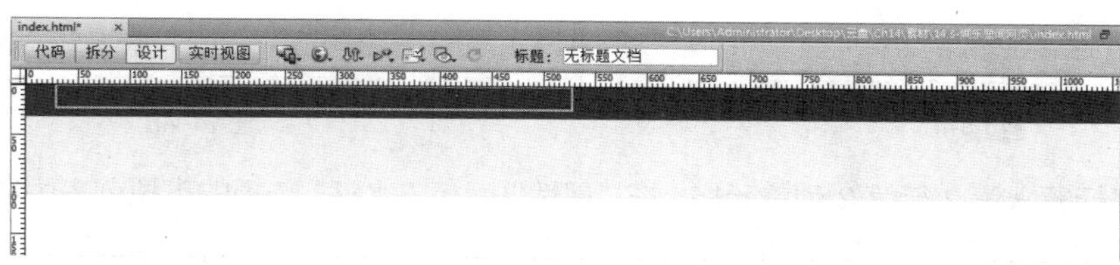

图 14-44

（5）在“属性”面板“垂直”选项的下拉列表中选择“顶端”选项，单击“插入”面板“常用”选项卡中的“图像”按钮，在弹出的“选择图像源文件”对话框中，选择云盘中的“Ch14 > 素材 > 娱乐星闻网页 > images > logo.png”文件，单击“确定”按钮，完成图像的插入，如图 14-45 所示。

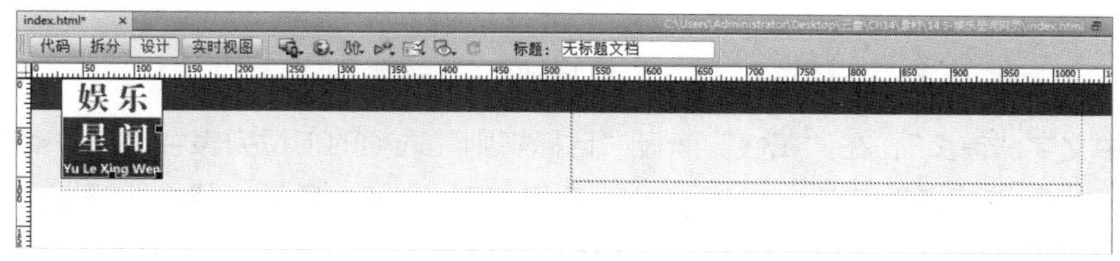

图 14-45

（6）将光标置入第 1 行第 2 列单元格，在“属性”面板“目标规则”选项的下拉列表中选择“<新内联样式>”选项，将“字体”选项设为“宋体”，“大小”选项设为 12，“Color”选项设为白色，“水平”选项的下拉列表中选择“右对齐”选项，将“高”选项设为 32，在该单元格中输入文字，效果如图 14-46 所示。

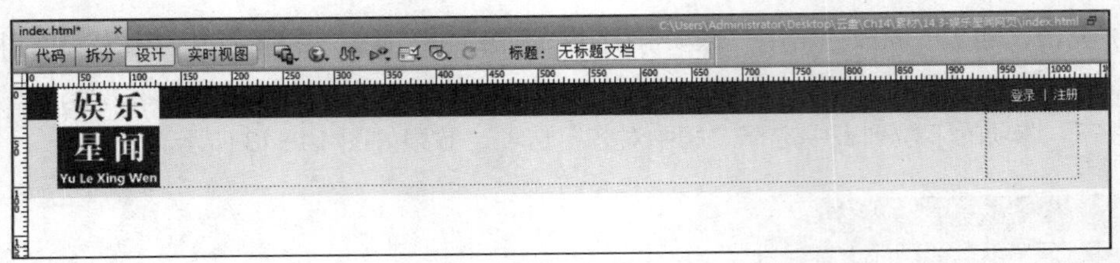

图 14-46

（7）选择“窗口 > CSS 样式”命令，弹出“CSS 样式”面板，单击“新建 CSS 规则”按钮，在弹出的对话框中进行设置，如图 14-47 所示；单击“确定”按钮，在弹出的“.text 的 CSS 规则定义”对话框中进行设置，如图 14-48 所示，单击“确定”按钮，完成样式的创建。

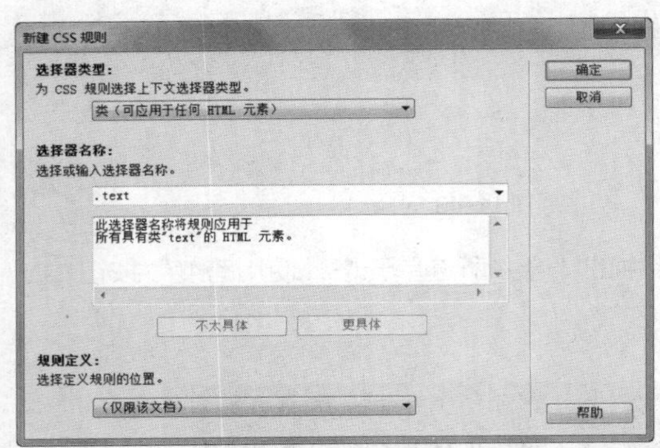

图 14-47

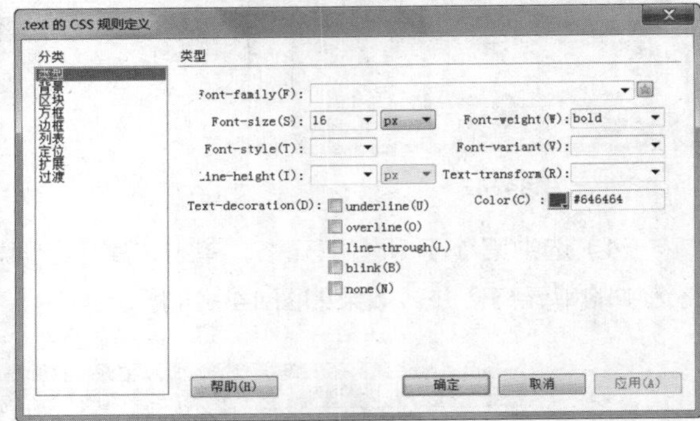

图 14-48

（8）将光标置入第 2 行第 2 列单元格，在“属性”面板“水平”选项的下拉列表中选择“右对齐”选项，“垂直”选项的下拉列表中选择“居中”选项，“类”选项的下拉列表中选择“text”选项，将“高”选项设为 81，在该单元格中输入文字和空格，效果如图 14-49 所示。

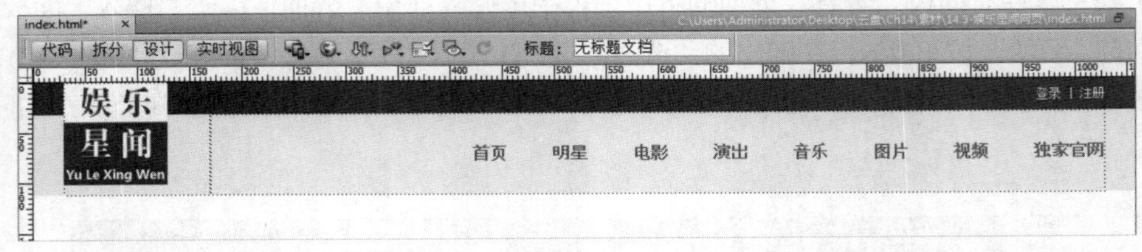

图 14-49

（9）选中文字“首页”，在“属性”面板“目标规则”选项的下拉列表中选择“<新内联样式>”选项，将“Color”选项设为红色（#D20001），效果如图 14-50 所示。将光标置入文字“首页”的左侧，如图 14-51 所示。

（10）单击“插入”面板“常用”选项卡中的“图像”按钮，在弹出的“选择图像源文件”对话框中，选择云盘中的“Ch14 > 素材 > 娱乐星闻网页> images > bz01.png”文件，单击“确定”按钮，完成图像的插入，效果如图 14-52 所示。

（11）保持图像的选取状态，单击文档窗口左上方的“拆分”按钮 拆分，在“代码”视图“alt=""”后面输入“hspace="10" align="middle"”，单击文档窗口左上方的“设计”按钮 设计，切换到“设计”视图，效果如图 14-53 所示。

图 14-50　图 14-51　图 14-52　图 14-53

（12）用相同的方法在其他文字的左侧插入图像，并分别设置图像的水平间距与对齐方式，效果如图 14-54 所示。

图 14-54

（13）将光标置于表格的右侧，插入一个 10 行 1 列，宽为 1000 像素的表格，将表格设为居中对齐，效果如图 14-55 所示。

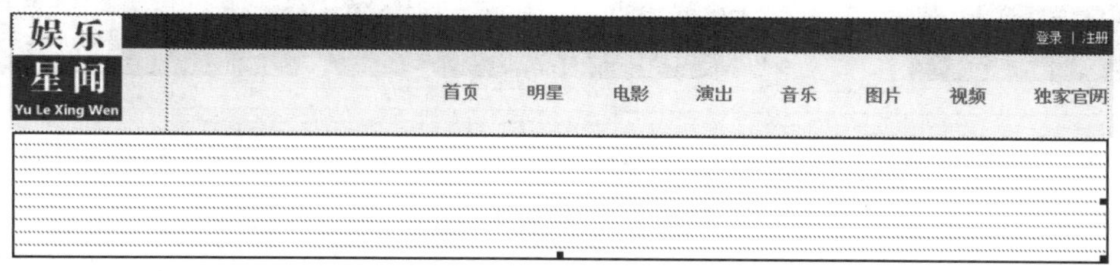

图 14-55

（14）将光标置入刚插入的表格的第 1 行单元格，在“属性”面板中，将“高”选项设为 20。将光标置入第 2 行单元格中，单击“插入”面板“常用”选项卡中的“图像”按钮，在弹出的“选择图像源文件”对话框中，选择云盘中的“Ch14 > 素材 > 娱乐星闻网页> images > pic01.jpg”文件，单击“确定”按钮，完成图像的插入，效果如图 14-56 所示。

图 14-56

2. 添加娱乐新闻区域

（1）将光标置入第3行单元格，单击“属性”面板中的“拆分单元格为行或列”按钮，弹出“拆分单元格”对话框，选择“把单元格拆分成”选项组中的“列”选项，将“列数”选项设为3，单击“确定”按钮，将单元格拆分成3列显示，效果如图14-57所示。

（2）将光标置入第3行第1列单元格，在“属性”面板中，将“宽”选项设为650，“高”选项设为20。将光标置入第3行第2列单元格，在“属性”面板中，将“宽”选项设为20。

图14-57

（3）用上述的方法将第4行和第5行单元格中拆分成3列，效果如图14-58所示。

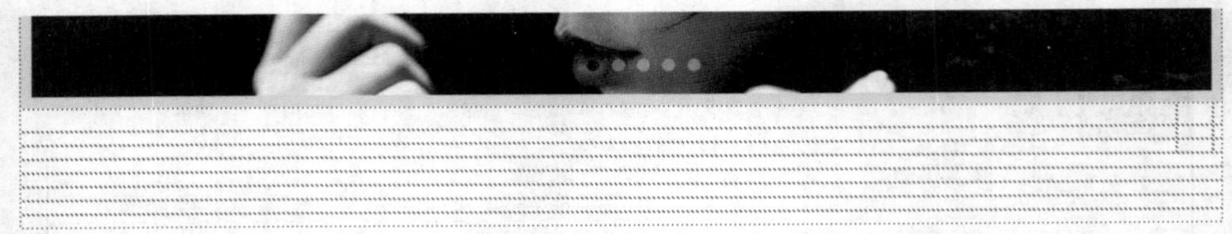

图14-58

（4）将光标置入第4行第1列单元格，在“属性”面板“垂直”选项的下列列表中选择“顶端”选项，将“高”选项设为50。将光标置入第4行第3列单元格，在“属性”面板“垂直”选项的下拉列表中选择“顶端”选项。

（5）将云盘中的“Ch14 > 素材 > 娱乐星闻网页> images > bt01.jpg”文件，插入第4行第1列单元格。将云盘中的“Ch14 > 素材 > 娱乐星闻网页> images > bt02.jpg”文件，插入第4行第3列单元格，效果如图14-59所示。

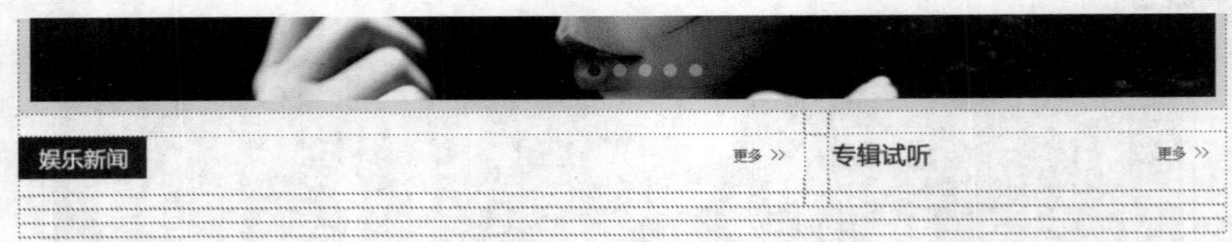

图14-59

（6）将光标置入第5行第1列单元格，在“属性”面板“垂直”选项的下拉列表中选择“顶端”选项，将“高”选项设为730。插入一个9行2列，宽为650像素的表格。将表格的第2行、第4行、第6行和第8行单元格合并为一个单元格，在“属性”面板中设置高为25，效果如图14-60所示。

图 14-60

（7）将光标置入第 1 行第 1 列单元格，在“属性”面板“水平”选项的下拉列表中选择“左对齐”选项，将“宽”选项设置为 210。将云盘中的“Ch14 > 素材 > 娱乐星闻网页> images > img01.jpg”文件，插入该单元格，效果如图 14-61 所示。

图 14-61

（8）将光标置入第 1 行第 2 列单元格，在“属性”面板“水平”选项的下拉列表中选择“左对齐”选项，“垂直”选项的下列表中选择“顶端”选项，将“宽”选项设为 440。在单元格中输入文字，效果如图 14-62 所示。

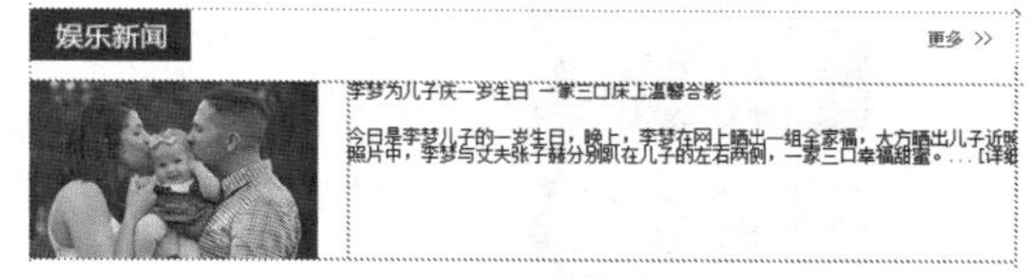

图 14-62

（9）新建 CSS 样式“.text01”，弹出“.text01 的 CSS 规则定义”对话框，在左侧的“分类”选项列表中选择“类型”选项，将“Font-size”选项设为 16，“Font-weight”选项的下拉列表中选择“bold”选项，“Color”选项设为灰色（#646464），单击“确定”按钮，完成样式的创建。

（10）选中图 14-63 所示的文字，在“属性”面板“类”选项的下拉列表中选择“text01”选项，应用样式，效果如图 14-64 所示。

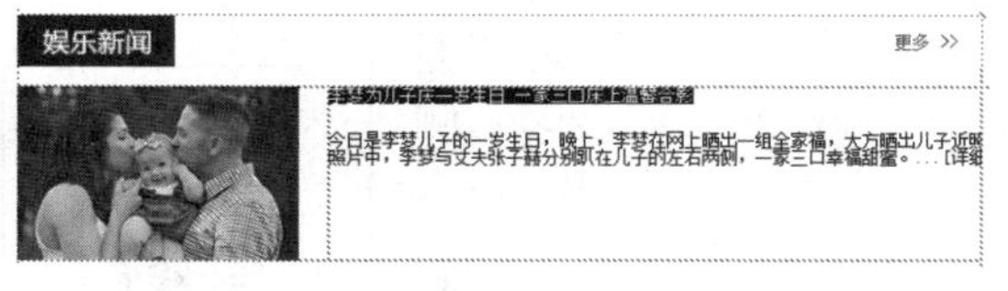

图 14-63

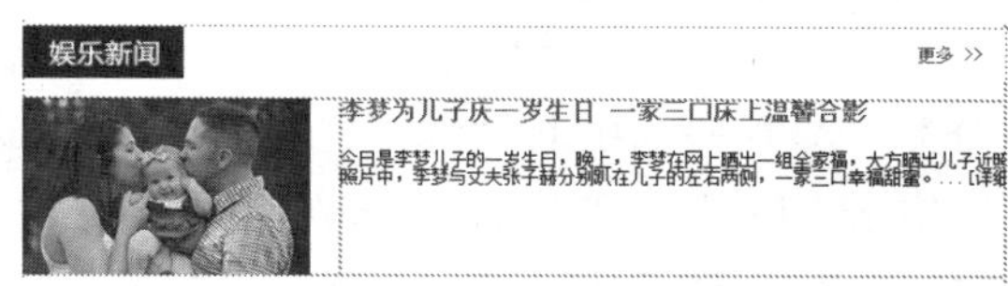

图 14-64

（11）新建 CSS 样式“.text02”，弹出“.text02 的 CSS 规则定义”对话框，在左侧的“分类”选项列表中选择“类型”选项，将“Line-height”选项设为 24，在右侧下拉列表中选择“px”选项，

“Font-weight”选项的下拉列表中选择“bold”选项，“Color”选项设为灰色（#969696），单击“确定”按钮，完成样式的创建。

（12）选中图 14-65 所示的文字，在“属性”面板“类”选项的下拉列表中选择“text02”选项，应用样式，效果如图 14-66 所示。用上述的方法在其他单元格中插入表格、图像，输入文字并设置相应的样式，效果如图 14-67 所示。

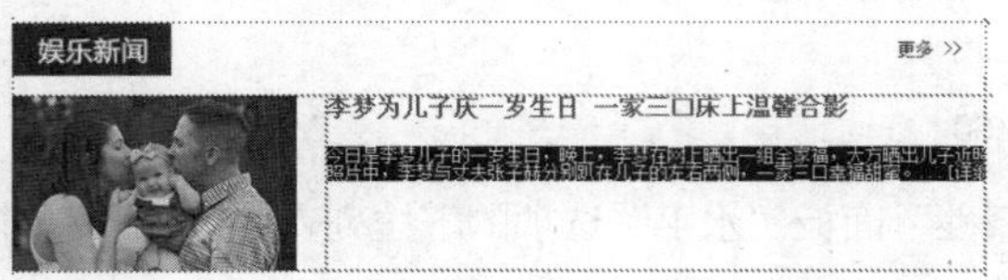

图 14-65

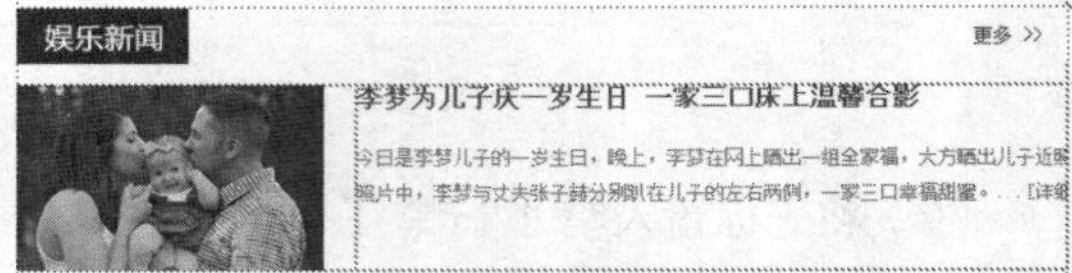

图 14-66

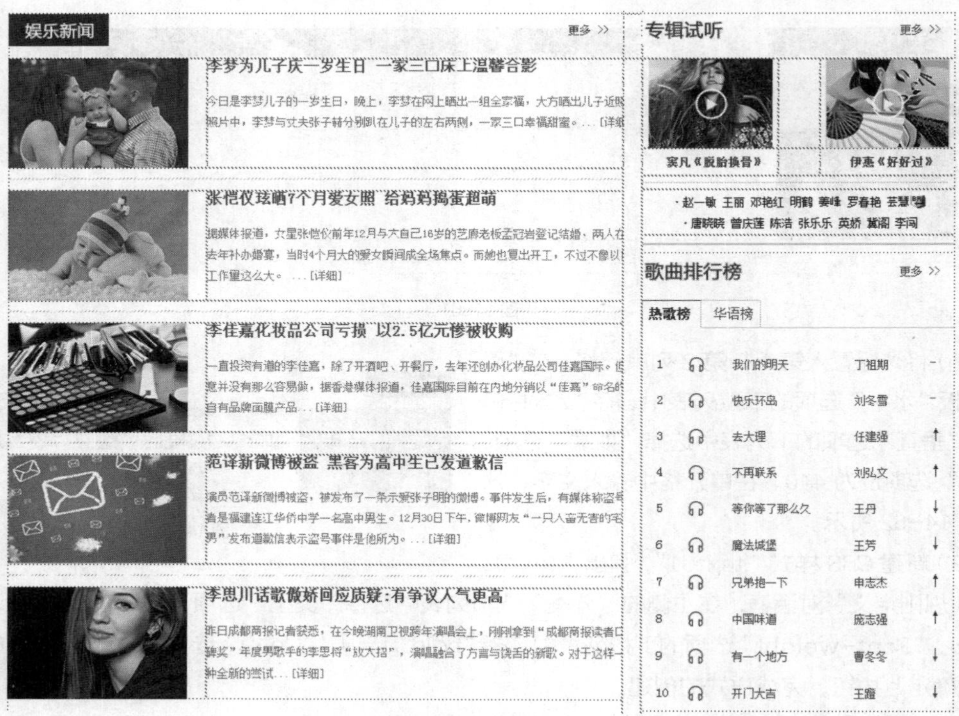

图 14-67

3. 制作明星写真与底部效果

（1）新建 CSS 样式“.bj”，弹出“.bj 的 CSS 规则定义”对话框，在左侧的“分类”选项列表中选择“背景”选项，单击“Background-image”选项右侧的“浏览”按钮，在弹出的“选择图像源文件”对话框中，选择云盘中的“Ch14 > 素材 > 娱乐星闻网页 > images > bj01.jpg”文件，单击“确定”按钮，返回到对话框中，“Background-repeat”选项的下拉列表中选择“no-repeat”选项，单击“确定”按钮，完成样式的创建。

扫码观看
本案例视频

（2）将光标置入主体表格的第 6 行单元格，在“属性”面板“类”选项的下拉列表中选择“bj”选项，将“高”选项设为 316，效果如图 14-68 所示。在该单元格中插入一个 2 行 1 列，宽为 950 像素的表格，将表格设置为居中对齐。

图 14-68

（3）将云盘中的“Ch14 > 素材 > 娱乐星闻网页> images > img01.jpg”文件，插入第 1 行单元格，效果如图 14-69 所示。

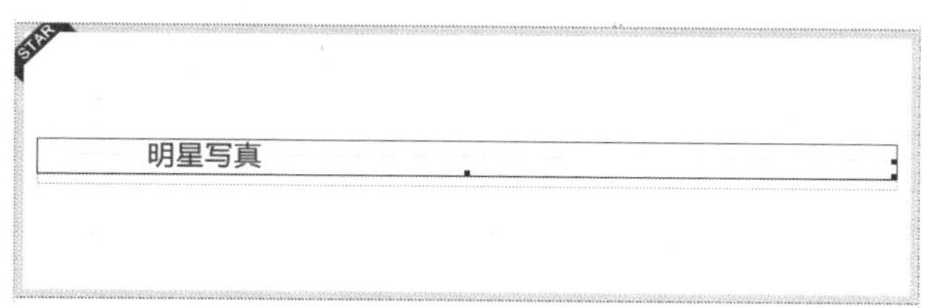

图 14-69

（4）将光标置入第 2 行单元格，在“属性”面板“水平”选项的下拉列表中选择“居中对齐”选项。将云盘“Ch14 > 素材 > 娱乐星闻网页> images”文件夹中的“tu01.jpg”“tu02.jpg”“tu03.jpg”“tu04.jpg”“tu05.jpg”文件插入该单元格，效果如图 14-70 所示。在“代码”视图中分别设置水平间距为 2，效果如图 14-71 所示。

图 14-70

图 14-71

（5）将光标置入主体表格的第 7 行单元格，在“属性”面板“垂直”选项的下拉列表中选择“底部”选项，将“高”选项设为 80，将云盘中的“Ch14 > 素材 > 娱乐星闻网页> images > bt03.jpg”文件，插入该单元格，效果如图 14-72 所示。

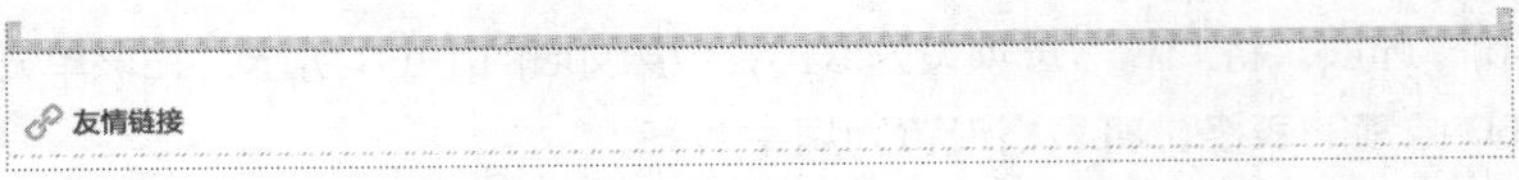

图 14-72

（6）新建 CSS 样式“.text05”，弹出“.text05 的 CSS 规则定义”对话框，在左侧的“分类”列表中选择“类型”选项，将“Line-height”选项设为 25，“Color”选项设为灰色（#646464），单击“确定”按钮，完成样式的创建。

（7）将光标置入主体表格的第 8 行单元格，在“属性”面板“水平”选项的下拉列表中选择“居中对齐”选项，“垂直”选项的下拉列表中选择“居中”选项，“类”选项的下拉列表中选择“text05”选项，将“高”选项设为 100。在单元格中输入文字和空格，效果如图 14-73 所示。

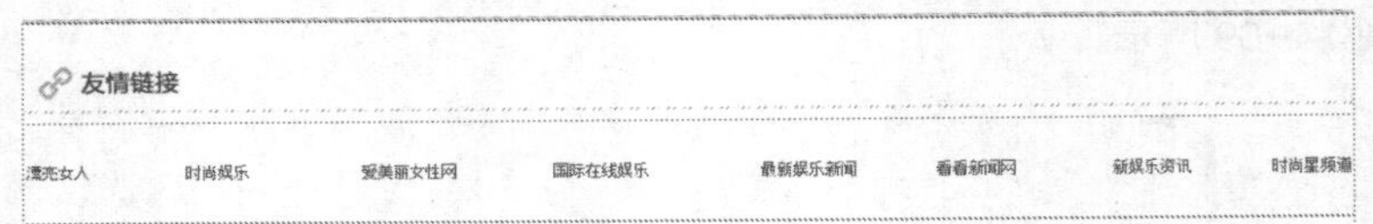

图 14-73

（8）用上述的方法制作出如图 14-74 所示的效果。

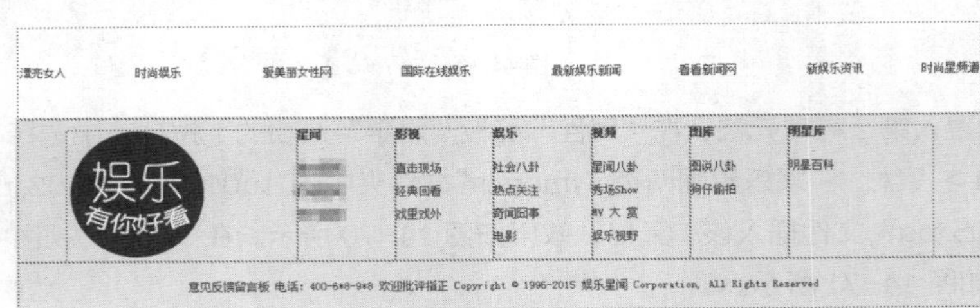

图 14-74

（9）娱乐星闻网页效果制作完成，保存文档，按 F12 键，预览网页效果，如图 14-75 所示。

图 14-75

14.4 综艺频道网页

14.4.1 案例分析

本例为一家电视台的综艺节目的网页。电视综艺节目希望通过网站宣传节目的内容和特色，和网友的互动，体现出节目自身的大众化，以便成为百姓喜爱的节目。

在设计制作过程中，导航栏放在页面的最上方，每个栏目都充分考虑网友的喜好精心设置，设计风格简洁大方，方便网友浏览交流。导航栏下方展示出最新的节目信息，体现出综艺节目的鲜明特色。页面中间通过栏目、装饰图案和文字的巧妙设计和编排，充分体现了综艺节目的多样化。整个页面设计充满了轻松愉悦的大众娱乐氛围。

本例使用“页面属性”命令设置网页页面文字大小、页边距和页面标题，使用“属性”面板设置文字颜色、大小制作导航效果，使用“CSS 样式”命令设置单元格的背景图像和文字行间距。

14.4.2 案例效果

本案例的效果如图 14-76 所示。

图 14-76

14.4.3 案例制作

1. 制作导航条区域及内容区域

（1）选择“文件 > 新建”命令，新建空白文档。选择“文件 > 保存”命令，弹出“另存为”

对话框，在“保存在”选项的下拉列表中选择当前站点目录保存路径；在“文件名”选项的文本框中输入“index”，单击“保存”按钮，返回网页编辑窗口。

（2）选择“修改 > 页面属性”命令，弹出“页面属性”对话框，在左侧的“分类”列表中选择“外观（CSS）”选项，将 “大小”选项设为 12，“左边距”“右边距”“上边距”“下边距”选项均设为 0，如图 14-77 所示。

（3）在左侧的“分类”列表中选择“标题/编码”选项，在“标题”选项的文本框中输入“综艺频道网页”，如图 14-78 所示。单击“确定”按钮，完成页面属性的修改。

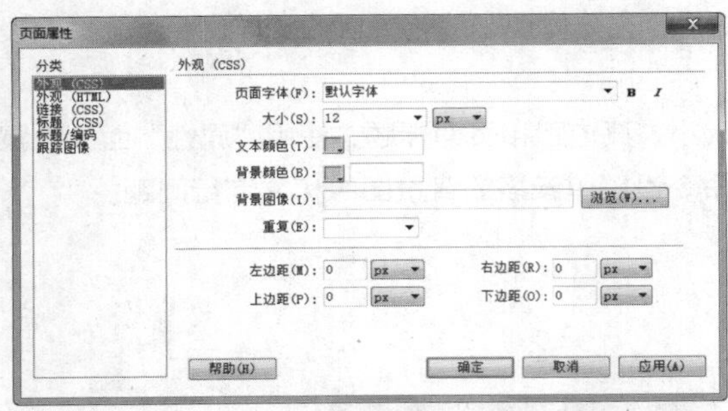

图 14-77

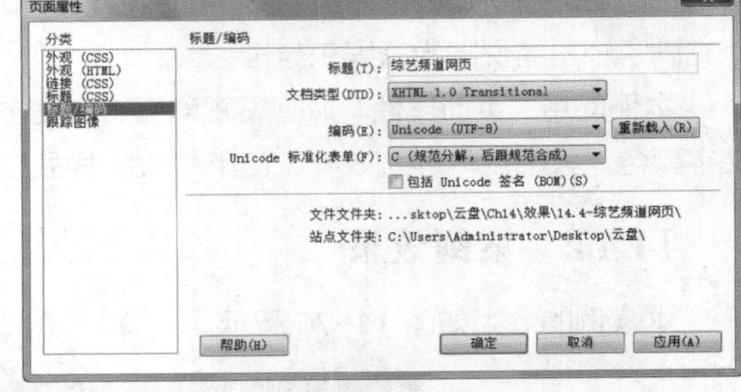

图 14-78

（4）单击“插入”面板“常用”选项卡中的“表格”按钮，在弹出的“表格”对话框中进行设置，如图 14-79 所示。单击“确定”按钮，完成表格的插入。保持表格的选取状态，在“属性”面板“对齐”选项的下拉列表中选择“居中对齐”选项。

（5）选择“窗口 > CSS 样式”命令，弹出“CSS 样式”面板，单击“新建 CSS 规则”按钮，在弹出的对话框中进行设置，如图 14-80 所示，单击“确定”按钮，弹出“.bj 的 CSS 规则定义”对话框，在左侧的“分类”列表中选择“背景”选项，单击“Background-image”选项右侧的“浏览”按钮，在弹出的“选择图像源文件”对话框中，选择云盘中的“Ch14 > 素材 > 综艺频道网页 > images > bj.jpg”文件，单击“确定”按钮，返回到对话框中，在“Background-repeat”选项的下拉列表中选择“no-repeat”选项，单击“确定”按钮，完成样式的创建。

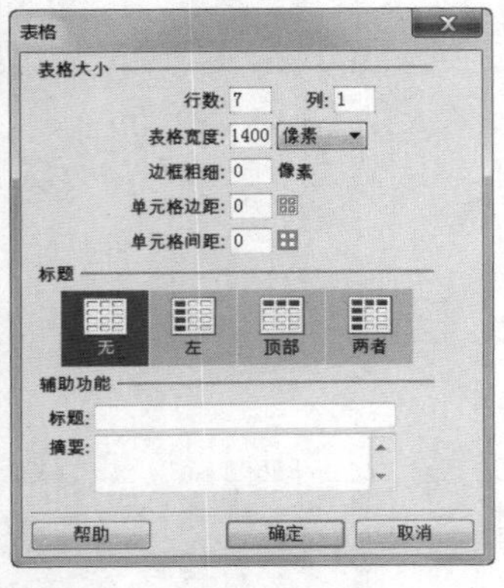

图 14-79

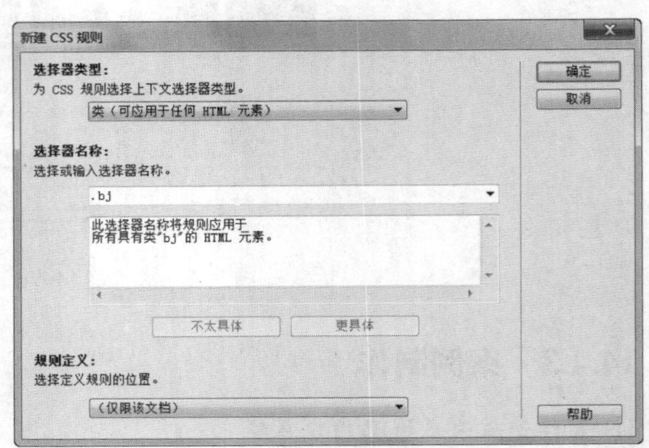

图 14-80

（6）将光标置入第 1 行单元格，在“属性”面板“水平”选项的下拉列表中选择“居中对齐”选项，“垂直”选项的下拉列表中选择“顶端”选项，“类”选项的下拉列表中选择“bj”选项，将“高”选项设为 530，效果如图 14-81 所示。

图 14-81

（7）在该单元格中插入一个 1 行 3 列，宽为 1000 像素的表格。将光标置入刚插入的表格的第 1 列单元格，在“属性”面板“水平”选项的下拉列表中选择“左对齐”选项，将“高”选项设为 70。单击“插入”面板“常用”选项卡中的“图像”按钮，在弹出的“选择图像源文件”对话框中，选择云盘中的“Ch14 > 素材 > 综艺频道网页 > images > logo.png”文件，单击“确定”按钮，完成图像的插入，如图 14-82 所示。

（8）将光标置入第 2 列单元格，在“属性”面板“水平”选项的下拉列表中选择“左对齐”选项，在“目标规则”选项的下拉列表中选择“<新内联样式>”选项，将“字体”选项设为“宋体”，“大小”选项设为 14，“Color”选项设为白色，单击“加粗”按钮 **B**。在单元格中输入文字和空格，如图 14-83 所示。

图 14-82　　图 14-83

（9）将光标置入第 3 列单元格，在“属性”面板“目标规则”选项的下拉列表中选择“<新内联样式>”选项，将“字体”选项设为“宋体”，“大小”选项设为 14，“Color”选项设为白色。在单元格中输入文字，如图 14-84 所示。

（10）将云盘中的“Ch14 > 素材 > 综艺频道网页 > images > tb_1.png”文件，插入文字“登录”的前面，如图 14-85 所示。将云盘中的“Ch14 > 素材 > 综艺频道网页 > images > tb_2.png”文件插入文字“注册”的后面，如图 14-86 所示。

图 14-84

图 14-85

图 14-86

（11）新建 CSS 样式“.pic”，弹出“.pic 的 CSS 规则定义”对话框，在左侧的“分类”列表中选择“区块”选项，“Vertical-align”选项的下拉列表中选择“middle”选项。在左侧的“分类”列表中选择“方框”选项，取消选择“Padding”选项组中的“全部相同”复选框，将“Right”选项设为 10，在右侧选项的下拉列表中选择“px”选项，单击“确定”按钮，完成样式的创建。

（12）选中图 14-87 所示的图片，在“属性”面板“类”选项的下拉列表中选择“pic”选项，应用样式，效果如图 14-88 所示。用相同的方法为其他图片应用样式，效果如图 14-89 所示。

图 14-87　　图 14-88　　图 14-89

（13）将光标置入主体表格的第 2 行单元格，在“属性”面板“水平”选项的下拉列表中选择“居中对齐”选项，“垂直”选项的下拉列表中选择“顶端”选项，将“高”选项设为 120。在该单元格中插入一个 2 行 3 列，宽为 1000 像素的表格。

（14）将光标置入刚插入表格的第 1 行第 1 列单元格，在“属性”面板“水平”选项的下拉列表中选择“左对齐”选项，将“宽”选项设为 230，“背景颜色”设为灰色（#ecf0f1）。用相同的方法设置第 1 行第 2 列的对齐方式为左对齐、列宽为 525、背景颜色为灰色（#ecf0f1），第 1 行第 3 列的对齐方式为左对齐、背景颜色为灰色（#ecf0f1），效果如图 14-90 所示。

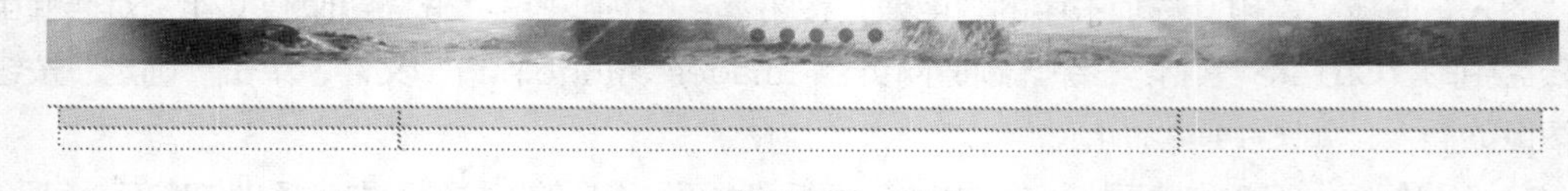

图 14-90

（15）将云盘“Ch14 > 素材 > 综艺频道网页 > images”文件夹中的“fl_1.jpg”“fl_2.jpg”“fl_3.jpg”文件，分别插入相应的单元格，如图 14-91 所示。

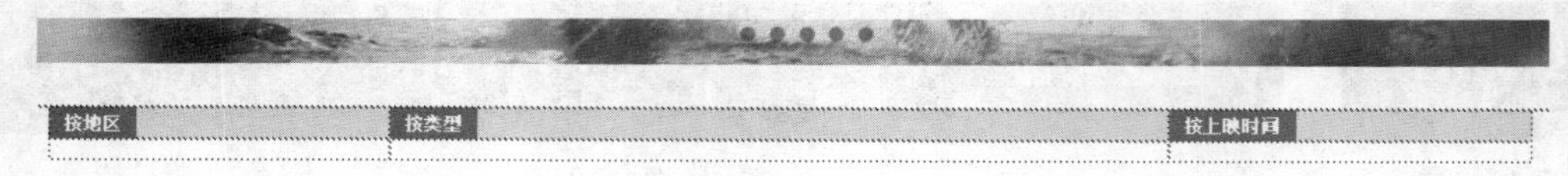

图 14-91

（16）将光标置入第 2 行第 1 列单元格，在“属性”面板中，将“高”选项设为 80。在单元格中输入文字与空格，如图 14-92 所示。新建 CSS 样式“.text”，弹出“.text 的 CSS 规则定义”对话框，在左侧的“分类”列表中选择“类型”选项，将“Line-height”选项设为 25，在右侧选项的下拉列表中选择“px”选项，“Color”选项设为灰色（#646464），单击“确定”按钮，完成样式的创建。

（17）选中图 14-93 所示的文字，在“属性”面板“类”选项的下拉列表中选择“text”选项，应用样式，效果如图 14-94 所示。

图 14-92　　图 14-93　　图 14-94

（18）用相同的方法在其他单元格中输入文字和空格，并应用样式，效果如图 14-95 所示。

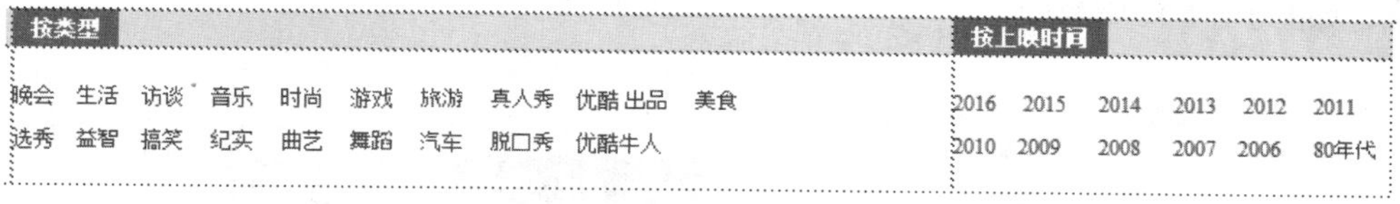

按类型

晚会　生活　访谈　音乐　时尚　游戏　旅游　真人秀　优酷出品　美食

选秀　益智　搞笑　纪实　曲艺　舞蹈　汽车　脱口秀　优酷牛人

按上映时间

2016　2015　2014　2013　2012　2011

2010　2009　2008　2007　2006　80年代

图 14-95

（19）将光标置入主体表格的第 3 行单元格，在“属性”面板“水平”选项的下拉列表中选择“居中对齐”选项，“垂直”选项的下拉列表中选择“顶端”选项，将“高”选项设为 330。在该单元格中插入一个 4 行 4 列，宽为 985 像素的表格。

（20）将光标置入刚插入的表格的第 1 行第 1 列单元格，在“属性”面板“水平”选项的下拉列表中选择“左对齐”选项，将“宽”选项设为 372，“高”选项设为 60。在单元格中输入文字和空格，如图 14-96 所示。

（21）新建 CSS 样式“.bt”，弹出“.bt 的 CSS 规则定义”对话框，在左侧“分类”列表中选择“类型”选项，将“Font-family”选项设为“微软雅黑”，“Font-size”选项设为 22，在右侧选项的下拉列表中选择“px”选项，“Color”选项设为灰色（#323232），单击“确定”按钮，完成样式的创建。

（22）选中文字“热播推荐”，在“属性”面板“类”选项的下拉列表中选择“bt”选项，应用样式，效果如图 14-97 所示。将云盘中的“Ch14 > 素材 > 综艺频道网页 > images > an.png”文件，插入文字“热播推荐”的后面，并应用“pic”样式，效果如图 14-98 所示。

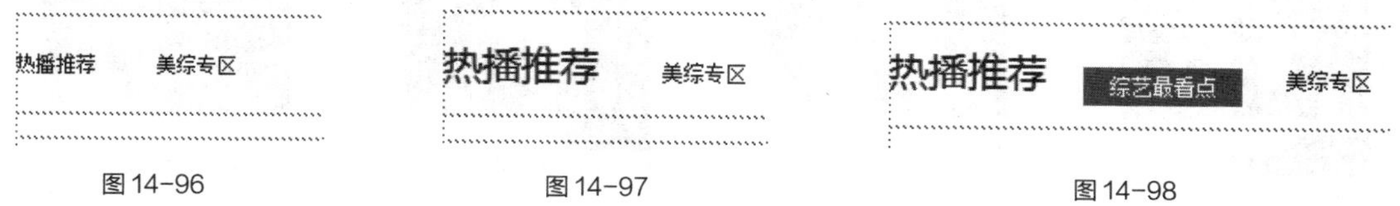

图 14-96　　图 14-97　　图 14-98

（23）选中第 2 行、第 3 行和第 4 行的第 1 列单元格，单击“属性”面板“合并所选单元格，使用跨度”按钮，将选中的单元格合并，效果如图 14-99 所示。将云盘中的“Ch14 > 素材 > 综艺频道网页 > images > pic_1.jpg”文件，插入合并的单元格，如图 14-100 所示。

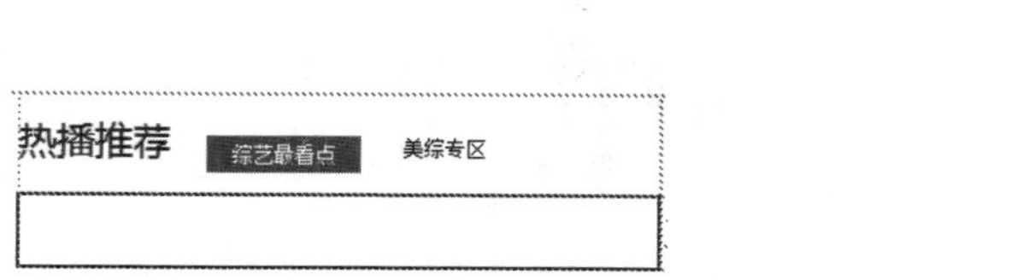

图 14-99

图 14-100

（24）选中第 2 行第 2 列和第 3 列单元格，在“属性”面板“水平”选项的下拉列表中选择“左对齐”选项，“垂直”选项的下拉列表中选择“顶端”选项，将“宽”选项设为 191。将云盘“Ch14 >

素材 > 综艺频道网页 > images”文件夹中的“pic_2.jpg”和“pic_3.jpg”文件，分别插入相应的单元格，如图 14-101 所示。

图 14-101

（25）将光标置入第 3 行第 2 列单元格，在“属性”面板“水平”选项的下拉列表中选择“左对齐”选项，在该单元格中输入文字。新建 CSS 样式“.text1”，弹出“.text1 的 CSS 规则定义”对话框，在左侧的“分类”列表中选择“类型”选项，将“Color”选项设为灰色（#323232），单击“确定”按钮，完成样式的创建。

（26）选中图 14-102 所示的文字，在“属性”面板“类”选项的下拉列表中选择“text”选项，应用样式，效果如图 14-103 所示。选中图 14-104 所示的文字，在“属性”面板“类”选项的下拉列表中选择“text1”选项，应用样式，效果如图 14-105 所示。

图 14-102

图 14-103

图 14-104

图 14-105

（27）用相同的方法设置其他单元格，在单元格中输入文字并应用样式，效果如图 14-106 所示。将光标置入第 1 行第 4 列单元格，在“属性”面板“水平”选项的下拉列表中选择“左对齐”选项。在该单元格中输入文字“热点导视”，并应用“bt”样式。选中第 2 行、第 3 行和第 4 行的第 4 列单元格，单击“属性”面板“合并所选单元格，使用跨度”按钮，将选中的单元格合并，效果如图 14-107 所示。在“属性”面板“垂直”选项的下拉列表中选择“顶端”选项。

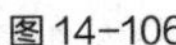
图 14-106

图 14-107

（28）在该单元格中插入一个 2 行 1 列，宽为 100%的表格。将云盘“Ch14 > 素材 > 综艺频道网页 > images > pic_4.jpg”文件，插入第 1 行单元格，如图 14–108 所示。将光标置入第 2 行单元格，在“属性”面板“垂直”选项的下拉列表中选择“底部”选项，将“高”选项设为 130。在该单元格中插入一个 4 行 2 列，宽为 100%的表格，如图 14–109 所示。

图 14–108

图 14–109

（29）新建 CSS 样式“.bj01”，弹出“.bj01 的 CSS 规则定义”对话框，在左侧的“分类”列表中选择“类型”选项，将“Color”选项设为白色。在左侧的“分类”列表中选择“背景”选项，单击“Background–image”选项右侧的“浏览”按钮，在弹出的“选择图像源文件”对话框中，选择云盘中的“Ch14 > 素材 > 综艺频道网页 > images > bj02.png”文件，单击“确定”按钮，返回对话框，在“Background–repeat”选项的下拉列表中选择“no–repeat”选项，“Background–position”选项的下拉列表中选择“center”选项，如图 14–110 所示，单击“确定”按钮，完成样式的创建。

（30）将光标置入刚插入的表格的第 1 行第 1 列单元格，在“属性”面板“类”选项的下拉列表中选择“bj01”选项，将“宽”选项设为 70，“高”选项设为 25。在单元格中输入文字，效果如图 14–111 所示。

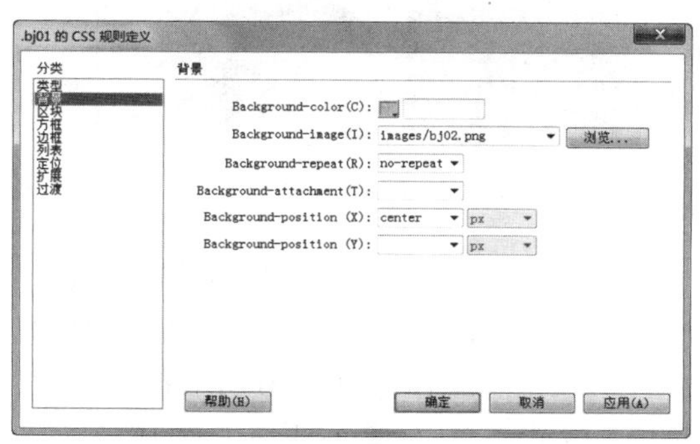

图 14–110

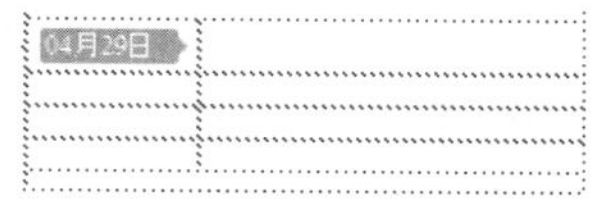

图 14–111

（31）将光标置入第 1 行第 2 列单元格，输入文字，如图 14–112 所示。用上述的方法制作出如图 14–113 所示的效果。

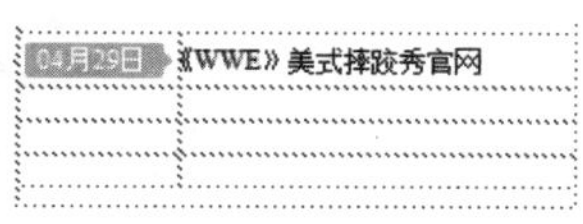

图 14–112

图 14–113

2. 制作“猜你喜欢的”及底部效果

扫码观看
本案例视频

（1）将光标置入主体表格的第 4 行单元格，在“属性”面板“水平”选项的下拉列表中选择“居中对齐”选项，“垂直”选项的下拉列表中选择“顶端”选项，将“高”选项设为 270。在该单元格中插入一个 3 行 5 列，宽为 1000 像素的表格。

（2）将刚插入的表格的第 1 行第 1 列和第 1 行第 2 列单元格合并。在“属性”面板“水平”选项的下拉列表中选择“左对齐”选项，将“高”选项设为 60。在单元格中输入文字和空格。选中图 14-114 所示的文字，在“属性”面板“类”选项的下拉列表中选择“bt”选项，应用样式，效果如图 14-115 所示。

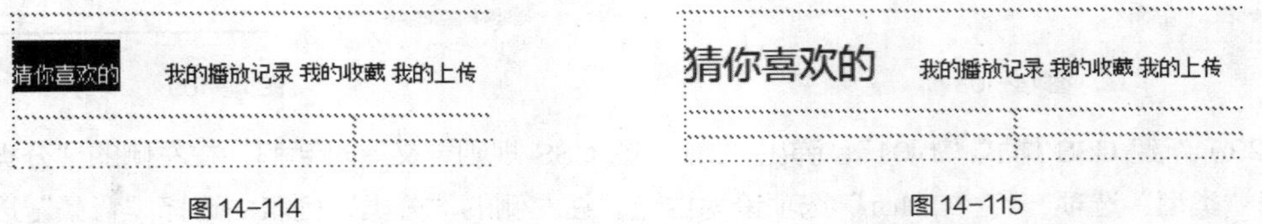

图 14-114　　图 14-115

（3）将第 2 行第 1 列、第 2 列、第 3 列和第 4 列单元格选中，在“属性”面板“水平”选项的下拉列表中选择“左对齐”选项，“垂直”选项的下拉列表中选择“顶端”选项，将“宽”选项设为 190。将云盘“Ch14 > 素材 > 综艺频道网页 > images”文件夹中的“img_1.png”“img_2.png”“img_3.png”“img_4.png”文件，分别插入相应的单元格，如图 14-116 所示。

图 14-116

（4）将光标置入第 3 行第 1 列单元格，在“属性”面板“水平”选项的下拉列表中选择“左对齐”选项，在该单元格中输入文字。选中图 14-117 所示的文字，在“属性”面板“类”选项的下拉列表中选择“text”选项，应用样式，效果如图 14-118 所示。选中图 14-119 所示的文字，在“属性”面板“类”选项的下拉列表中选择“text1”选项，应用样式，效果如图 14-120 所示。

图 14-117

图 14-118

图 14-119

图 14-120

（5）用相同的方法在其他单元格中输入文字并应用样式，制作出如图 14-121 所示的效果。

图 14-121

（6）将光标置入第 1 行第 5 列单元格，在“属性”面板“水平”选项的下拉列表中选择“左对齐”选项，在该单元格中输入文字并应用“bt”样式，效果如图 14-122 所示。将第 2 行第 5 列和第 3 行第 5 列单元格合并，效果如图 14-123 所示。

图 14-122

图 14-123

（7）在“属性”面板“垂直”选项的下拉列表中选择“顶端”选项。在该单元格中插入一个 2 行 2 列，宽为 100%的表格。选中刚插入的表格的第 1 行和第 2 行第 1 列单元格，在“属性”面板“水平”选项的下拉列表中选择“左对齐”选项，将“宽”和“高”选项均设为 80。将云盘“Ch14 > 素材 > 综艺频道网页 > images”文件夹中的“tt_1.png”和“tt_2.png”文件，分别插入相应的单元格，如图 14-124 所示。用上述的方法制作出如图 14-125 所示的效果。

图 14-124

图 14-125

（8）新建 CSS 样式“.bk”，在弹出的“.bk 的 CSS 规则定义”对话框中进行设置，如图 14-126 所示。将光标置入主体表格的第 5 行单元格，在“属性”面板“水平”选项的下拉列表中选择“居中对齐”选项，“类”选项的下拉列表中选择“bk”选项，将“高”选项设为 60，“背景颜色”选项设为灰色（#ecf0f1）。将云盘中的“Ch14 > 素材 > 综艺频道网页 > images > ss.png”文件，插入该单元格，如图 14-127 所示。

（9）将光标置入主体表格的第 6 行单元格，在“属性”面板“水平”选项的下拉列表中选择“居中对齐”选项，“类”选项的下拉列表中选择“bk”选项，将“高”选项设为 130。在该单元格中插入一个 1 行 8 列，宽为 850 像素的表格。

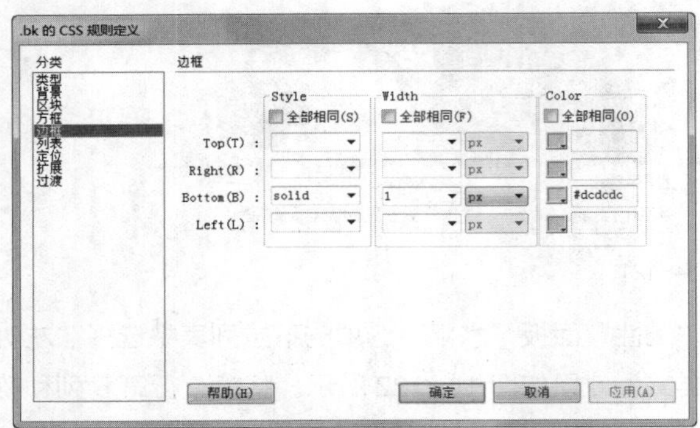

.bk 的 CSS 规则定义
分类
类型
背景
区块
方框
边框
列表
定位
扩展
过渡
边框
Style
Width
Color
全部相同(S)
全部相同(F)
全部相同(O)
Top(T)：
Right(R)：
Bottom(B)：
Left(L)：
solid
1
px
#dcdcdc
帮助(H)
确定
取消
应用(A)

图 14-126

请输入关键字

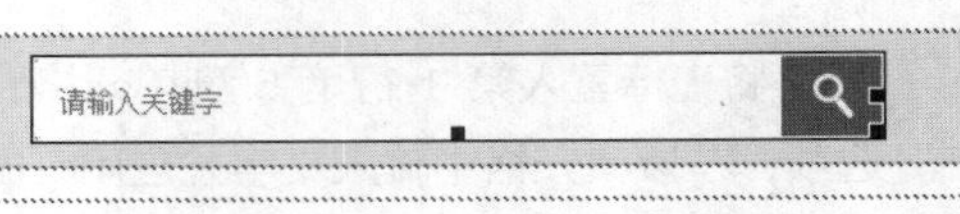

图 14-127

（10）在各个单元格中输入文字并应用样式，效果如图 14-128 所示。

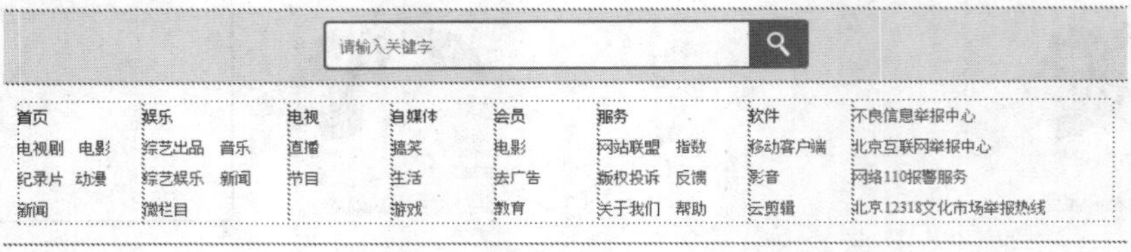

请输入关键字
首页
电视剧 电影
纪录片 动漫
新闻
娱乐
综艺出品 音乐
综艺娱乐 新闻
微栏目
电视
直播
节目
自媒体
搞笑
生活
游戏
会员
电影
去广告
教育
服务
网站联盟 指数
版权投诉 反馈
关于我们 帮助
软件
移动客户端
影音
云剪辑
不良信息举报中心
北京互联网举报中心
网络110报警服务
北京12318文化市场举报热线

图 14-128

（11）将光标置入主体表格的第 7 行单元格，在“属性”面板“水平”选项的下拉列表中选择“居中对齐”选项，将“高”选项设为 130。在单元格中输入文字，并应用样式，效果如图 14-129 所示。

（12）综艺频道网页效果制作完成，保存文档，按 F12 键，预览网页效果，如图 14-130 所示。

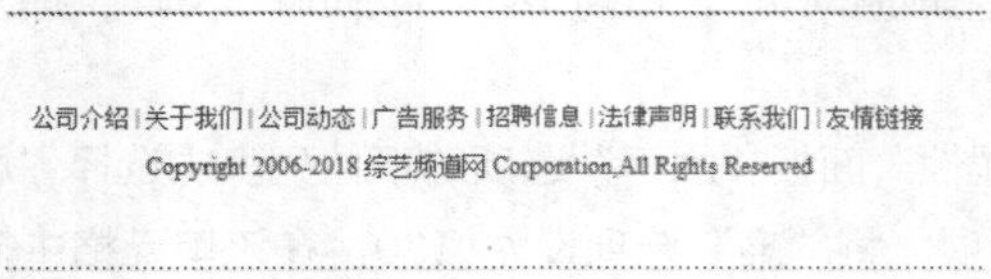

公司介绍 | 关于我们 | 公司动态 | 广告服务 | 招聘信息 | 法律声明 | 联系我们 | 友情链接
Copyright 2006-2018 综艺频道网 Corporation,All Rights Reserved

图 14-129

综艺频道网页 - Windows Internet Explorer
C:\Users\Admini
Bing
收藏夹
综艺频道网页
页面(P)
安全(S)
综艺频道
计算机 | 保护模式: 禁用
55%

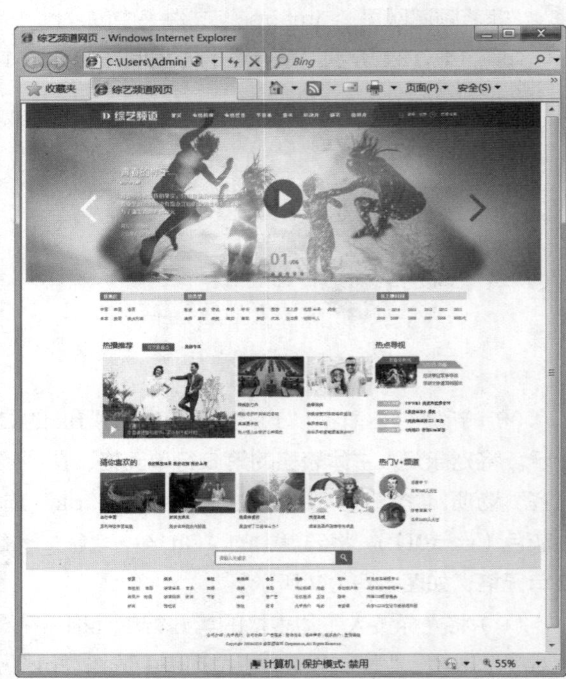

图 14-130

课堂练习——时尚潮流网页

练习知识要点

使用“页面属性”命令，设置页面字体、大小颜色和页边距；使用“属性”面板，设置单元格背景颜色、宽度和高度；使用“CSS 样式”命令，设置文字的颜色、大小和行距，如图 14-131 所示。

图 14-131

效果所在位置

光盘/Ch14/效果/时尚潮流网页/index.html。

课后习题——星运奇缘网页

习题知识要点

使用“页面属性”命令，设置页面字体、大小颜色和页边距；使用“图像”按钮，插入 logo；使用“CSS 样式”命令，设置单元格背景图像、文字颜色、大小和行距；使用“属性”面板，设置单元格的宽度和高度，如图 14-132 所示。

图 14-132

效果所在位置

光盘/Ch14/效果/星运奇缘网页/index.html。

15

第 15 章 旅游休闲网页

旅游业蓬勃发展，旅游网站也随之变得种类繁多。根据不同的旅游公司的市场定位和产品特点，旅游休闲网页表现出了不同的类型。本章以多个主题的旅游休闲网页为例，讲解旅游休闲网页的设计方法和制作技巧。

课堂学习目标

- 了解旅游休闲网页的功能和特色
- 了解旅游休闲网页的类别和内容
- 掌握旅游休闲网页的设计流程
- 掌握旅游休闲网页的布局构思
- 掌握旅游休闲网页的制作方法

15.1 旅游休闲网页概述

随着居民生活水平的日益提高，生活逐渐丰富多彩，旅游已成为人们休闲、娱乐的首选方式。此起彼伏的旅游热潮，使旅游行业蒸蒸日上。而通过互联网来宣传自己又成为旅游行业的一项重要举措。因此，越来越多的旅游网站建立起来，不仅为旅游者提供了了解外界及旅行社情况的窗口，而且为旅行社提供了网上报名、网上预定的平台。良好的交流环境使得旅游行业获取更多的用户成为可能，也为寻找更好的旅游产品提供了契机。

15.2 滑雪运动网页

15.2.1 案例分析

滑雪是一项既浪漫又刺激的体育运动。旅游健身滑雪是应现代人们生活、文化需求而发展起来的大众性健身运动。旅游健身滑雪是出于娱乐、健身的目的的一项运动，男女老幼均可在滑雪场上轻松、愉快地滑行，饱享滑雪运动的无穷乐趣。本例是为滑雪运动装备公司设计制作的网页。在网页设计中要体现出健身滑雪运动的浪漫与刺激。

在设计制作过程中，将导航条放在页面的最上方，方便滑雪爱好者浏览信息。用图片将上方的导航条与中心的信息联系在一起，在突出页面宣传主体的同时，起到承上启下的作用。巧妙编排的下方文字和图片，讲解一些滑雪常识和最新资讯。整个页面设计体现出滑雪运动健康、时尚的特点。

本例将使用“表格”按钮布局网页，使用“CSS 样式”命令设置表格、单元格的背景图像和边线效果，使用“属性”面板改变文字的颜色、大小和字体，设置单元格的高度和图像的边距。

15.2.2 案例效果

本案例的效果如图 15-1 所示。

图 15-1

15.2.3 案例制作

1. 制作导航条

扫码观看
本案例视频

（1）选择“文件 > 新建”命令，新建空白文档。选择“文件 > 保存”命令，弹出“另存为”对话框，在“保存在”选项的下拉列表中选择当前站点目录保存路径；在“文件名”选项的文本框中输入“index”，单击“保存”按钮，返回网页编辑窗口。

（2）选择“修改 > 页面属性”命令，弹出“页面属性”对话框，在左侧的“分类”列表中选择“外观（CSS）”选项，将“大小”选项设为 12，“文本颜色”设为灰色（#646464），“左边距”“右边距”“上边距”“下边距”选项均设为 0，如图 15-2 所示。

（3）在左侧的“分类”列表中选择“标题/编码”选项，在“标题”选项的文本框中输入“滑雪运动网页”，如图 15-3 所示。单击“确定”按钮，完成页面属性的修改。

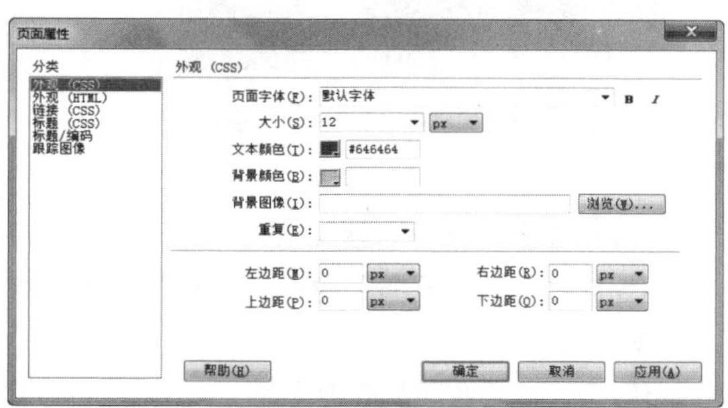

图 15-2

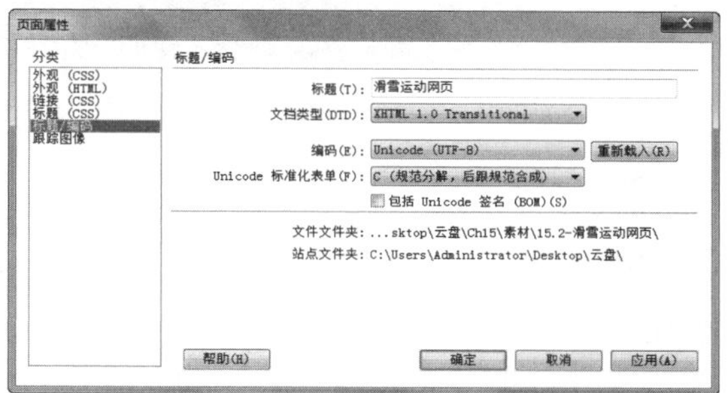

图 15-3

（4）单击“插入”面板“常用”选项卡中的“表格”按钮，在弹出的“表格”对话框中进行设置，如图 15-4 所示。单击“确定”按钮，完成表格的插入。保持表格的选取状态，在“属性”面板“对齐”选项的下拉列表中选择“居中对齐”选项。

（5）选择“窗口 > CSS 样式”命令，弹出“CSS 样式”面板，单击“新建 CSS 规则”按钮，在弹出的对话框中进行设置，如图 15-5 所示，单击“确定”按钮，弹出“.bj 的 CSS 规则定义”对话框；在左侧的“分类”列表中选择“背景”选项，单击“Background-image”选项右侧的“浏览”按钮，在弹出的“选择图像源文件”对话框中，选择云盘“Ch15 > 素材 > 滑雪运动网页 > images”文件夹中的“bj_1.jpg”文件，单击“确定”按钮，返回到对话框中；在“Background-repeat”选项的下拉列表中选择“no-repeat”选项，单击“确定”按钮，完成样式的创建。

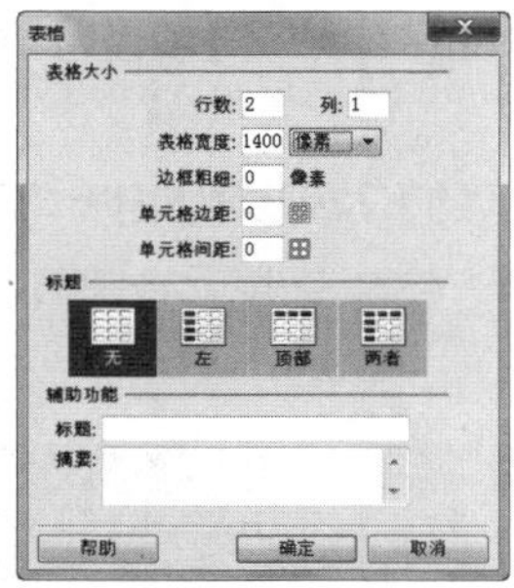

图 15-4

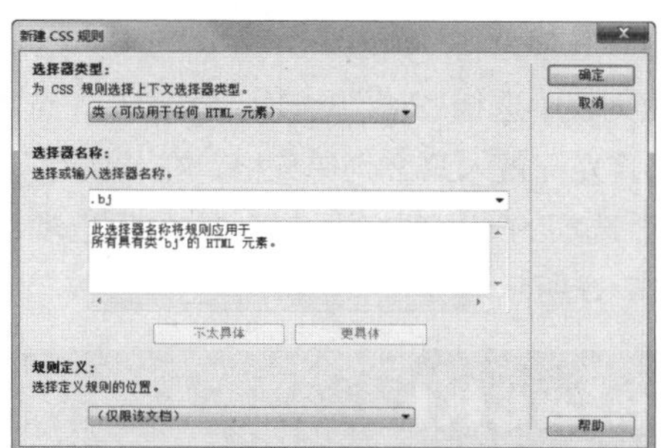

图 15-5

（6）将光标置入第 1 行单元格，在“属性”面板“水平”选项的下拉列表中选择“居中对齐”选项，“垂直”选项的下拉列表中选择“顶端”选项，将“高”选项设为 1290，效果如图 15-6 所示。

图 15-6

（7）在该单元格中插入一个 5 行 1 列，宽为 1000 像素的表格。将光标置入第 1 列单元格，单击“属性”面板中的“拆分单元格为行或列”按钮，在弹出的“拆分单元格”对话框中进行设置，如图 15-7 所示，单击“确定”按钮，将单元格拆分成 2 列显示。

（8）将光标置入第 1 行第 1 列单元格，在“属性”面板中，将“宽”选项设为 262。单击“插入”面板“常用”选项卡中的“图像”按钮，在弹出的“选择图像源文件”对话框中，选择云盘中的“Ch15 > 素材 > 滑雪运动网页 > images > logo.jpg”文件，单击“确定”按钮，完成图像的插入，如图 15-8 所示。

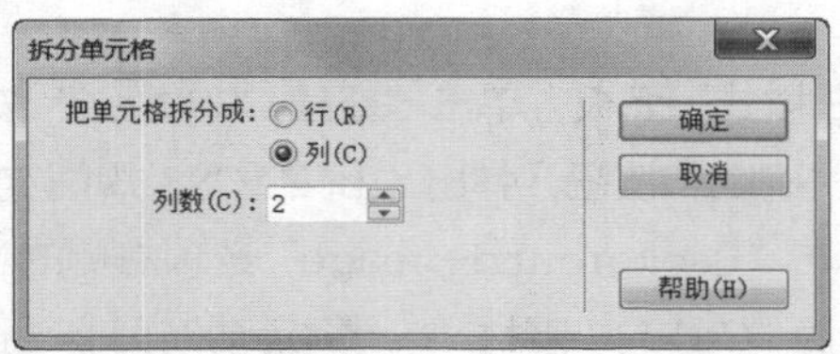

图 15-7

图 15-8

（9）新建 CSS 样式“.bj01”，弹出“.bj01 的 CSS 规则定义”对话框，在左侧的“分类”列表中选择“类型”选项，将“Font-family”选项设为“微软雅黑”，“Font-size”选项设为 16，在右侧选项的下拉列表中选择“px”选项，“Color”选项设为白色。

（10）将光标置入第 2 列单元格，在“属性”面板“水平”选项的下拉列表中选择“居中对齐”选项，“类”选项的下拉列表中选择“bj01”选项，将“宽”选项设为 738。在单元格中输入文字和空格，如图 15-9 所示。

图 15-9

（11）将光标置入第 2 行单元格，在“属性”面板“水平”选项的下拉列表中选择“左对齐”选项。将云盘中的“Ch15 > 素材 > 滑雪运动网页 > images > pic_1.png”文件，插入该单元格，如图 15-10 所示。将光标置入第 3 行单元格，在“属性”面板“垂直”选项的下拉列表中选择“顶端”选项，将“高”选项设为 61。将云盘中的“Ch15 > 素材 > 滑雪运动网页 > images > pic_2.png”文件，插入该单元格，如图 15-11 所示。

图 15-10

图 15-11

2. 制作内容区域

（1）将光标置入第 4 行单元格，在“属性”面板“水平”选项的下拉列表中选择“居中对齐”选项，“垂直”选项的下拉列表中选择“顶端”选项，将“背景颜色”选项设为白色。在该单元格中插入一个 3 行 3 列，宽为 970 像素的表格。

扫码观看
本案例视频

（2）将光标置入刚插入的表格的第 1 行第 1 列单元格，在“属性”面板“水平”选项的下拉列表中选择“左对齐”选项，将“宽”选项设为 300，“高”选项设为 65，在该单元格中输入文字。

（3）新建 CSS 样式“.pic”，弹出“.pic 的 CSS 规则定义”对话框，在左侧的“分类”列表中选择“区块”选项，“Vertical-align”选项的下拉列表中选择“middle”选项。在左侧的“分类”列表中选择“方框”选项，取消选择“Padding”选项组中的“全部相同”复选框，将“Right”选项设为 15，在右侧选项的下拉列表中选择“px”选项，如图 15-12 所示，单击“确定”按钮，完成样式的创建。

（4）将云盘中的“Ch15 > 素材 > 滑雪运动网页 > images > xtb_1.png”文件，插入相应的位置并应用“pic”样式，效果如图 15-13 所示。

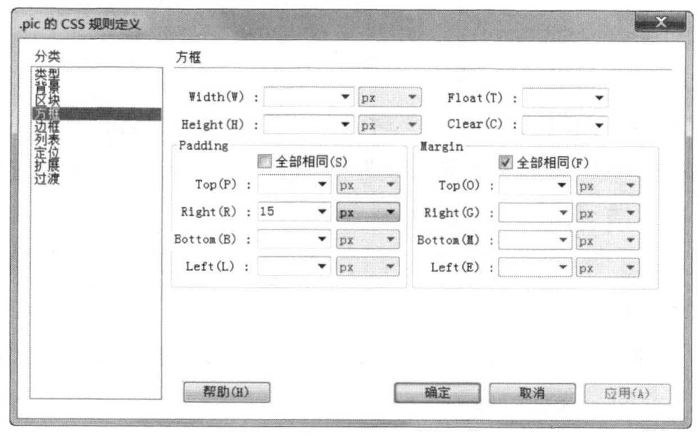

图 15-12

图 15-13

（5）将光标置入第 1 行第 2 列单元格，在“属性”面板“水平”选项的下拉列表中选择“居中对齐”选项，将“宽”选项设为 410。将云盘中的“Ch15 > 素材 > 滑雪运动网页 > images > pic_3.png”文件，插入该单元格，如图 15-14 所示。

（6）将光标置入第 1 行第 3 列单元格，在“属性”面板“水平”选项的下拉列表中选择“右对齐”选项，将“宽”选项设为 260。在单元格中输入文字，将云盘“Ch15 > 素材 > 滑雪运动网页 > images”文件夹中的“xtb_2.png”和“xtb_3.png”文件，分别插入相应的位置，并应用“pic”样式，效果如图 15-15 所示。

图 15-14

图 15-15

（7）将光标置入第 2 行第 1 列单元格，在“属性”面板“水平”选项的下拉列表中选择“左对齐”选项，“垂直”选项的下拉列表中选择“顶端”选项，将“高”选项设为 260。将“pic_4.jpg”文件插入该单元格，如图 15-16 所示。

（8）将光标置入第 2 行第 2 列单元格，在“属性”面板“水平”选项的下拉列表中选择“左对齐”选项，“垂直”选项的下拉列表中选择“顶端”选项。在该单元格中插入一个 3 行 1 列，宽为 390 像素的表格，如图 15-17 所示。

图 15-16

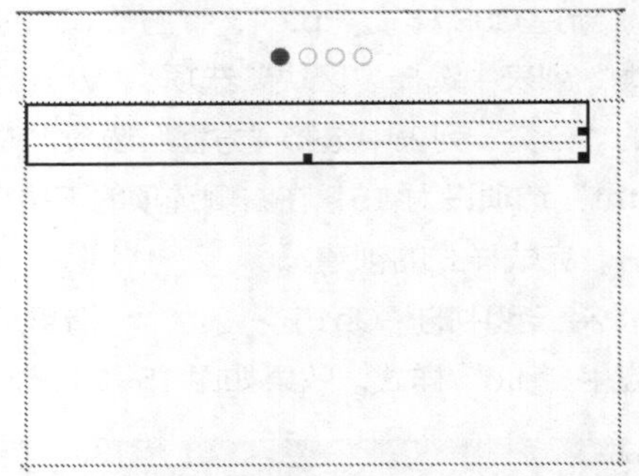

图 15-17

（9）新建 CSS 样式“.bk”，在弹出的“.bk 的 CSS 规则定义”对话框中进行设置，如图 15-18 所示。将光标置入刚插入的表格的第 1 行单元格，在“属性”面板“类”选项的下拉列表中选择“bk”选项，将“高”选项设为 90。用相同的方法设置第 2 行，效果如图 15-19 所示。

（10）在各个单元格中输入文字，如图 15-20 所示。新建 CSS 样式“.biaoti”，弹出“.biaoti 的 CSS 规则定义”对话框，在左侧的“分类”列表中选择“类型”选项，将“Font-family”选项设为“宋体”，“Font-size”选项设为 16，在右侧选项的下拉列表中选择“px”选项，“Line-height”选项设为 0，在右侧选项的下拉列表中选择“px”选项，“Font-weight”选项的下拉列表中选择“bold”选项，“Color”选项设为深灰色（#323232）。

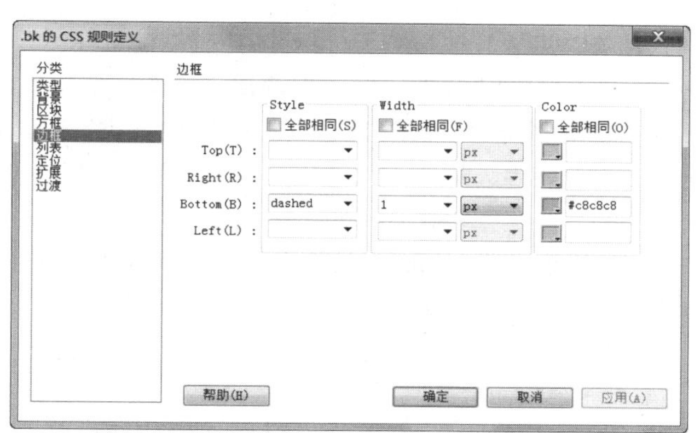

图 15-18

图 15-19

（11）在左侧的“分类”列表中选择“区块”选项，在“Text-align”选项的下拉列表中选择“center”选项，单击“确定”按钮，完成样式的创建。选中图 15-21 所示的文字，在“属性”面板“类”选项的下拉列表中选择“biaoti”选项，应用样式，效果如图 15-22 所示。

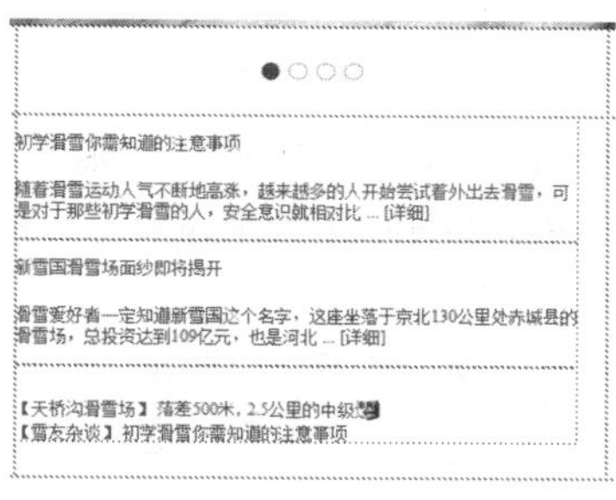

图 15-20

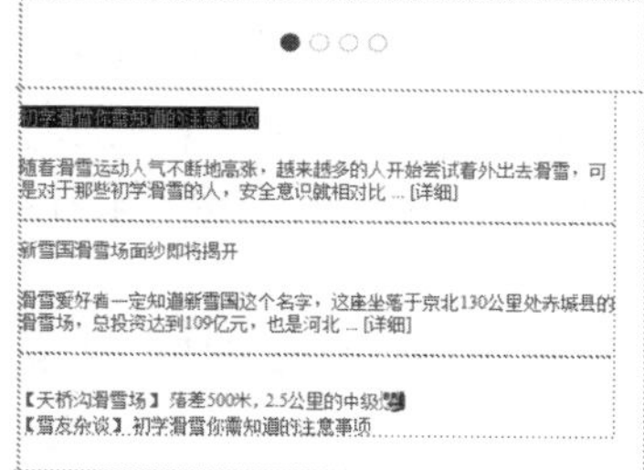

图 15-21

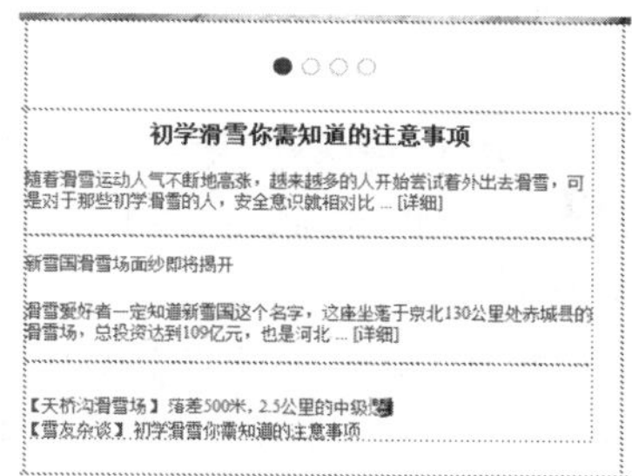

图 15-22

（12）用相同的方法为其他文字应用样式，效果如图 15-23 所示。新建 CSS 样式“.text”，弹出“.text 的 CSS 规则定义”对话框，在左侧的“分类”列表中选择“类型”选项，将“Line-height”选项设为 20，在右侧选项的下拉列表中选择“px”选项。

（13）在左侧的“分类”列表中选择“区块”选项，在“Text-align”选项的下拉列表中选择“left”选项，将“Text-indent”选项设为 2，在右侧选项的下拉列表中选择“ems”选项，单击“确定”按钮，完成样式的创建。选中图 15-24 所示的文字，在“属性”面板“类”选项的下拉列表中选择“text”选项，应用样式，效果如图 15-25 所示。

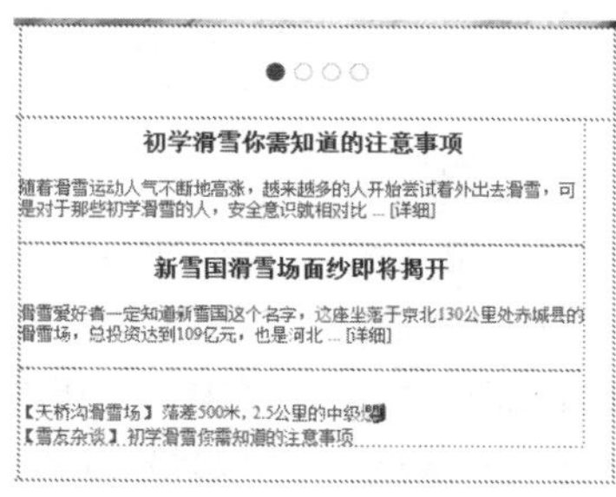

图 15-23

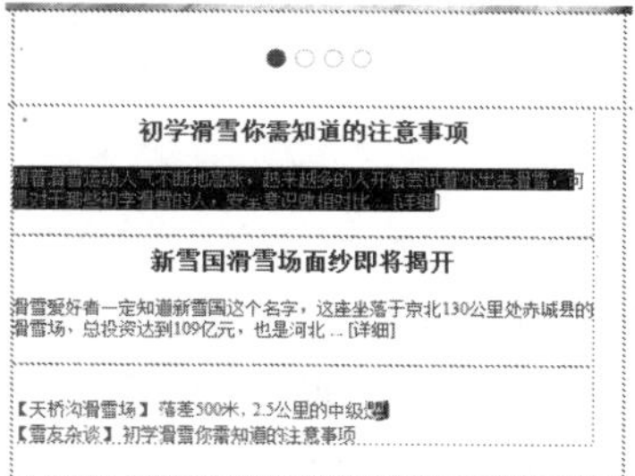

图 15-24

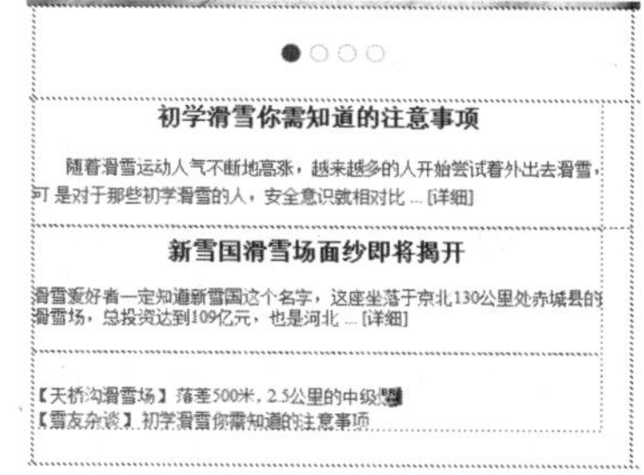

图 15-25

（14）用相同的方法为其他文字应用样式，效果如图 15-26 所示。新建 CSS 样式“.text01”，弹出“.text01 的 CSS 规则定义”对话框，在左侧的“分类”列表中选择“类型”选项，将“Line-height”选项设为 20，在右侧选项的下拉列表中选择“px”选项。在左侧的“分类”列表中选择“区块”选项，在“Text-align”选项的下拉列表中选择“left”选项，单击“确定”按钮，完成样式的创建。

（15）选中图 15-27 所示的文字，在“属性”面板“类”选项的下拉列表中选择“text01”选项，“垂直”选项的下拉列表中选择“底部”选项，将“高”选项设为 55，效果如图 15-28 所示。

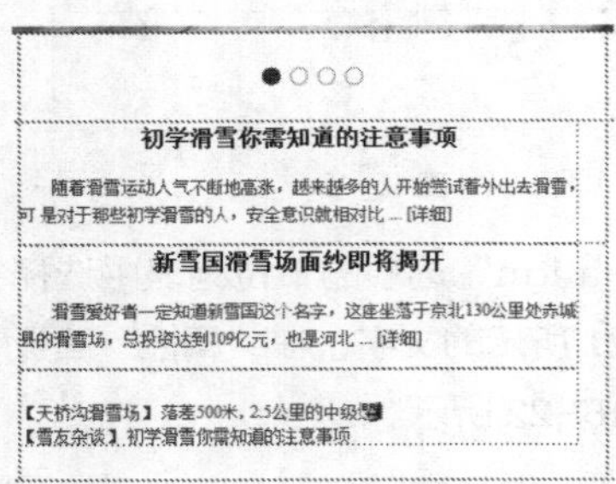

图 15-26

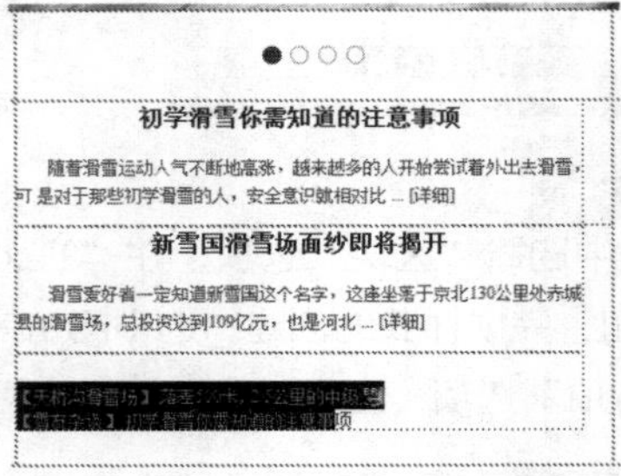

图 15-27

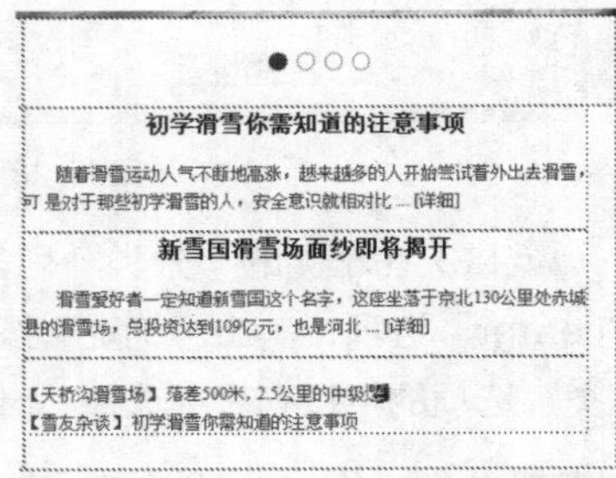

图 15-28

（16）将光标置入主体表格的第 2 行第 3 列单元格，在“属性”面板“垂直”选项的下拉列表中选择“顶端”选项。在该单元格中插入一个 3 行 1 列，宽为 100%的表格。将光标置入刚插入的表格的第 1 行单元格。

（17）单击“属性”面板中的“拆分单元格为行或列”按钮，弹出“拆分单元格”对话框，选择“把单元格拆分成：”选项组中的“列”单选项，将“列数”选项设为 2，单击“确定”按钮，将单元格拆分成 2 列显示。

（18）将光标置入第 1 行第 1 列单元格，在“属性”面板“水平”选项的下拉列表中选择“左对齐”选项，“目标规则”选项的下拉列表中选择“<新内联样式>”选项，将“大小”选项设为 16，“Color”选项设为深灰色（#323232），单击“加粗”按钮。在该单元格中输入文字，如图 15-29 所示。

（19）将光标置入第 1 行第 2 列单元格，在“属性”面板“水平”选项的下拉列表中选择“右对齐”选项。在该单元格中输入文字，如图 15-30 所示。

图 15-29　　图 15-30

（20）将光标置入第 2 行单元格，在“属性”面板“水平”选项的下拉列表中选择“左对齐”选项，将“高”选项设为 100。在该单元格中输入文字并应用“text01”样式，效果如图 15-31 所示。选中图 15-32 所示的文字，在“属性”面板“目标规则”选项的下拉列表中选择“<新内联样式>”选项，将“Color”选项设为深灰色（#323232），单击“加粗”按钮，效果如图 15-33 所示。

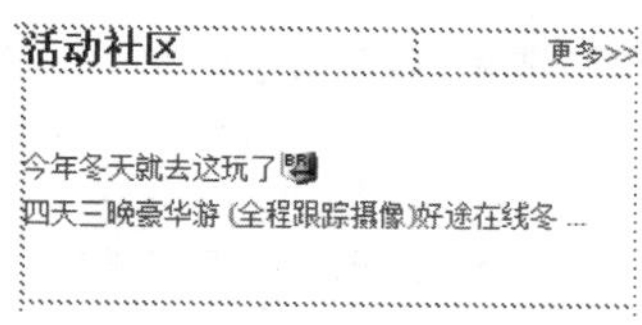

图 15-31

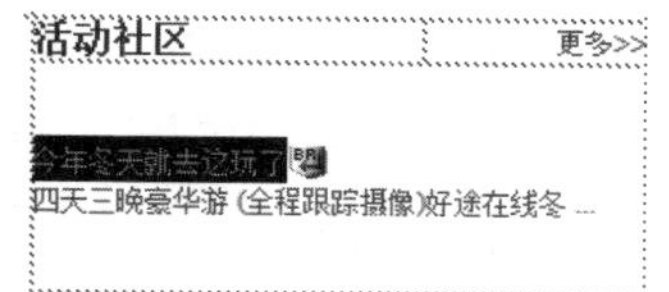

图 15-32

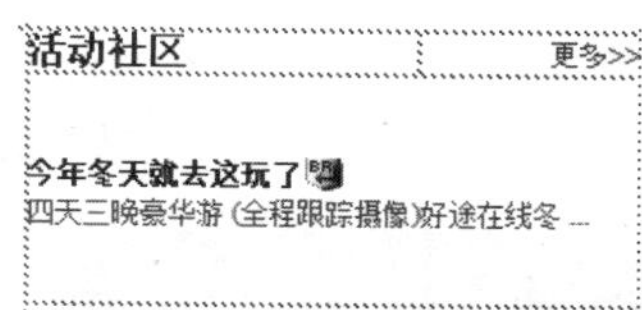

图 15-33

（21）新建 CSS 样式“.pic01”，弹出“.pic01 的 CSS 规则定义”对话框，在左侧“分类”列表中选择“方框”选项，在“Float”选项的下拉列表中选择“left”选项，取消选择“Padding”选项组中的“全部相同”复选框，将“Right”选项设为 15，在右侧选项的下拉列表中选择“px”选项，如图 15-34 所示，单击“确定”按钮，完成样式的创建。

（22）将云盘中的“Ch15 > 素材 > 滑雪运动网页 > images > pic_5.jpg”文件，插入相应的位置，并应用“pic01”样式，效果如图 15-35 所示。

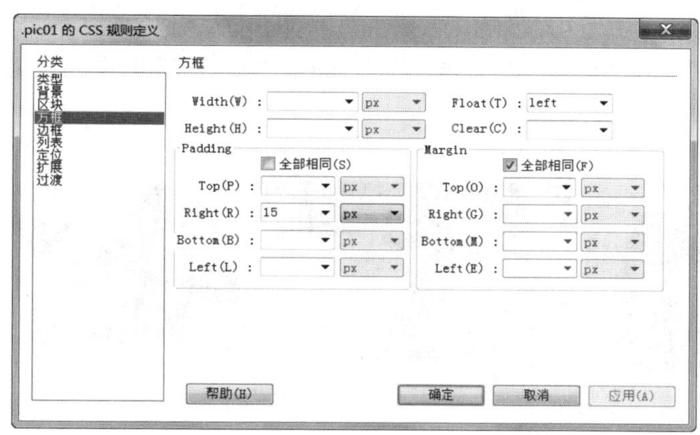

图 15-34

图 15-35

（23）将光标置入第 3 行单元格，在“属性”面板“水平”选项的下拉列表中选择“左对齐”选项，在该单元格中输入文字。新建 CSS 样式“.text02”，弹出“.text02 的 CSS 规则定义”对话框，在左侧的“分类”列表中选择“类型”选项，将“Line-height”选项设为 25，在右侧选项的下拉列表中选择“px”选项，单击“确定”按钮，完成样式的创建。

（24）选中图 15-36 所示的文字，在“属性”面板“类”选项的下拉列表中选择“text02”选项，应用样式，效果如图 15-37 所示。

图 15-36

图 15-37

（25）选中图 15-38 所示的单元格，单击“属性”面板中的“合并所选单元格，使用跨度”按钮 ，将选中单元格合并，效果如图 15-39 所示。

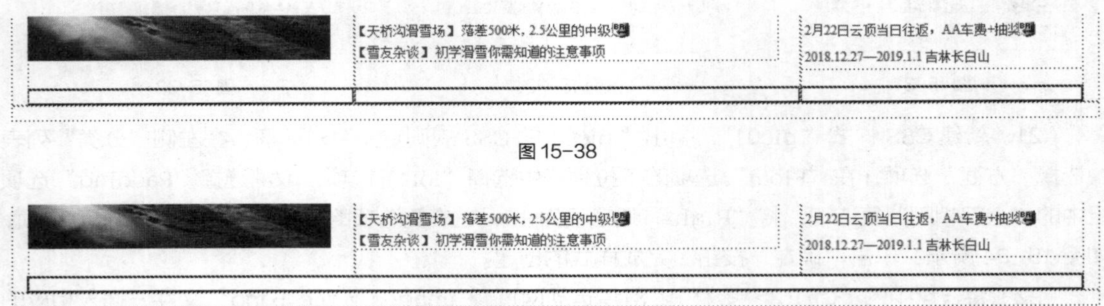

图 15-38

图 15-39

（26）在该单元格中插入一个 2 行 4 列，宽为 970 像素的表格。选中刚插入的表格的第 1 行第 1 列、第 2 列和第 3 列单元格，在“属性”面板中，将“宽”选项设为 246，“高”选项设为 210。在各单元格中插入相应图片，如图 15-40 所示。

图 15-40

（27）选中第 2 行所有单元格，在“属性”面板“水平”选项的下拉列表中选择“左对齐”选项，“垂直”选项的下拉列表中选择“顶端”选项。在各个单元格中输入文字，如图 15-41 所示。

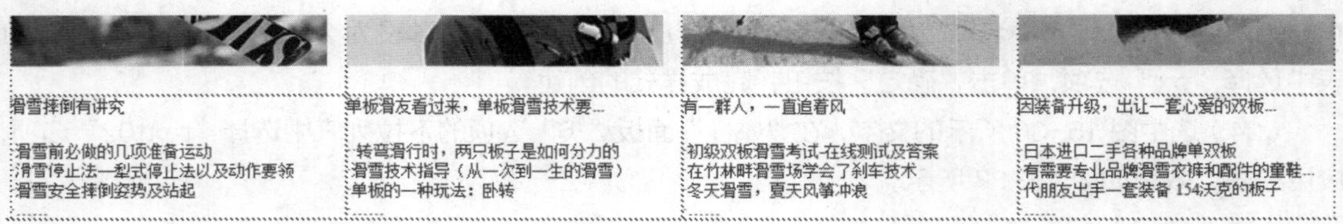

图 15-41

（28）新建 CSS 样式“.bt01”，弹出“.bt01 的 CSS 规则定义”对话框，在左侧的“分类”列表中选择“类型”选项，将“Font-size”选项设为 14，在右侧选项的下拉列表中选择“px”选项，“Color”选项设为红色（#c81818），单击“确定”按钮，完成样式的创建。

（29）选中图 15-42 所示的文字，在“属性”面板“类”选项的下拉列表中选择“bt01”选项，应用样式，效果如图 15-43 所示。选中图 15-44 所示的文字，在“属性”面板“类”选项的下拉列表中选择“text02”选项，应用样式，效果如图 15-45 所示。用相同的方法为其他文字添加样式，效果如图 15-46 所示。

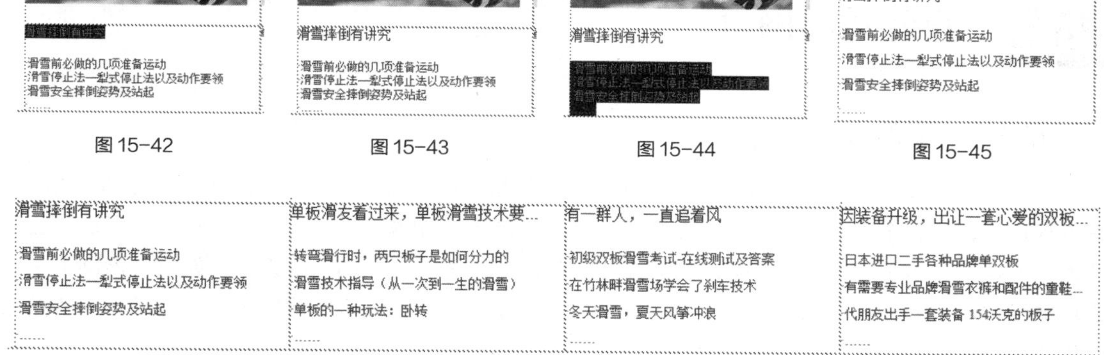

图 15-42　图 15-43　图 15-44　图 15-45

图 15-46

（30）将光标置入主体表格的第 2 行单元格，在“属性”面板“水平”选项的下拉列表中选择“居中对齐”选项，将“高”选项设为 160，“背景颜色”选项设为浅灰色（#eeeeee）。在单元格中输入文字并应用“text02”样式，效果如图 15-47 所示。

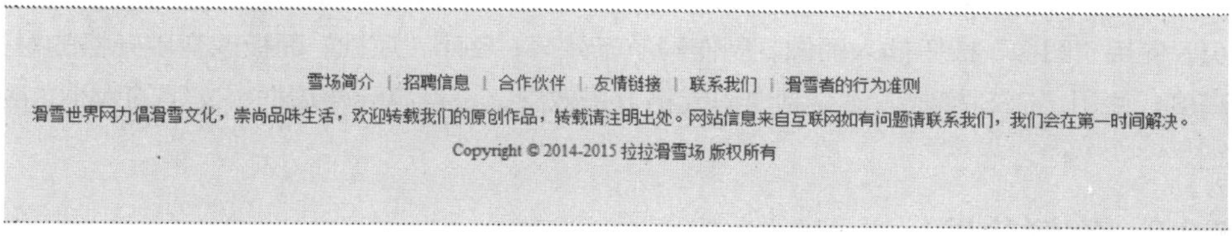

雪场简介 ｜ 招聘信息 ｜ 合作伙伴 ｜ 友情链接 ｜ 联系我们 ｜ 滑雪者的行为准则
滑雪世界网力倡滑雪文化，崇尚品味生活，欢迎转载我们的原创作品，转载请注明出处。网站信息来自互联网如有问题请联系我们，我们会在第一时间解决。
Copyright © 2014-2015 拉拉滑雪场 版权所有

图 15-47

（31）滑雪运动网页效果制作完成，保存文档，按 F12 键，预览网页效果，如图 15-48 所示。

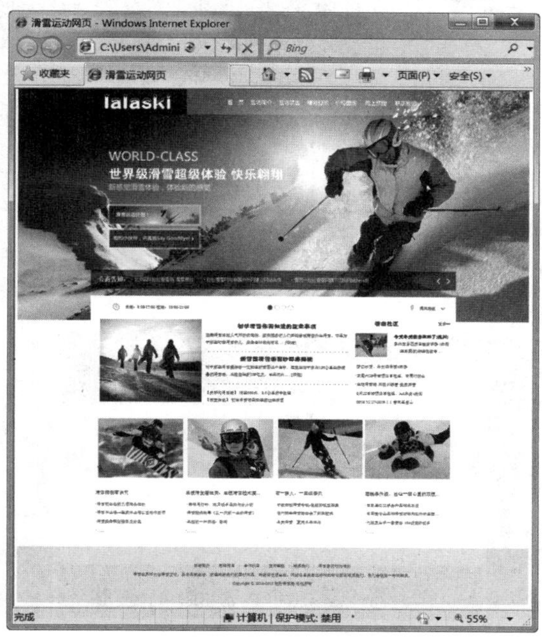

图 15-48

15.3 户外运动网页

15.3.1 案例分析

户外休闲运动可以让人拥抱自然，然而因其多数带有探险性，属于极限或亚极限运动，所以具有挑战自我，培养个人毅力、团队合作精神，提高野外生存能力的特点。因此，户外休闲运动已经成为人们娱乐、休闲的一种新的运动方式。本例是为户外休闲运动俱乐部设计的网页。该网页主要的功能是宣传户外休闲运动，并不定期地组织网友活动。设计的网页要体现出户外休闲运动的挑战性和刺激性。

在网页中，将户外山地车运动作为背景，表现出自然的美丽和运动的魅力。导航栏放在页面的最上方，爱好者可以方便地浏览户外休闲运动的各种出行方式和相关知识。页面中间是户外休闲运动的简单介绍和一些论坛活动、户外兴趣，能加深人们的印象。底部是不同的户外休闲运动和简单介绍，方便人们对其进行了解。整个页面设计简洁直观，使浏览者有希望参与其中的冲动。

本例将使用“页面属性”命令设置页面文字大小、颜色、页边距和页面标题；使用“表格”按钮布局网页；使用“图像”按钮插入图像，制作导航条效果；使用“属性”面板改变单元格的对齐方式、宽度和高度；使用“CSS 样式”命令制作单元格背景效果，设置单元格边框、文字的大小、颜色及文字的行距。

15.3.2 案例效果

本案例的效果如图 15-49 所示。

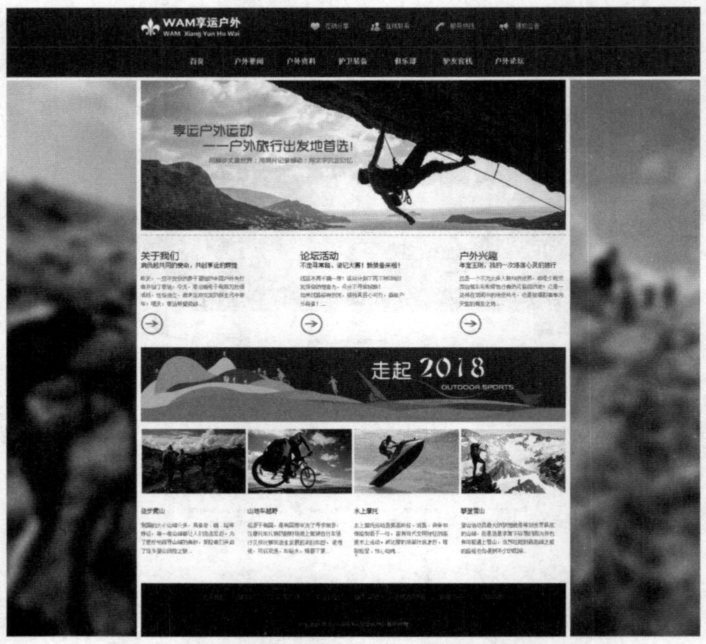

图 15-49

15.3.3 案例制作

1. 制作导航条及广告条区域

扫码观看
本案例视频

（1）选择“文件 > 新建”命令，新建空白文档。选择“文件 > 保存”命令，弹出“另存为”对话框，在“保存在”选项的下拉列表中选择当前站点目录保存路径；在“文件名”选项的文本框中输入“index”，单击“保存”按钮，返回网页编辑窗口。

（2）选择“修改 > 页面属性”命令，弹出“页面属性”对话框，在左侧的“分类”列表中选择“外观（CSS）”选项，“大小”选项设为 12，“文本颜色”选项设为灰色（#969696），“左边距”“右边距”“上边距”“下边距”选项均设为 0，如图 15-50 所示。

（3）在左侧的“分类”列表中选择“标题/编码”选项，在“标题”选项的文本框中输入“户外运动网页”，如图 15-51 所示。单击“确定”按钮，完成页面属性的修改。

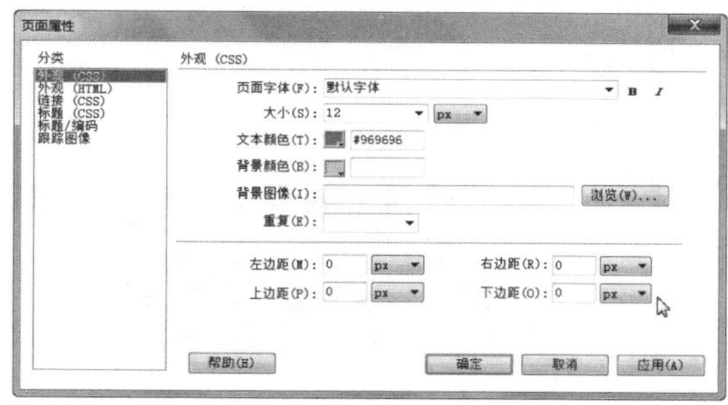

图 15-50

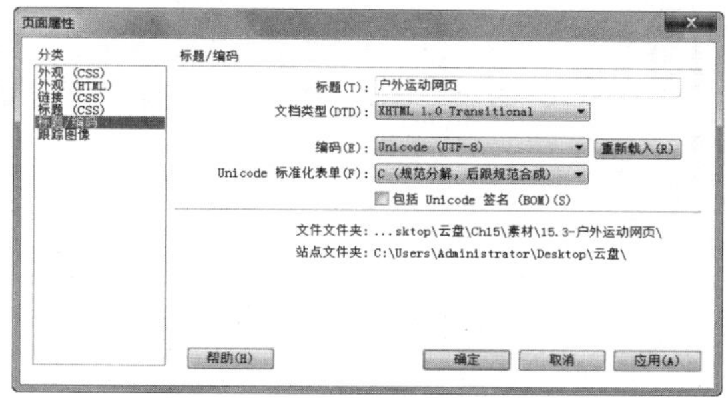

图 15-51

（4）单击“插入”面板“常用”选项卡中的“表格”按钮，在弹出的“表格”对话框中进行设置，如图 15-52 所示。单击“确定”按钮，完成表格的插入。保持表格的选取状态，在“属性”面板“对齐”选项的下拉列表中选择“居中对齐”选项。

（5）选择“窗口 > CSS 样式”命令，弹出“CSS 样式”面板，单击“新建 CSS 规则”按钮，在弹出的对话框中进行设置，如图 15-53 所示；单击“确定”按钮，弹出“.bj 的 CSS 规则定义”对话框，在左侧的“分类”列表中选择“背景”选项，单击“Background-image”选项右侧的“浏览”按钮，在弹出的“选择图像源文件”对话框中，选择云盘中的“Ch15 > 素材 > 户外运动网页 > images > bj.jpg”文件，单击“确定”按钮，返回到对话框中，在“Background-repeat”选项的下拉列表中选择“repeat-x”选项。

（6）在左侧的“分类”列表中选择“边框”选项，取消选择“Style”“Width”“Color”选项组中的“全部相同”复选框。在“Style”属性“Bottom”选项的下拉列表中选择“solid”选项，“Width”文本框中输入“1”，在右侧选项的下拉列表中选择“px”选项，“Color”选项设为灰色（#768187），如图 15-54 所示，单击“确定”按钮，完成样式的创建。

（7）将光标置入第 1 行单元格，在“属性”面板“水平”选项的下拉列表中选择“居中对齐”选项，“类”选项的下拉列表中选择“bj”选项，将“高”选项设为 95，如图 15-55 所示。

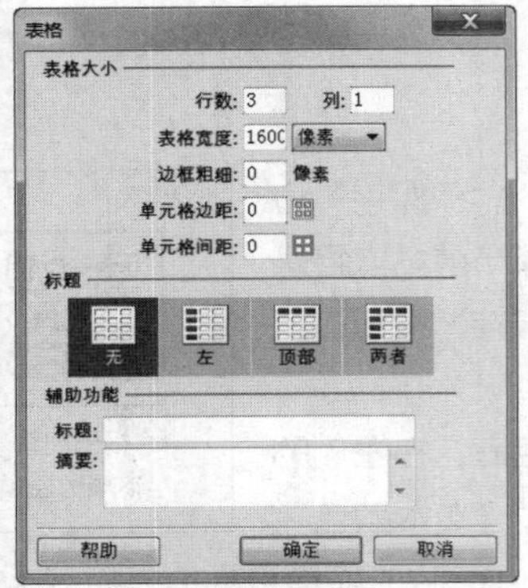

图 15-52

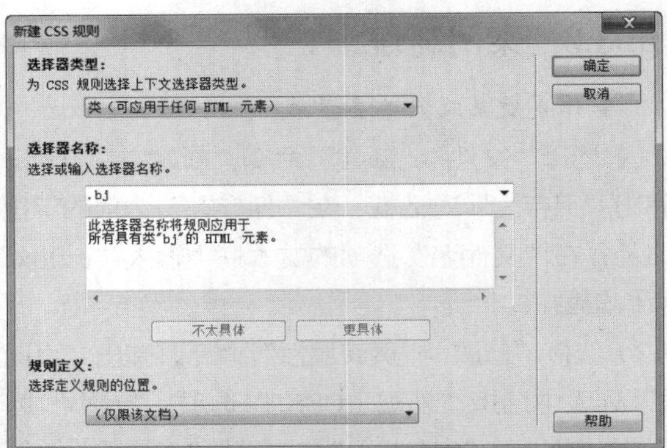

图 15-53

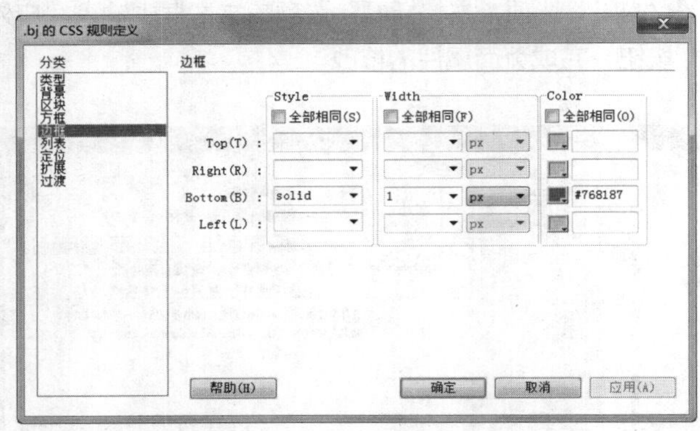

图 15-54

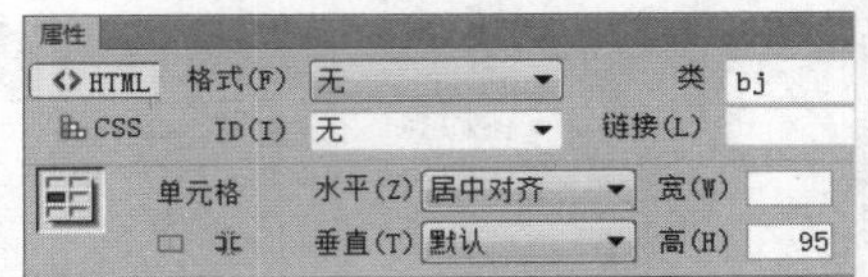

图 15-55

（8）在该单元格中插入一个 1 行 2 列，宽为 980 像素的表格。将光标置入刚插入的表格的第 1 行单元格，在“属性”面板“水平”选项的下拉列表中选择“左对齐”选项，将“宽”选项设为 390。单击“插入”面板“常用”选项卡中的“图像”按钮，在弹出的“选择图像源文件”对话框中，选择云盘中的“Ch15 > 素材 > 户外运动网页 > images > logo.png”文件，单击“确定”按钮，完成图像的插入，如图 15-56 所示。

（9）将光标置入第 2 列单元格，在“属性”面板“目标规则”选项的下拉列表中选择“<新内联样式>”选项，将“大小”选项设为 14，“Color”选项设为白色。在单元格中输入文字和空格，如图 15-57 所示。

图 15-56

图 15-57

（10）新建 CSS 样式“.pic”，弹出“.pic 的 CSS 规则定义”对话框，在左侧的“分类”列表中选择“区块”选项，“Vertical-align”选项的下拉列表中选择“middle”选项。在左侧的“分类”

列表中选择“方框”选项，取消选择“Padding”选项组中的“全部相同”复选框。将“Right”选项设为 10，在右侧选项的下拉列表中选择“px”选项，单击“确定”按钮，完成样式的创建。

（11）将云盘“Ch15 > 素材 > 户外运动网页 > images”文件夹中的“tb_1.png”“tb_2.png”“tb_3.png”“tb_4.png”文件，分别插入相应的位置，并应用“pic”样式，效果如图 15-58 所示。

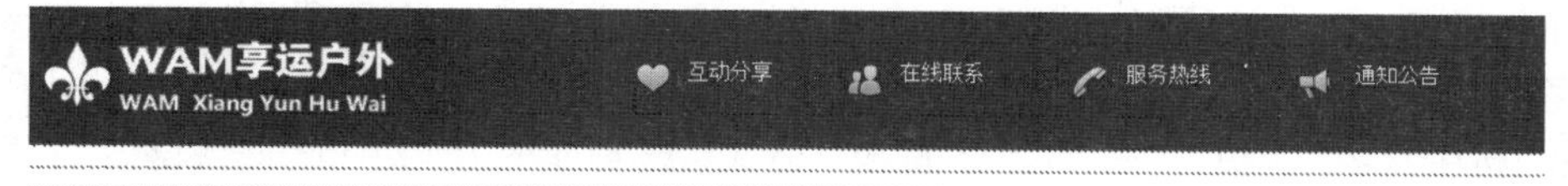

图 15-58

（12）新建 CSS 样式“.bj01”，弹出“.bj01 的 CSS 规则定义”对话框，在左侧的“分类”列表中选择“背景”选项，单击“Background-image”选项右侧的“浏览”按钮，在弹出的“选择图像源文件”对话框中，选择云盘中的“Ch15 > 素材 > 户外运动网页 > images > bj_1.jpg”文件，单击“确定”按钮，返回到对话框中，在“Background-repeat”选项的下拉列表中选择“repeat-x”选项，单击“确定”按钮，完成样式的创建。

（13）将光标置入主体表格的第 2 行单元格，在“属性”面板“水平”选项的下拉列表中选择“居中对齐”选项，“垂直”选项的下拉列表中选择“顶端”选项，将“高”选项设为 79。在该单元格中插入一个 1 行 7 列，宽为 840 像素的表格，如图 15-59 所示。

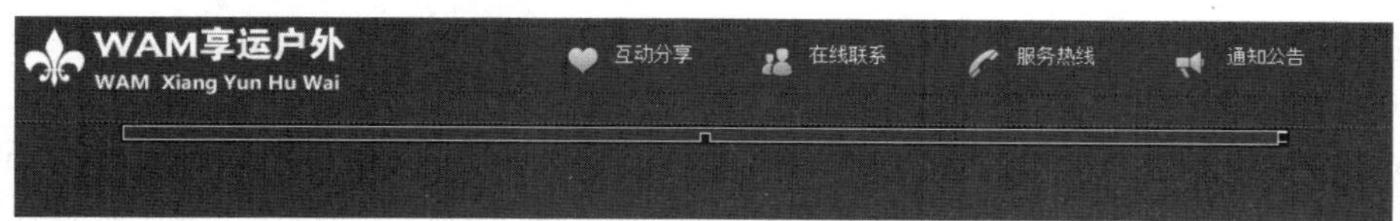

图 15-59

（14）新建 CSS 样式“.bk”，弹出“.bk 的 CSS 规则定义”对话框，在左侧的“分类”列表中选择“边框”选项，取消选择“Style”“Width”“Color”选项组中的“全部相同”复选框。在“Style”属性“Right”选项的下拉列表中选择“solid”选项，“Width”选项的文本框中输入“1”，在右侧选项的下拉列表中选择“px”选项，“Color”选项设为灰色（#768187），单击“确定”按钮，完成样式的创建。

（15）选中图 15-60 所示的单元格，在“属性”面板“水平”选项的下拉列表中选择“居中对齐”选项，将“宽”选项设为 120，“高”选项设为 69。在各个单元格中输入文字，如图 15-61 所示。

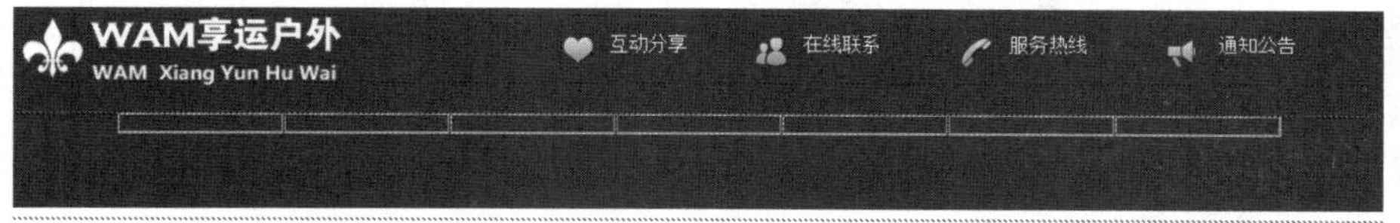

图 15-60

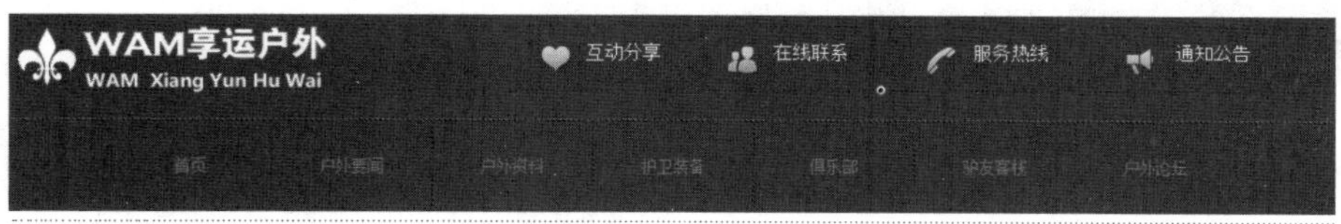

图 15-61

（16）将光标置入第 1 列单元格，在“属性”面板“类”选项的下拉列表中选择“bk”选项，应用样式。用相同的方法为第 2 列、第 3 列、第 4 列、第 5 列和第 6 列单元格应用“bk”样式。

（17）新建 CSS 样式“.daohang”，弹出“.daohang 的 CSS 规则定义”对话框，在左侧的“分类”列表中选择“类型”选项，将“Font-size”选项设为 16，在右侧选项的下拉列表中选择“px”选项，“Font-weight”选项的下拉列表中选择“bold”选项，“Color”选项设为白色，单击“确定”按钮，完成样式的创建。

（18）选中文字“首页”，在“属性”面板“格式”选项的下拉列表中选择“段落”选项，“类”选项的下拉列表中选择“daohang”选项，应用样式，效果如图 15-62 所示。用相同的方法为其他文字应用样式，效果如图 15-63 所示。

首页

图 15-62

户外要闻　户外资料　护卫装备　俱乐部　驴友客栈　户外论坛

图 15-63

（19）新建 CSS 样式“.bj02”，弹出“.bj02 的 CSS 规则定义”对话框，在左侧的“分类”列表中选择“背景”选项，单击“Background-image”选项右侧的“浏览”按钮，在弹出的“选择图像源文件”对话框中，选择云盘中的“Ch15 > 素材 > 户外运动网页 > images > bj_2.jpg”文件，单击“确定”按钮，返回到对话框中，在“Background-repeat”选项的下拉列表中选择“repeat-x”选项，单击“确定”按钮，完成样式的创建。

（20）将光标置入主体表格的第 3 行单元格，在“属性”面板“水平”选项的下拉列表中选择“居中对齐”选项，“垂直”选项的下拉列表中选择“顶端”选项，“类”选项的下拉列表中选择“bj02”选项，将“高”选项设为 1323，如图 15-64 所示。

（21）在该单元格中插入一个 1 行 1 列，宽为 1000 像素的表格。将光标置入刚插入的表格的单元格，在“属性”面板“水平”选项的下拉列表中选择“居中对齐”选项，“垂直”选项的下拉列表中选择“顶端”选项，将“高”选项设为 1323，“背景颜色”选项设为白色，效果如图 15-65 所示。

图 15-64

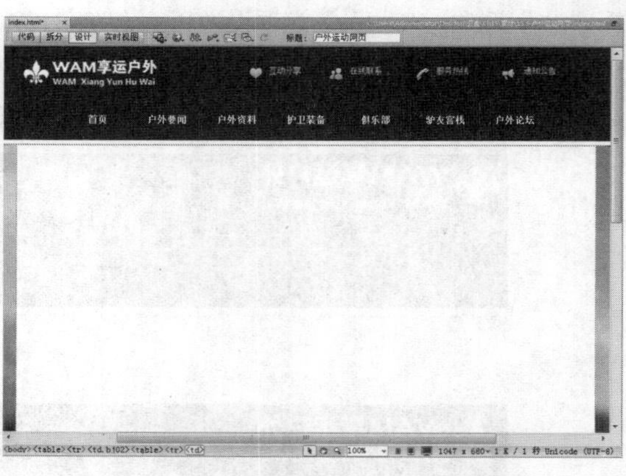

图 15-65

（22）在该单元格中插入一个 8 行 1 列，宽为 980 像素的表格。新建 CSS 样式“.bk01”，弹出“.bk01 的 CSS 规则定义”对话框，在左侧的“分类”列表中选择“边框”选项，取消选择“Style”

“Width”“Color”选项组中的“全部相同”复选框。在“Style”属性“Bottom”选项的下拉列表中选择“solid”选项，“Width”文本框中输入“1”，在右侧选项的下拉列表中选择“px”选项，“Color”选项设为灰色（#999），单击“确定”按钮，完成样式的创建。

（23）将光标置入刚插入的表格的第 1 行单元格，在“属性”面板“垂直”选项的下拉列表中选择“顶端”选项，“类”选项的下拉列表中选择“bk01”选项，将“高”选项设为 370。将云盘中的“jd.jpg”文件插入该单元格，如图 15-66 所示。将光标置入第 2 行单元格，在“属性”面板中，将“高”选项设为 20。

图 15-66

2. 制作内容区域

扫码观看
本案例视频

（1）将光标置入第 3 行单元格，在该单元格中插入一个 1 行 5 列，宽为 980 像素的表格。将光标置入刚插入的表格的第 1 行第 1 列单元格，在“属性”面板中，将“宽”选项设为 245。在单元格中输入文字。效果如图 15-67 所示。

（2）新建 CSS 样式“.bt”，弹出“.bt 的 CSS 规则定义”对话框，在左侧的“分类”列表中选择“类型”选项，将“Font-family”选项设为“微软雅黑”，“Font-size”选项设为 22，在右侧选项的下拉列表中选择“px”选项，“Color”选项设为深灰色（#3f4a50），单击“确定”按钮，完成样式的创建。

（3）选中图 15-68 所示的文字，在“属性”面板“类”选项的下拉列表中选择“bt”选项，应用样式，效果如图 15-69 所示。

图 15-67　　图 15-68　　图 15-69

（4）新建 CSS 样式“.bt01”，弹出“.bt01 的 CSS 规则定义”对话框，在左侧的“分类”列表中选择“类型”选项，将“Font-size”选项设为 14，在右侧选项的下拉列表中选择“px”选项，“Line-height”选项设为 20，在右侧选项的下拉列表中选择“px”选项，“Color”选项设为深灰色（#3f4a50），单击“确定”按钮，完成样式的创建。

（5）新建 CSS 样式“.text”，弹出“.text 的 CSS 规则定义”对话框，在左侧的“分类”列表中选择“类型”选项，将“Line-height”选项设为 20，在右侧选项的下拉列表中选择“px”选项，单击“确定”按钮，完成样式的创建。

（6）选中图 15-70 所示的文字，在“属性”面板“类”选项的下拉列表中选择“bt01”选项，应用样式，效果如图 15-71 所示。选中图 15-72 所示的文字，在“属性”面板“类”选项的下拉列表中选择“text”选项，应用样式，效果如图 15-73 所示。

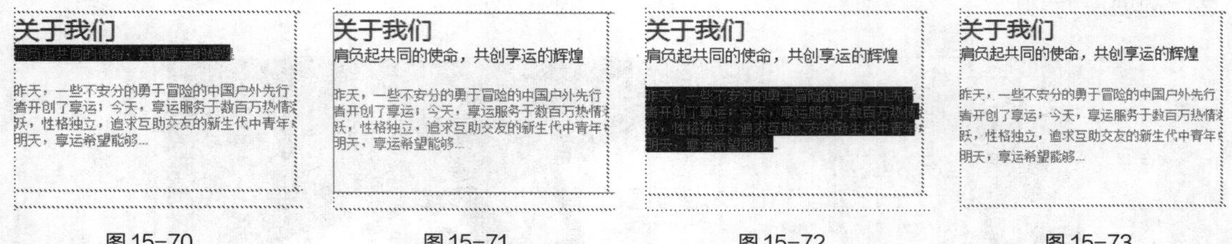

图 15-70　　图 15-71　　图 15-72　　图 15-73

（7）将云盘中的“Ch15 > 素材 > 户外运动网页 > images > jt.png”文件，插入相应的位置，如图 15-74 所示。用上述的方法制作出如图 15-75 所示的效果。

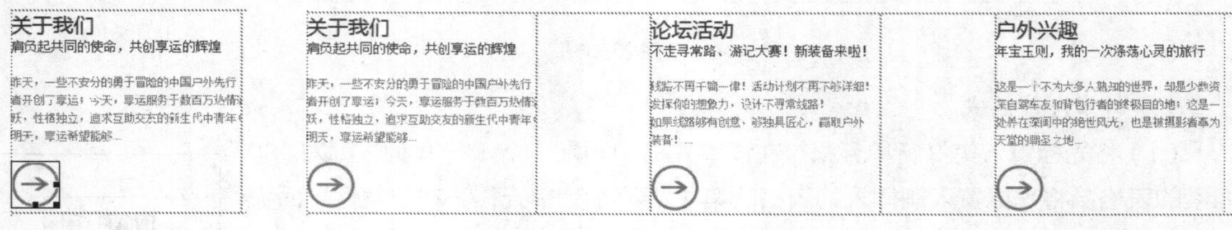

图 15-74　　图 15-75

（8）将光标置入主体表格的第 4 行单元格，在“属性”面板中，将“高”选项设为 210。将云盘中的“Ch15 > 素材 > 户外运动网页 > images > ggt.jpg”文件，插入该单元格中，如图 15-76 所示。

图 15-76

（9）将光标置入主体表格的第 5 行单元格，在该单元格中插入一个 2 行 7 列，宽为 980 像素的表格。选中刚插入的表格的第 1 行所有单元格，在“属性”面板“垂直”选项的下拉列表中选择“顶端”选项，将“高”选项设为 170。

（10）将云盘“Ch15 > 素材 > 户外运动网页 > images”文件夹中的“img_1.jpg”“img_2.jpg”“img_3.jpg”“img_4.jpg”文件，分别插入相应的单元格中，如图 15-77 所示。

图 15-77

（11）将光标置入第 2 行第 1 列单元格，在单元格中输入文字。选中图 15-78 所示的文字，在“属性”面板“类”选项的下拉列表中选择“bt01”选项，应用样式，效果如图 15-79 所示。

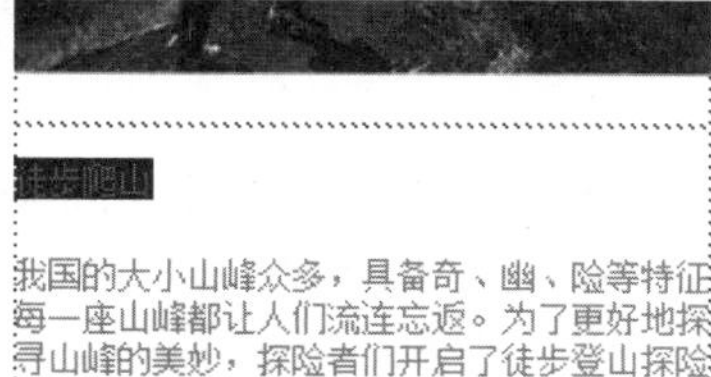

图 15-78

图 15-79

（12）选中图 15-80 所示的文字，在“属性”面板“类”选项的下拉列表中选择“text”选项，应用样式，效果如图 15-81 所示。

图 15-80

徒步爬山
我国的大小山峰众多，具备奇、幽、险等特
征，每一座山峰都让人们流连忘返。为了更
好地探寻山峰的美妙，探险者们开启了徒步
登山探险之旅...

图 15-81

（13）用相同的方法制作出图 15-82 所示的效果。

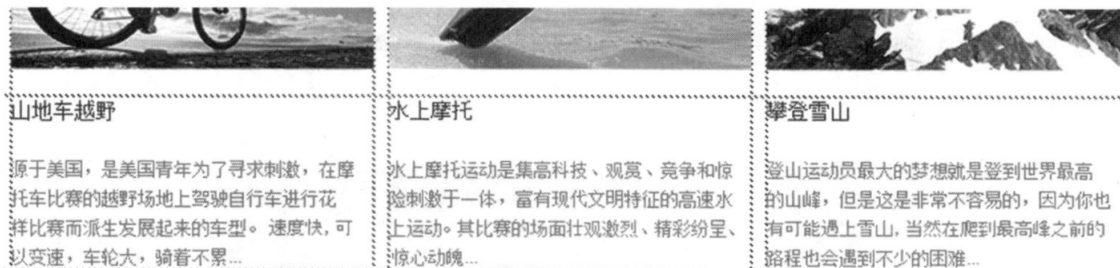

图 15-82

（14）将光标置入主体表格的第 6 行单元格，在“属性”面板中，将“高”选项设为 55。新建 CSS 样式“.bj03”，弹出“.bj03 的 CSS 规则定义”对话框，在左侧的“分类”列表中选择“类型”选项，将“Font-size”选项设为 14，在右侧选项的下拉列表中选择“px”选项，“Color”选项设为灰色（#7a7a7a）。

（15）在左侧的“分类”列表中选择“背景”选项，单击“Background-image”选项右侧的“浏览”按钮，在弹出的“选择图像源文件”对话框中，选择云盘“Ch15 > 素材 > 户外运动网页 > images”文件夹中的“bj_3.jpg”文件，单击“确定”按钮，返回到对话框中，在“Background-repeat”选项的下拉列表中选择“repeat-x”选项，单击“确定”按钮，完成样式的创建。

（16）将光标置入主体表格的第 7 行单元格，在“属性”面板“水平”选项的下拉列表中选择“居中对齐”选项，“类”选项的下拉列表中选择“bj03”选项，将“高”选项设为 68。在单元格中输入文字，效果如图 15-83 所示。

图 15-83

（17）将光标置入主体表格的第 8 行单元格，在“属性”面板“水平”选项的下拉列表中选择“居中对齐”选项，将“高”选项设为 60，“背景颜色”选项设为深灰色（#1A1A1A）。在单元格中输入文字，效果如图 15-84 所示。

图 15-84

（18）户外运动网页效果制作完成，保存文档，按 F12 键，预览网页效果，如图 15-85 所示。

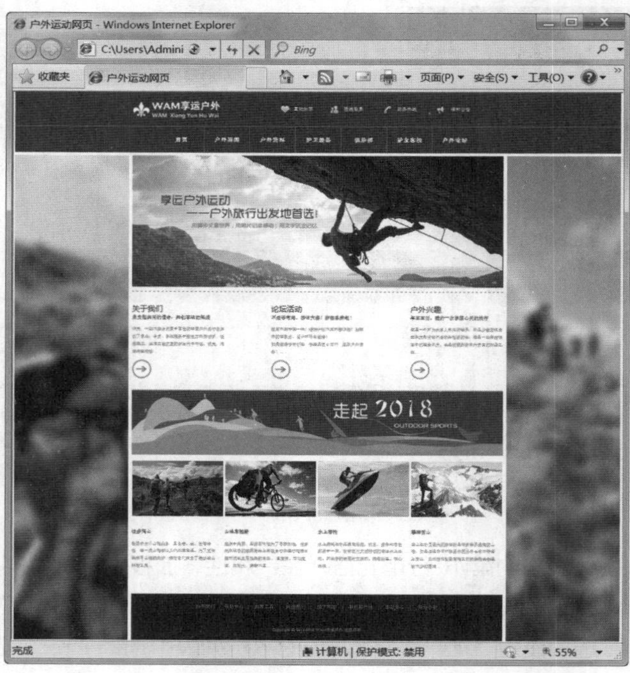

图 15-85

15.4 瑜伽休闲网页

15.4.1 案例分析

瑜伽运用了一个古老而易于掌握的方法来减轻人们生理、心理、情感和精神方面的压力，是一种可以达到身体、心灵与精神和谐统一的运动形式。本例是为瑜伽休闲健身俱乐部设计制作的网页。网页设计上希望能体现出瑜伽运动的健康与活力。

在网页中，整个页面以雅致甜美的粉红色为基调，表现出柔和、温馨的氛围。清晰明确的导航栏设计与人物图片相结合，体现出瑜伽这项古老运动的现代气息，令浏览者感受到健康自然，体现出在练习瑜伽时空间与环境的优美。中心与右下方的内容区域对俱乐部的活动和安排进行了详细的介绍，使浏览更加便捷。整个页面的设计充分体现出瑜伽运动身体与精神的和谐统一。

本例将使用“页面属性”命令改变背景颜色、页面文字大小、颜色、页边距和页面标题效果，使用“鼠标经过图像按钮”制作导航条效果，使用“属性”面板改变单元格的高度、宽度、对齐方式及背景颜色，使用“CSS 样式”命令制作单元格背景图像、文字的颜色、大小及行距的显示效果。

15.4.2 案例效果

本案例的效果如图 15-86 所示。

图 15-86

15.4.3 案例制作

1. 制作导航条及关于我们

扫码观看
本案例视频

（1）选择“文件 > 新建”命令，新建空白文档。选择“文件 > 保存”命令，弹出“另存为”对话框，在“保存在”选项的下拉列表中选择当前站点目录保存路径；在“文件名”选项的文本框中输入“index”，单击“保存”按钮，返回网页编辑窗口。

（2）选择“修改 > 页面属性”命令，弹出“页面属性”对话框，在左侧的“分类”列表中选择“外观（CSS）”选项，将“大小”选项设为 12，“文本颜色”选项设为深灰色（#646464），“背景颜色”选项设为粉色（#fff1f1），“左边距”“右边距”“上边距”“下边距”选项均设为 0，如图 15-87 所示。

（3）在左侧的“分类”列表中选择“标题/编码”选项，在“标题”选项的文本框中输入“瑜伽休闲网页”，如图 15-88 所示，单击“确定”按钮，完成页面属性的修改。

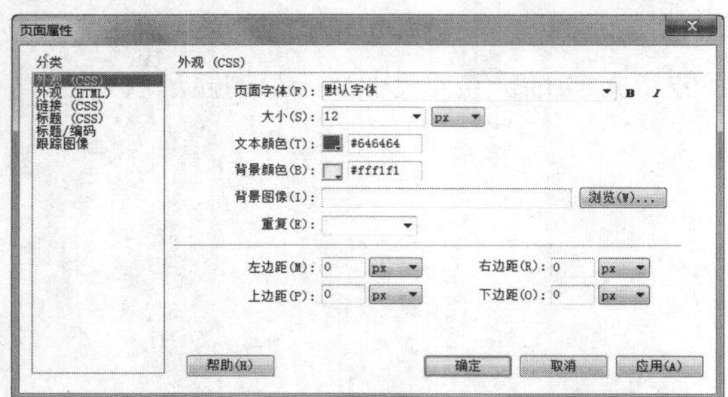

图 15-87

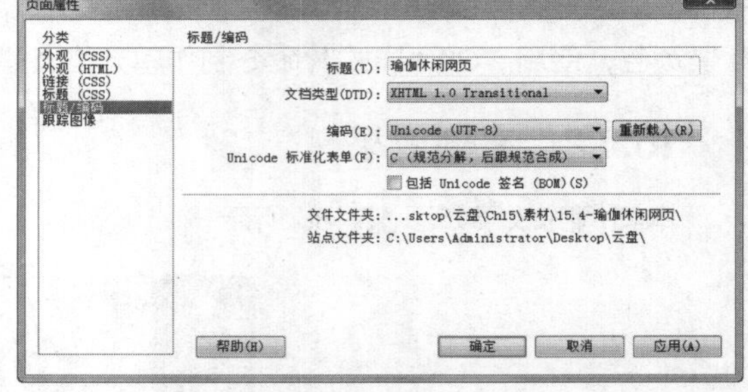

图 15-88

（4）单击“插入”面板“常用”选项卡中的“表格”按钮，在弹出的“表格”对话框中进行设置，如图 15-89 所示。单击“确定”按钮，完成表格的插入。保持表格的选取状态，在“属性”面板“对齐”选项的下拉列表中选择“居中对齐”选项。

（5）选择“窗口 > CSS 样式”命令，弹出“CSS 样式”面板，单击“新建 CSS 规则”按钮，在弹出的对话框中进行设置，如图 15-90 所示，单击“确定”按钮，弹出“.bj 的 CSS 规则定义”对话框，在左侧“分类”列表中选择“背景”选项，单击“Background-image”选项右侧的“浏览”按钮，在弹出的“选择图像源文件”对话框中，选择云盘中的“Ch15 > 素材 > 瑜伽休闲网页 > images > top.jpg”文件，单击“确定”按钮，返回到对话框中，再单击“确定”按钮，完成样式的创建。

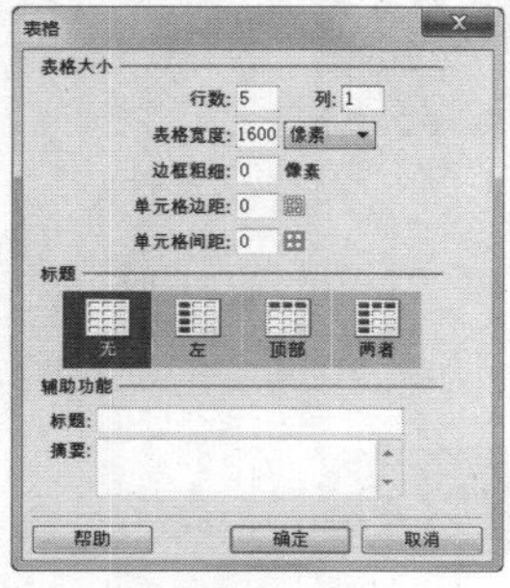

图 15-89

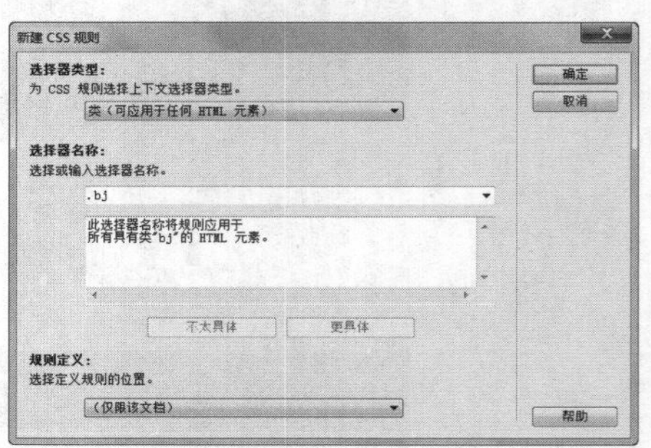

图 15-90

（6）将光标置入第 1 行单元格，在“属性”面板“水平”选项的下拉列表中选择“居中对齐”选项，“垂直”选项的下拉列表中选择“顶端”选项，“类”选项的下拉列表中选择“bj”选项，将“高”选项设为 498，效果如图 15-91 所示。

图 15-91

（7）在该单元格中插入一个 2 行 2 列，宽为 980 像素的表格。将光标置入刚插入的表格的第 1 行第 1 列单元格，在“属性”面板“水平”选项的下拉列表中选择“居中对齐”选项，将“宽”选项设为 200，“高”选项设为 145，“背景颜色”选项设为红色（#e14e58）。单击“插入”面板“常用”选项卡中的“图像”按钮，在弹出的“选择图像源文件”对话框中，选择云盘中的“Ch15 > 素材 > 瑜伽休闲网页 > images > logo.png”文件，单击“确定”按钮，完成图像的插入，如图 15-92 所示。

（8）将光标置入第 2 行第 1 列单元格，在“属性”面板“水平”选项的下拉列表中选择“居中对齐”选项，将“高”选项设为 353，“背景颜色”选项设为红色。在该单元格中插入一个 7 行 1 列，宽为 100%的表格，如图 15-93 所示。

（9）将刚插入的表格的所有单元格选中，在“属性”面板“水平”选项的下拉列表中选择“居中对齐”选项，将“高”选项设为 40，效果如图 15-94 所示。

图 15-92

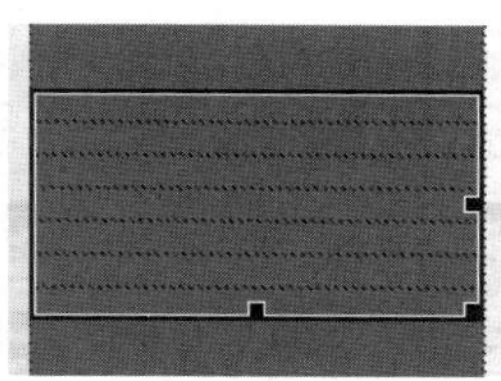

图 15-93

图 15-94

（10）将光标置入第 1 行单元格，单击“插入”面板“常用”选项卡中的“鼠标经过图像”按钮，弹出“插入鼠标经过图像”对话框。单击“原始图像”选项右侧的“浏览”按钮，弹出“原始图像”对话框，选择云盘中的“Ch15 > 素材 > 瑜伽休闲网页 > images > jh_01.png”文件，单击“确定”按钮，返回到对话框，如图 15-95 所示。单击“鼠标经过图像”选项右侧的“浏览”按钮，弹出“鼠标经过图像”对话框，选择云盘中的“Ch15 > 素材 > 瑜伽休闲网页 > jh_1.png”文件，单击“确定”按钮，返回到对话框，如图 15-96 所示。

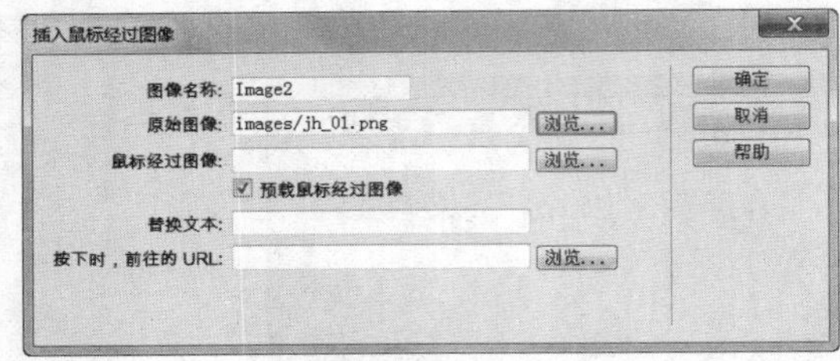

图 15-95

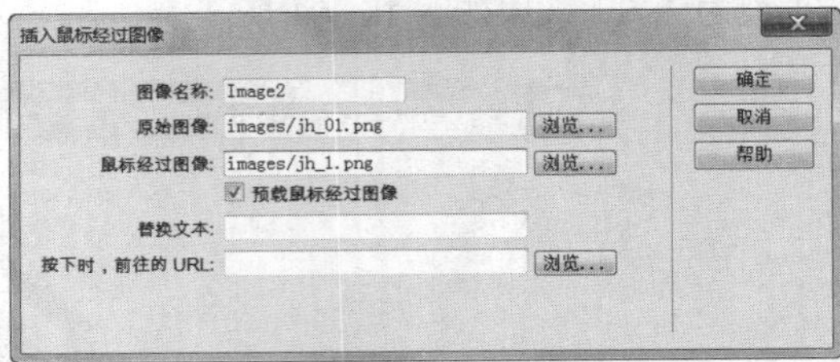

图 15-96

（11）单击“确定”按钮，效果如图 15-97 所示。用相同的方法制作出如图 15-98 所示的效果。

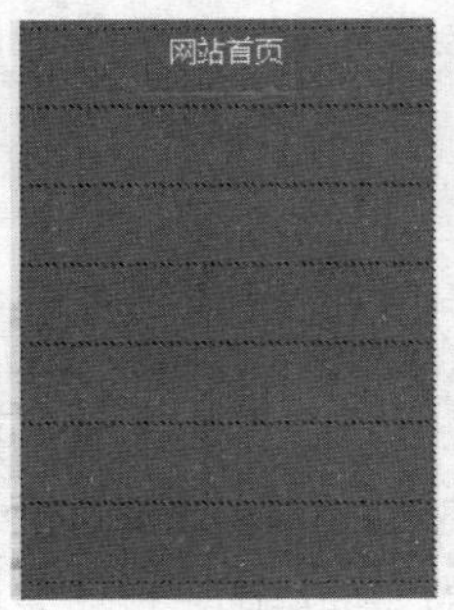

图 15-97

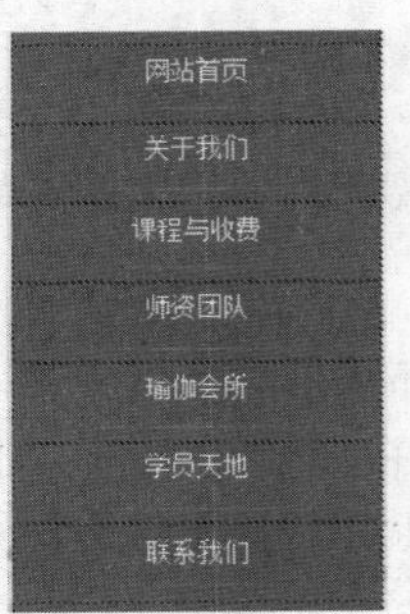

图 15-98

（12）将光标置入主体表格的第 2 行单元格，在“属性”面板“水平”选项的下拉列表中选择“居中对齐”选项，“垂直”选项的下拉列表中选择“顶端”选项，将“高”选项设为 468。在该单元格中插入一个 2 行 2 列，宽为 980 像素的表格。

（13）选中图 15-99 所示的单元格，单击“属性”面板中的“合并所选单元格，使用跨度”按钮 ，将选中的单元格合并，效果如图 15-100 所示。

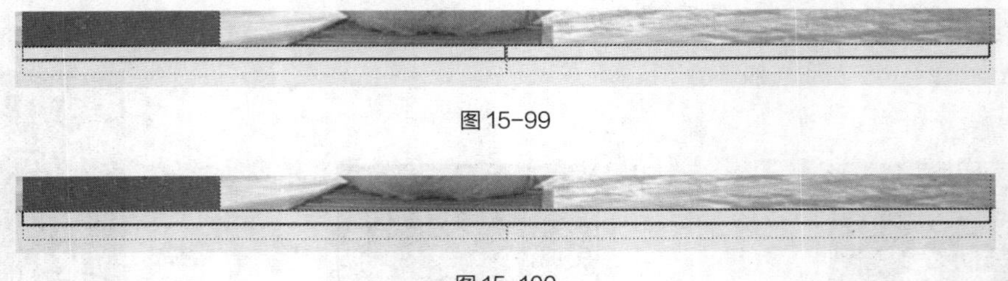

图 15-99

图 15-100

（14）将光标置入刚合并的单元格，在“属性”面板中，将“高”选项设为 100。将云盘中的“Ch15 > 素材 > 瑜伽休闲网页 > images > bt.png”文件，插入该单元格中，如图 15-101 所示。

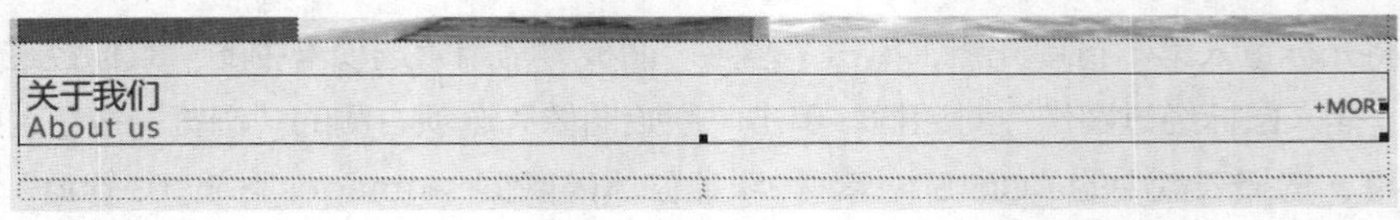

图 15-101

（15）将光标置入第 2 行第 1 列单元格，在“属性”面板“垂直”选项的下拉列表中选择“顶端”选项，将“宽”选项设为 485。将云盘中的“Ch15 > 素材 > 瑜伽休闲网页 > images > pic_1.jpg”文件，插入该单元格中，如图 15-102 所示。

（16）将光标置入第 2 行第 2 列单元格，在“属性”面板“垂直”选项的下拉列表中选择“顶端”选项，将“宽”选项设为 495。在单元格中输入文字，如图 15-103 所示。

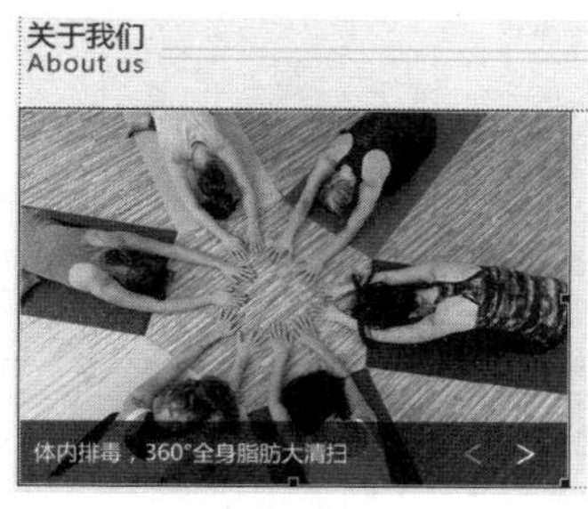

图 15-102

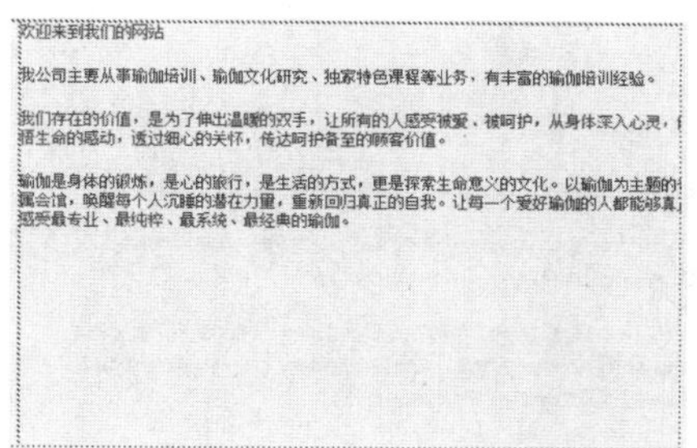

图 15-103

（17）选中图 15-104 所示的文字，在“属性”面板“目标规则”选项的下拉列表中选择“<新内联样式>”选项，将“字体”选项设为“微软雅黑”，“大小”选项设为 20，“Color”选项设为红色（#e24c58），效果如图 15-105 所示。

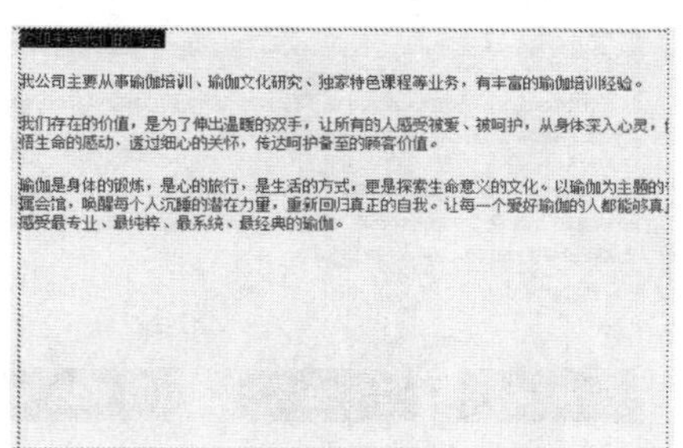

图 15-104

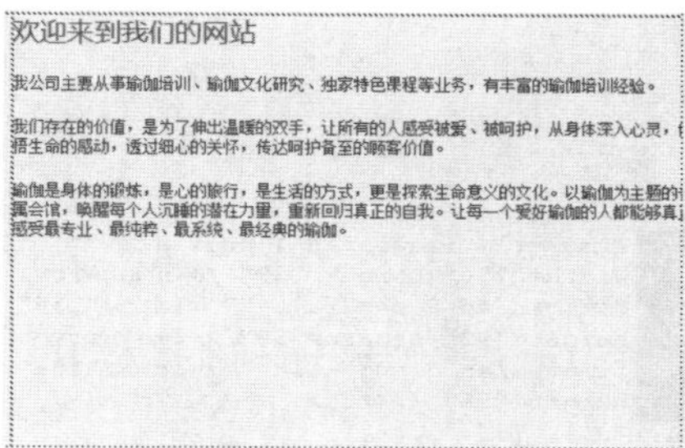

图 15-105

（18）新建 CSS 样式“.text”，弹出“.text 的 CSS 规则定义”对话框，在左侧的“分类”列表中选择“类型”选项，将“Line-height”选项设为 25，在右侧选项的下拉列表中选择“px”选项，单击“确定”按钮，完成样式的创建。

（19）选中图 15-106 所示的文字，在“属性”面板“类”选项的下拉列表中选择“text”选项，应用样式，效果如图 15-107 所示。

图 15-106

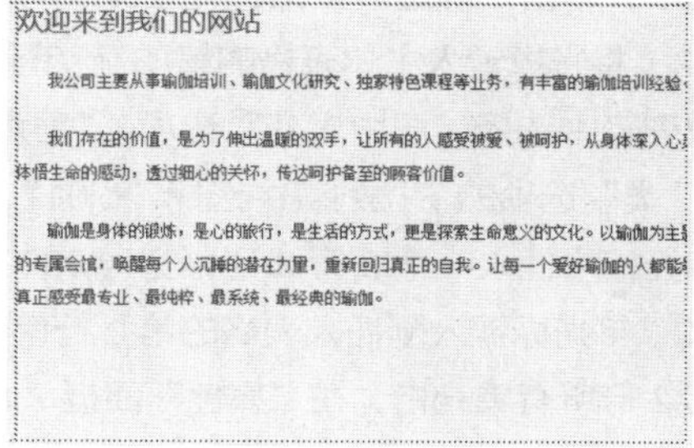

图 15-107

（20）将云盘中的“Ch15 > 素材 > 瑜伽休闲网页 > images”文件夹中的“an_1.png”“an_2.png”“an_3.png”文件，插入相应的位置，如图 15-108 所示。

（21）选中图 15-109 所示的图片。单击文档窗口左上方的“拆分”按钮 拆分 ，在“拆分”视图窗口中的“height="93"”代码的后面置入光标，手动输入“hspace="30"”，如图 15-110 所示。单击文档窗口左上方的“设计”按钮 设计 ，切换到“设计”视图中，效果如图 15-111 所示。

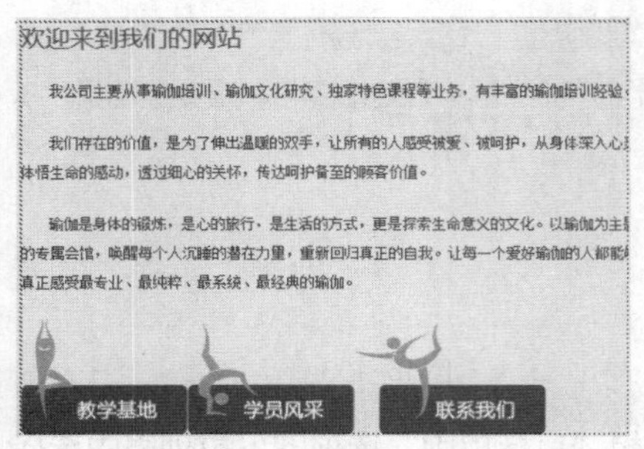

图 15-108

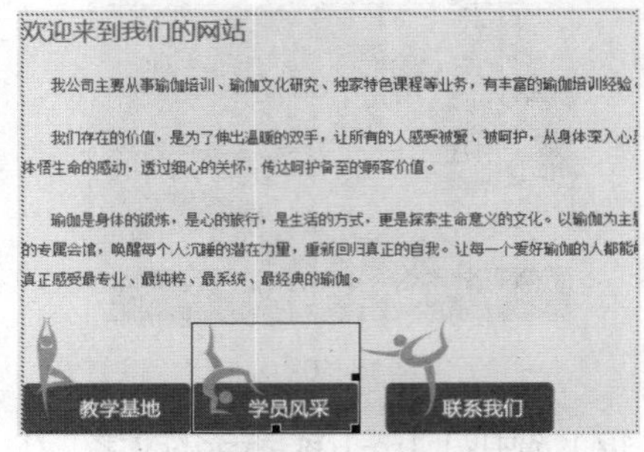

图 15-109

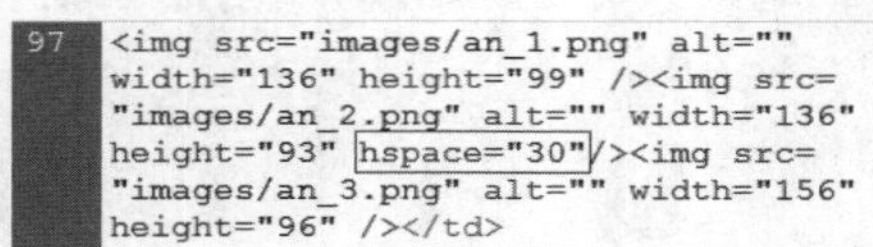

```
<img src="images/an_1.png" alt=""
width="136" height="99" /><img src=
"images/an_2.png" alt="" width="136"
height="93" hspace="30"/><img src=
"images/an_3.png" alt="" width="156"
height="96" /></td>
```

图 15-110

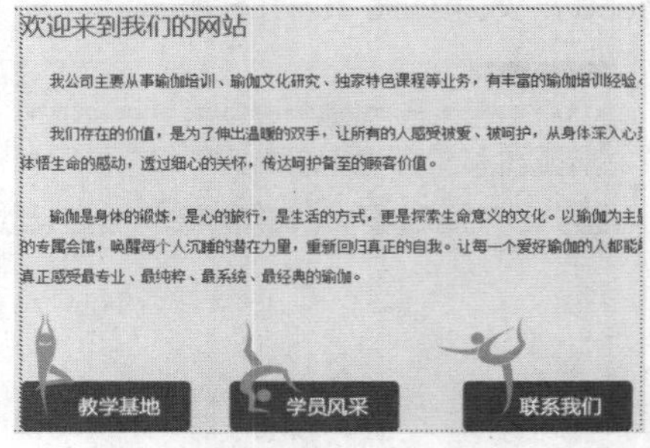

图 15-111

2. 制作内容区域

（1）新建 CSS 样式“.bj01”，弹出“.bj01 的 CSS 规则定义”对话框，在左侧的“分类”列表中选择“背景”选项，单击“Background-image”选项右侧的“浏览”按钮，在弹出的“选择图像源文件”对话框中，选择云盘中的“Ch15 > 素材 > 瑜伽休闲网页 > images > bj.png”文件，单击“确定”按钮，返回到对话框中，单击“确定”按钮，完成样式的创建。

扫码观看
本案例视频

（2）将光标置入主体表格的第 3 行单元格，在“属性”面板“水平”选项的下拉列表中选择“居中对齐”选项，“垂直”选项的下拉列表中选择“顶端”选项，“类”选项的下拉列表中选择“bj01”选项，将“高”选项设为 573，效果如图 15-112 所示。在该单元格中插入一个 3 行 3 列，宽为 980 像素的表格，如图 15-113 所示。

（3）将光标置入刚插入表格的第 1 行第 1 列单元格，在“属性”面板中，将“高”选项设为 115。选中第 2 行所有单元格，在“属性”面板“水平”选项的下拉列表中选择“居中对齐”选项。在各个单元格中输入文字，如图 15-114 所示。

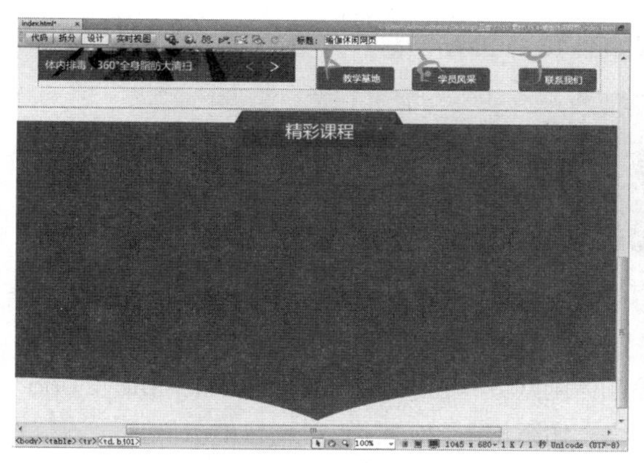

图 15-112

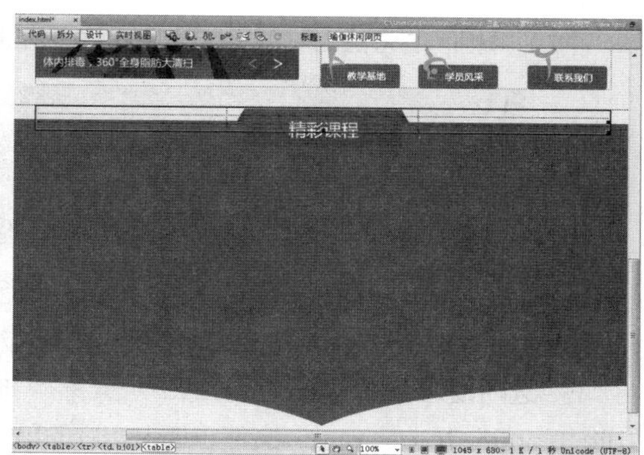

图 15-113

图 15-114

（4）新建 CSS 样式“.bt”，弹出“.bt 的 CSS 规则定义”对话框，在左侧的“分类”列表中选择“类型”选项，将“Font-family”选项设为“宋体”，“Font-size”选项设为 16，在右侧选项的下拉列表中选择“px”选项，“Font-weight”选项的下拉列表中选择“bold”选项，“Color”选项设为白色，单击“确定”按钮，完成样式的创建。

（5）新建 CSS 样式“.text02”，弹出“.text02 的 CSS 规则定义”对话框，在左侧的“分类”列表中选择“类型”选项，将“Font-size”选项设为 12，在右侧选项的下拉列表中选择“px”选项，“Line-height”选项设为 25，在右侧选项的下拉列表中选择“px”选项，“Color”选项设为白色，单击“确定”按钮，完成样式的创建。

（6）选中图 15-115 所示的文字，在“属性”面板“类”选项的下拉列表中选择“bt”选项，应用样式，效果如图 15-116 所示。选中图 15-117 所示的文字，在“属性”面板“类”选项的下拉列表中选择“text02”选项，应用样式，效果如图 15-118 所示。

图 15-115

图 15-116

图 15-117

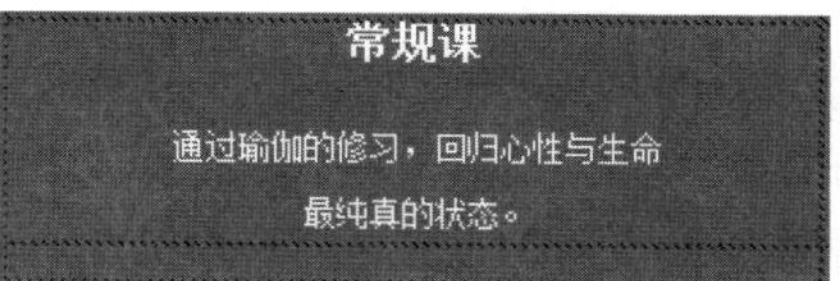

图 15-118

（7）用相同的方法为其他文字应用样式，效果如图 15-119 所示。

图 15-119

（8）选中第 3 行所有单元格，在“属性”面板“水平”选项的下拉列表中选择“居中对齐”选项，将“高”选项设为 250。将云盘“Ch15 > 素材 > 瑜伽休闲网页 > images”文件夹中的“pic_2.png”“pic_3.png”“pic_4.png”文件，插入相应的单元格，如图 15-120 所示。

图 15-120

（9）将光标置入主体表格的第 4 行单元格，在“属性”面板“水平”选项的下拉列表中选择“居中对齐”选项，将“高”选项设为 350。在该单元格中插入一个 3 行 3 列，宽为 980 像素的表格。选中刚插入的表格的第 1 行第 1 列和第 1 行第 2 列单元格，在“属性”面板“垂直”选项的下拉列表中选择“顶端”选项，将“高”选项设为 35。

（10）将第 1 行、第 2 行和第 3 行的第 3 列单元格合并。将云盘“Ch15 > 素材 > 瑜伽休闲网页 > images”文件夹中的“bt_1.png”“bt_2.png”“pic_5.jpg”“pic_6.jpg”“pic_7.png”文件，插入相应的单元格，如图 15-121 所示。

图 15-121

（11）新建 CSS 样式“.text03”，弹出“.text03 的 CSS 规则定义”对话框，在左侧的“分类”列表中选择“类型”选项，将“Line-height”选项设为 25，在右侧选项的下拉列表中选择“px”选项，单击“确定”按钮，完成样式的创建。

（12）将光标置入第 3 行第 1 列单元格，在单元格中输入文字并应用“text03”样式，效果如

图 15-122 所示。用相同的方法在第 3 行第 2 列单元格中输入文字并应用“text03”样式，效果如图 15-123 所示。

图 15-122

图 15-123

（13）将光标置入主体表格的第 5 行单元格，在“属性”面板“水平”选项的下拉列表中选择“居中对齐”选项，“类”选项的下拉列表中选择“text02”选项，将“高”选项设为 120，“背景颜色”选项设为红色（#e14e58）。在单元格中输入文字，如图 15-124 所示。

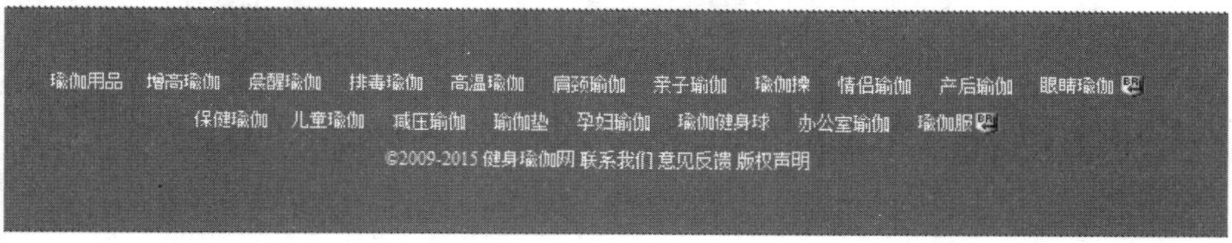

瑜伽用品　增高瑜伽　晨醒瑜伽　排毒瑜伽　高温瑜伽　肩颈瑜伽　亲子瑜伽　瑜伽操　情侣瑜伽　产后瑜伽　眼睛瑜伽
保健瑜伽　儿童瑜伽　减压瑜伽　瑜伽垫　孕妇瑜伽　瑜伽健身球　办公室瑜伽　瑜伽服
©2009-2015 健身瑜伽网 联系我们 意见反馈 版权声明

图 15-124

（14）瑜伽休闲网页效果制作完成，保存文档，按 F12 键，预览网页效果，如图 15-125 所示。

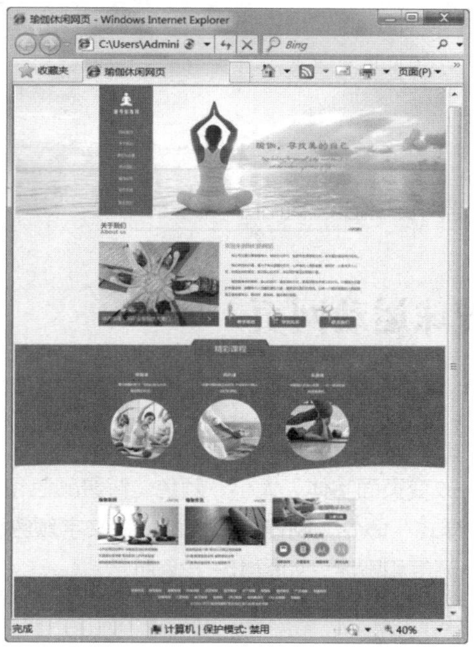

图 15-125

课堂练习——休闲生活网页

练习知识要点

使用“页面属性”命令，改变页面字体、大小、颜色、背景图像和页边距效果；使用“CSS 样式”命令，制作单元格背景、文字颜色和行距效果；使用“属性”面板，改变单元格的高度和宽度，如图 15-126 所示。

图 15-126

效果所在位置

云盘/Ch15/效果/休闲生活网页/ index.html。

课后习题——橄榄球运动网页

习题知识要点

使用“页面属性”命令，改变页面字体、大小、颜色、背景颜色和页边距效果；使用“图像”按钮，插入图像；使用“CSS 样式”命令，制作单元格背景、文字颜色和行距效果；使用“属性”面板，改变单元格的背景颜色、高度和宽度，如图 15-127 所示。

图 15-127

效果所在位置

云盘/Ch15/效果/橄榄球运动网页/index.html。

16

第16章 房产网页

房地产信息网站是房地产公司为了将自己的营销活动全部或部分建立在互联网之上，进行网络营销而创建的。而消费者根据自己的需要浏览房地产企业项目的网页，了解正在营销的房地产项目，同时可以在线向房地产营销网站反馈一些重要的信息。本章以多个类型的房产网页为例，讲解房地产网页的设计方法和制作技巧。

课堂学习目标

- 了解房产网页的功能和服务
- 了解房产网页的类别和内容
- 掌握房产网页的设计流程
- 掌握房产网页的布局构思
- 掌握房产网页的制作方法

16.1 房产网页概述

目前，高速发展的网络技术有力地促进了房地产网络化的进程，各房地产公司都建立了自己的网站，许多专业房地产网站应运而生。好的房地产网站不仅可以为企业带来赢利，还可以宣传新经济时代房地产的新形象，丰富大家对房地产的直观认识。

16.2 购房中心网页

16.2.1 案例分析

购房中心网页最大的特色在于“足不出户，选天下房”。购房者不需要从一地赶到另一地选房看房，仅在家里利用互联网，就可了解房地产楼盘的规模和环境，进行各种房屋的查询和观看。因此，在网页的设计上要根据功能需求，合理进行布局和制作。

在网页中，导航栏的设计简洁清晰，方便购房者浏览并查找需要的项目和户型。通过对文字和图片的精心编排和分类设计，提供出购房者最需要了解的购房资讯、楼盘动态、购房专题等重要的信息。

本例将使用“页面属性”命令设置页面字体、大小、颜色、页边距及页面标题，使用“表格”布局网页，使用“CSS 样式”命令设置单元格的边框显示、高度、宽度及单元格的背景颜色，使用“CSS 样式”命令设置文字的大小、颜色、行距等。

16.2.2 案例效果

本案例的效果如图 16-1 所示。

图 16-1

16.2.3 案例制作

1. 制作导航条及内容区域 1

（1）选择“文件 > 新建”命令，新建空白文档。选择“文件 > 保存”命令，弹出“另存为”对话框，在“保存在”选项的下拉列表中选择当前站点目录保存路径；在“文件名”选项的文本框中输入“index”，单击“保存”按钮，返回网页编辑窗口。

（2）选择“修改 > 页面属性”命令，弹出“页面属性”对话框，在左侧的“分类”列表中选择“外观（CSS）”选项，将“页面字体”选项设为“宋体”，“大小”选项设为 12，“文本颜色”选项设为灰色（#646464），“左边距”“右边距”“上边距”“下边距”选项均设为 0，如图 16-2 所示。在左侧的“分类”列表中选择“标题/编码”选项，在“标题”选项的文本框中输入“购房中心网页”，如图 16-3 所示。单击“确定”按钮，完成页面属性的修改。

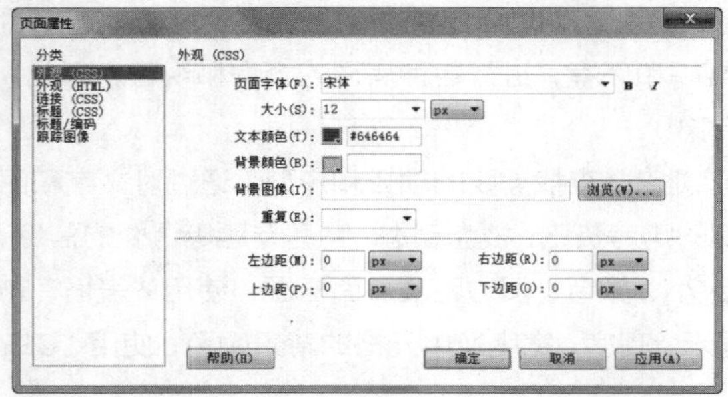

图 16-2

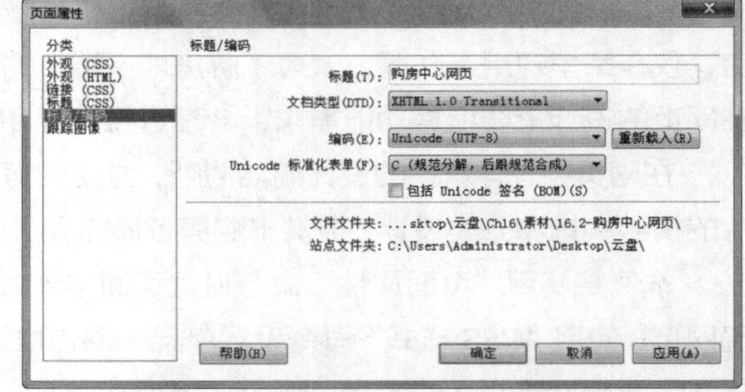

图 16-3

（3）单击“插入”面板“常用”选项卡中的“表格”按钮，在弹出的“表格”对话框中进行设置，如图 16-4 所示。单击“确定”按钮，完成表格的插入。保持表格的选取状态，在“属性”面板“对齐”选项的下拉列表中选择“居中对齐”选项。将光标置入第 1 行第 1 列单元格，在“属性”面板“水平”选项的下拉列表中选择“居中对齐”选项，将“高”选项设为 120。在单元格中插入一个 1 行 3 列，宽为 1100 像素的表格。

（4）将光标置入刚插入的表格的第 1 列单元格，在“属性”面板“水平”选项的下拉列表中选择“左对齐”选项。单击“插入”面板“常用”选项卡中的“图像”按钮，在弹出的“选择图像源文件”对话框中，选择云盘中的“Ch16 > 素材 > 购房中心网页 > images > logo.jpg”文件，单击“确定”按钮，完成图像的插入，如图 16-5 所示。

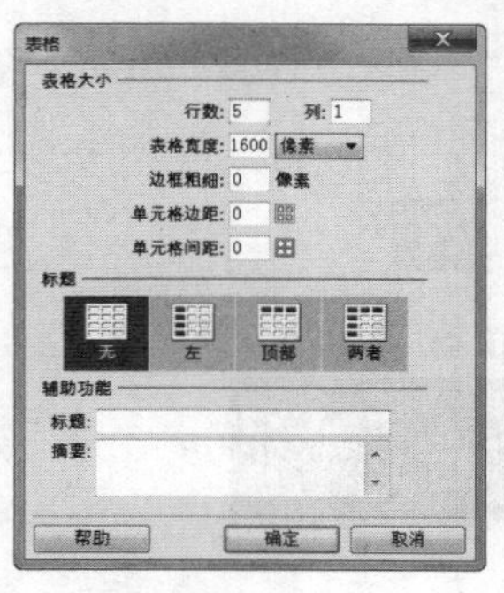

图 16-4

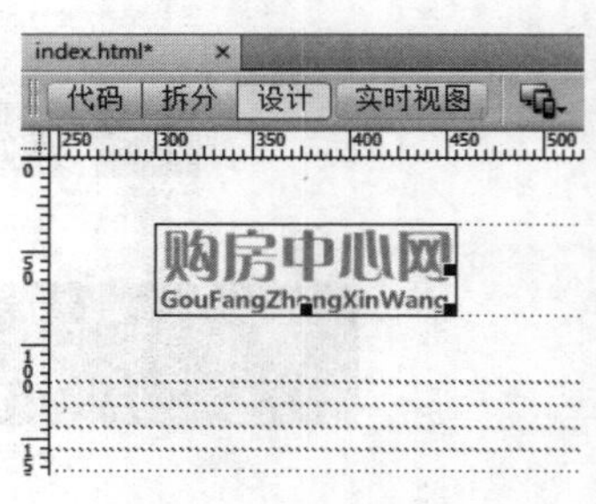

图 16-5

（5）将光标置于 logo 的右侧，输入文字，如图 16-6 所示。将云盘中的“Ch16 > 素材 > 购房中心网页 > images > sj.jpg”文件，插入文字的右侧，如图 16-7 所示。

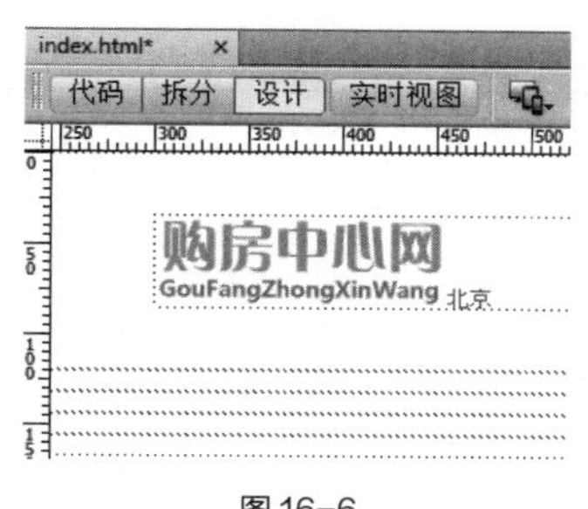

图 16-6

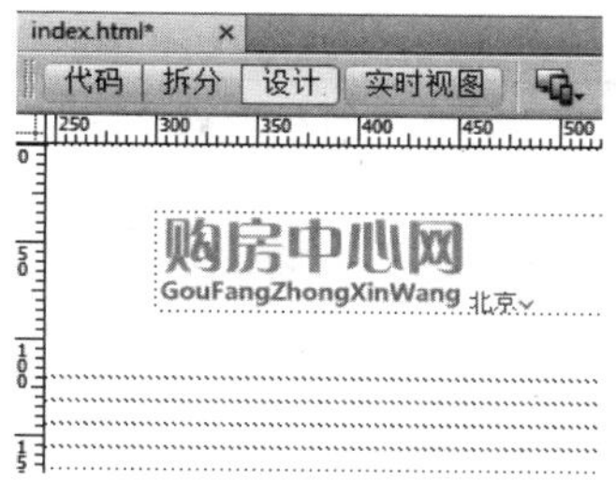

图 16-7

（6）选择“窗口 > CSS 样式”命令，弹出“CSS 样式”面板，单击“新建 CSS 规则”按钮，在弹出的对话框中进行设置，如图 16-8 所示，单击“确定”按钮，弹出“.pic 的 CSS 规则定义”对话框，在左侧的“分类”列表中选择“区块”选项，在“Vertical-align”选项的下拉列表中选择“middle”选项，如图 16-9 所示。

（7）在左侧的“分类”列表中选择“方框”选项，取消选中“Padding”选项组中的“全部相同”复选框，将“Right”选项设为 10，在右侧选项的下拉列表中选择“px”选项，单击“确定”按钮，完成样式的创建。

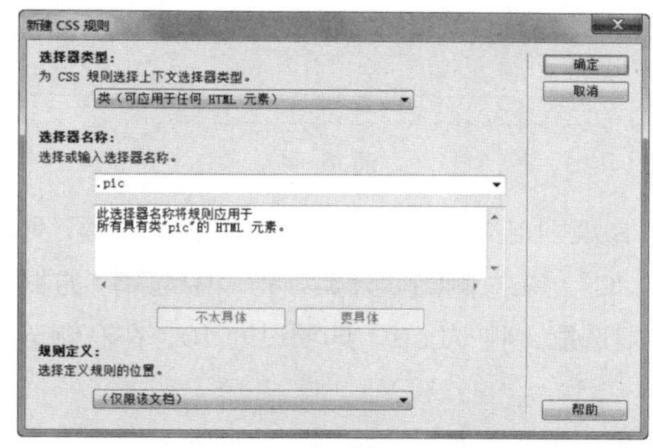

图 16-8

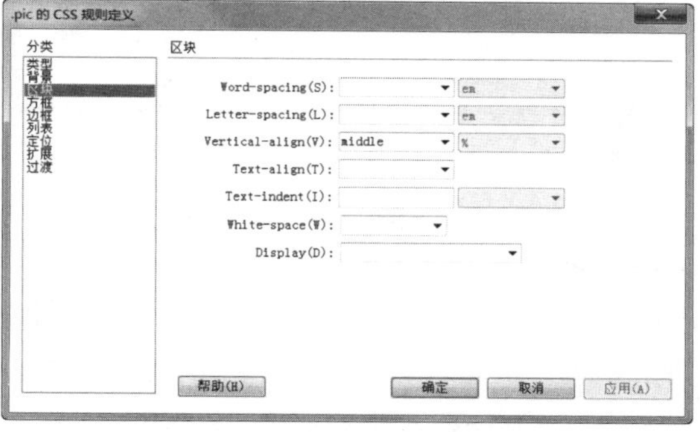

图 16-9

（8）选中 logo 图片，在“属性”面板“类”选项的下拉列表中选择“pic”选项，应用样式，效果如图 16-10 所示。用相同的方法为其他图像应用样式，效果如图 16-11 所示。

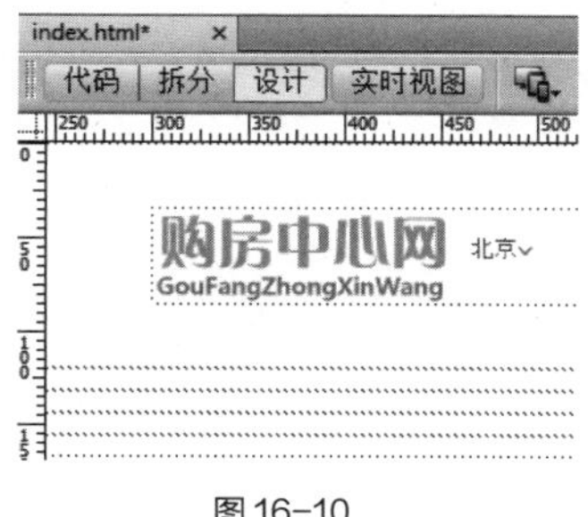

图 16-10

图 16-11

（9）将光标置入第 2 列单元格，在“属性”面板“水平”选项的下拉列表中选择“居中对齐”选项，单击“插入”面板“表单”选项卡中的“表单”按钮，在单元格中插入表单，如图 16-12 所示。

图 16-12

（10）新建 CSS 样式“.bk”，在弹出的“.bk 的 CSS 规则定义”对话框中进行设置，如图 16-13 所示。将光标置入表单，插入一个 1 行 2 列，宽为 548 像素的表格。保持表格的选取状态，在“属性”面板“类”选项的下拉列表中选择“bk”选项，应用样式，效果如图 16-14 所示。

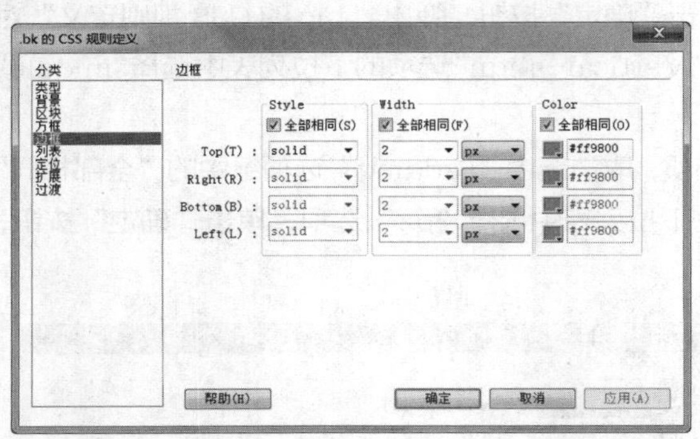

图 16-13

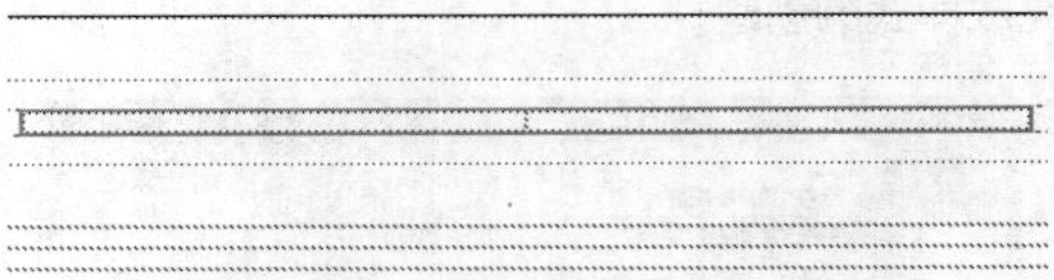

图 16-14

（11）新建 CSS 样式“.sous”，弹出“.sous 的 CSS 规则定义”对话框，在左侧的“分类”列表中选择“类型”选项，将“Color”选项设为灰色“#CCC”。在左侧的“分类”列表中选择“方框”选项，取消选中“Padding”选项组中的“全部相同”复选框，将“Left”选项设为 10，在右侧选项的下拉列表中选择“px”选项，如图 16-15 所示。

（12）将光标置入刚插入的表格的第 1 列单元格，在“属性”面板“水平”选项的下拉列表中选择“左对齐”选项，“类”选项的下拉列表中选择“sous”选项，在该单元格中输入文字，效果如图 16-16 所示。

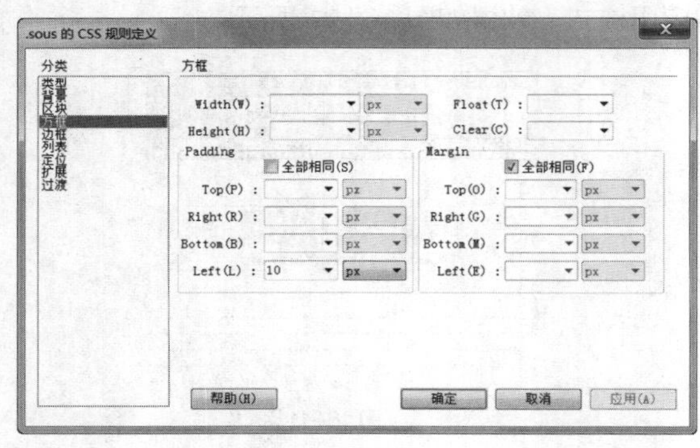

图 16-15

图 16-16

（13）将光标置入第2列单元格，在“属性”面板“水平”选项的下拉列表中选择“居中对齐”选项，将“宽”选项设为64，“背景颜色”选项设为黄色（#ff9800）。将云盘中的“Ch16 > 素材 > 购房中心网页 > images > ss.jpg”文件，插入该单元格中，如图16-17所示。

（14）将光标置入主体表格的第3列单元格，在“属性”面板“水平”选项的下拉列表中选择“右对齐”选项。将云盘中的“Ch16 > 素材 > 购房中心网页 > images > an.jpg”文件，插入该单元格，如图16-18所示。

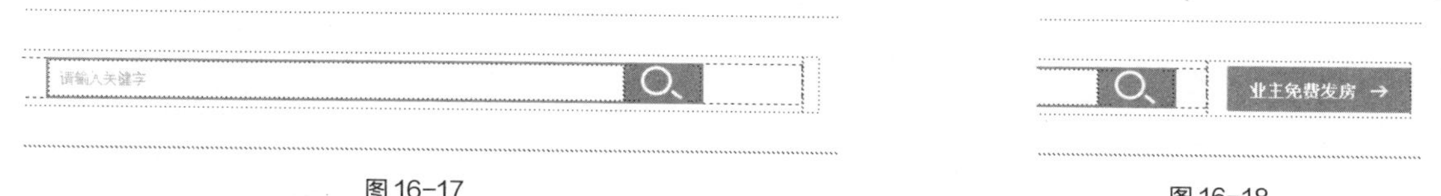

图16-17

图16-18

（15）将光标置入主体表格的第2行单元格，在“属性”面板“水平”选项的下拉列表中选择“居中对齐”选项，将“高”选项设为50，“背景颜色”选项设为黄色（#FF9801）。在该单元格中插入一个1行2列，宽为1000像素的表格。

（16）将光标置入刚插入的表格的第1列单元格，在“属性”面板“水平”选项的下拉列表中选择“左对齐”选项，“目标规则”选项的下拉列表中选择“<新内联样式>”选项，将“大小”选项设为14，“Color”选项设为白色，单击“加粗”按钮**B**。在单元格中输入文字和空格，如图16-19所示。

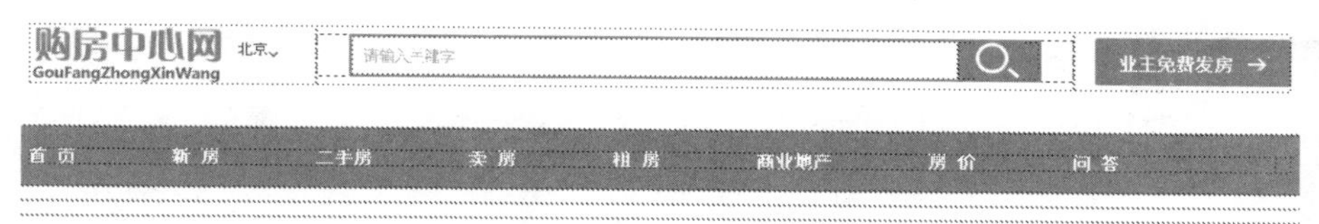

图16-19

（17）将光标置入第2列单元格，在“属性”面板“水平”选项的下拉列表中选择“左对齐”选项，“目标规则”选项的下拉列表中选择“<新内联样式>”选项，将“大小”选项设为14，“Color”选项设为白色。在单元格中输入文字和空格。将云盘中的“Ch16 > 素材 > 购房中心网页 > images”文件夹中的“tb_1.png”和“tb_2.png”文件，插入相应的位置，并应用“pic”样式，效果如图16-20所示。

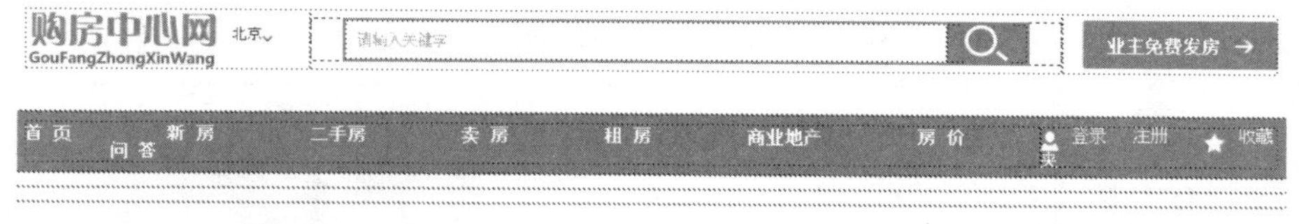

图16-20

（18）将光标置入主体表格的第3行单元格，在该单元格中插入一个7行5列，宽为1100像素的表格，将表格设为居中对齐。将光标置入刚插入的表格的第1行第1列单元格，在“属性”面板“水平”选项的下拉列表中选择“左对齐”选项，将“高”选项设为50。在单元格中输入文字。

（19）新建CSS样式“.bt”，弹出“.bt的CSS规则定义”对话框，在左侧的“分类”列表中选择“类型”选项，将“Font-Family”选项的下拉列表中选择“微软雅黑”，“Font-size”选项设为

20，在右侧选项的下拉列表中选择“px”选项，单击“确定”按钮，完成样式的创建。

（20）选中图 16-21 所示的文字，在“属性”面板“类”选项的下拉列表中选择“bt”选项，应用样式，效果如图 16-22 所示。

图 16-21

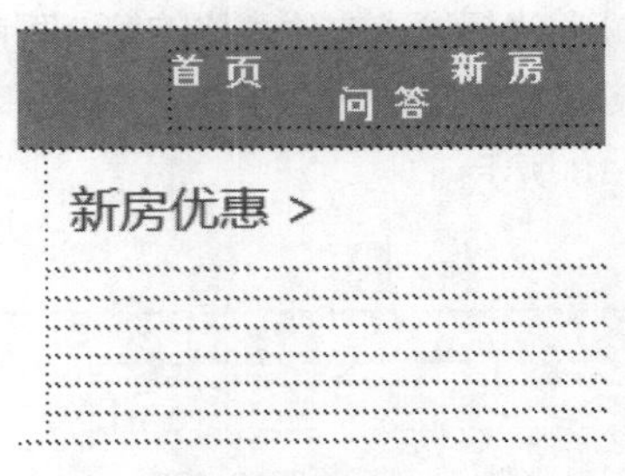

图 16-22

（21）新建 CSS 样式“.bk01”，在弹出的“.bk01 的 CSS 规则定义”对话框中进行设置，如图 16-23 所示。将光标置入第 2 行第 2 列单元格中，在“属性”面板“水平”选项的下拉列表中选择“居中对齐”选项，“类”选项的下拉列表中选择“bk01”选项，将“宽”选项设为 378，“高”选项设为 360，效果如图 16-24 所示。

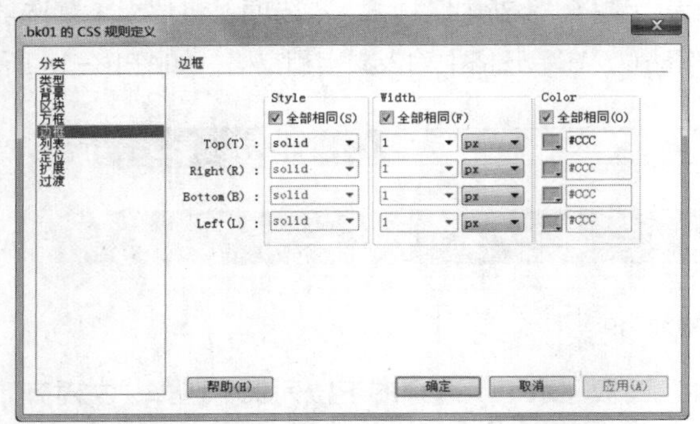

图 16-23

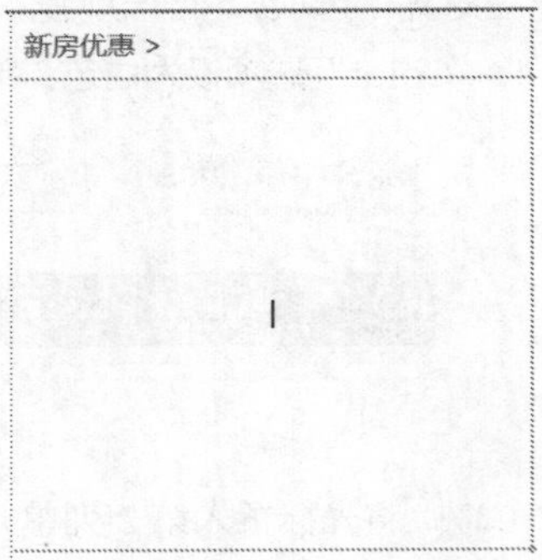

图 16-24

（22）在该单元格中插入一个 3 行 1 列，宽为 357 像素的表格。将光标置入刚插入的表格的第 1 行单元格，将云盘中的“Ch16 > 素材 > 购房中心网页 > images > pic01.jpg”文件，插入光标所在位置，如图 16-25 所示。将光标置入第 2 行单元格，在“属性”面板“水平”选项的下拉列表中选择“左对齐”选项，将“高”选项设为 60。在单元格中输入文字，如图 16-26 所示。

图 16-25

图 16-26

（23）新建CSS样式“.text”，弹出“.text的CSS规则定义”对话框，在左侧的“分类”列表中选择“类型”选项，将“Font-family”选项设为“微软雅黑”，“Font-size”选项设为14，在右侧选项的下拉列表中选择“px”选项，“Line-height”选项设为25，在右侧选项的下拉列表中选择“px”选项，单击“确定”按钮，完成样式的创建。

（24）新建CSS样式“.bt01”，弹出“.bt01的CSS规则定义”对话框，在左侧“分类”列表中选择“类型”选项，将“Font-family”选项设为“微软雅黑”，“Font-size”选项设为16，在右侧选项的下拉列表中选择“px”选项，单击“确定”按钮，完成样式的创建。

（25）选中图16-27所示的文字，在“属性”面板“类”选项的下拉列表中选择“text”选项，应用样式，效果如图16-28所示。选中图16-29所示的文字，在“属性”面板“类”选项的下拉列表中选择“bt01”选项，应用样式，效果如图16-30所示。

图16-27

图16-28

图16-29

图16-30

（26）将光标置入第3行单元格，单击“属性”面板“拆分单元格为行或列”按钮，在弹出的“拆分单元格”对话框中进行设置，如图16-31所示，单击“确定”按钮，该单元格被拆分成2列显示，效果如图16-32所示。

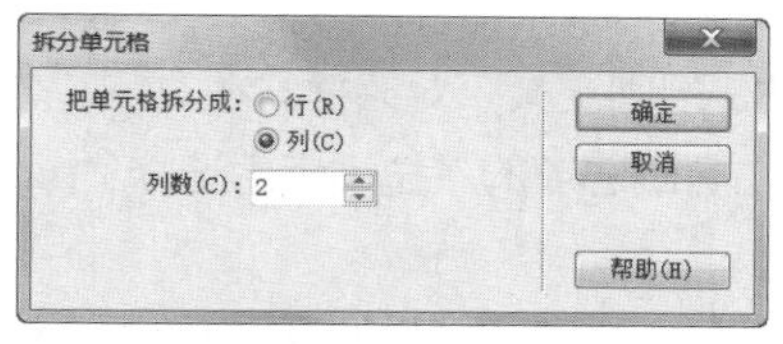

图16-31

图16-32

（27）新建CSS样式“.bt02”，弹出“.bt02的CSS规则定义”对话框，在左侧的“分类”列表中选择“类型”选项，将“Font-family”选项设为“微软雅黑”，“Font-size”选项设为20，在右侧选项的下拉列表中选择“px”选项，“Color”选项设为黄色（#ff9800），单击“确定”按钮，完成样式的创建。

（28）将光标置入第3行第1列单元格，在“属性”面板“水平”选项的下拉列表中选择“左对齐”选项。在该单元格中输入文字并应用“bt02”样式，效果如图16-33所示。将光标置入第3行第2列单元格中，在“属性”面板“水平”选项的下拉列表中选择“右对齐”选项，在单元格中输入文字，如图16-34所示。用相同的方法制作出如图16-35所示的效果。

图16-33

图 16-34

图 16-35

（29）将光标置入主体表格第 1 行第 5 列单元格，在“属性”面板“水平”选项的下拉列表中选择“左对齐”选项。在该单元格中输入文字，并应用“bt”样式，效果如图 16-36 所示。将光标置入第 2 行第 5 列单元格中，在“属性”面板“水平”选项的下拉列表中选择“居中对齐”选项，“类”选项的下拉列表中选择“bk01”选项，将“宽”选项设为 266。在该单元格中插入一个 3 行 2 列，宽为 225 像素的表格。

（30）将光标置入刚插入的表格的第 1 行第 1 列单元格，在“属性”面板“水平”选项的下拉列表中选择“左对齐”选项，“目标规则”选项的下拉列表中选择“<新内联样式>”选项，将“大小”选项设为 14，单击“加粗”按钮 **B**，将“高”选项设为 40。在单元格中输入文字，效果如图 16-37 所示。将云盘中的“Ch16 > 素材 > 购房中心网页 > images > an_1.png”文件，插入相应的位置，并应用“pic”样式，效果如图 16-38 所示。

图 16-36

图 16-37

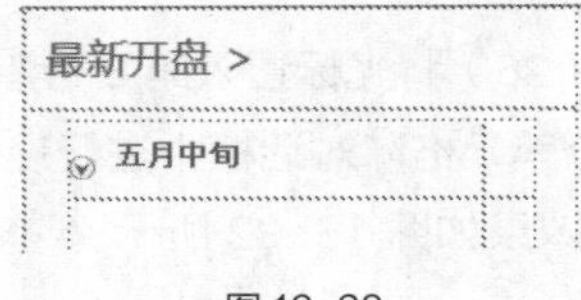

图 16-38

（31）新建 CSS 样式“.text02”，弹出“.text02 的 CSS 规则定义”对话框，在左侧“分类”列表中选择“类型”选项，将“Line-height”选项设为 30，在右侧选项的下拉列表中选择“px”选项，单击“确定”按钮，完成样式的创建。

（32）将光标置入第 2 行第 1 列单元格，在“属性”面板“水平”选项的下拉列表中选择“左对齐”选项，将“高”选项设为 260。在单元格中输入文字，并应用“text02”样式，效果如图 16-39 所示。将光标置入第 2 行第 2 列单元格，在“属性”面板“水平”选项的下拉列表中选择“右对齐”选项。输入文字并应用“text02”样式，效果如图 16-40 所示。

五月中旬	
通州-嘉禾1号院	
顺义-尚峯壹號	
朝阳-润泽公馆	
大兴-远洋天著	
燕郊-京东晓镇	
门头沟-远洋新天地	
永清-卓立布鲁克林	
朝阳-元都尚街	

图 16-39

五月中旬	
通州-嘉禾1号院	售价待定
顺义-尚峯壹號	31000元/m²
朝阳-润泽公馆	售价待定
大兴-远洋天著	售价待定
燕郊-京东晓镇	5500元/m²
门头沟-远洋新天地	33000元/m²
永清-卓立布鲁克林	售价待定
朝阳-元都尚街	售价待定

图 16-40

（33）新建 CSS 样式“.bk02”，弹出“.bk02 的 CSS 规则定义”对话框，在左侧“分类”列表中选择“类型”选项，将“Font-size”选项设为 14，在右侧选项的下拉列表中选择“px”选项，“Font-weight”选项的下拉列表中选择“bold”选项。

（34）在左侧“分类”列表中选择“边框”选项，分别取消选择“Style”“Width”“Color”选项组中的“全部相同”复选框，在“Style”属性“Top”选项的下拉列表中选择“dotted”选项，“Width”选项文本框中输入“1”，将“Color”选项设为灰色（#999），如图 16-41 所示。

（35）选中第 3 行所有单元格，单击“属性”面板“合并所选单元格，使用跨度”按钮，将选中的单元格合并，效果如图 16-42 所示。

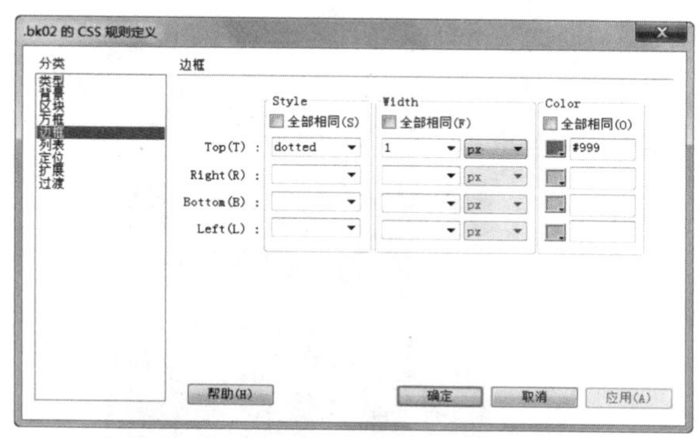

图 16-41

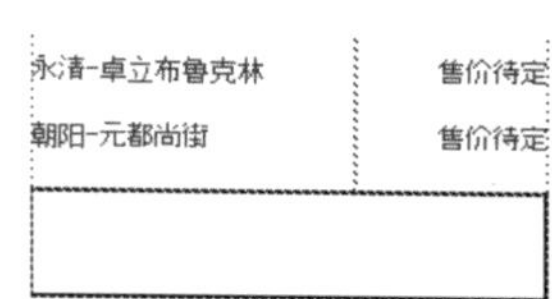

图 16-42

（36）将光标置入刚合并的单元格，在“属性”面板“水平”选项的下拉列表中选择“左对齐”选项，“类”选项的下拉列表中选择“bk02”选项。在单元格中输入文字，如图 16-43 所示。将云盘中的“Ch16 > 素材 > 购房中心网页 > images > an_2.png”文件，插入相应的位置，并应用“bk02”选项，效果如图 16-44 所示。

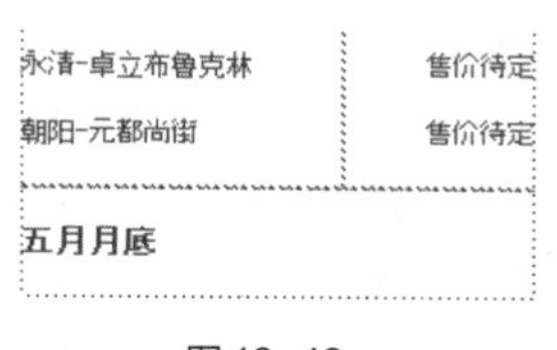

图 16-43

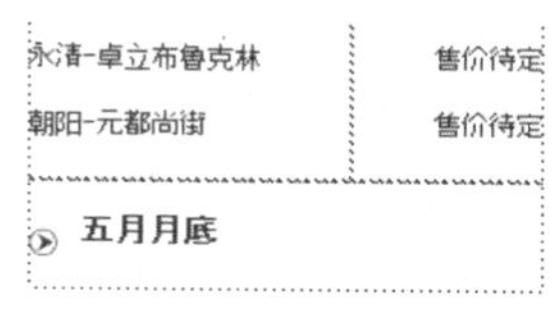

图 16-44

2. 制作内容区域 2 及底部效果

（1）将光标置入主体表格的第 3 行第 1 列单元格，在“属性”面板“水平”选项的下拉列表中选择“左对齐”选项，将“高”选项设为 50。在单元格中输入文字，并应用“bt”选项，效果如图 16-45 所示。将主体表格的第 4 行第 1 列、第 2 列和第 3 列单元格，合并为一个单元格，效果如图 16-46 所示。

扫码观看
本案例视频

（2）将光标置入合并的单元格，在“属性”面板“水平”选项的下拉列表中选择“居中对齐”选项，“类”选项的下拉列表中选择“bk01”选项，将“高”选项设为 440。在该单元格中插入一个 5 行 5 列，宽为 772 像素的表格。将刚插入的表格的第 1 行、第 2 行、第 3 行和第 4 行的第 1 列单元格合并为 1 个单元格，效果如图 16-47 所示。

3万抵6万再享 9.9折 458人已报名

热门导购 >

图 16-45

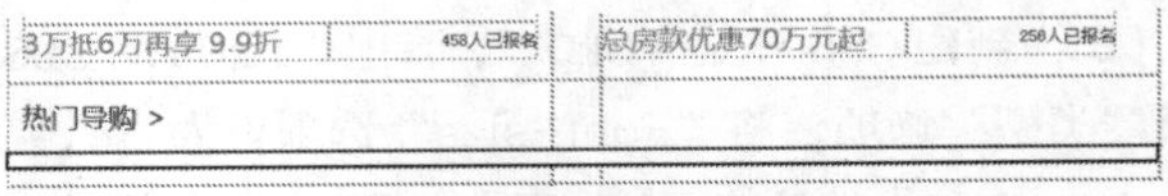

3万抵6万再享 9.9折 458人已报名 总房款优惠70万元起 256人已报名

热门导购 >

图 16-46

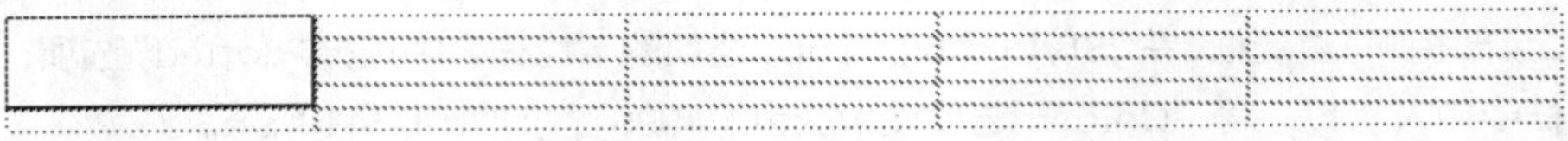

图 16-47

（3）将光标置入刚合并的单元格，在“属性”面板“目标规则”选项的下拉列表中选择“<新内联样式>”选项，“垂直”选项的下拉列表中选择“顶端”选项，将“字体”选项设为“微软雅黑”，“大小”选项设为 18。在单元格中输入文字，如图 16-48 所示。将云盘中的“Ch16 > 素材 > 购房中心网页 > images > pic_1.jpg”文件，插入相应的位置，如图 16-49 所示。

图 16-48　　图 16-49

（4）将光标置入第 1 行第 2 列单元格，在“属性”面板中，将“宽”选项设为 20。用相同的方法设置第 4 列单元格。将光标置入第 1 行第 3 列单元格中，在“属性”面板“垂直”选项的下拉列表中选择“顶端”选项。将云盘中的“Ch16 > 素材 > 购房中心网页 > images > pic_2.jpg”文件，插入该单元格，如图 16-50 所示。

（5）将光标置入第 2 行第 3 列单元格，在“属性”面板“水平”选项的下拉列表中选择“左对齐”选项，“类”选项的下拉列表中选择“text”选项。在该单元格中输入文字，如图 16-51 所示。用上述的方法在其他单元格中插入相应的图像，输入文字并应用样式，制作出如图 16-52 所示的效果。

图 16-50

图 16-51

图 16-52

（6）将第5行所有单元格进行合并处理。将光标置入合并单元格中，在“属性”面板“水平”选项的下拉列表中选择“居中对齐”选项，将“高”选项设为40。将云盘中的“Ch16 > 素材 > 购房中心网页 > images > xd.jpg”文件插入该单元格中，如图16-53所示。

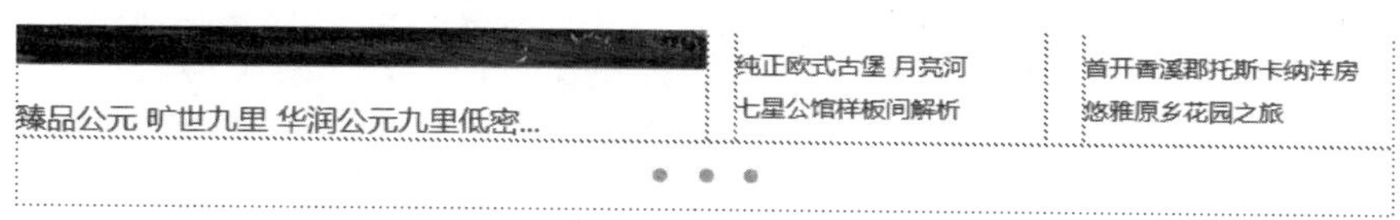

图16-53

（7）将光标置入主体表格的第3行第5列单元格，在“属性”面板“水平”选项的下拉列表中选择“左对齐”选项，在该单元格中输入文字并应用“bt”样式，效果如图16-54所示。将光标置入主体表格的第4行第5列单元格中，在“属性”面板“水平”选项的下拉列表中选择“居中对齐”选项，“类”选项的下拉列表中选择“bk01”选项。

（8）在该单元格中插入一个6行2列，宽为225像素的表格，将表格设为居中对齐。将光标置入刚插入的表格的第1行第1列单元格，在“属性”面板“水平”选项的下拉列表中选择“左对齐”选项，“垂直”选项的下拉列表中选择“顶端”选项，将“高”选项设为40。将云盘中的“Ch16 > 素材 > 购房中心网页 > images > ts_01.jpg”文件插入该单元格，如图16-55所示。

图16-54　　图16-55

（9）将光标置入第2行第1列单元格，在“属性”面板“水平”选项的下拉列表中选择“左对齐”选项，在该单元格中输入文字并应用“text02”样式，效果如图16-56所示。将光标置入第2行第2列单元格，在“属性”面板“水平”选项的下拉列表中选择“右对齐”选项。在该单元格中输入文字，并应用“text02”样式，效果如图16-57所示。

图16-56

图16-57

（10）将第3行单元格合并为1列显示。在“属性”面板“水平”选项的下拉列表中选择“左对齐”选项，“类”选项的下拉列表中选择“bk02”选项，将“高”选项设为60。将云盘中的“Ch16 > 素材 > 购房中心网页 > images > ts_02.jpg”文件插入该单元格，如图16-58所示。

（11）将光标置入第4行第1列单元格，在“属性”面板“水平”选项的下拉列表中选择“左对齐”选项，在该单元格中输入文字并应用“text02”样式，效果如图 16-59 所示。将光标置入第 4 行第 2 列单元格，在“属性”面板“水平”选项的下拉列表中选择“右对齐”选项。在单元格中输入文字，并应用“text02”样式，效果如图 16-60 所示。用上述的方法制作出如图 16-61 所示的效果。

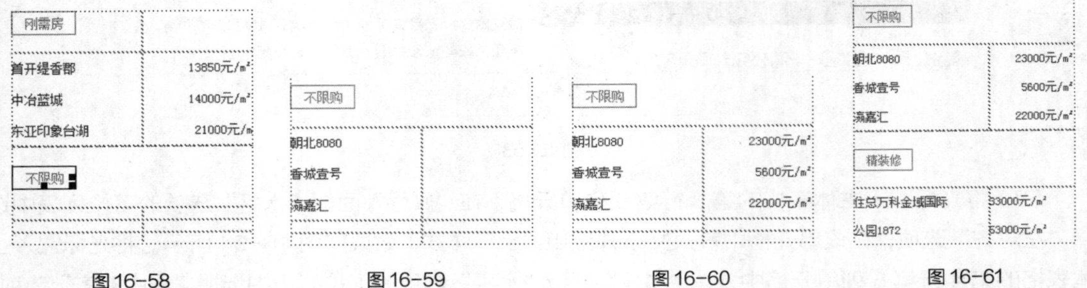

图 16-58　图 16-59　图 16-60　图 16-61

（12）将光标置入主体表格的第 5 行第 1 列单元格，在“属性”面板“水平”选项的下拉列表中选择“左对齐”选项，将“高”选项设为 50，在单元格中输入文字并应用“bt”样式，效果如图 16-62 所示。

（13）将主体表格的第 6 行单元格合并为 1 列。将光标置入合并单元格，在“属性”面板“水平”选项的下拉列表中选择“居中对齐”选项，“类”选项的下拉列表中选择“bk01”选项，将“高”选项设为 280。在该单元格中插入一个 2 行 9 列，宽为 1050 像素的表格，如图 16-63 所示。

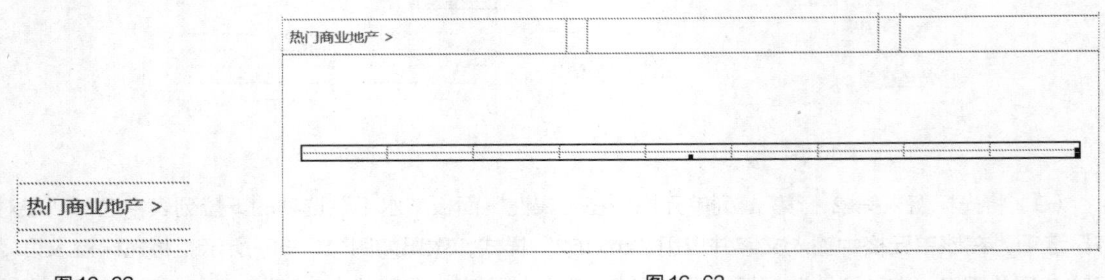

图 16-62　图 16-63

（14）将光标置入刚插入的表格的第 1 行第 2 列单元格，在“属性”面板中，将“宽”选项设为 30。用相同的方法设置第 4 列、第 6 列和第 8 列。将云盘“Ch16 > 素材 > 购房中心网页 > images”文件夹中的“img_1.jpg”“img_2.jpg”“img_3.jpg”“img_4.jpg”“img_5.jpg”文件，分别插入相应的单元格，如图 16-64 所示。

图 16-64

（15）将光标置入第 2 行第 1 列单元格，在“属性”面板“水平”选项的下拉列表中选择“左对齐”选项，将“高”选项设为 100。在该单元格中输入文字，并应用“text”样式，效果如图 16-65 所示。

（16）新建 CSS 样式“.text03”，弹出“.text03 的 CSS 规则定义”对话框，在左侧的“分类”

列表中选择“类型”选项，将“Color”选项设为灰色（#c8c8c8），单击“确定”按钮，完成样式的创建。选中图 16-66 所示的文字，在“属性”面板“类”选项的下拉列表中选择“text03”选项，应用样式，效果如图 16-67 所示。

图 16-65

图 16-66

图 16-67

（17）用相同的方法在其他单元格中输入文字，并应用相应的样式，效果如图 16-68 所示。将光标置入第 7 行单元格，在“属性”面板中，将“高”选项设为 60。

图 16-68

（18）将光标置入主体表格的第 4 行单元格，在“属性”面板“水平”选项的下拉列表中选择“居中对齐”选项，将“高”选项设为 250，“背景颜色”选项设为深灰色（#2d313d）。在单元格中插入一个 1 行 9 列，宽为 990 像素的表格，如图 16-69 所示。

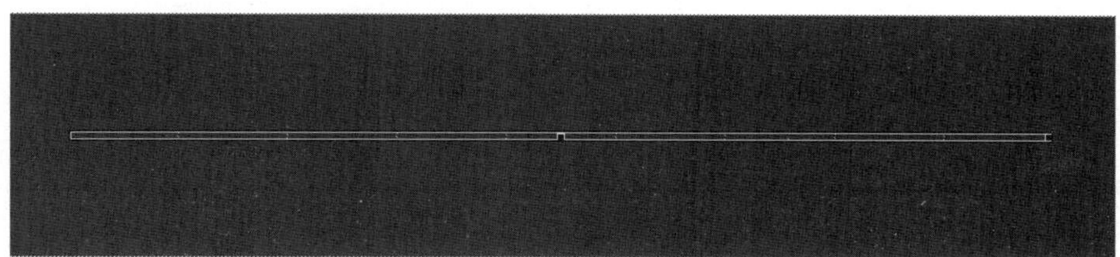
图 16-69

（19）新建 CSS 样式“.bk03”，弹出“.bk03 的 CSS 规则定义”对话框，在左侧的“分类”列表中选择“边框”选项，分别取消选择“Style”“Width”“Color”选项组中的“全部相同”复选框，在“Style”属性“Right”选项下拉列表中选择“solid”选项，“Width”选项文本框中输入“1”，将“Color”选项设为白色，如图 16-70 所示。

（20）将光标置入刚插入的表格的第 1 列单元格，在“属性”面板“类”选项的下拉列表中选择“bk03”选项，将“宽”选项设为 150。用相同的方法为第 3 列、第 5 列和第 7 列单元格应用“bk03”样式，并分别设置单元格的宽为 180、155 和 180。

（21）将光标置入第 2 列单元格，在“属性”面板“水平”选项的下拉列表中选择“左对齐”选项，将“宽”选项设为 35。用相同的方法设置第 4 列、第 6 列和第 8 列单元格。将光标置入第 1 列单元格，输入文字，如图 16-71 所示。

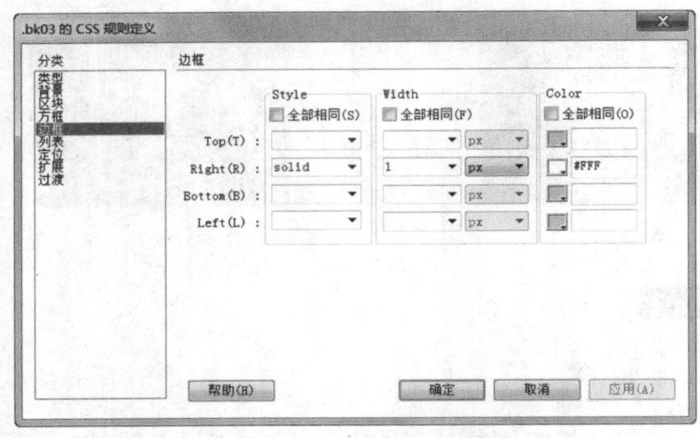

图 16-70

图 16-71

（22）新建 CSS 样式“.bt03”，弹出“.bt03 的 CSS 规则定义”对话框，在左侧的“分类”列表中选择“类型”选项，将“Font-size”选项设为 16，在右侧选项的下拉列表中选择“px”选项，“Font-weight”选项的下拉列表中选择“bold”选项，“Color”选项设为白色（#FFF），如图 16-72 所示，单击“确定”按钮，完成样式的创建。

（23）新建 CSS 样式“.text04”，弹出“.text04 的 CSS 规则定义”对话框，在左侧的“分类”列表中选择“类型”选项，将“Line-height”选项设为 25，在右侧选项的下拉列表中选择“px”选项，“Color”选项设为白色（#FFF），如图 16-73 所示，单击“确定”按钮，完成样式的创建。

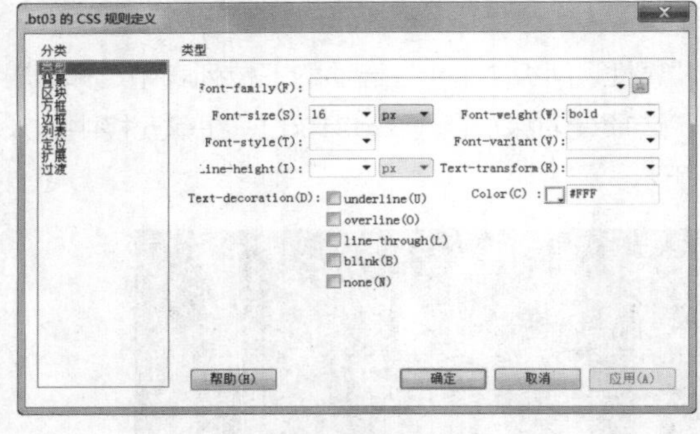

图 16-72

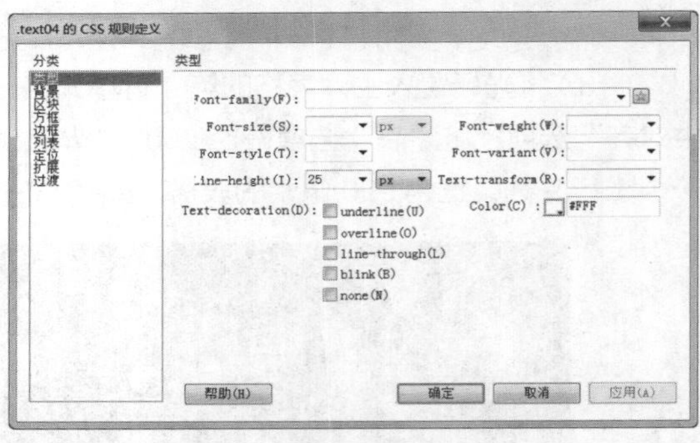

图 16-73

（24）选中图 16-74 所示的文字，在“属性”面板“类”选项的下拉列表中选择“bt03”选项，应用样式，效果如图 16-75 所示。选中图 16-76 所示的文字，在“属性”面板“类”选项的下拉列表中选择“text04”选项，应用样式，效果如图 16-77 所示。

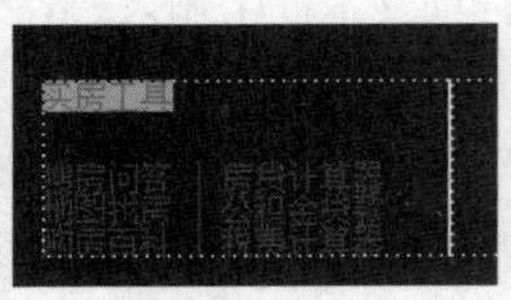

图 16-74

图 16-75

图 16-76

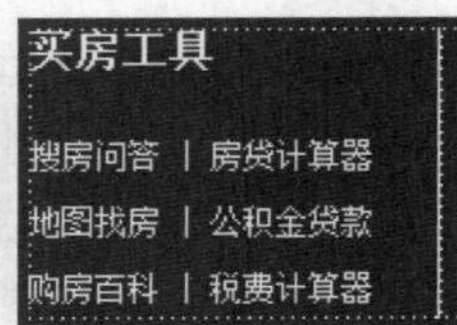

图 16-77

（25）用相同的方法在其他单元格中输入文字，并应用相应的样式，效果如图 16-78 所示。

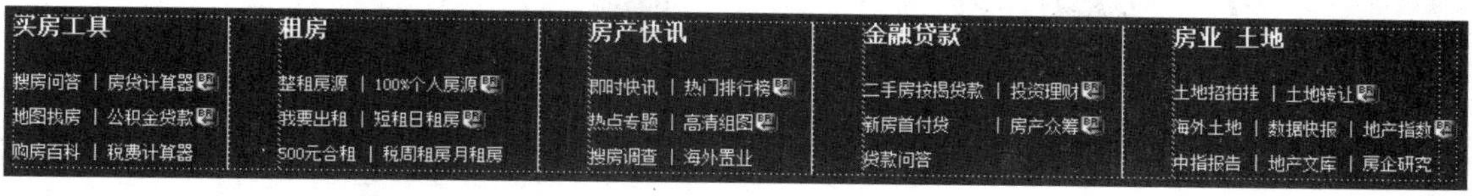

买房工具
搜房问答 | 房贷计算器
地图找房 | 公积金贷款
购房百科 | 税费计算器
租房
整租房源 | 100%个人房源
我要出租 | 短租日租房
500元合租 | 税周租房月租房
房产快讯
即时快讯 | 热门排行榜
热点专题 | 高清组图
搜房调查 | 海外置业
金融贷款
二手房按揭贷款 | 投资理财
新房首付贷 | 房产众筹
贷款问答
房业 土地
土地招拍挂 | 土地转让
海外土地 | 数据快报 | 地产指数
中指报告 | 地产文库 | 房企研究

图 16-78

（26）将光标置入主体表格的第 5 行单元格，在“属性”面板“水平”选项的下拉列表中选择“居中对齐”选项，将“高”选项设为 80。在单元格中输入文字，如图 16-79 所示。

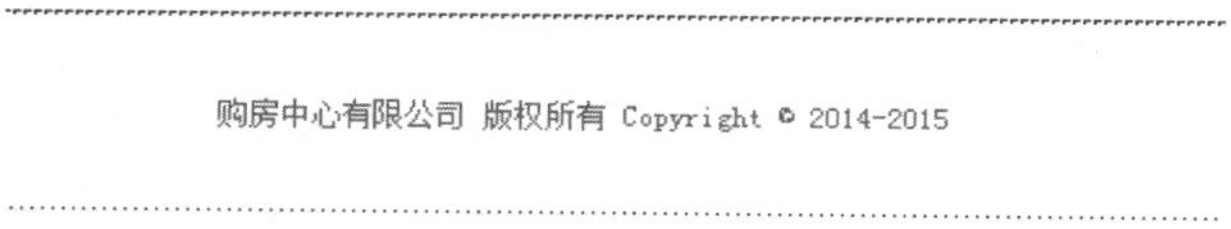

购房中心有限公司 版权所有 Copyright © 2014-2015

图 16-79

（27）购房中心网页效果制作完成，保存文档，按 F12 键，预览网页效果，如图 16-80 所示。

购房中心网页 - Windows Internet Explorer
C:\Users\Admini
Bing
收藏夹
购房中心网页
页面(P)
完成
计算机 | 保护模式: 禁用
45%

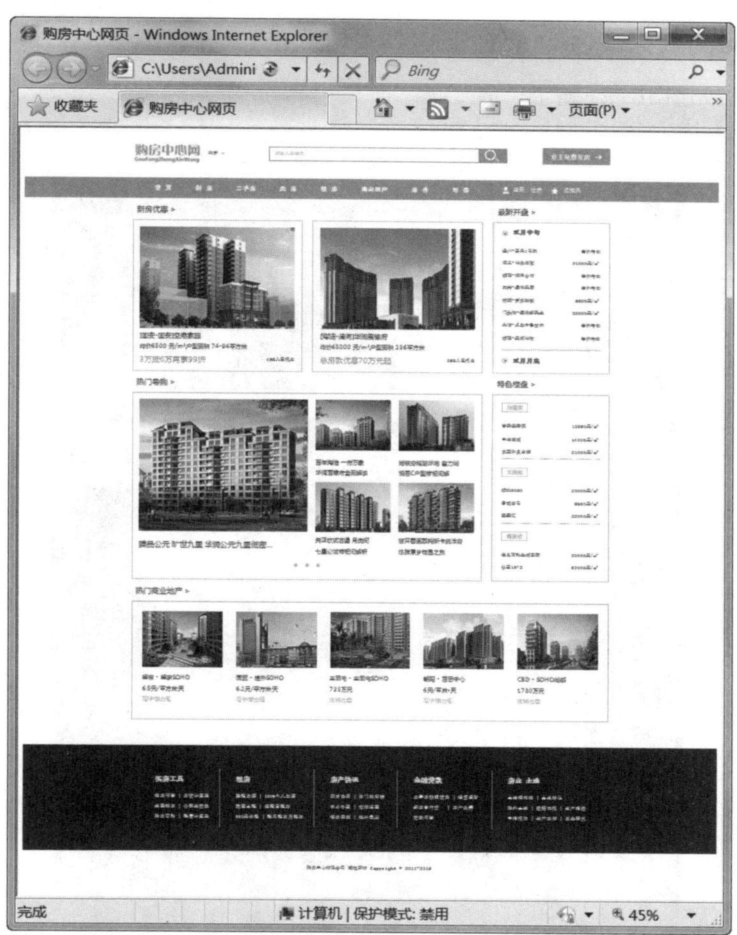

图 16-80

16.3 房产新闻网页

16.3.1 案例分析

房产新闻网页主要提供的是房地产新闻资讯，内容包括房产要闻、热点专题、话题聚焦、问题楼盘、选房面对面等栏目，使用户能够第一时间了解楼市快讯，掌握房地产动向，纵览最新房地产政策，剖析行业未来发展，因此在网页的设计上希望表现出房产项目的高端定位和文化品位。

在网页中，导航栏的设计应清晰明快，方便客户浏览和查找需要的房产咨询。中间的广告部分采用两栏的排列方式，更加简洁，并运用了房产照片来展示房产的效果图，使项目直观地展现在客户眼前。通过下方的信息区对文字和图片进行设计和编排，提供精品房产的照片信息和搜索服务。

本例将使用“图像”按钮添加网页标志和广告图，使用“CSS 样式”命令设置图像与文字的对齐方式，使用“属性”面板改变单元格的宽度、高度、背景颜色及文字的大小、颜色，使用“CSS 样式”命令设置文字的大小、颜色及行距。

16.3.2 案例效果

本案例的效果如图 16-81 所示。

图 16-81

16.3.3 案例制作

1. 设置页面属性并制作导航条效果

（1）选择“文件 > 新建”命令，新建空白文档。选择“文件 > 保存”命令，弹出“另存为”对话框。在“保存在”选项的下拉列表中选择当前站点目录保存路径，在“文件名”选项的文本框中输入“index”，单击“保存”按钮，返回网页编辑窗口。

（2）选择“修改 > 页面属性”命令，弹出“页面属性”对话框，在左侧的“分类”列表中选择“外观（CSS）”选项，将“页面字体”选项设为“宋体”，“大小”选项设为 12，“文本颜色”选项设为灰色（#4d4e53），“左边距”“右边距”“上边距”“下边距”选项均设为 0，如图 16-82 所示。

（3）在左侧的“分类”列表中选择“标题/编码”选项，在“标题”选项的文本框中输入“房产新闻网页”，如图 16-83 所示。单击“确定”按钮，完成页面属性的修改。

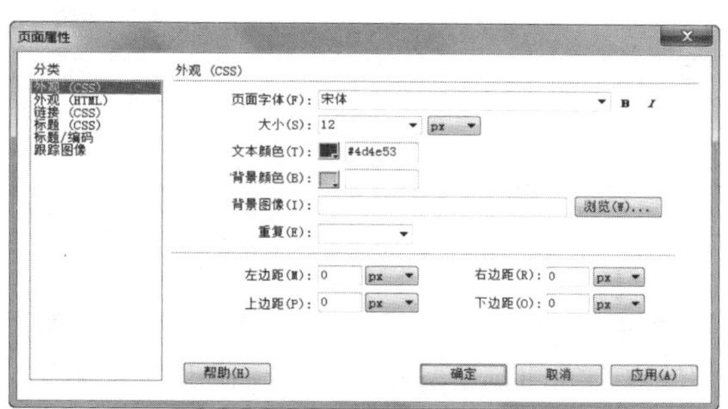

图 16-82

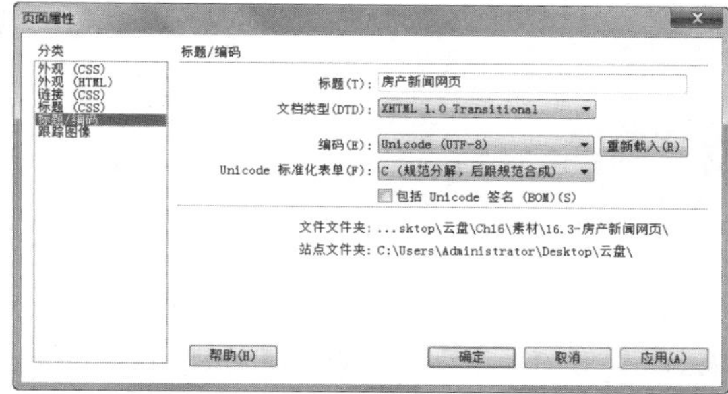

图 16-83

（4）单击“插入”面板“常用”选项卡中的“表格”按钮，在弹出的“表格”对话框中进行设置，如图 16-84 所示，单击“确定”按钮，完成表格的插入。保持表格的选取状态，在“属性”面板“对齐”选项的下拉列表中选择“居中对齐”选项。

（5）将光标置入第 1 行单元格，在“属性”面板“水平”选项的下拉列表中选择“居中对齐”选项，将“高”选项设为 110，“背景颜色”选项设为淡蓝色（#e5f2fb），如图 16-85 所示。在该单元格中插入一个 1 行 2 列，宽为 960 像素的表格。

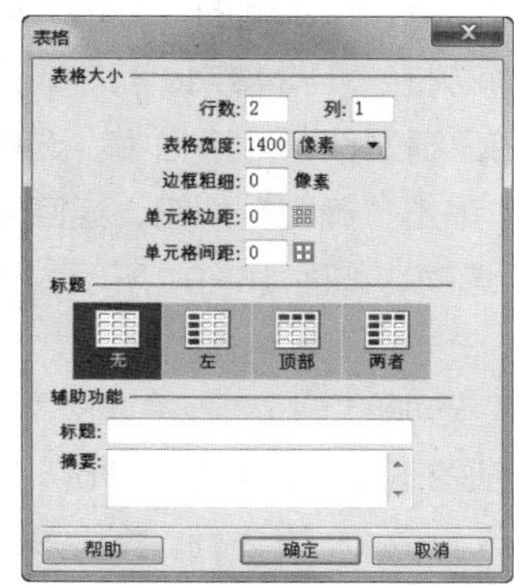

图 16-84

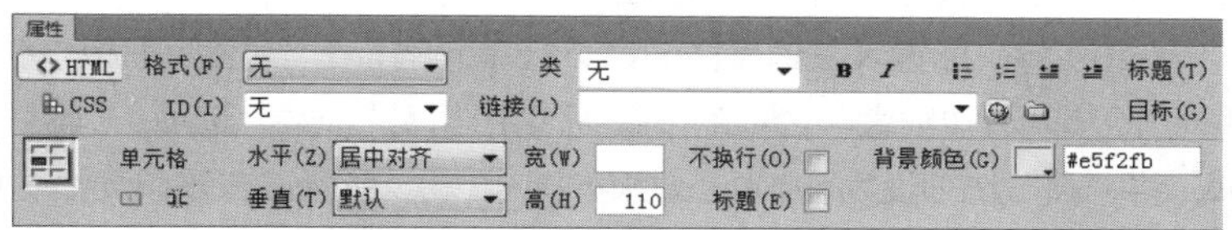

图 16-85

（6）将光标置入刚插入的表格的第 1 列单元格，单击“插入”面板“常用”选项卡中的“图像”按钮，在弹出的“选择图像源文件”对话框中，选择云盘中的“Ch16 > 素材 > 房产新闻网页> images > logo.png”文件，单击“确定”按钮，完成图像的插入，效果如图 16-86 所示。

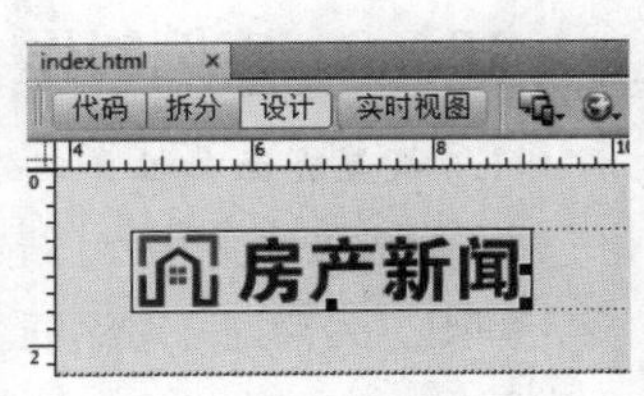

图 16-86

（7）选择“窗口 > CSS 样式”命令，弹出“CSS 样式”面板，单击面板下方的“新建 CSS 规则”按钮，在弹出的对话框中进行设置，如图 16-87 所示，单击“确定”按钮，在弹出的“.pic 的 CSS 规则定义”对话框中进行设置，如图 16-88 所示。

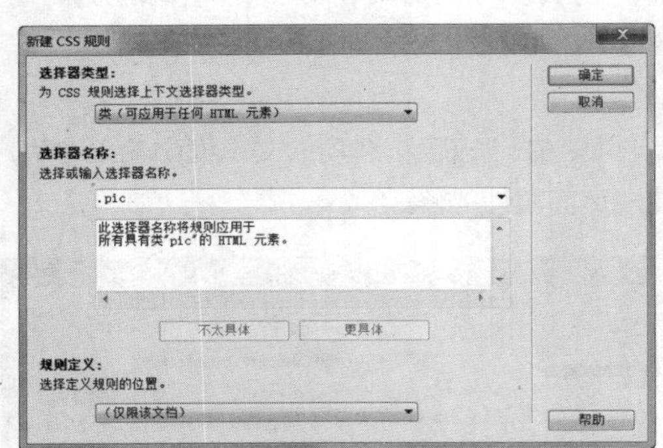

图 16-87

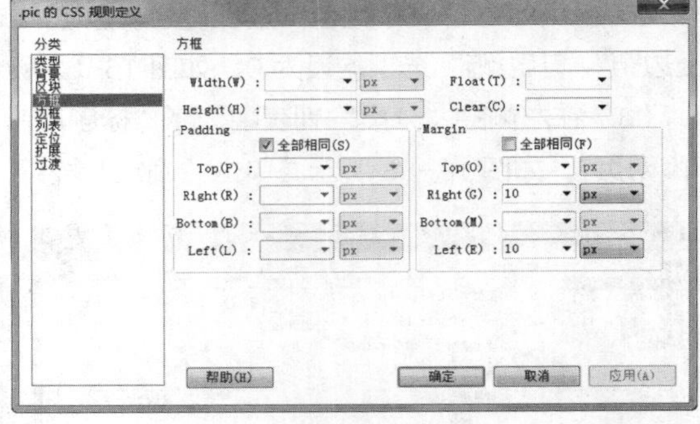

图 16-88

（8）将光标置入第 2 列单元格，在“属性”面板“水平”选项的下拉列表中选择“右对齐”选项。将云盘“Ch16 > 素材 > 房产新闻网页> images”文件夹中的“tb_1.png”“tb_2.png”“tb_3.png”“tb_4.png”“tb_5.png”“tb_6.png”文件插入该单元格，并应用“pic”样式，效果如图 16-89 所示。

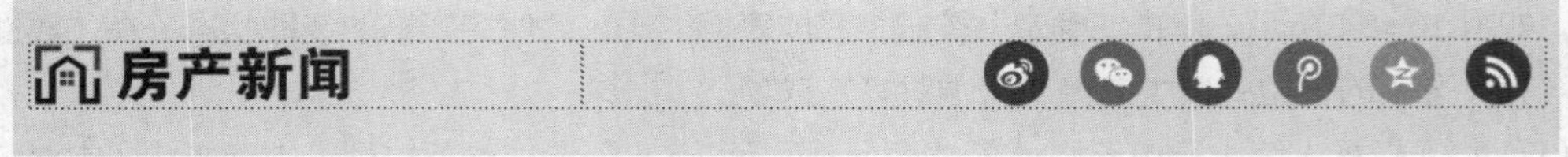

图 16-89

（9）单击“CSS 样式”面板下方的“新建 CSS 规则”按钮，在弹出的对话框中进行设置，如图 16-90 所示，单击“确定”按钮，弹出“.bj 的 CSS 规则定义”对话框，在左侧的“分类”列表中选择“背景”选项，将“Background-color”选项设为深灰色（#343746），单击“Background-image”选项右侧的“浏览”按钮，在弹出的“选择图像源文件”对话框中，选择云盘中的“Ch16 > 素材 > 房产新闻网页 > images > bj.jpg”文件，单击“确定”按钮，返回对话框，“Background-repeat”选项的下拉列表中选择“no-repeat”选项，如图 16-91 所示，单击“确定”按钮，完成样式的创建。

（10）将光标置入主体表格的第 2 行单元格，在“属性”面板“水平”选项的下拉列表中选择“居中对齐”选项，“垂直”选项的下拉列表中选择“顶端”选项，“类”选项的下拉列表中选择“bj”选项，将“高”选项设为 1000，效果如图 16-92 所示。在该单元格中插入一个 10 行 2 列，宽为 960 像素的表格。

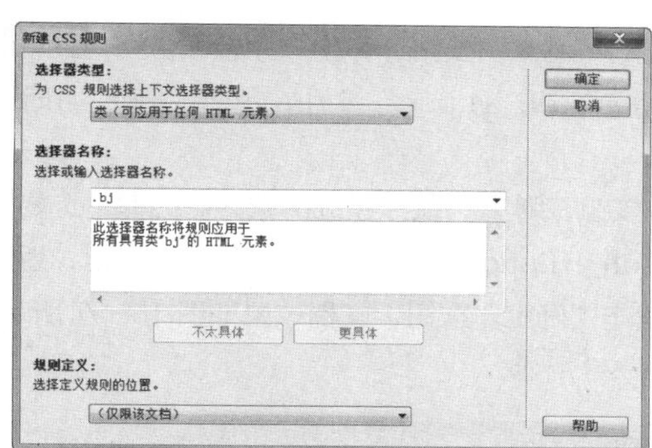

图 16-90

图 16-91

图 16-92

（11）选中图 16-93 所示的单元格，单击“属性”面板中的“合并所选单元格，使用跨度”按钮，将选中的单元格合并。用相同的方法合并其他单元格，效果如图 16-94 所示。

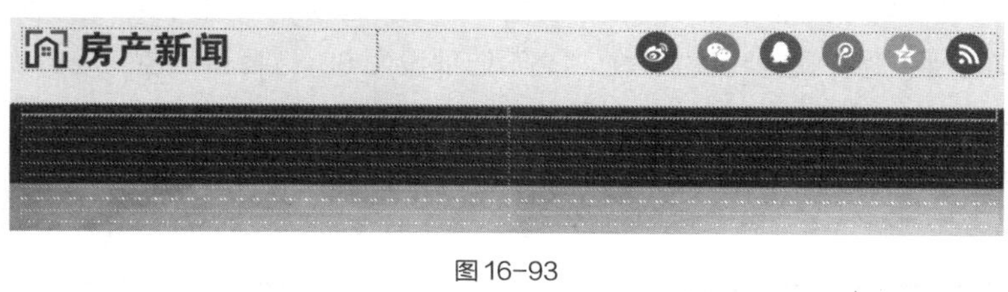

图 16-93

图 16-94

（12）将光标置入第 1 行单元格，在“属性”面板“垂直”选项的下拉列表中选择“顶端”选项，将“高”选项设为 96。单击“插入”面板“常用”选项卡中的“鼠标经过图像”按钮，弹出“插入鼠标经过图像”对话框，单击“原始图像”选项右侧的“浏览”按钮，弹出“原始图像”对话框，选择云盘中的“Ch16 > 素材 > 房产新闻网页 > images > dh_a1.png”文件，单击“确定”按钮，返回“插入鼠标经过图像”对话框，如图 16-95 所示。

（13）单击“鼠标经过图像”选项右侧的“浏览”按钮，弹出“鼠标经过图像”对话框，选择云盘中的“Ch16 > 素材 > 房产新闻网页 > images > dh_b1.png”文件，单击“确定”按钮，返回到“插入鼠标经过图像”对话框，如图 16-96 所示。单击“确定”按钮，文档效果如图 16-97 所示。用相同的方法插入其他“鼠标经过图像”，效果如图 16-98 所示。

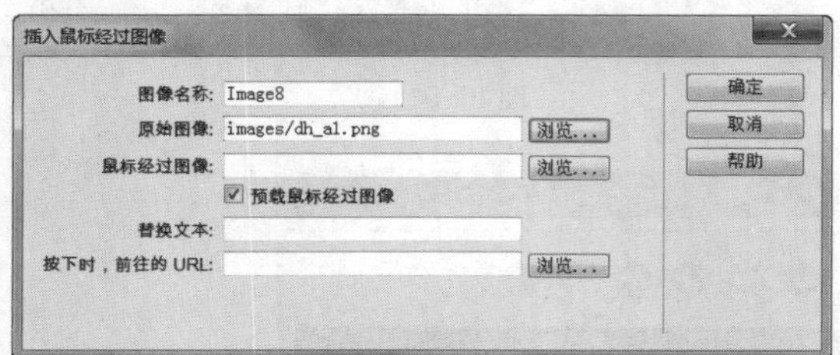

图 16-95

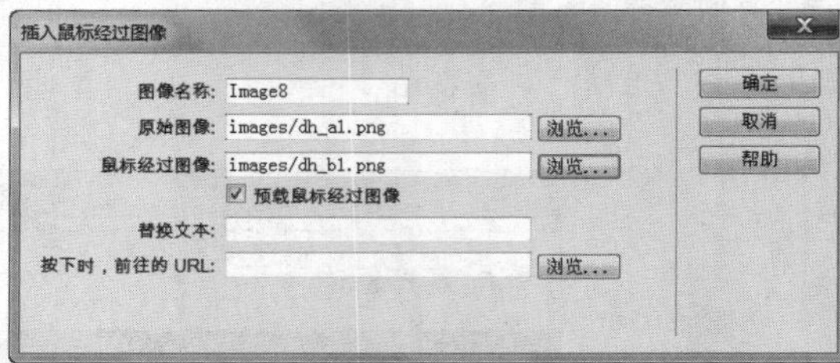

图 16-96

图 16-97

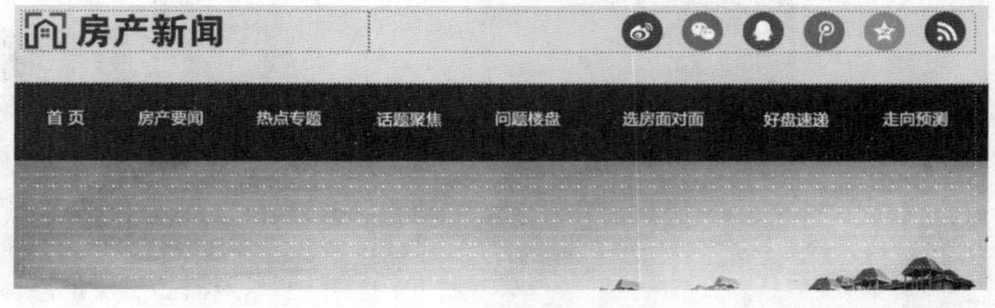

图 16-98

2. 制作今日要闻和推荐楼盘区域

（1）将光标置入第 2 行单元格，在“属性”面板中，将“高”选项设为 150。将光标置入第 3 行第 1 列单元格，在“属性”面板“水平”选项的下拉列表中选择“左对齐”选项，将“宽”选项设为 363，“高”选项设为 65，“背景颜色”选项设为黑色（#1e2326），效果如图 16-99 所示。将云盘中的“Ch16 > 素材 > 房产新闻网页 > images > tp_1.png”文件，插入该单元格中并输入文字，效果如图 16-100 所示。

扫码观看
本案例视频

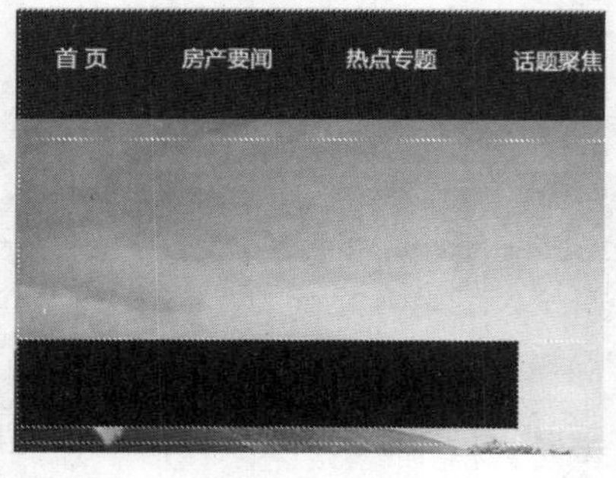

图 16-99

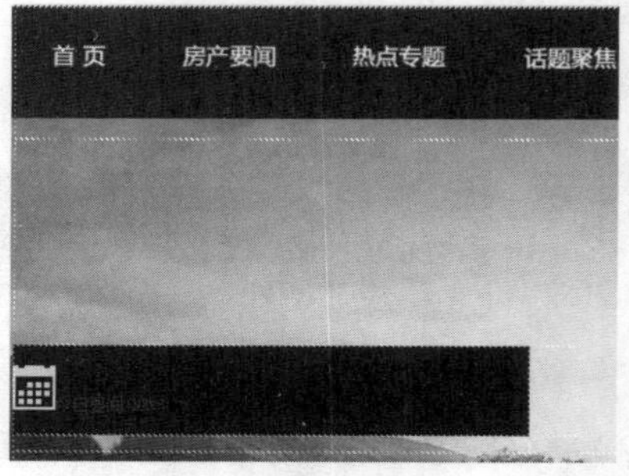

图 16-100

（2）新建 CSS 样式“.pic_1”，弹出“.pic_1 的 CSS 规则定义”对话框，在左侧的“分类”列表中选择“区块”选项，在“Vertical-align”选项列表中选择“middle”选项，如图 16-101 所示。在左侧的“分类”列表中选择“方框”选项，在“Float”选项的下拉列表中选择“left”选项，取消选择“Margin”选项组中的“全部相同”复选框，将“Right”选项设为 15，“Left”选项设为 30，如图 16-102 所示，单击“确定”按钮，完成样式的创建。

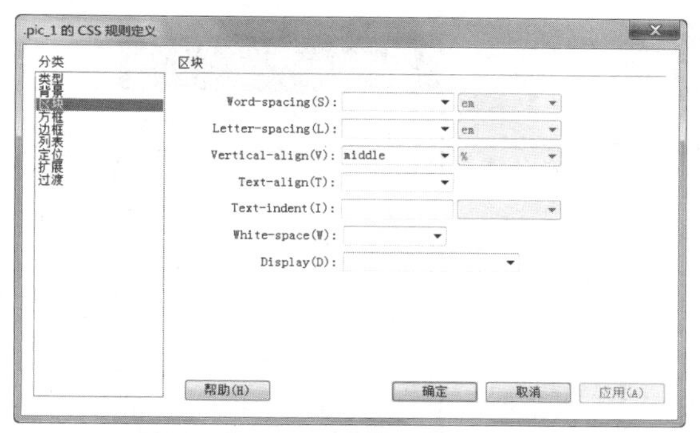

图 16-101

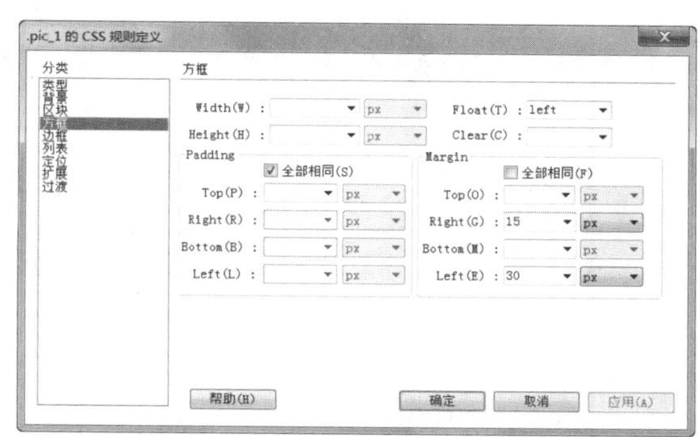

图 16-102

（3）选中图 16-103 所示的图像，在“属性”面板“类”选项的下拉列表中选择“pic_1”选项，应用样式，效果如图 16-104 所示。

图 16-103

图 16-104

（4）新建 CSS 样式“.bt01”，弹出“.bt01 的 CSS 规则定义”对话框，在左侧的“分类”列表中选择“类型”选项，将“Font-family”选项设为“微软雅黑”，“Font-size”选项设为 24，“Color”选项设为白色，单击“确定”按钮，完成样式的创建。

（5）新建 CSS 样式“.bt02”，弹出“.bt02 的 CSS 规则定义”对话框，在左侧的“分类”列表中选择“类型”选项，将“Font-family”选项设为“微软雅黑”，“Font-size”选项设为 24，“Color”选项设为红色（#eb2e4a），单击“确定”按钮，完成样式的创建。

（6）选中文字“今日要闻”，在“属性”面板“类”选项的下拉列表中选择“bt01”选项，应用样式，效果如图 16-105 所示。选中英文“NEWS”，在“属性”面板“类”选项的下拉列表中选择“bt02”选项，应用样式，效果如图 16-106 所示。

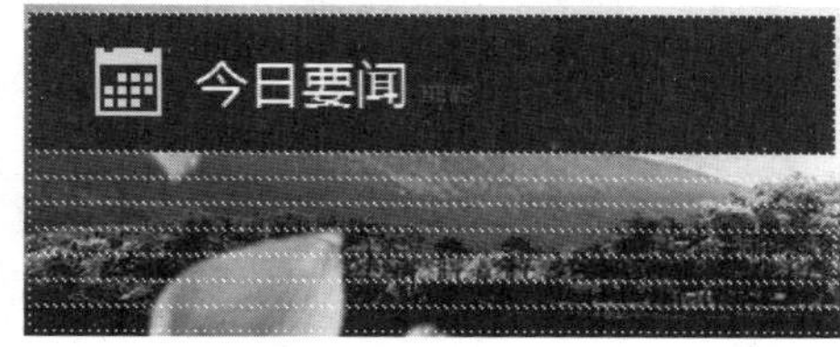

图 16-105

图 16-106

（7）新建 CSS 样式“.bj01”，在弹出的“.bj01 的 CSS 规则定义”对话框中进行设置，如图 16-107 所示，单击“确定”按钮，完成样式的创建。将光标置入第 4 行第 1 列单元格中，在“属性”面板“水平”选项的下拉列表中选择“居中对齐”选项，“垂直”选项的下拉列表中选择“顶端”选项，“类”选项的下拉列表中选择“bj01”选项，将“高”选项设为 400，“背景颜色”选项设为灰色（#eff0f4）。在该单元格中插入一个 6 行 1 列，宽为 312 像素的表格，效果如图 16-108 所示。

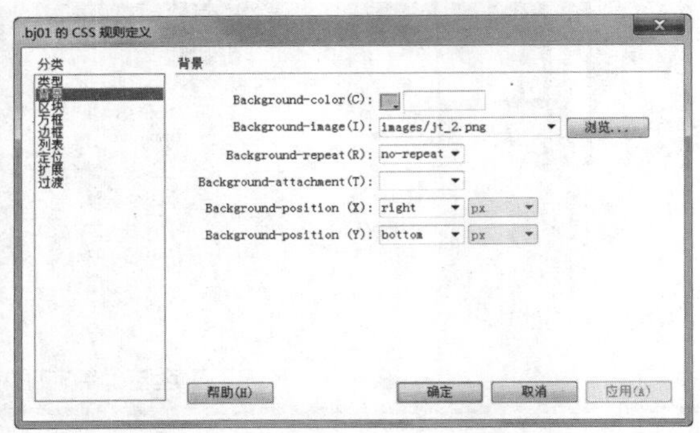

图 16-107

图 16-108

（8）将光标置入刚插入的表格的第 1 行单元格，在“属性”面板“水平”选项的下拉列表中选择“左对齐”选项，将“高”选项设为 130。将云盘中的“Ch16 > 素材 > 房产新闻网页 > images > yf_1.png”文件，插入该单元格中并输入文字，效果如图 16-109 所示。

（9）新建 CSS 样式“.pic_2”，弹出“.pic_2 的 CSS 规则定义”对话框，在左侧的“分类”列表中选择“方框”选项，在“Float”选项的下拉列表中选择“left”选择，取消选择“Margin”选项组中的“全部相同”复选框，将“Right”选项设为 17，单击“确定”按钮，完成样式的创建。

（10）选中图 16-110 所示的图片，在“属性”面板“类”选项的下拉列表中选择“pic_2”选项，应用样式，效果如图 16-111 所示。

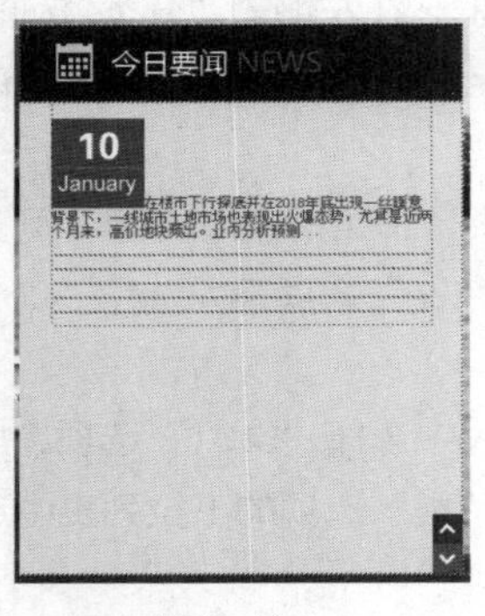

图 16-109

图 16-110

图 16-111

（11）新建 CSS 样式“.text”，弹出“.text 的 CSS 规则定义”对话框，在左侧的“分类”列表中选择“类型”选项，将“Line-height”选项设为 20，在右侧选项的下拉列表中选择“px”选项，单击“确定”按钮，完成样式的创建。

（12）选中图 16-112 所示的文字，在“属性”面板“类”选项的下拉列表中选择“text”选项，应用样式，效果如图 16-113 所示。

图 16-112

图 16-113

（13）将光标置入图 16-114 所示的单元格，单击“插入”面板“常用”选项卡中的“图像”按钮，在弹出的“选择图像源文件”对话框中，选择云盘中的“Ch16 > 素材 > 房产新闻网页 > images > line.jpg”文件，单击“确定”按钮，完成图像的插入，效果如图 16-115 所示。用相同的方法在其单元格中插入图像、输入文字并应用相应的样式，效果如图 16-116 所示。

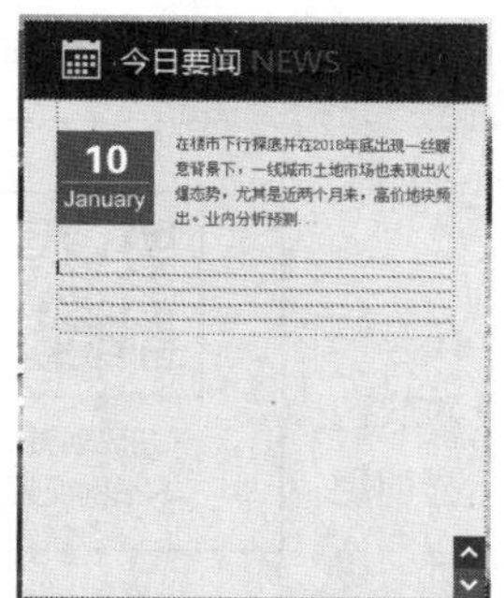

图 16-114

图 16-115

图 16-116

（14）将光标置入第 3 行第 2 列单元格，在“属性”面板“水平”选项的下拉列表中选择“右对齐”选项，“垂直”选项的下拉列表中选择“底部”选项，将“宽”选项设为 597。将云盘中的“Ch16 > 素材 > 房产新闻网页 > images > jt_1.png”文件插入该单元格，效果如图 16-117 所示。

图 16-117

（15）新建 CSS 样式“.bj02”，弹出“.bj02 的 CSS 规则定义”对话框，在左侧的“分类”列表中选择“背景”选项，将“Background-color”选项设为灰色（#e6e7ec），“Background-repeat”选项的下拉列表中选择“repeat-x”选项，单击“Background-image”选项右侧的“浏览”按钮，在弹出的“选择图像源文件”对话框中，选择云盘中的“Ch16 > 素材 > 房产新闻网页 > images > bj01.png”文件，单击“确定”按钮，返回对话框，单击“确定”按钮，完成样式的创建。

（16）将光标置入第4行第2列单元格，在“属性”面板“水平”选项的下拉列表中选择“居中对齐”选项，“垂直”选项的下拉列表中选择“顶端”选项，“类”选项的下拉列表中选择“bj02”选项。在该单元格中插入表格、输入文字、插入图像，并分别应用相应的样式，效果如图16-118所示。

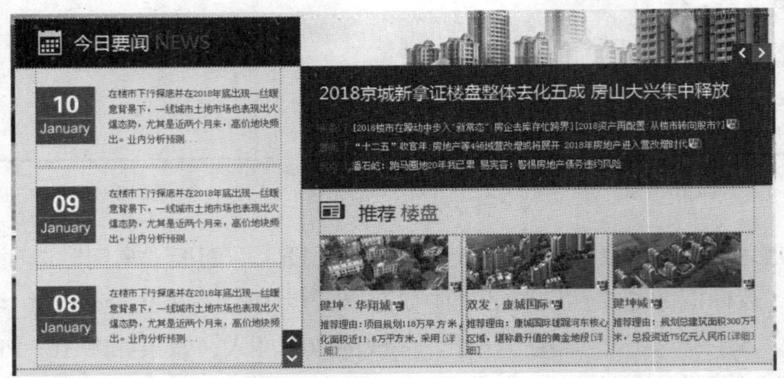

图16-118

3. 制作内容区域及底部效果

（1）选中第5、6、7、9行单元格，在“属性”面板中，将“背景颜色”选项设为灰色（#EFF0F4），效果如图16-119所示。将光标置入第5行单元格，在“属性”面板中，将“高”选项设为50。

（2）新建CSS样式“.bk”，弹出“.bk的CSS规则定义”对话框，在左侧的“分类”列表中选择“背景”选项，将“Background-color”选项设为灰色（#e0e1e6）。在左侧的“分类”列表中选择“边框”选项，设置“Style”选项组为“solid”，“Width”选项组为1，“Color”选项组为灰色（#c8c8c8），单击“确定”按钮，完成样式的创建。

扫码观看
本案例视频

图16-119

（3）将光标置入第6行第1列单元格，在“属性”面板“水平”选项的下拉列表中选择“右对齐”选项，“垂直”选项的下拉列表中选择“顶端”选项，将“高”选项设为460。在该单元格中插入一个1行1列，宽为335像素的表格。保持表格的选取状态，在“属性”面板“类”选项列表中选择“bk”选项，应用样式。

（4）将光标置入刚插入的表格的单元格，在“属性”面板“水平”选项的下拉列表中“居中对齐”选项，将“高”选项设为420。在该单元格中插入一个3行1列，宽为313像素的表格。在单元格中插入图像、输入文本，并应用相应的样式，效果如图16-120所示。用相同的方法制作出图16-121所示的效果。

图 16-120

图 16-121

（5）用上述的方法在其他单元格中插入表格、图像、输入文字，并应用相应的样式，效果如图 16-122 所示。

图 16-122

（6）保存文档，按 F12 键预览网页效果，如图 16-123 所示。

图 16-123

16.4 租房网页

16.4.1 案例分析

租房网页主要提供各地区及时、全面、真实的中介/个人房屋出租信息，同时包含短租房、写字楼、商铺等求租信息。在设计上要求能简洁直观地展示出信息的丰富，能体现出房产的居住环境和优质的服务，能更快地帮助客户进行租赁和承租服务。

在网页设计制作过程中，导航栏的设计清晰明快，方便客户浏览和查找需要的租房信息。中间的广告部分运用了室内照片来展示优质的房屋信息，同时体现出租房网的主要特色，让人一目了然。下方的信息区对文字和图片进行设计和编排，明了地提供了所租房屋的信息。整体设计简洁直观、清晰明确。

本例将使用“页面属性”命令设置页面字体大小、颜色、页边距及页面标题，使用“表格”布局页面，使用“图像”按钮插入图像添加网页标志和广告条，使用“CSS 样式”命令制作表格边线和单元格背景效果，使用“CSS 样式”命令设置文字颜色、大小及文字行距，使用“CSS 样式”命令设置图像与文字的对齐方式及，使用“属性”面板设置单元格的宽度及高度。

16.4.2 案例效果

本案例的效果如图 16-124 所示。

图 16-124

16.4.3 案例制作

1. 制作导航条

扫码观看
本案例视频

（1）选择“文件 > 新建”命令，新建空白文档。选择“文件 > 保存”命令，弹出“另存为”对话框，在“保存在”选项的下拉列表中选择当前站点目录保存路径；在“文件名”选项的文本框中输入“index”，单击“保存”按钮，返回网页编辑窗口。

（2）选择“修改 > 页面属性”命令，弹出“页面属性”对话框，在左侧的“分类”选项列表中选择“外观（CSS）”选项，将“大小”选项设为 12，“文本颜色”选项设为深灰色（#646464），“左边距”“右边距”“上边距”“下边距”选项均设为 0，如图 16-125 所示。

（3）在左侧的“分类”选项列表中选择“标题/编码”选项，在“标题”选项的文本框中输入“租房网页”，如图 16-126 所示。单击“确定”按钮，完成页面属性的修改。

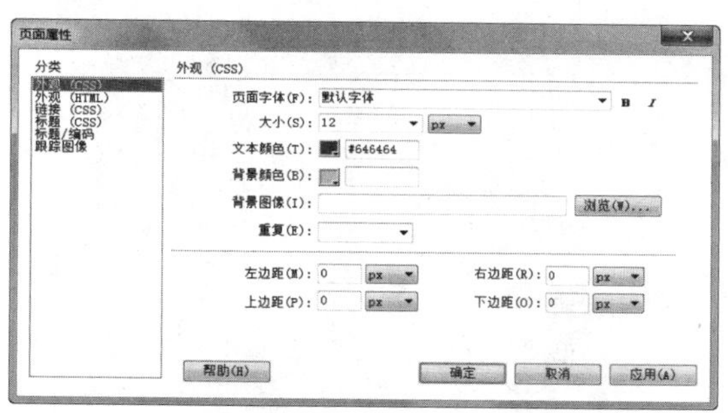

图 16-125

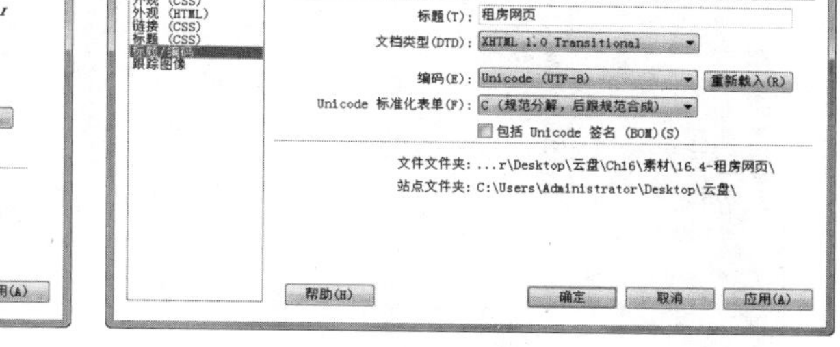

图 16-126

（4）单击“插入”面板“常用”选项卡中的“表格”按钮，在弹出的“表格”对话框中进行设置，如图 16-127 所示。单击“确定”按钮，完成表格的插入。保持表格的选取状态，在“属性”面板“对齐”选项的下拉列表中选择“居中对齐”选项。

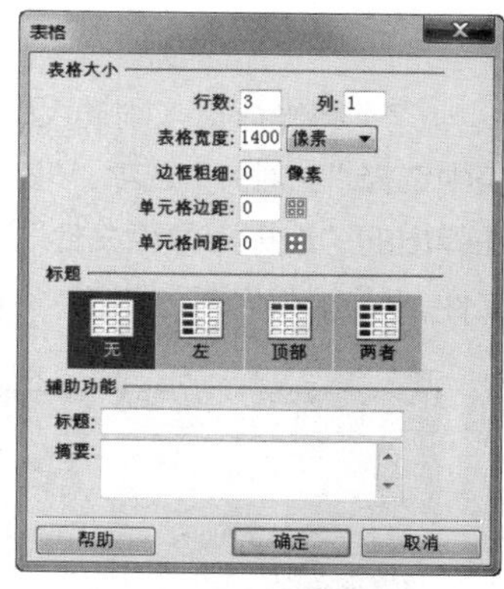

图 16-127

（5）选择“窗口 > CSS 样式”命令，弹出“CSS 样式”面板，单击面板下方的“新建 CSS 规则”按钮，在弹出的对话框中进行设置，如图 16-128 所示，单击“确定”按钮，弹出“.bj 的 CSS 规则定义”对话框，在左侧的“分类”列表中选择“背景”选项，单击“Background-image”选项右侧的“浏览”按钮，在弹出的“选择图像源文件”对话框中，选择云盘中的“Ch16 > 租房网页 > images > bj.jpg”文件，单击“确定”按钮，返回到对话框中，在“Background-repeat”选项的下拉列表中选择“no-repeat”选项，“Background-position（Y）”选项的下拉列表中选择“top”选项，单击“确定”按钮，完成样式的创建。

（6）将光标置入第 1 行单元格，在“属性”面板“水平”选项的下拉列表中选择“居中对齐”选项，“垂直”选项的下拉列表中选择“顶端”选项，“类”选项的下拉列表中选择“bj”选项，将“高”选项设为 819。在该单元格中插入一个 2 行 3 列，宽为 960 像素的表格，效果如图 16-129 所示。

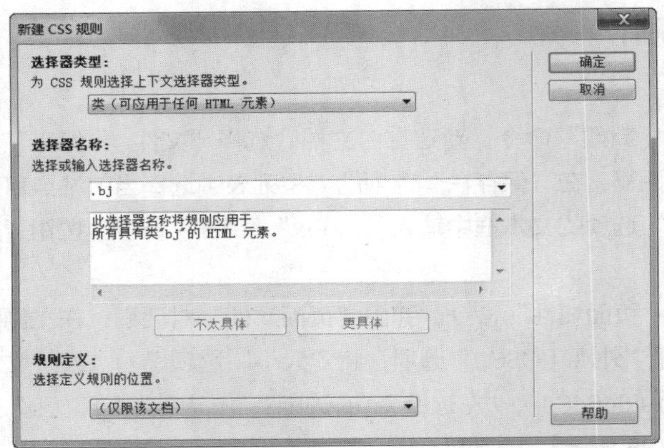

图 16-128

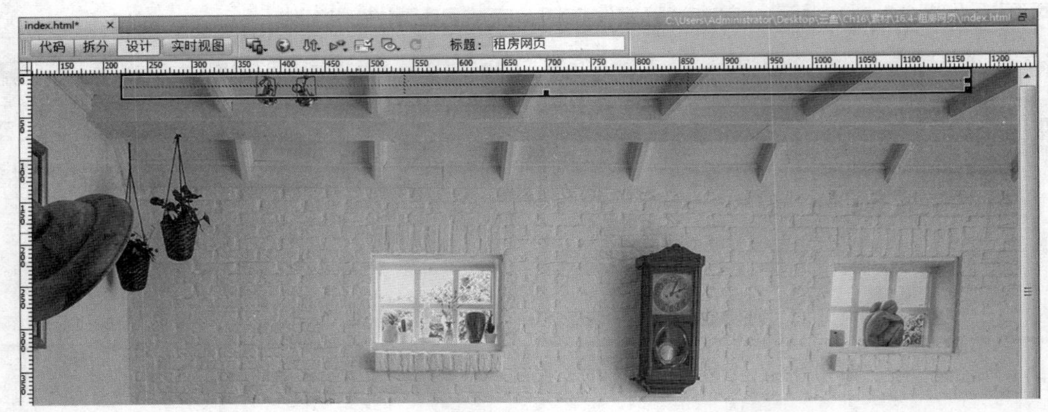

图 16-129

（7）将光标置入刚插入的表格的第 1 行第 1 列单元格，在“属性”面板“水平”选项的下拉列表中选择“左对齐”选项，“宽”选项设为 85。单击“插入”面板“常用”选项卡中的“图像”按钮，在弹出的“选择图像源文件”对话框中，选择云盘中的“Ch16 > 租房网页 > images > logo.png”文件，单击“确定”按钮，完成图像的插入，如图 16-130 所示。

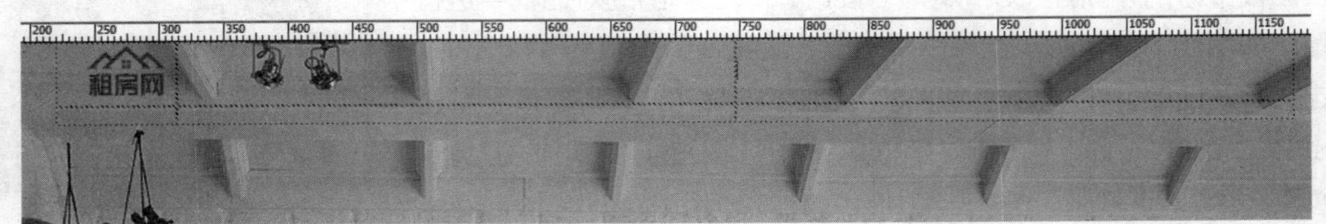

图 16-130

（8）新建 CSS 样式“.daohang”，弹出“.daohang 的 CSS 规则定义”对话框，在左侧“分类”列表中选择“类型”选项，将“Font-size”选项设为 14，在右侧选项的下拉列表中选择“px”选项，“Color”选项设为白色，单击“确定”按钮，完成样式的创建。

（9）将光标置入第 2 列单元格，在单元格中输入文字和空格。选中图 16-131 所示的文字，在“属性”面板“类”选项的下拉列表中选择“daohang”选项，应用样式，效果如图 16-132 所示。

图 16-131

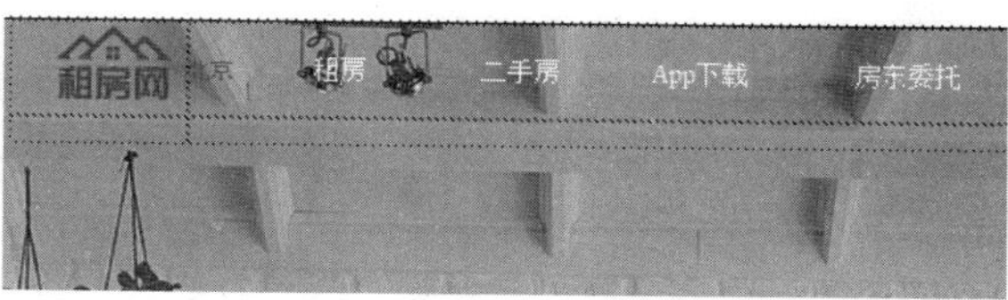

图 16-132

（10）新建 CSS 样式“.text”，弹出“.text 的 CSS 规则定义”对话框，在左侧的“分类”列表中选择“类型”选项，将“Color”选项设为白色，单击“确定”按钮，完成样式的创建。

（11）选中图 16-133 所示的文字，在“属性”面板“类”选项的下拉列表中选择“text”选项，应用样式，效果如图 16-134 所示。

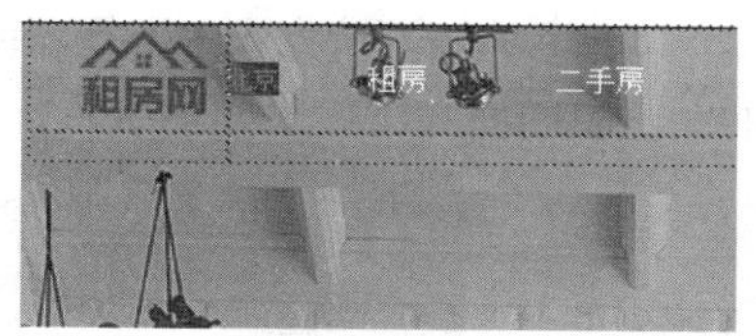

图 16-133

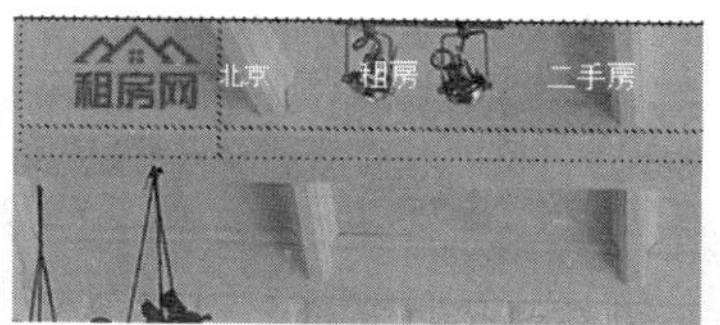

图 16-134

（12）将光标置于图 16-135 所示的位置，单击“插入”面板“常用”选项卡中的“图像”按钮，在弹出的“选择图像源文件”对话框中，选择云盘中的“Ch16 > 租房网页 > images > dsj.png”文件，单击“确定”按钮，完成图像的插入，如图 16-136 所示。

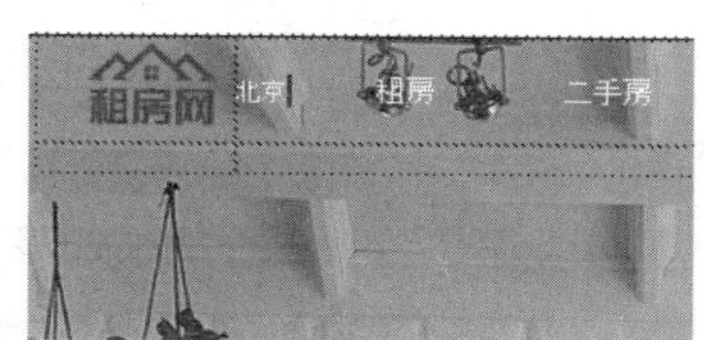

图 16-135

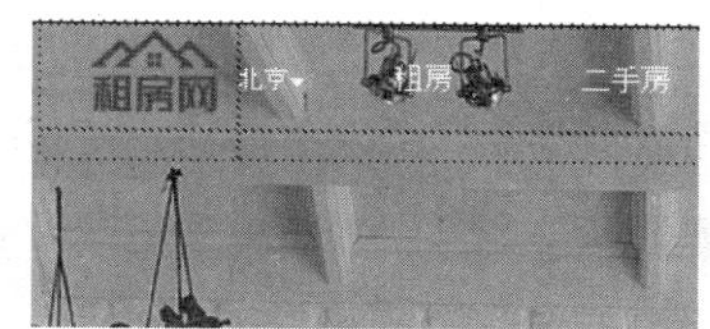

图 16-136

（13）将光标置入第 1 行第 3 列单元格，在“属性”面板“水平”选项的下拉列表中选择“右对齐”选项，“类”选项的下拉列表中选择“text”选项。在该单元格中输入文字和空格，效果如图 16-137 所示。

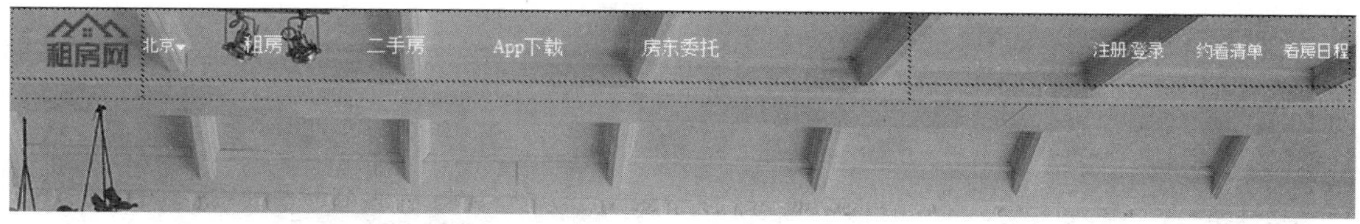

图 16-137

（14）将光标置于图 16-138 所示的位置，单击“插入”面板“常用”选项卡中的“图像”按钮，在弹出的“选择图像源文件”对话框中，选择云盘中的“Ch16 > 租房网页 > images > tb_1.png”文件，单击“确定”按钮，完成图像的插入，如图 16-139 所示。用相同的方法在其他文字的左侧插入相应的图像，制作出图 16-140 所示的效果。

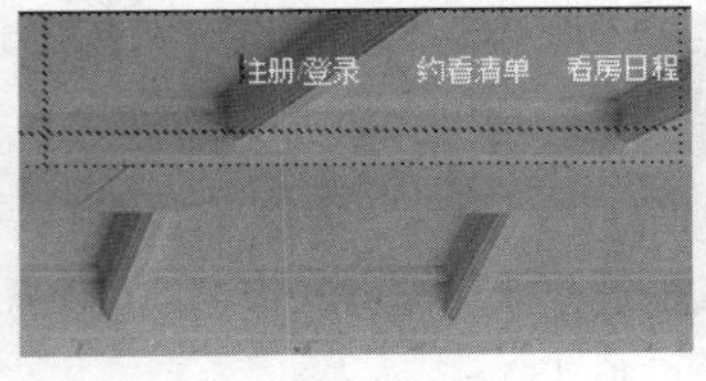

图 16-138

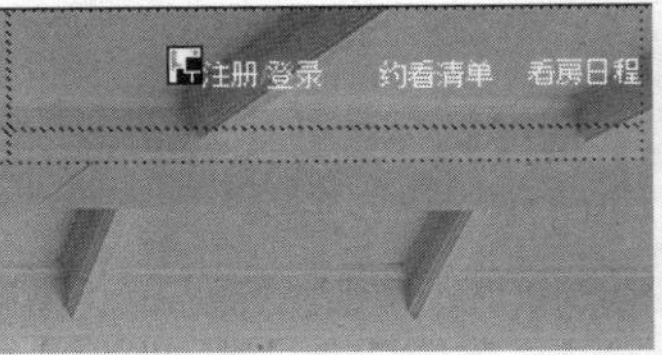

图 16-139

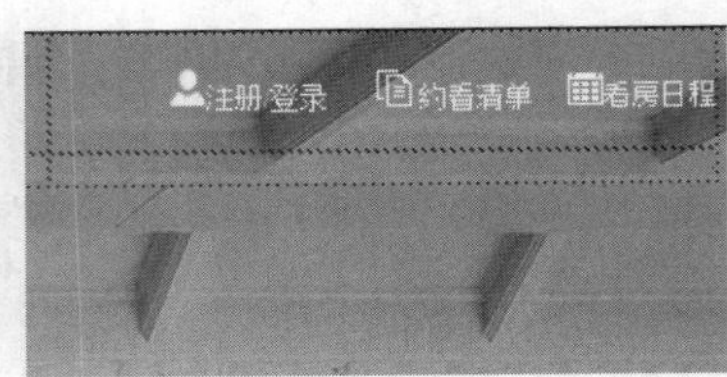

图 16-140

（15）新建 CSS 样式“.pic”，弹出“.pic 的 CSS 规则定义”对话框，在左侧的“分类”列表中选择“区块”选项，在“Vertical-align”选项的下拉列表中选择“middle”选项。在左侧的“分类”列表中选择“方框”选项，取消选择“Padding”选项组中的“全部相同”复选框，将“Right”选项设为 10，单击“确定”按钮，完成样式的创建。

（16）选中图 16-141 所示的图像，在“属性”面板“类”选项的下拉列表中选择“pic”选项，应用样式，效果如图 16-142 所示。用相同的方法为其他图像应用样式，效果如图 16-143 所示。

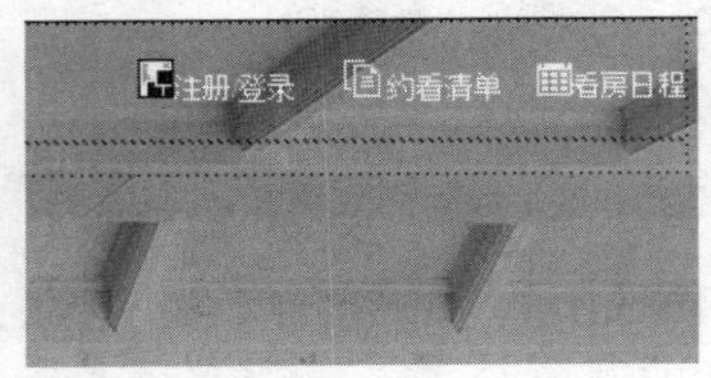

图 16-141

图 16-142

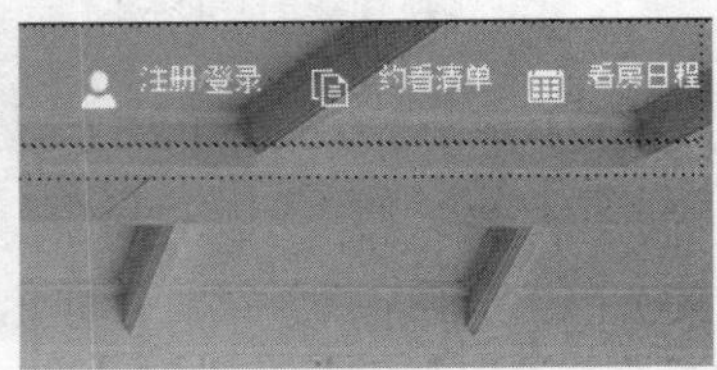

图 16-143

（17）选中图 16-144 所示单元格，单击“属性”面板中的“合并所选单元格，使用跨度”按钮，将所选单元格进行合并。在“属性”面板“水平”选项的下拉列表中选择“居中对齐”选项，“垂直”选项的下拉列表中选择“底部”选项，将“高”选项设为 720。

图 16-144

（18）单击“插入”面板“常用”选项卡中的“图像”按钮，在弹出的“选择图像源文件”对话框中，选择云盘中的“Ch16 > 租房网页 > images > ss.png”文件，单击“确定”按钮，完成图像的插入，如图 16-145 所示。

图 16-145

2. 制作精选房源

（1）将光标置入主体表格的第 2 行单元格，在“属性”面板“水平”选项的下拉列表中选择“居中对齐”选项，“垂直”选项的下拉列表中选择“顶端”选项，将“高”选项设为 700。在该单元格中插入一个 4 行 5 列，宽为 1000 像素的表格。

扫码观看
本案例视频

（2）选中刚插入的表格的第 1 行所有单元格，单击“属性”面板中的“合并所选单元格，使用跨度”按钮，将选中的单元格合并，将“高”选项设为 100。单击“插入”面板“常用”选项卡中的“图像”按钮，在弹出的“选择图像源文件”对话框中，选择云盘中的“Ch16 > 租房网页 > images > bt.jpg”文件，单击“确定”按钮，完成图像的插入，如图 16-146 所示。

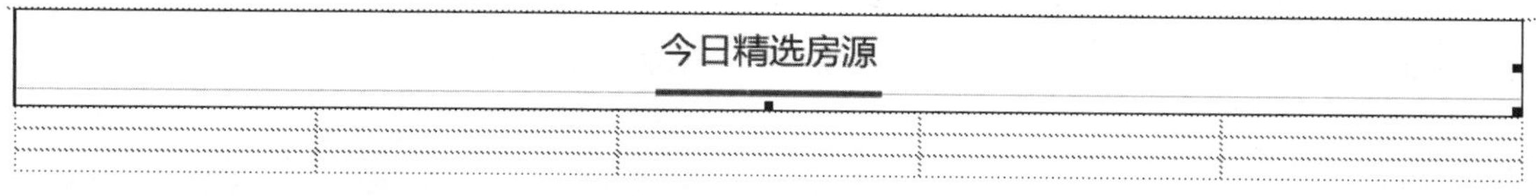

图 16-146

（3）新建 CSS 样式“.bj01”，弹出“.bj01 的 CSS 规则定义”对话框，在左侧的“分类”列表中选择“背景”选项，单击“Background-image”选项右侧的“浏览”按钮，在弹出的“选择图像源文件”对话框中，选择云盘中的“Ch16 > 租房网页 > images > bj01.jpg”文件，单击“确定”按钮，返回到对话框中，在“Background-repeat”选项的下拉列表中选择“repeat-x”选项，单击“确定”按钮，完成样式的创建。

（4）将光标置入第 2 行第 1 列单元格，在“属性”面板“类”选项的下拉列表中选择“bj01”选项，“水平”选项的下拉列表中选择“居中对齐”选项，将“宽”选项设为 329，“高”选项设为 280。在该单元格中插入一个 3 行 2 列，宽为 308 像素的表格，如图 16-147 所示。

（5）选中刚插入的表格的第 1 行所有单元格，单击“属性”面板中的“合并所选单元格，使用跨度”按钮，将选中的单元格合并。单击“插入”面板“常用”选项卡中的“图像”按钮，在弹出的“选择图像源文件”对话框中，选择云盘中的“Ch16 > 租房网页 > images > img_1.jpg”文件，单击“确定”按钮，完成图像的插入，如图 16-148 所示。

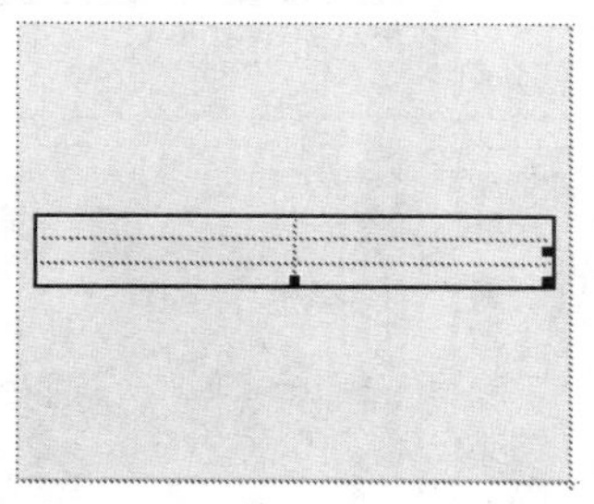

图 16-147

图 16-148

（6）新建 CSS 样式“.bt01”，弹出“.bt01 的 CSS 规则定义”对话框，在左侧的“分类”列表中选择“类型”选项，将“Font-family”选项设为“宋体”，“Font-size”选项设为 14，在右侧选项的下拉列表中选择“px”选项，“Font-weight”选项的下拉列表中选择“bold”选项，单击“确定”按钮，完成样式的创建。

（7）将光标置入第 2 行第 1 列单元格，在“属性”面板“水平”选项的下拉列表中选择“左对齐”选项，“类”选项的下拉列表中选择“bt01”选项，将“宽”选项设为 186，“高”选项设为 30。在单元格中输入文字，效果如图 16-149 所示。将光标置入第 3 行第 1 列单元格，在“属性”面板“水平”选项的下拉列表中选择“左对齐”选项，在该单元格中输入文字，如图 16-150 所示。

（8）新建 CSS 样式“.zs”，弹出“.zs 的 CSS 规则定义”对话框，在左侧的“分类”列表中选择“类型”选项，将“Font-size”选项设为 14，在右侧选项的下拉列表中选择“px”选项，“Color”选项设为红色（#f3102b），单击“确定”按钮，完成样式的创建。

（9）将光标置入第 3 行第 2 列单元格，在“属性”面板“类”选项的下拉列表中选择“zs”选项，“水平”选项的下拉列表中选择“右对齐”选项，将“宽”选项设为 122。在单元格中输入文字，效果如图 16-151 所示。用相同的方法制作出如图 16-152 所示的效果。

图 16-149

图 16-150

图 16-151

图 16-152

3. 制作底部效果

（1）新建 CSS 样式“.bj02”，弹出“.bj02 的 CSS 规则定义”对话框，在左侧的“分类”列表中选择“背景”选项，单击“Background-image”选项右侧的“浏览”按钮，在弹出的“选择图像源文件”对话框中，选择云盘中的“Ch16 > 租房网页 > images > bj_1.jpg”文件，单击“确定”按钮，返回到对话框中，在“Background-repeat”选项的下拉列表中选择“no-repeat”选项，单击“确定”按钮，完成样式的创建。

扫码观看
本案例视频

（2）将光标置入主体表格的第 3 行单元格，在“属性”面板“水平”选项的下拉列表中选择“居中对齐”选项，“垂直”选项的下拉列表中选择“顶端”选项，“类”选项的下拉列表中选择“bj02”选项，将“高”选项设为 773，效果如图 16-153 所示。

图 16-153

（3）在该单元格中插入一个 4 行 1 列，宽为 1000 像素的表格。将光标置入刚插入的表格的第 1 行单元格，在“属性”面板“水平”选项的下拉列表中选择“左对齐”选项，将“高”选项设为 400。单击“插入”面板“常用”选项卡中的“图像”按钮，在弹出的“选择图像源文件”对话框中，选择云盘中的“Ch16 > 租房网页 > images > text.png”文件，单击“确定”按钮，完成图像的插入，如图 16-154 所示。

图 16-154

（4）将光标置入第 2 行单元格，在“属性”面板“水平”选项的下拉列表中选择“居中对齐”选项，“垂直”选项的下拉列表中选择“底部”选项，将“高”选项设为 240。单击“插入”面板“常用”选项卡中的“图像”按钮，在弹出的“选择图像源文件”对话框中，选择云盘中的“Ch16 > 租房网页 > images > ewm.jpg”文件，单击“确定”按钮，完成图像的插入，如图 16-155 所示。

图 16-155

（5）新建 CSS 样式“.bk”，弹出“.bk 的 CSS 规则定义”对话框，在左侧的“分类”列表中选择“类型”选项，将“Color”选项设为白色。在左侧的“分类”列表中选择“边框”选项，取消选择“Style”“Width”“Color”选项组中的“全部相同”复选框。在“Style”属性“Bottom”选项的下拉列表中选择“solid”选项，“Width”选项的文本框中输入“1”，在右侧选项的下拉列表中选择“px”选项，“Color”选项设为灰色（#CCC），单击“确定”按钮，完成样式的创建。

（6）将光标置入第 3 行单元格，在“属性”面板“水平”选项的下拉列表中选择“居中对齐”选项，“类”选项的下拉列表中选择“bk”选项，将“高”选项设为 60。在单元格中输入文字，效果如图 16-156 所示。

图 16-156

（7）新建 CSS 样式“.text01”，弹出“.text01 的 CSS 规则定义”对话框，在左侧的“分类”列表中选择“类型”选项，将“Line-height”选项设为 25，在右侧选项的下拉列表中选择“px”选项，“Color”选项设为白色，单击“确定”按钮，完成样式的创建。

（8）将光标置入第 4 行单元格，在“属性”面板“水平”选项的下拉列表中选择“居中对齐”选项，“类”选项的下拉列表中选择“text01”选项，将“高”选项设为 70。在单元格中输入文字，效果如图 16-157 所示。

图 16-157

（9）租房网页效果制作完成，保存文档，按 F12 键，预览网页效果，如图 16-158 所示。

图 16-158

课堂练习——房产信息网页

练习知识要点

使用“图像”按钮，添加网页标志和广告图；使用“CSS 样式”命令，改变单元格的背景图像和文字大小、颜色及行距；使用“属性”面板，设置单元格的大小及背景颜色，如图 16-159 所示。

图 16-159

效果所在位置

云盘/Ch16/效果/房产信息网页/index.html。

课后习题——焦点房产网页

习题知识要点

使用“鼠标经过图像”按钮，制作导航效果；使用“属性”面板，设置单元格高度和对齐方式；使用“CSS 样式”命令，设置单元格的背景图像和文字大小、颜色及行距，如图 16-160 所示。

图 16-160

效果所在位置

云盘/Ch16/效果/焦点房产网页/index.html。

17 第 17 章 文化艺术网页

文化艺术网站是指具有专业性的文化和艺术类网站,网站的功能主要是普及和弘扬艺术文化，满足群众日益增长的文艺需求，促进社会各界的文化和艺术交流。本章以多个类型的文化艺术网页为例，讲解文化艺术网页的设计方法和制作技巧。

课堂学习目标

- 了解文化艺术网页的服务宗旨
- 了解文化艺术网页的类别和内容
- 掌握文化艺术网页的设计流程
- 掌握文化艺术网页的结构布局
- 掌握文化艺术网页的制作方法

17.1 文化艺术网页概述

文化艺术是对全世界不同的文化艺术形式组合进行的统称。文化艺术具有世界性和民族性两大特征，两者相辅相成，互相不断地促进发展，从而更好地展现了世界以及各地区的特色。目前，大多数种类的文化艺术都建立了自己的网站，大大地促进了文化艺术网络化进程，对文化艺术的传播和发展起到了至关重要的作用。

网站开展纵横交错、全方位、多领域的宣传报道与交流活动，介绍文艺新秀、艺术名家、收藏家的艺术之路，总结文化艺术创作经验，弘扬民族传统文化，展示时代艺术风貌，帮助艺术家实现艺术价值，走进企业，走进市场，走进人民大众，是一个宣传文化的理想载体。

17.2 戏曲艺术网页

17.2.1 案例分析

戏曲是一门综合艺术，是时间艺术和空间艺术的结合。说是空间艺术，是因为戏曲要在一定的空间内来表现，要有造型；而它在表现上又需要一个发展过程，因而它又是时间艺术。中国戏曲艺术历史悠久，种类众多，属于中国文化的精髓。本例戏曲艺术网页对中国戏曲艺术进行了全方位的介绍，在网页设计上要表现出传统戏曲艺术的风采。

在网页中，将背景设计成沉稳、干练的蓝色，搭配浅淡的贝色，体现出戏曲的文化和精神。导航栏放在页面上部，更方便戏曲迷对网页浏览。中间部分借助京剧戏曲人物图片，使页面更加生动直观，通过对图片和文字进行设计和编排，把戏曲风格和文化特色展现于页面之上。右侧和下侧设计了最新动态、戏曲新闻和相关知识栏目。整个页面设计充满了浓浓的中国传统戏曲文化的气氛。

本例将使用“属性”面板设置单元格高度和文字颜色、文字大小及制作导航效果，使用“插入图像”为页面添加广告和脸谱图像，使用“CSS 样式”命令制作文字行间距和表格边线效果。

17.2.2 案例效果

本案例的效果如图 17-1 所示。

扫码观看
本案例视频

图 17-1

17.2.3 案例制作

1. 制作导航条

（1）选择“文件 > 新建”命令，新建空白文档。选择“文件 > 保存”命令，弹出“另存为”对话框，在“保存在”选项的下拉列表中选择当前站点目录保存路径；在“文件名”选项的文本框中输入“index”，单击“保存”按钮，返回网页编辑窗口。

（2）选择“修改 > 页面属性”命令，弹出“页面属性”对话框，在左侧的“分类”列表中选择“外观（CSS）”选项，将“页面字体”选项设为“宋体”，“大小”选项设为 12，“左边距”“右边距”“上边距”“下边距”选项均设为 0，如图 17-2 所示。

（3）在左侧的“分类”列表中选择“标题/编码”选项，在“标题”选项的文本框中输入“戏曲艺术网页”，如图 17-3 所示。单击“确定”按钮，完成页面属性的修改。

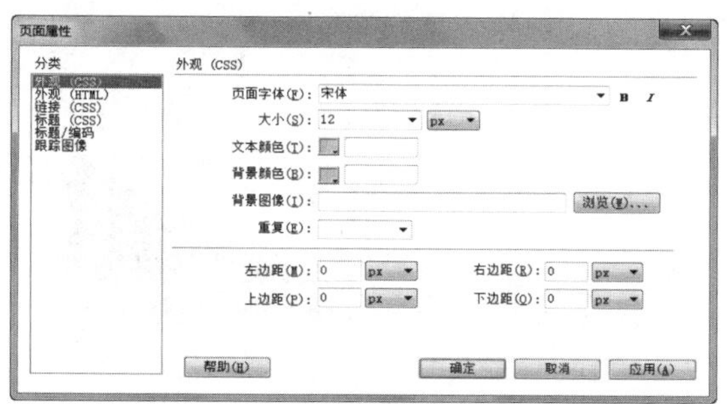

图 17-2

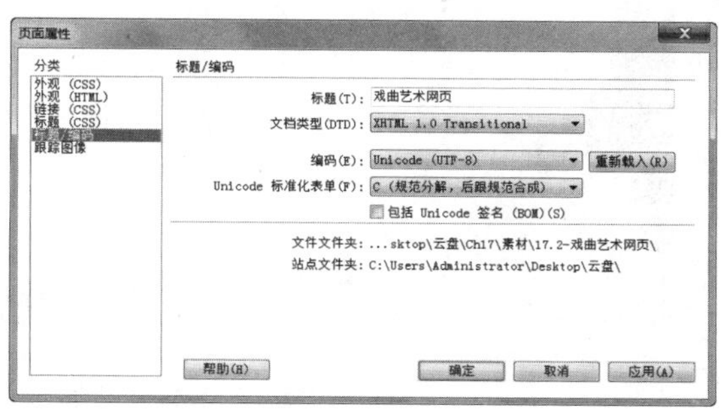

图 17-3

（4）单击“插入”面板“常用”选项卡中的“表格”按钮，在弹出的“表格”对话框中进行设置，如图 17-4 所示。单击“确定”按钮，完成表格的插入。保持表格的选取状态，在“属性”面板“对齐”选项的下拉列表中选择“居中对齐”选项。

（5）选择“窗口 > CSS 样式”命令，弹出“CSS 样式”面板，单击“新建 CSS 规则”按钮，在弹出的对话框中进行设置，如图 17-5 所示；单击“确定”按钮，弹出“.bj 的 CSS 规则定义”对话框，在左侧的“分类”列表中选择“背景”选项，单击“Background-image”选项右侧的“浏览”按钮，在弹出的“选择图像源文件”对话框中，选择云盘中的“Ch16 > 素材 > 戏曲艺术网页 > images > bj.jpg”文件，单击“确定”按钮，返回到对话框中，单击“确定”按钮，完成样式的创建。

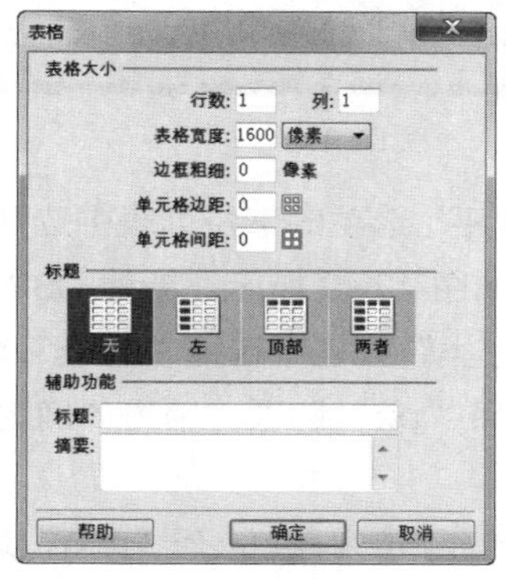

图 17-4

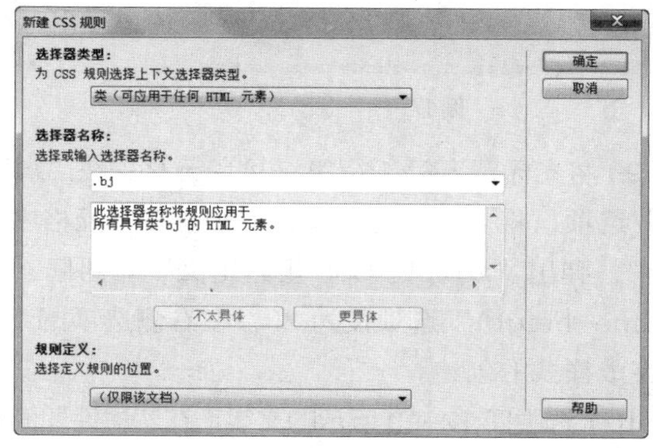

图 17-5

（6）将光标置入单元格，在“属性”面板“水平”选项的下拉列表中选择“居中对齐”选项，“垂直”选项的下拉列表中选择“顶端”选项，“类”选项的下拉列表中选择“bj”选项，将“高”选项设为 980，效果如图 17-6 所示。

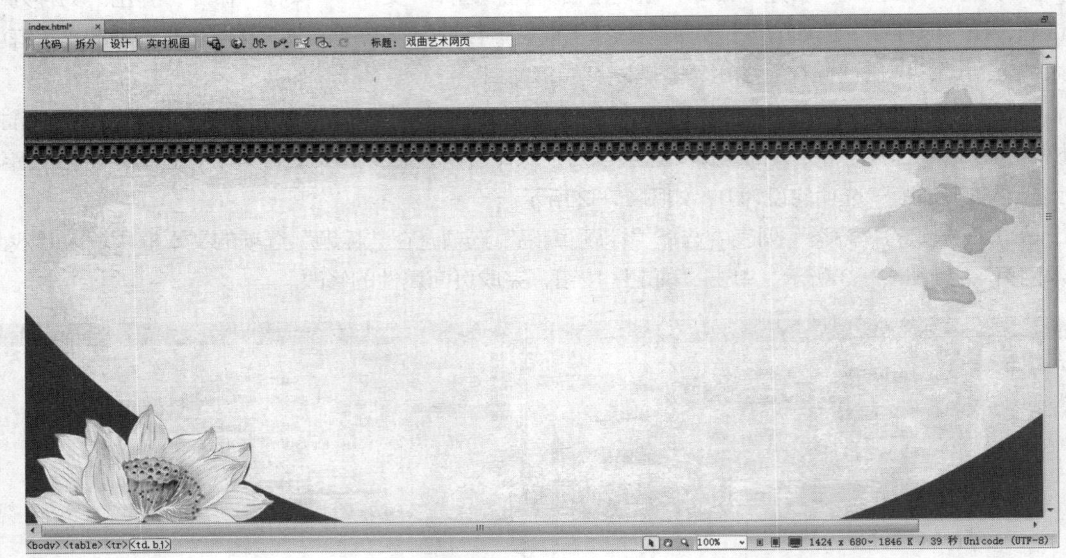

图 17-6

（7）在该单元格中插入一个 4 行 1 列，宽为 980 像素的表格。将光标置入刚插入的表格的第 1 行单元格中，单击“属性”面板中的“拆分单元格为行或列”按钮，在弹出的“拆分单元格”对话框中进行设置，如图 17-7 所示，单击“确定”按钮，将单元格拆分成 2 列显示。

（8）将光标置入第 1 行第 1 列单元格，在“属性”面板中，将“宽”选项设为 448，“高”选项设为 79。单击“插入”面板“常用”选项卡中的“图像”按钮，在弹出的“选择图像源文件”对话框中，选择云盘中的“Ch17 > 素材 > 戏曲艺术网页 > images > logo.png”文件，单击“确定”按钮，完成图像的插入，如图 17-8 所示。

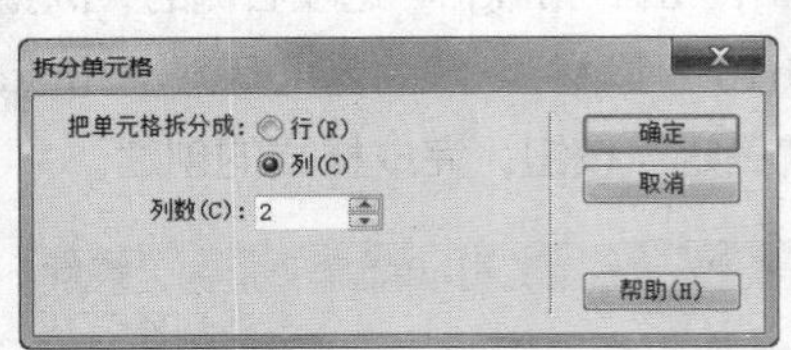

图 17-7

图 17-8

（9）将光标置入第 1 行第 2 列单元格，在“属性”面板“水平”选项的下拉列表中选择“右对齐”选项，将“宽”选项设为 630。在单元格中输入文字，如图 17-9 所示。新建 CSS 样式“.text”，弹出“.text 的 CSS 规则定义”对话框，在左侧的“分类”列表中选择“类型”选项，将“Line-height”选项设为 25，在右侧选项的下拉列表中选择“px”选项，单击“确定”按钮，完成样式的创建。

（10）选中图 17-10 所示的文字，在“属性”面板“类”选项的下拉列表中选择“text”选项，应用样式，效果如图 17-11 所示。

图 17-9

图 17-10

图 17-11

（11）将光标置入第 2 行单元格，在“属性”面板“目标规则”选项的下拉列表中选择“<新内联样式>”选项，“水平”选项的下拉列表中选择“居中对齐”选项，将“字体”选项设为“微软雅黑”，“大小”选项设为 16，“Color”选项设为白色，“高”选项设为 45。在单元格中输入文字，效果如图 17-12 所示。

图 17-12

2. 制作内容区域和底部效果

（1）将光标置入第 3 行单元格，在“属性”面板“水平”选项的下拉列表中选择“居中对齐”选项，“垂直”选项的下拉列表中选择“底部”选项，将“高”选项设为 160。将云盘中的“Ch17 > 素材 > 戏曲艺术网页 > images > pic_1.png”文件，插入该单元格，效果如图 17-13 所示。

图 17-13

（2）将光标置入第 4 行单元格，在“属性”面板“水平”选项的下拉列表中选择“居中对齐”选项，将“高”选项设为 245。在该单元格中插入一个 1 行 11 列，宽为 970 像素的表格。将光标置入刚插入的表格的第 1 列单元格，在“属性”面板“垂直”选项的下拉列表中选择“顶端”选项，将“宽”选项设为 120。用相同的方法设置第 2 列 ~ 第 10 列单元格中宽分别为 50、120、50、120、50、120、50、120、50，效果如图 17-14 所示。

图 17-14

（3）新建 CSS 样式“.bk”，在弹出的“.bk 的 CSS 规则定义”对话框中进行设置，如图 17-15 所示，单击“确定”按钮，完成样式的创建。

（4）将光标置入第 1 列单元格，在“属性”面板“类”选项的下拉列表中选择“bk”选项，应用样式，效果如图 17-16 所示。用相同的方法为第 3 列、第 5 列、第 7 列、第 9 列单元格应用“bk”样式，效果如图 17-17 所示。

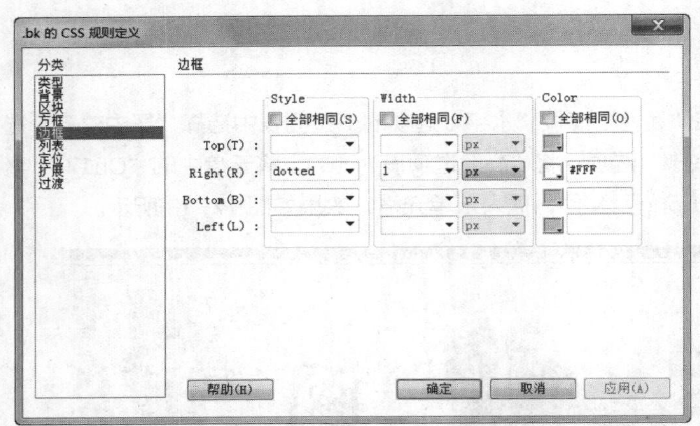

图 17-15

图 17-16

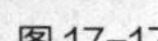

图 17-17

（5）在第 1 列单元格中输入文字，如图 17-18 所示。新建 CSS 样式“.bt”，弹出“.bt 的 CSS 规则定义”对话框，在左侧的“分类”列表中选择“类型”选项，将“Fonr-family”选项设为“宋体”，“Font-size”选项设为 14，在右侧选项的下拉列表中选择“px”选项，“Font-weight”选项的下拉列表中选择“bold”选项，“Color”选项设为白色（#FFF），如图 17-19 所示，单击“确定”按钮，完成样式的创建。

图 17-18

（6）选中图 17-20 所示的文字，在“属性”面板“类”选项的下拉列表中选择“bt”选项，应用样式，效果如图 17-21 所示。

（7）新建 CSS 样式“.text01”，弹出“.text01 的 CSS 规则定义”对话框，在左侧的“分类”列表中选择“类型”选项，将“Line-height”选项设为 25，在右侧选项的下拉列表中选择“px”选项，

"Color"选项设为白色，单击"确定"按钮，完成样式的创建。

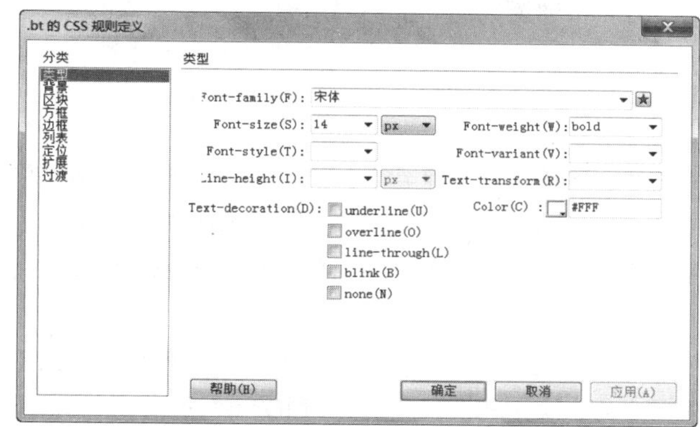

图 17-19

图 17-20

图 17-21

（8）选中图 17-22 所示的文字，在"属性"面板"类"选项的下拉列表中选择"text01"选项，应用样式，效果如图 17-23 所示。用相同的方法在其他单元格中输入文字，并应用相应的样式，制作出如图 17-24 所示的效果。

图 17-22

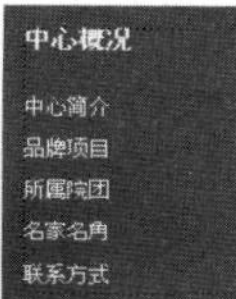

图 17-23

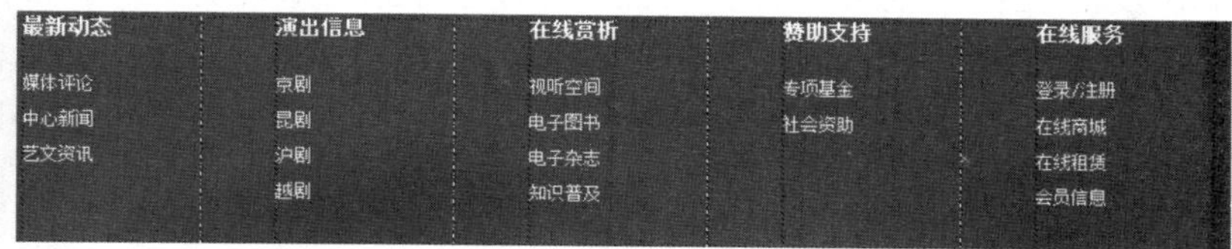

图 17-24

（9）戏曲艺术网页效果制作完成，保存文档，按 F12 键，预览网页效果，如图 17-25 所示。

图 17-25

17.3 国画艺术网页

17.3.1 案例分析

国画，又称“中国画”，是中国传统文化艺术的精髓。它是用毛笔、墨和中国画颜料在特制的宣纸或绢上作画，题材主要有人物、山水、花鸟等，技法可分具象和写意两种，绘画技法丰富多样，非常富有传统特色。国画艺术网页的主要功能是对中国画进行介绍和传播，在网页设计上要表现出中国画的艺术特色和绘画风格。

在网页设计制作过程中，将背景设计为浅淡的青灰色，给人安心柔和的感觉。国画在展示出艺术美的同时，体现出网页的主体。导航栏置于国画上方，文字的设计与网页的主题相呼应，简洁直观的设计让人一目了然，且便于国画爱好者的浏览和学习。通过对中间部分图片和文字进行设计编排，展现出最新消息、名家访谈、画展推荐和不同派系的内容，便于用户查找和浏览。整体设计应醒目直观、便于查询。

本例将使用“页面属性”命令设置页面字体、大小、页边距和页面标题，使用“图像”插入网页logo及装饰图像，使用“属性”面板设置单元格的宽度、高度及对齐方式，使用“CSS 样式”命令设置文字的字体、大小、颜色及文字行距。

17.3.2 案例效果

本案例的效果如图 17-26 所示。

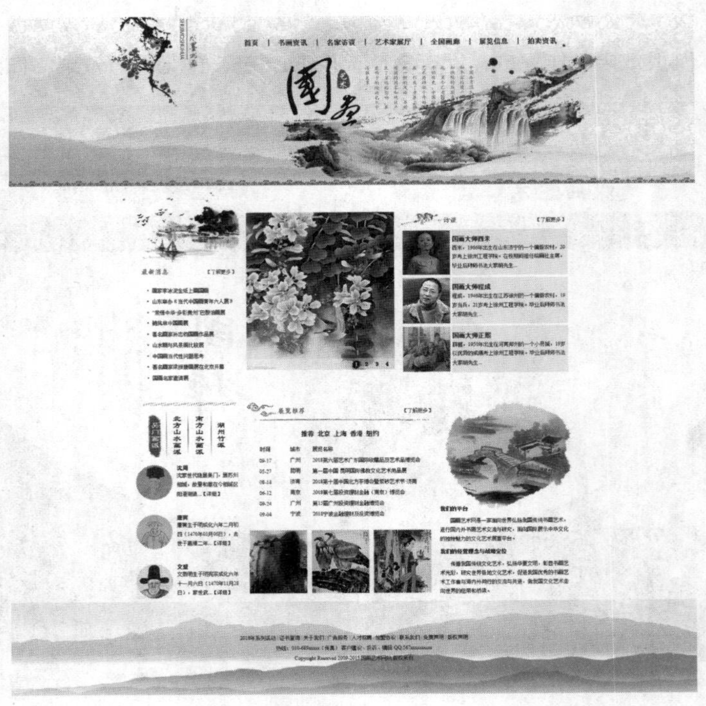

图 17-26

17.3.3 案例制作

1. 制作导航条及内容区域 1

（1）选择“文件 > 新建”命令，新建空白文档。选择“文件 > 保存”命令，弹出“另存为”对话框，在“保存在”选项的下拉列表中选择当前站点目录保存路径；在“文件名”选项的文本框中输入“index”，单击“保存”按钮，返回网页编辑窗口。

（2）选择“修改 > 页面属性”命令，弹出“页面属性”对话框，在左侧的“分类”列表中选择“外观（CSS）”选项，将“大小”选项设为 12，“文本颜色”选项设为深灰色（#323232），“左边距”“右边距”“上边距”“下边距”选项均设为 0，如图 17-27 所示。

（3）在左侧的“分类”列表中选择“标题/编码”选项，在“标题”选项的文本框中输入“国画艺术网页”，如图 17-28 所示。单击“确定”按钮，完成页面属性的修改。

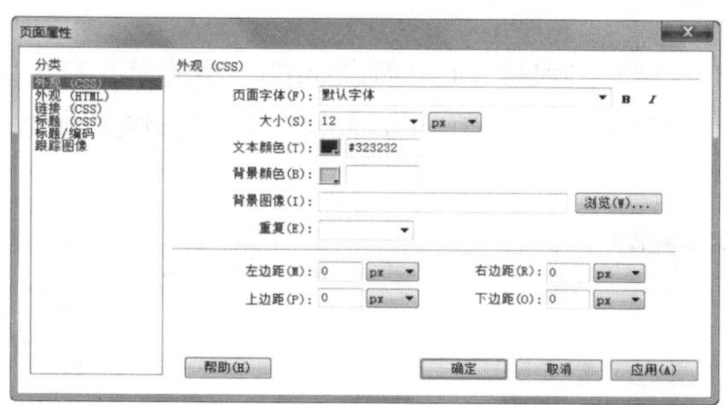

图 17-27

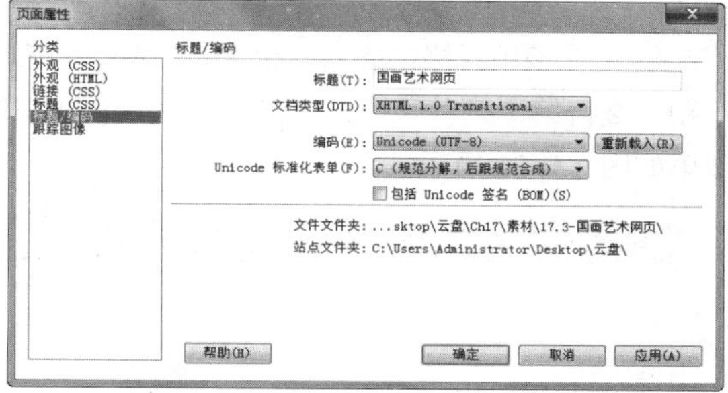

图 17-28

（4）单击“插入”面板“常用”选项卡中的“表格”按钮，在弹出的“表格”对话框中进行设置，如图 17-29 所示。单击“确定”按钮，完成表格的插入。保持表格的选取状态，在“属性”面板“对齐”选项的下拉列表中选择“居中对齐”选项。

（5）选择“窗口 > CSS 样式”命令，弹出“CSS 样式”面板，单击“新建 CSS 规则”按钮，在弹出的对话框中进行设置，如图 17-30 所示，单击“确定”按钮，弹出“.bj 的 CSS 规则定义”对话框，在左侧的“分类”列表中选择“背景”选项，单击“Background-image”选项右侧的“浏览”按钮，在弹出的“选择图像源文件”对话框中，选择云盘中的“Ch17 > 素材 > 国画艺术网页 > images > bj_1.jpg”文件，单击“确定”按钮，返回到对话框中，单击“确定”按钮，完成样式的创建。

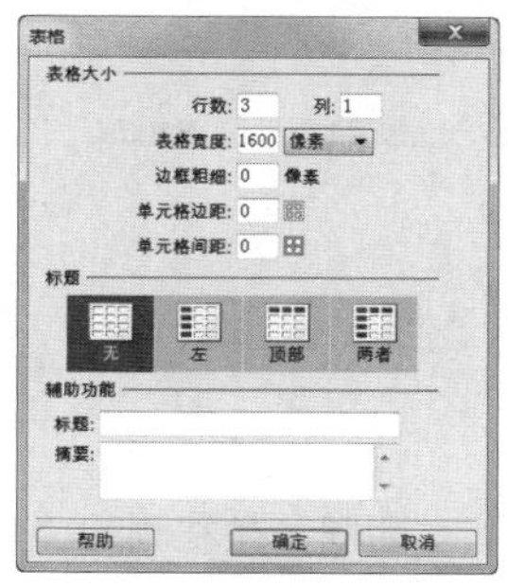

图 17-29

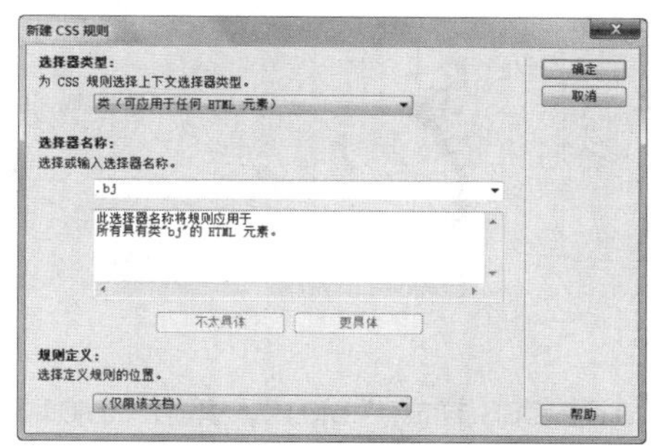

图 17-30

（6）将光标置入第 1 行单元格，在“属性”面板“水平”选项的下拉列表中选择“居中对齐”选项，“垂直”选项的下拉列表中选择“顶端”选项，“类”选项的下拉列表中选择“bj”选项，将“高”选项设为 419，效果如图 17-31 所示。

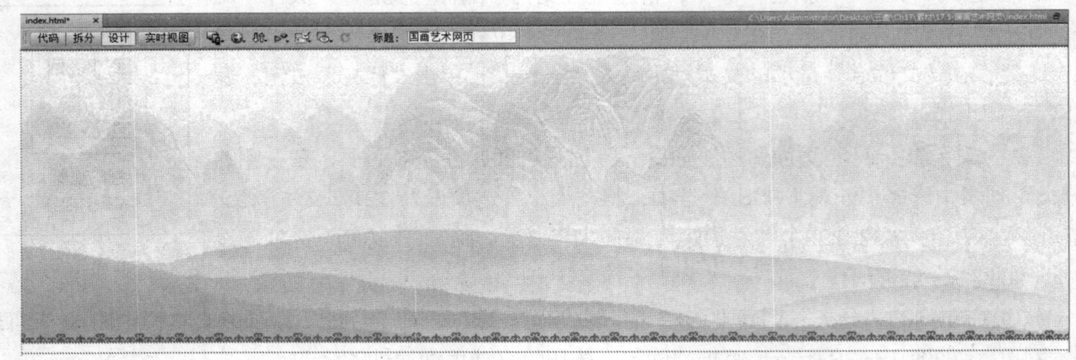

图 17-31

（7）在该单元格中插入一个 2 行 2 列，宽为 1150 像素的表格。选中刚插入的表格的第 1 行第 1 列和第 2 行第 1 列单元格，单击“属性”面板中的“合并所选单元格，使用跨度”按钮，将其合并，效果如图 17-32 所示。

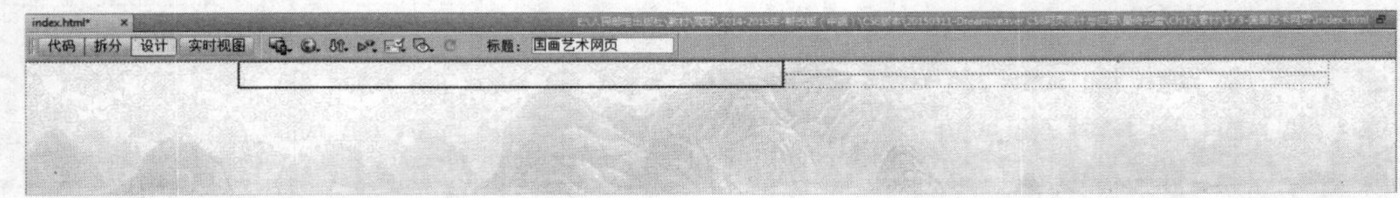

图 17-32

（8）将光标置入合并单元格，在“属性”面板“垂直”选项的下拉列表中选择“顶端”选项，将“宽”选项设为 230。单击“插入”面板“常用”选项卡中的“图像”按钮，在弹出的“选择图像源文件”对话框中，选择云盘中的“Ch17 > 素材 > 国画艺术网页 > images > logo.png”文件，单击“确定”按钮，完成图像的插入，如图 17-33 所示。

（9）将光标置入第 1 行第 2 列单元格，在“属性”面板“目标规则”选项的下拉列表中选择“<新内联样式>”选项，“水平”选项的下拉列表中选择“居中对齐”选项，“垂直”选项的下拉列表中选择“底部”选项，将“字体”选项设为“宋体”，“大小”选项设为 12，单击“加粗”按钮 **B**，将“高”选项设为 75。在单元格中输入文字，效果如图 17-34 所示。

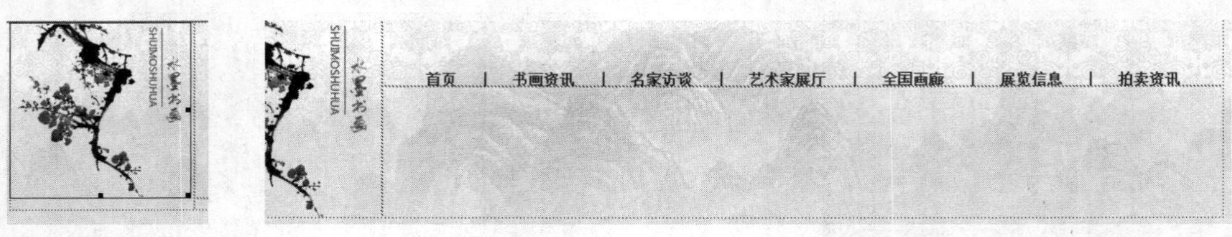

图 17-33　　图 17-34

（10）新建 CSS 样式“.bj01”，弹出“.bj01 的 CSS 规则定义”对话框，在左侧的“分类”列表中选择“背景”选项，单击“Background-image”选项右侧的“浏览”按钮，在弹出的“选择图像源文件”对话框中，选择云盘中的“Ch17 > 素材 > 国画艺术网页 > images > bj_2.png”文件，单击“确定”按钮，返回到对话框中，在“Background-repeat”选项的下拉列表中选择“no-repeat”选项，“Background-position(X)”选项的下拉列表中选择“right”选项，“Background-position(Y)”选项的下拉列表中选择“bottom”选项，单击“确定”按钮，完成样式的创建。

（11）将光标置入第 2 行第 2 列单元格，在“属性”面板“类”选项的下拉列表中选择“bj01”选项，“水平”选项的下拉列表中选择“左对齐”选项，“垂直”选项的下拉列表中选择“顶端”选项，将“高”选项设为 341。按 Enter 键，将光标切换到下一行。

（12）单击“插入”面板“常用”选项卡中的“图像”按钮，在弹出的“选择图像源文件”对话框中，选择云盘中的“Ch17 > 素材 > 国画艺术网页 > images > text.png”文件，单击“确定”按钮，完成图像的插入，如图 17-35 所示。

图 17-35

（13）将光标置入主体表格的第 2 行单元格，在“属性”面板“水平”选项的下拉列表中选择“居中对齐”选项。在该单元格中插入一个 2 行 5 列，宽为 1015 像素的表格。将刚插入的表格的第 1 列单元格合并。

（14）将光标置入合并单元格，在“属性”面板“垂直”选项的下拉列表中选择“顶端”选项，将“宽”选项设为 245。在该单元格中插入一个 3 行 1 列，宽为 245 像素的表格。将云盘中的“Ch17 > 素材 > 国画艺术网页 > images > pic_1.jpg”文件，插入刚插入的表格的第 1 行单元格，如图 17-36 所示。

（15）将光标置入第 2 行单元格，在“属性”面板中，将“高”选项设为 40。将云盘中的“Ch17 > 素材 > 国画艺术网页 > images > bt_1.jpg”文件，插入第 2 行单元格，如图 17-37 所示。将光标置入第 3 行单元格，在“属性”面板“水平”选项的下拉列表中选择“左对齐”选项。在该单元格中输入文字，如图 17-38 所示。

图 17-36

图 17-37

图 17-38

（16）新建 CSS 样式“.ul”，弹出“.ul 的 CSS 规则定义”对话框，在左侧的“分类”列表中选择“类型”选项，将“Line-height”选项设为 25，在右侧选项的下拉列表中选择“px”选项，单击“确定”按钮，完成样式的创建。

（17）选中图 17-39 所示的文字，单击“属性”面板中的“项目列表”按钮，在“类”选项的下拉列表中选择“ul”选项，应用样式，效果如图 17-40 所示。

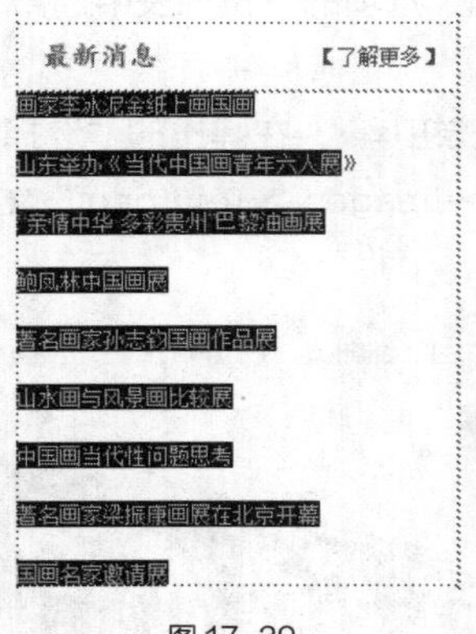

图 17-39

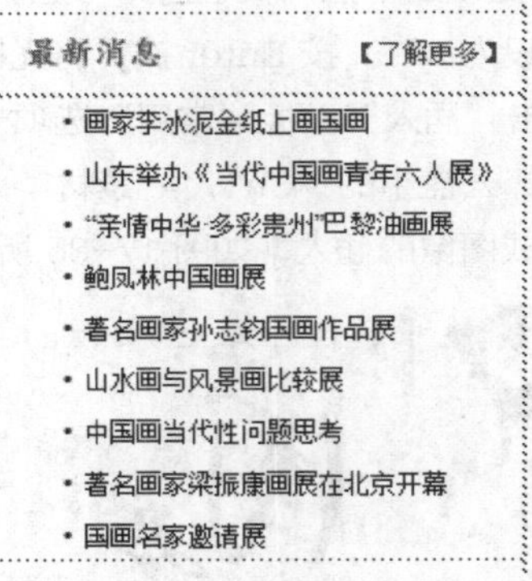

图 17-40

（18）将光标置入第 1 行第 2 列单元格，在“属性”面板中，将“宽”选项设为 15，“高”选项设为 60。用相同的方法设置第 1 行第 4 列单元格的宽。将光标置入第 2 行第 3 列单元格，在“属性”面板“垂直”选项的下拉列表中选择“顶端”选项。将云盘中的“Ch17 > 素材 > 国画艺术网页 > images > img_1.jpg”文件，插入该单元格，如图 17-41 所示。

（19）将光标置入第 2 行第 5 列单元格，在“属性”面板“垂直”选项的下拉列表中选择“顶端”选项，将“宽”选项设为 395。在该单元格中插入一个 2 行 1 列，宽为 100% 的表格。将云盘中的“Ch17 > 素材 > 国画艺术网页 > images > bt_2.jpg”文件插入刚插入的表格的第 1 行单元格中，如图 17-42 所示。

图 17-41

图 17-42

（20）将光标置入第 2 行单元格，插入一个 3 行 2 列，宽为 100%，单元格间距为 5 的表格。将光标置入第 1 行第 1 列单元格，在“属性”面板中，将“宽”选项设为 110。将云盘中的“Ch17 > 素材 > 国画艺术网页 > images > img_2.jpg”文件插入该单元格中，如图 17-43 所示。

（21）将光标置入第 1 行第 2 列单元格，在“属性”面板“水平”选项的下拉列表中选择“左对齐”选项，将“背景颜色”选项设为浅灰色（#f5f5f5）。在该单元格中输入文字，效果如图 17-44 所示。

图 17-43

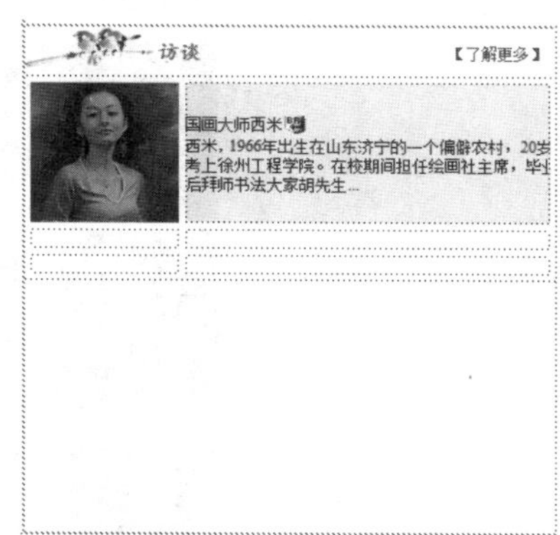

图 17-44

（22）新建 CSS 样式“.bt”，弹出“.bt 的 CSS 规则定义”对话框，在左侧的“分类”列表中选择“类型”选项，将“Font-family”选项设为“宋体”，“Font-size”选项设为 14，“Font-weight”选项的下拉列表中选择“bold”选项，“Line-height”选项设为 25，在右侧选项的下拉列表中选择“px”选项，单击“确定”按钮，完成样式的创建。

（23）新建 CSS 样式“.text”，弹出“.text 的 CSS 规则定义”对话框，在左侧的“分类”列表中选择“类型”选项，将“Line-height”选项设为 25，在右侧选项的下拉列表中选择“px”选项，单击“确定”按钮，完成样式的创建。

（24）选中图 17-45 所示的文字，在“属性”面板“类”选项的下拉列表中选择“bt”选项，应用样式，效果如图 17-46 所示。选中图 17-47 所示的文字，在“属性”面板“类”选项的下拉列表中选择“text”选项，应用样式，效果如图 17-48 所示。

图 17-45

图 17-46

图 17-47

图 17-48

（25）用上述的方法制作出图 17-49 所示的效果。

图 17-49

2. 制作内容区域 2 及底部区域

（1）将光标置于图 17-50 所示的位置，插入一个 2 行 5 列，宽为 1015 像素的表格，如图 17-51 所示。将光标置入刚插入的表格的第 1 行第 1 列单元格，在“属性”面板中，将“高”选项设为 30。

（2）将光标置入第 2 行第 1 列单元格，在“属性”面板“垂直”选项的下拉列表中选择“顶端”选项，将“宽”选项设为 245。在该单元格中，插入一个 2 行 1 列，宽为 245 像素的表格。将云盘中的“Ch17 > 素材 > 国画艺术网页 > images > pic_2.jpg”文件，插入刚插入的表格的第 1 行单元格中，如图 17-52 所示。

图 17-50

图 17-51

（3）将光标置入第 2 行单元格中，在“属性”面板“水平”选项的下拉列表中选择“左对齐”选项，在该单元格中输入文字，如图 17-53 所示。

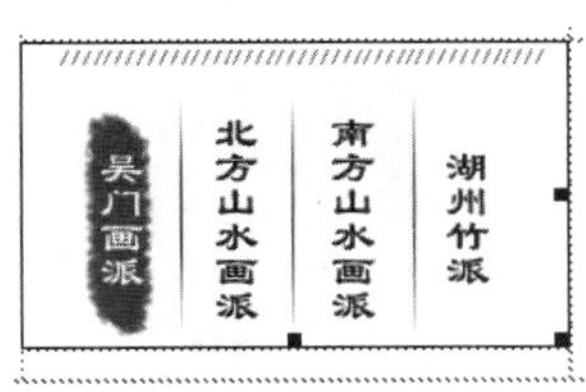

图 17-52

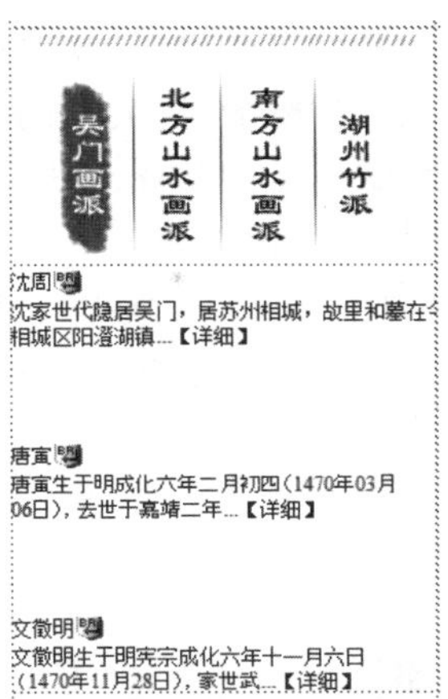

图 17-53

（4）新建 CSS 样式“.bt01”，弹出“.bt01 的 CSS 规则定义”对话框，在左侧的“分类”列表中选择“类型”选项，在“Font-weight”选项的下拉列表中选择“bold”选项，将“Color”选项设为深红色（#a1060c），单击“确定”按钮，完成样式的创建。

（5）选中文字“沈周”，在“属性”面板“类”选项的下拉列表中选择“bt01”选项，应用样式，效果如图 17-54 所示。选中图 17-55 所示的文字，在“属性”面板“类”选项的下拉列表中选择“text”选项，应用样式，效果如图 17-56 所示。

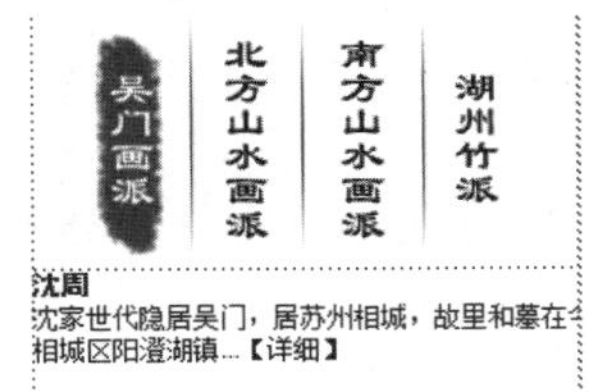

图 17-54

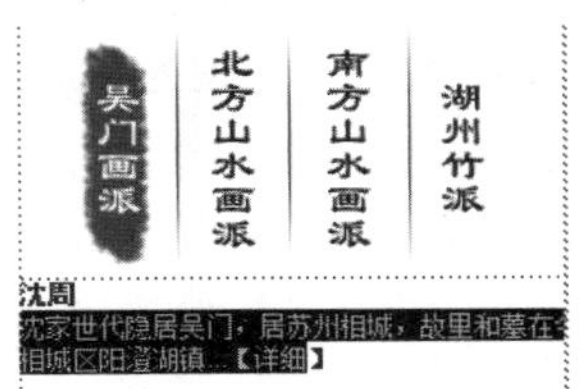

图 17-55

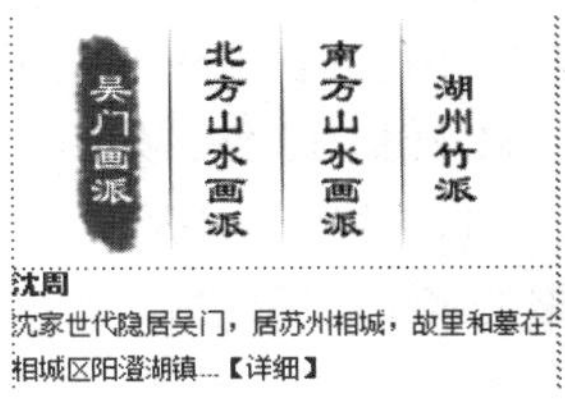

图 17-56

（6）新建 CSS 样式“.tcolor”，弹出“.tcolor 的 CSS 规则定义”对话框，在左侧的“分类”列表中选择“类型”选项，将“Color”选项设为深红色（#a1060c），单击“确定”按钮，完成样式的创建。

（7）选中图 17-57 所示的文字，在“属性”面板“类”选项的下拉列表中选择“tcolor”选项，应用样式，效果如图 17-58 所示。用相同的方法制作出如图 17-59 所示的效果。

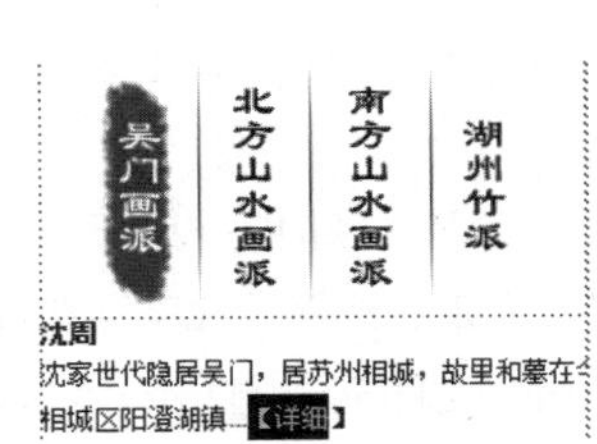

图 17-57

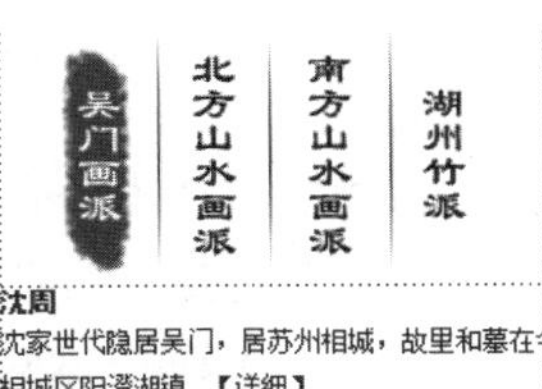

图 17-58

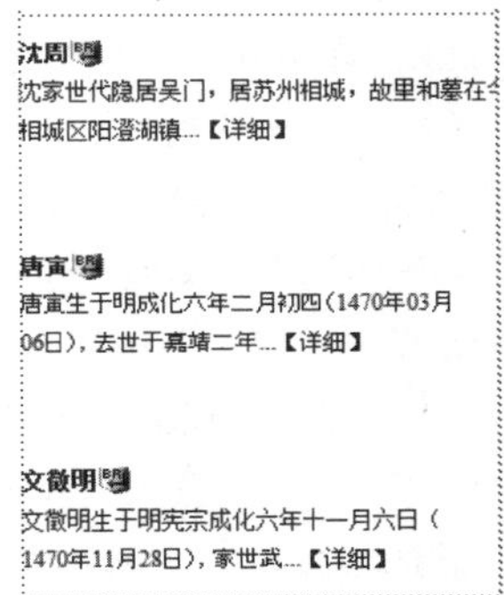

图 17-59

（8）新建CSS样式“.pic”，弹出“.pic的CSS规则定义”对话框，在左侧的“分类”列表中选择“方框”选项，在“Float”选项的下拉列表中选择“left”选项，取消选择“Padding”选项组中的“全部相同”复选框，将“Right”选项设为10，在右侧选项的下拉列表中选择“px”选项，单击“确定”按钮，完成样式的创建。

（9）将云盘中的“Ch17 > 素材 > 国画艺术网页 > images > mj_1.jpg”文件，插入相应的位置，并应用“pic”样式，效果如图17-60所示。用相同的方法制作出如图17-61所示的效果。

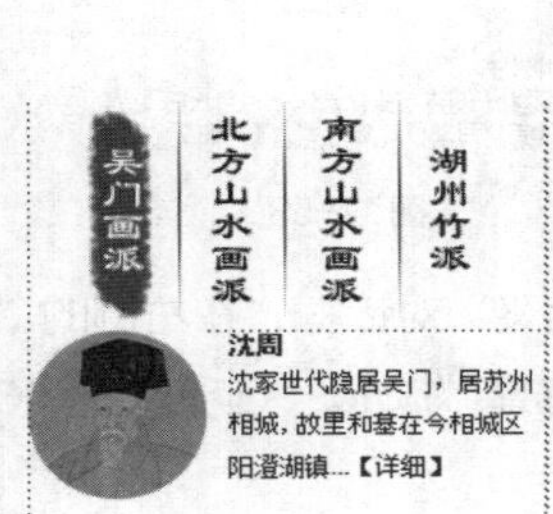

图17-60

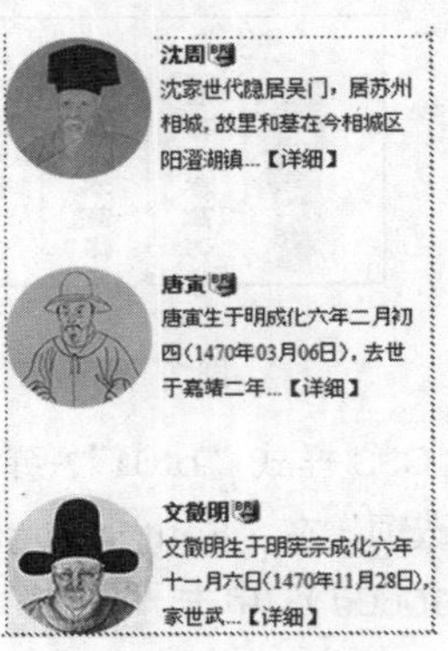

图17-61

（10）将光标置入第2行第2列单元格，在“属性”面板中，将“宽”选项设为15。用相同的方法设置第2行第4列单元格的宽为15。将光标置入第2行第3列单元格，在“属性”面板“垂直”选项的下拉列表中选择“顶端”选项，将“宽”选项设为434。在该单元格中插入一个4行1列，宽为434像素的表格，如图17-62所示。

（11）将云盘中的“Ch17 > 素材 > 国画艺术网页 > images > bt_3.jpg”文件，插入刚插入的表格的第1行单元格，如图17-63所示。

图17-62　　图17-63

（12）将光标置入第2行单元格，在“属性”面板“目标规则”选项的下拉列表中选择“<新内联样式>”选项，“水平”选项的下拉列表中选择“居中对齐”选项，将“字体”选项设为“宋体”，“大小”选项设为14，“Color”选项设为深灰色（#323232），单击“加粗”按钮 **B**，将“高”选项设为50。在单元格中输入文字，如图17-64所示。

（13）将光标置入第3行单元格，在该单元格中插入一个1行3列，宽为410像素的表格，将表格设为居中对齐。新建CSS样式“.text01”，弹出“.text01的CSS规则定义”对话框，在左侧的“分类”列表中选择“类型”选项，将“Line-height”选项设为26，在右侧选项的下拉列表中选择“px”选项，单击“确定”按钮，完成样式的创建。

（14）在刚插入的表格的单元格中输入文字，并应用“text01”样式，效果如图17-65所示。

（15）将光标置入第4行单元格，在“属性”面板“垂直”选项的下拉列表中选择“底部”选项，将“高”选项设为180。分别将云盘“Ch17 > 素材 > 国画艺术网页 > images”文件夹中的“pic_4.jpg”“pic_5.jpg”“pic_6.jpg”文件，插入该单元格，如图17-66所示。

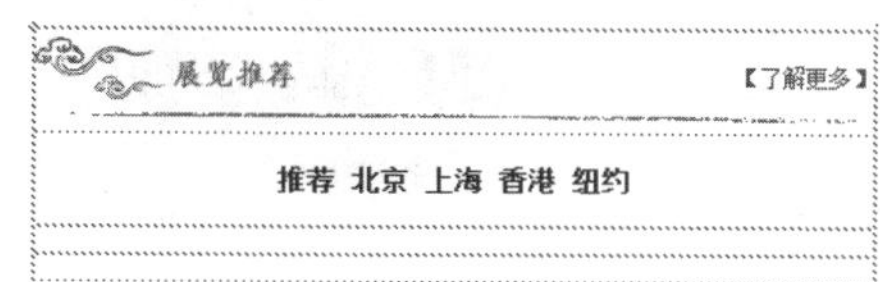

图 17-64

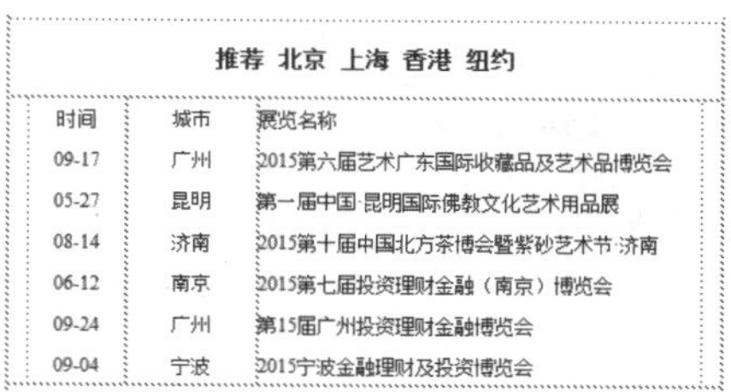

推荐 北京 上海 香港 纽约

时间	城市	展览名称
09-17	广州	2015第六届艺术广东国际收藏品及艺术品博览会
05-27	昆明	第一届中国·昆明国际佛教文化艺术用品展
08-14	济南	2015第十届中国北方茶博会暨紫砂艺术节·济南
06-12	南京	2015第七届投资理财金融（南京）博览会
09-24	广州	第15届广州投资理财金融博览会
09-04	宁波	2015宁波金融理财及投资博览会

图 17-65

图 17-66

图 17-67

（16）选中图 17-67 所示的图像，单击文档窗口左上方的“拆分”按钮 拆分 ，在“拆分”视图窗口中的“height="153"”代码的后面置入光标，手动输入“hspace="10"”，如图 17-68 所示。单击文档窗口左上方的“设计”按钮 设计 ，切换到“设计”视图中，效果如图 17-69 所示。

```
        <td height="180"
valign="bottom"><img src=
"images/pic_4.jpg" alt="" width=
"135" height="153" /><img src=
"images/pic_5.jpg" alt="" width=
"135" height="153" hspace="10"/>
<img src="images/pic_6.jpg" alt=""
width="135" height="153" /></td>
```

图 17-68

图 17-69

（17）将光标置入第 2 行第 4 列单元格，在“属性”面板中，将“宽”选项设为 15。新建 CSS 样式“.bj02”，弹出“.bj02 的 CSS 规则定义”对话框，在左侧的“分类”列表中选择“背景”选项，单击“Background-image”选项右侧的“浏览”按钮，在弹出的“选择图像源文件”对话框中，选择云盘中的“Ch17 > 素材 > 国画艺术网页 > images > pic_3.jpg”文件，单击“确定”按钮，返回到对话框中，在“Background-repeat”选项的下拉列表中选择“no-repeat”选项，“Background-position（X）”选项的下拉列表中选择“right”选项，“Background-position（Y）”选项的下拉列表中选择“top”选项，如图 17-70 所示，单击“确定”按钮，完成样式的创建。

（18）将光标置入第 2 行第 5 列单元格，在“属性”面板“类”选项的下拉列表中选择“bj02”选项，“水平”选项的下拉列表中选择“左对齐”选项，“垂直”选项的下拉列表中选择“底部”选项，效果如图 17-71 所示。在该单元格中输入文字。

（19）新建 CSS 样式“.bt02”，弹出“.bt02 的 CSS 规则定义”对话框，在左侧的“分类”列表中选择“类型”选项，在“Font-weight”选项的下拉列表中选择“bold”选项，单击“确定”按钮，完成样式的创建。

图 17-70

图 17-71

（20）选中图 17-72 所示的文字，在“属性”面板“类”选项的下拉列表中选择“bt02”选项，应用样式，效果如图 17-73 所示。用相同的方法为其他文字应用样式，效果如图 17-74 所示。

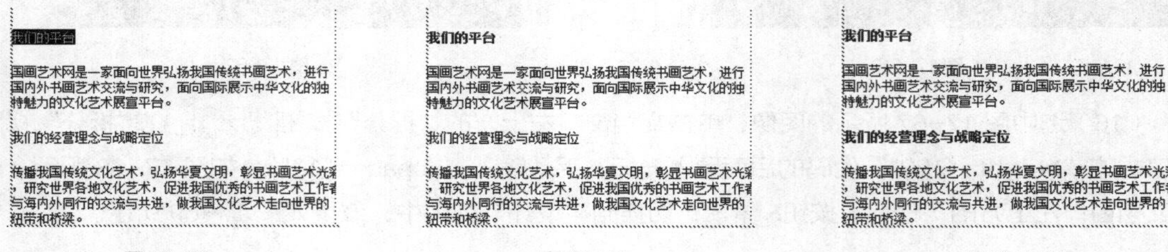

图 17-72　图 17-73　图 17-74

（21）新建 CSS 样式“.text02”，弹出“.text02 的 CSS 规则定义”对话框，在左侧的“分类”列表中选择“类型”选项，将“Line-height”选项设为 22，在右侧选择的下拉列表中选择“px”选项，单击“确定”按钮，完成样式的创建。

（22）选中图 17-75 所示的文字，在“属性”面板“类”选项的下拉列表中选择“text02”选项，应用样式，效果如图 17-76 所示。用相同的方法为其他文字应用样式，效果如图 17-77 所示。

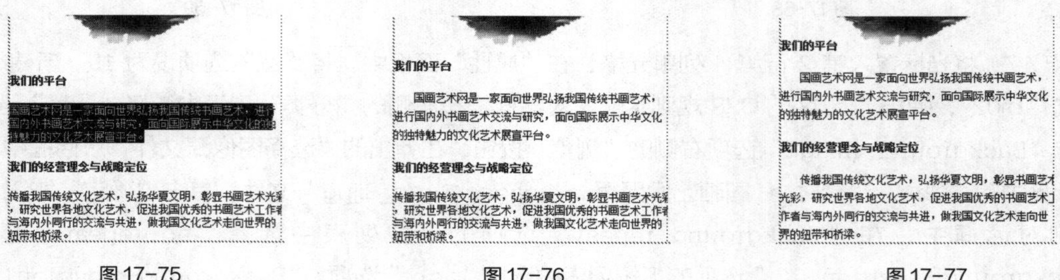

图 17-75　图 17-76　图 17-77

（23）新建 CSS 样式“.bj03”，弹出“.bj03 的 CSS 规则定义”对话框，在左侧的“分类”列表中选择“类型”选项，将“Line-height”选项设为 25，在右侧选项的下拉列表中选择“px”选项。在左侧的“分类”列表中选择“背景”选项，单击“Background-image”选项右侧的“浏览”按钮，在弹出的“选择图像源文件”对话框中，选择云盘中的“Ch17 > 素材 > 国画艺术网页 > images > bj_3.jpg”文件，单击“确定”按钮，返回到对话框中，单击“确定”按钮，完成样式的创建。

（24）将光标置入主体表格的第 3 行单元格，在“属性”面板“类”选项的下拉列表中选择“bj03”选项，“水平”选项的下拉列表中选择“居中对齐”选项，将“高”选项设为 227。在单元格中输入文字，效果如图 17-78 所示。

图 17-78

（25）国画艺术网页效果制作完成，保存文档，按 F12 键，预览网页效果，如图 17-79 所示。

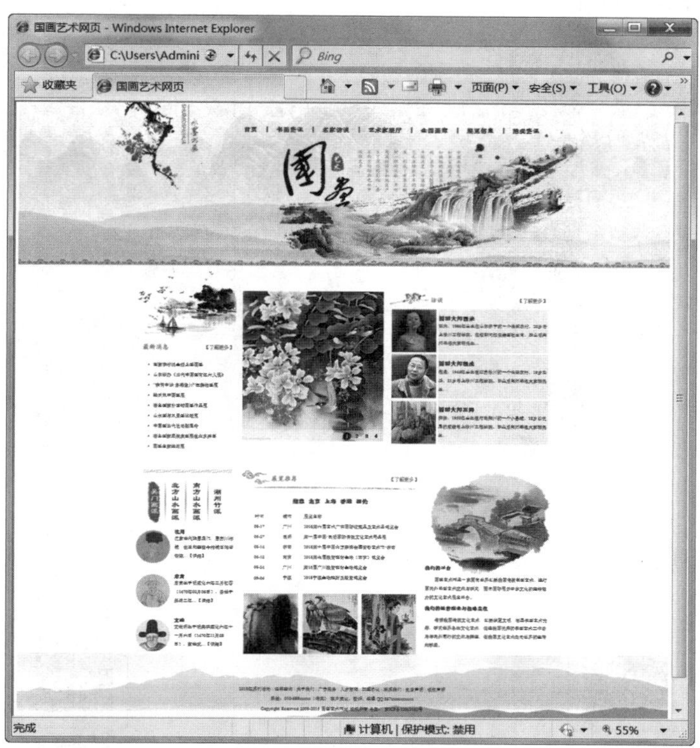

图 17-79

17.4 太极拳健身网页

17.4.1 案例分析

太极拳是中华民族的宝贵财富，它不仅是一种健身与技击并重的古老拳术，还包含了深刻的中国古典哲学。太极拳健身网页对太极拳文化进行全面介绍和宣传，在网页上要表现出太极拳的健身养生功能和文化特色。

在网页中，将背景设计为传统黑白水墨画，营造出平和恬静的氛围。黑色背景和白色文字的对比，使导航在页面中更加鲜明，方便浏览和学习。打太极拳的鹤发童颜的老人表现出太极拳的健身养生功能和中国古典哲学思想。通过对右侧区域的文字和视频的设计编排，提供了太极简介、最新资讯、太极养生等栏目，详细介绍了太极拳文化的精髓。

本例将使用“页面属性”命令设置页面字体、大小、页边距及页面标题，使用“表格”设置布局效果，使用“图像”插入装饰图像及 logo 效果，使用“属性”面板设置单元格的对齐方式、高度及宽度，使用“CSS 样式”命令设置文字颜色、大小、行距及单元格背景图像。

17.4.2 案例效果

本案例的效果如图 17-80 所示。

图 17-80

17.4.3 案例制作

扫码查看
本案例步骤

扫码观看
本案例视频

课堂练习——书法艺术网页

练习知识要点

使用“页面属性”命令，更改页面属性；使用“CSS 样式”命令，设置文字的颜色和大小；使用“行为”命令，制作弹出信息效果，效果如图 17-81 所示。

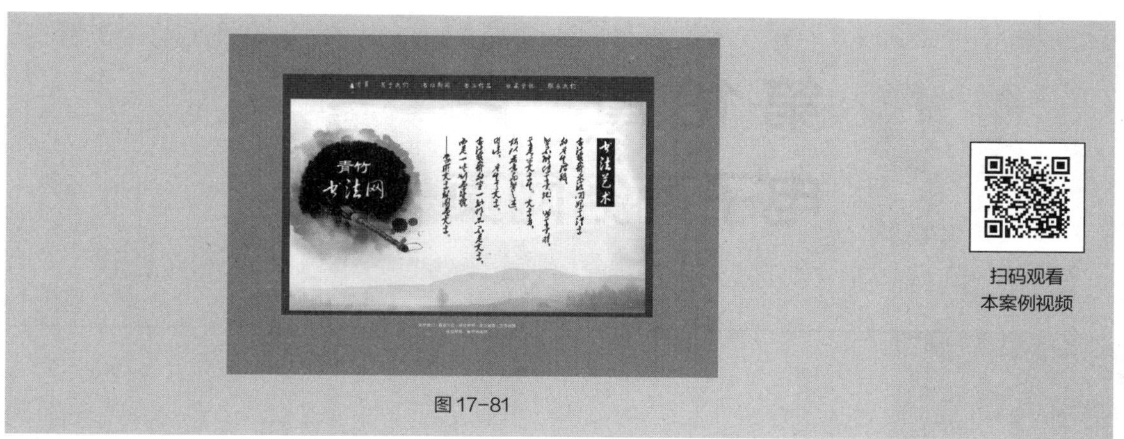

图 17-81

效果所在位置

云盘/Ch17/效果/书法艺术网页/index.html。

课后习题——诗词艺术网页

习题知识要点

使用“页面属性”命令，设置页面字体、大小、颜色和页面边距；使用“属性”面板，更改文字的大小、颜色制作导航条；使用“CSS 样式”命令，设置单元格的背景图像、文字的大小和行距，如图 17-82 所示。

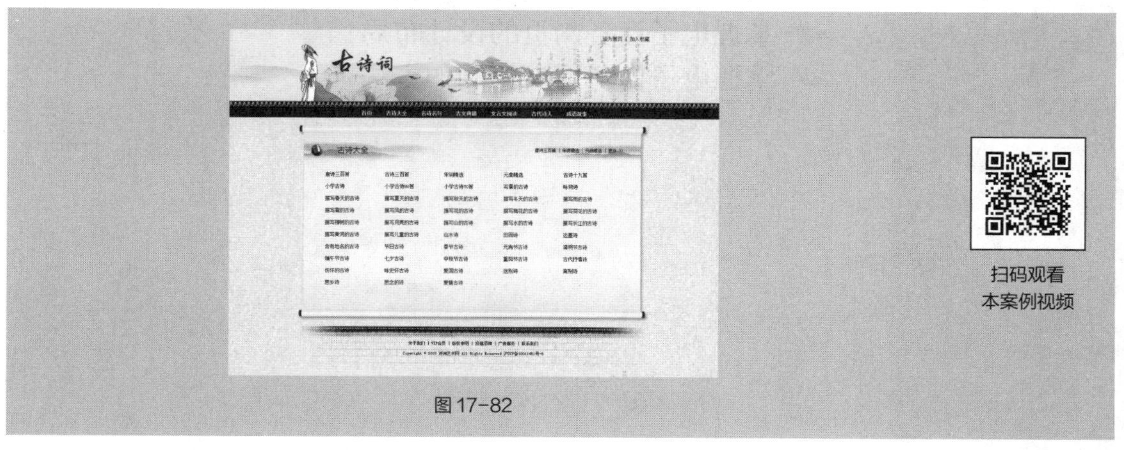

图 17-82

效果所在位置

云盘/Ch17/效果/诗词艺术网页/index.html。

18

第 18 章 电子商务网页

近年来，电子商务得到了迅猛的发展，它是数字化商业的核心，是未来商业发展的主流方式。随着时代的发展，不具备网上交易能力的企业将失去广阔的市场，以至于无法在未来的市场竞争中取得优势。本章以多个类型的电子商务网页为例，讲解电子商务网页的设计方法和制作技巧。

课堂学习目标

- 了解电子商务网页的功能
- 了解电子商务网页的服务内容
- 掌握电子商务网页的设计流程
- 掌握电子商务网页的设计布局
- 掌握电子商务网页的制作方法

18.1 电子商务网页概述

电子商务通常是指在全球各地广泛的贸易活动中，在互联网开放的网络环境下，基于浏览器/服务器应用方式，买卖双方不见面地进行各种交易活动，实现消费者网上购物、商户之间网上交易和在线支付以及各种商务活动、交易活动、金融活动和相关综合服务活动等的一种新型的商业运营模式。随着国内互联网使用人数的增加，利用互联网进行网络购物并付款的消费方式已逐渐流行，其相关市场份额也在迅速增长，电子商务网站也层出不穷，已经服务到千家万户。

18.2 网络营销网页

18.2.1 案例分析

网络营销网页是以建立引导客户需求为核心的站点为前提，通过线上或者线下等多种渠道对站点进行广泛地推广，并对营销站点进行规范化的管理，从而实现电子商务渠道对企业营销任务的贡献。在设计上要求简洁直观、清晰明确。

在网页中，用严谨的版式风格将页面分割出来，展现出公司认真的态度。网页中的图标和导航栏巧妙结合，增加画面活泼感的同时，方便对电子商务信息进行浏览。中间是具有科技感的广告条，展现出公司的主要特色和服务理念。通过对下侧区域的文字和图形进行设计编排，提供了不同风格的电子商务栏目，详细介绍与行业有关的各种信息，体现出企业丰富的营销手段。

本例将使用“页面属性”命令设置页面字体大小、文字颜色、页边距及页面标题，使用“图像”按钮制作网页 logo 和导航效果，使用“属性”面板设置单元格的宽度、高度及对齐方式，使用“CSS 样式”命令设置文字的大小、颜色及行距。

18.2.2 案例效果

本案例的效果如图 18–1 所示。

图 18–1

18.2.3　案例制作

1. 制作导航条

（1）选择“文件 > 新建”命令，新建空白文档。选择“文件 > 保存”命令，弹出“另存为”对话框，在“保存在”选项的下拉列表中选择当前站点目录保存路径；在“文件名”选项的文本框中输入“index”，单击“保存”按钮，返回网页编辑窗口。

（2）选择“修改 > 页面属性”命令，弹出“页面属性”对话框，在左侧的“分类”列表中选择“外观（CSS）”选项，将“大小”选项设为 12，“文本颜色”选项设为灰色（#646464），“左边距”“右边距”“上边距”“下边距”选项均设为 0，如图 18-2 所示。

（3）在左侧的“分类”列表中选择“标题/编码”选项，在“标题”选项的文本框中输入“网络营销网页”，如图 18-3 所示，单击“确定”按钮，完成页面属性的修改。

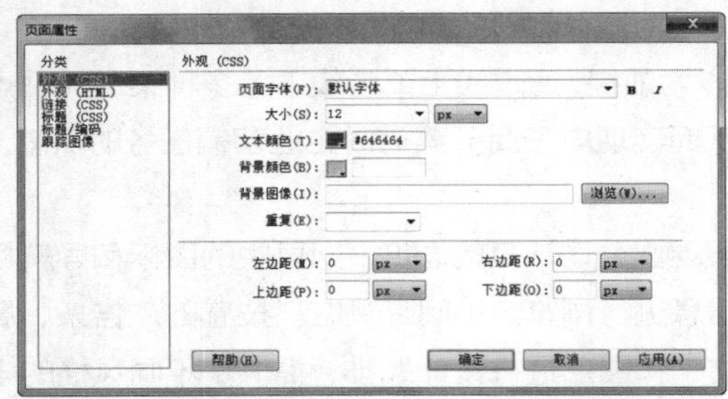

图 18-2

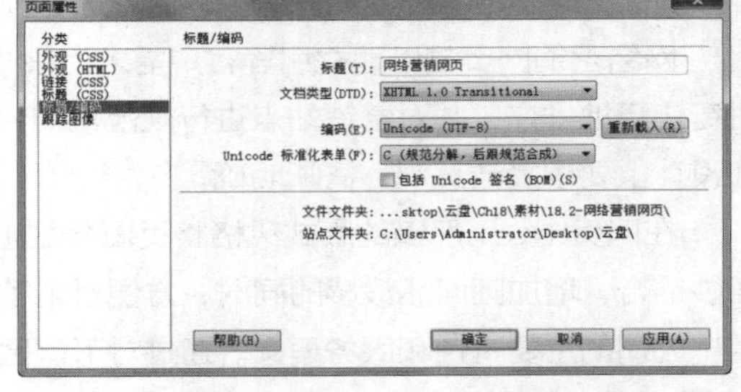

图 18-3

（4）单击“插入”面板“常用”选项卡中的“表格”按钮，在弹出的“表格”对话框中进行设置，如图 18-4 所示，单击“确定”按钮，完成表格的插入。保持表格的选取状态，在“属性”面板“对齐”选项的下拉列表中选择“居中对齐”选项。

（5）将光标置入第 1 行单元格，在“属性”面板中，将“背景颜色”选项设为黑色（#090909），效果如图 18-5 所示。

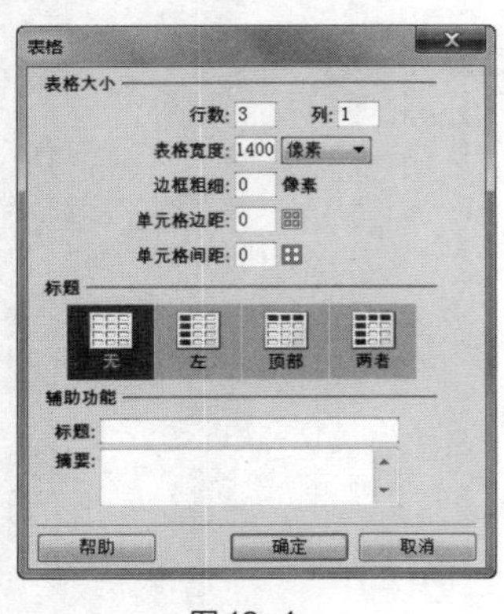

图 18-4

图 18-5

（6）将光标置入第 2 行单元格，插入一个 6 行 1 列，宽为 1000 像素的表格，将表格设为居中对齐。将光标置入刚插入的表格的第 1 行单元格，在“属性”面板中，将“高”选项设为 120。在该单元格中插入一个 2 行 8 列，宽为 1000 像素的表格。

（7）选中图 18-6 所示的单元格，单击“属性”面板中的“合并所选单元格，使用跨度”按钮，将选中的单元格合并，效果如图 18-7 所示。在“属性”面板“水平”选项的下拉列表中选择“左对齐”选项，将“宽”选项设为 260。

（8）单击“插入”面板“常用”选项卡中的“图像”按钮，在弹出的“选择图像源文件”对话框中，选择云盘中的“Ch18 > 素材 > 网络营销网页 > images > logo.png”文件，单击“确定”按钮，完成图像的插入，如图 18-8 所示。

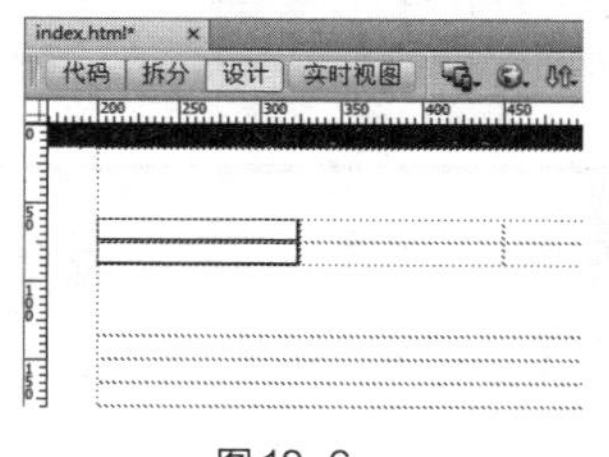

index.html*
代码
拆分
设计
实时视图
图 18-6

index.html*
代码
拆分
设计
实时视图
图 18-7

index.html*
代码
拆分
设计
实时视图
网络营销专家
Wang Luo Ying Xiao Zhuan Jia
图 18-8

（9）选中图 18-9 所示的单元格，在“属性”面板“水平”选项的下拉列表中选择“居中对齐”选项。

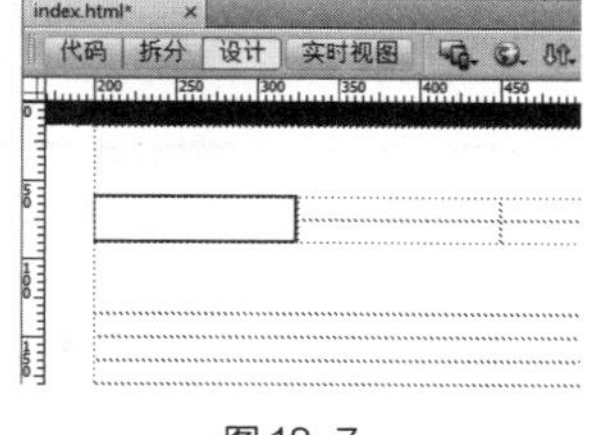

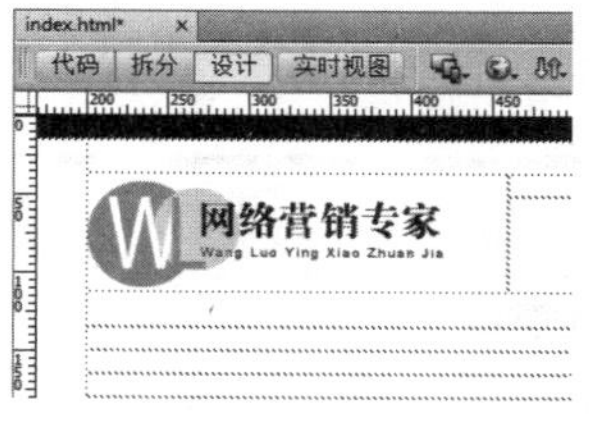

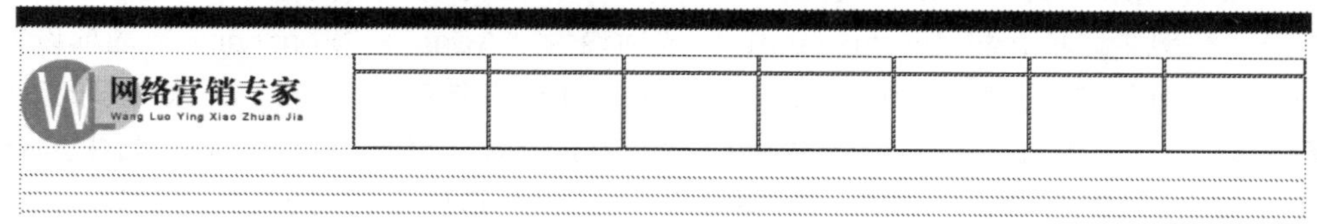

网络营销专家
Wang Luo Ying Xiao Zhuan Jia
图 18-9

（10）将云盘“Ch18 > 素材 > 网络营销网页 > images”文件夹中相应的图像插入各单元格，如图 18-10 所示。在相应的单元格中输入文字，如图 18-11 所示。

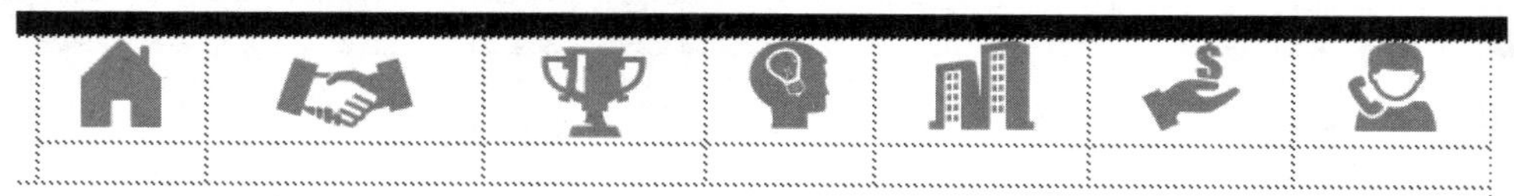

图 18-10

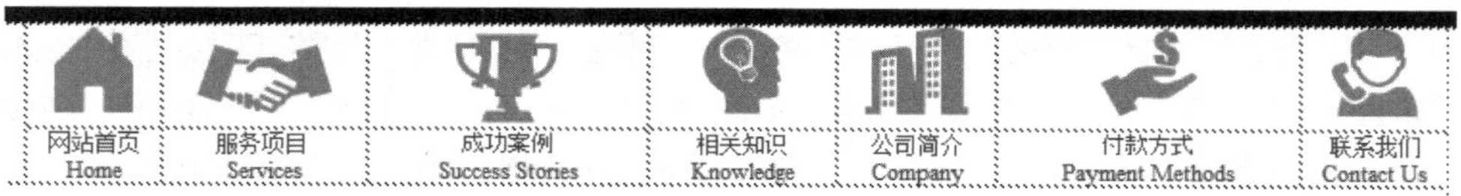

网站首页
Home
服务项目
Services
成功案例
Success Stories
相关知识
Knowledge
公司简介
Company
付款方式
Payment Methods
联系我们
Contact Us
图 18-11

（11）选择“窗口 > CSS 样式”命令，弹出“CSS 样式”面板，单击“新建 CSS 规则”按钮，在弹出的对话框中进行设置，如图 18-12 所示，单击“确定”按钮，弹出“.text 的 CSS 规则定义”对话框，在左侧的“分类”列表中选择“类型”选项，将“Font-family”选项设为“黑体”，“Font-size”选项设为 14，在右侧选项的下拉列表中选择“px”选项，“Color”选项设为黄色（#fe9b00），如图 18-13 所示，单击“确定”按钮，完成样式的创建。

（12）选中图 18-14 所示的文字，在“属性”面板“类”选项的下拉列表中选择“text”选项，应用样式，效果如图 18-15 所示。用相同的方法为其他文字应用样式，效果如图 18-16 所示。

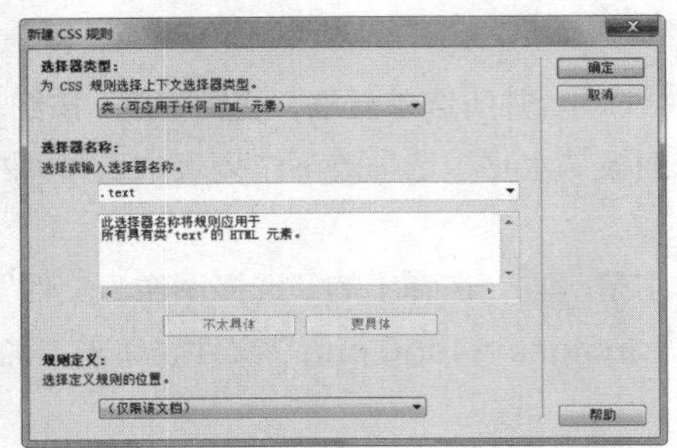
图 18-12

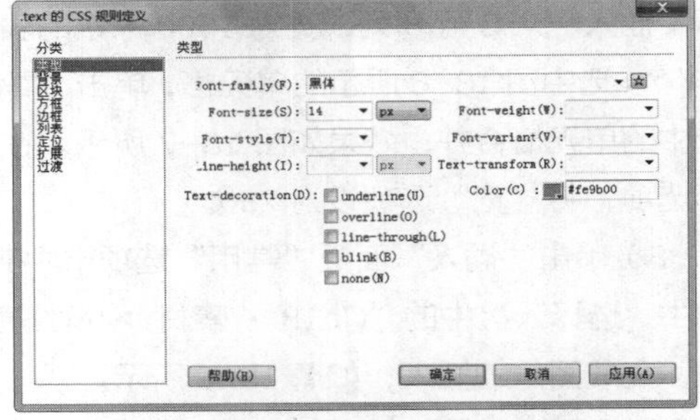
图 18-13

图 18-14

图 18-15

图 18-16

（13）新建 CSS 样式“.text2”，弹出“.text2 的 CSS 规则定义”对话框，在左侧的“分类”列表中选择“类型”选项，将“Font-family”选项设为“Arial”，“Font-size”选项设为 10，“Text-transform”选项设为“uppercase”，“Line-height”选项设为 15，在右侧选项的下拉列表中选择“px”选项，“Color”选项设为黄色（#fe9b00），单击“确定”按钮，完成样式的创建。

（14）选中图 18-17 所示的文字，在“属性”面板“类”选项的下拉列表中选择“text2”选项，应用样式，效果如图 18-18 所示。用相同的方法为其他文字应用样式，效果如图 18-19 所示。

图 18-17

图 18-18

图 18-19

（15）新建 CSS 样式“.bk”，在弹出的“.bk 的 CSS 规则定义”对话框中进行设置，如图 18-20 所示，单击“确定”按钮，完成样式的创建。

（16）将光标置入主体表格的第 2 行单元格，在“属性”面板“类”选项的下拉列表中选择“bk”选项，“垂直”选项的下拉列表中选择“底部”选项，将“高”选项设为 389。将云盘中的“Ch18 > 素材 > 网络营销网页 > images > jdt.png”文件，插入该单元格，如图 18-21 所示。

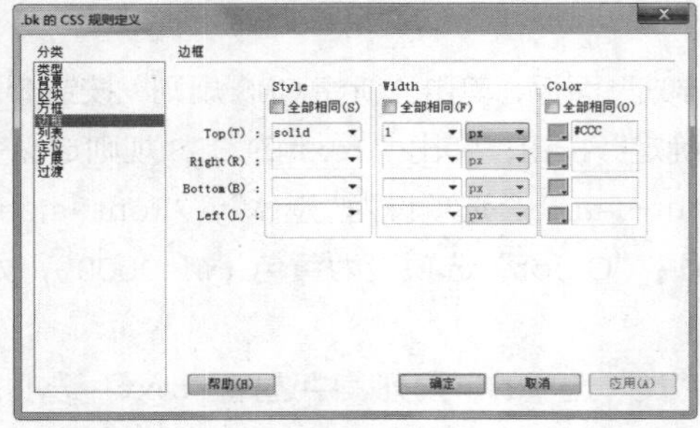
图 18-20

图 18-21

2. 制作分类介绍

（1）将光标置入第3行单元格，插入一个2行4列，宽为1000像素的表格。选中图18-22所示的单元格，在“属性”面板“水平”选项的下拉列表中选择“居中对齐”选项。

（2）将光标置入第1行第1列单元格，在“属性”面板中，将“高”选项设为220。将云盘中的“Ch18 > 素材 > 网络营销网页 > images > lbtb_1.png”文件，插入该单元格中，如图18-23所示。用相同的方法将云盘“Ch18 > 素材 > 网络营销网页 > images”文件夹中的“lbtb_2.png”“lbtb_3.png”“lbtb_4.png”文件，分别插入相应的单元格，如图18-24所示。

图18-22

图18-23

图18-24

（3）新建CSS样式“.text3”，弹出“.text3的CSS规则定义”对话框，在左侧的“分类”列表中选择“类型”选项，将“Line-height”选项设为25，在右侧选项的下拉列表中选择“px”选项，单击“确定”按钮，完成样式的创建。

（4）选中图18-25所示的单元格，在“属性”面板“垂直”选项的下拉列表中选择“顶端”选项，“类”选项的下拉列表中选择“text3”选项，将“高”选项设为100。在单元格中输入文字，效果如图18-26所示。

图18-25

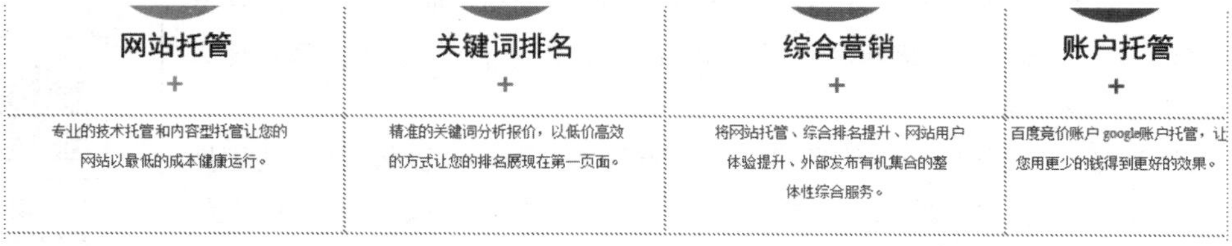

网站托管 关键词排名 综合营销 账户托管

专业的技术托管和内容型托管让您的网站以最低的成本健康运行。

精准的关键词分析报价，以低价高效的方式让您的排名展现在第一页面。

将网站托管、综合排名提升、网站用户体验提升、外部发布有机集合的整体性综合服务。

百度竞价账户google账户托管，让您用更少的钱得到更好的效果。

图18-26

（5）将光标置入主体表格的第 4 行单元格，在“属性”面板“类”选项的下拉列表中选择“bk”选项，将“高”选项设为 150。在该单元格中插入一个 2 行 3 列，宽为 1000 像素的表格，如图 18-27 所示。

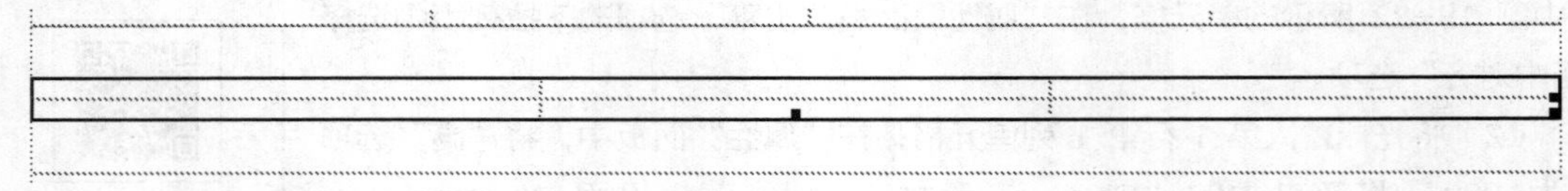

图 18-27

（6）将光标置入刚插入的表格的第 1 行第 1 列单元格，在“属性”面板“水平”选项的下拉列表中选择“左对齐”选项，将“宽”选项设为 60，“高”选项设为 50。将云盘中的“Ch18 > 素材 > 网络营销网页 > images > zsy.png”文件，插入该单元格。

（7）将光标置入第 1 行第 2 列单元格，在“属性”面板“水平”选项的下拉列表中选择“左对齐”选项，在该单元格中输入文字。将光标置入第 1 行第 3 列单元格，在“属性”面板“水平”选项的下拉列表中选择“右对齐”选项，将“宽”选项设为 60。将云盘中的“Ch18 > 素材 > 网络营销网页 > images > ysy.png”文件，插入该单元格，如图 18-28 所示。

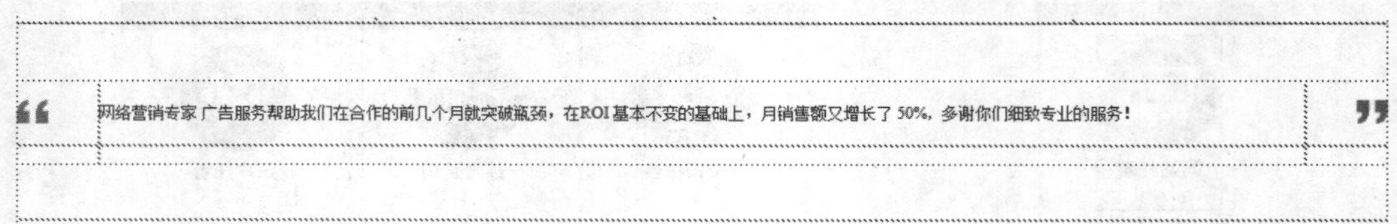

图 18-28

（8）选中文字“网”，如图 18-29 所示，在“属性”面板“目标规则”选项的下拉列表中选择“<新内联样式>”选项，将“大小”选项设为 16，效果如图 18-30 所示。

（9）将光标置入第 2 行第 2 列单元格，在“属性”面板“水平”选项的下拉列表中选择“右对齐”选项。在该单元格中输入文字，如图 18-31 所示。

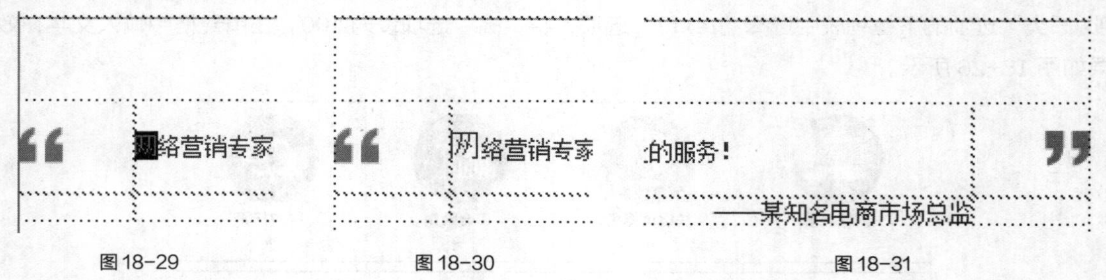

图 18-29　　图 18-30　　图 18-31

3. 制作底部效果

（1）将光标置入主体表格的第 5 行单元格，在该单元格中输入文字，并将云盘中的“Ch18 > 素材 > 网络营销网页 > images > line.jpg”文件，插入该单元格，如图 18-32 所示。

扫码观看
本案例视频

（2）选中文字“合作伙伴”，如图 18-33 所示，在“属性”面板“目标规则”选项的下拉列表中选择“<新内联样式>”选项，单击“加粗”按钮 B，将“大小”选项设为 16，“高”选项设为 50，效果如图 18-34 所示。

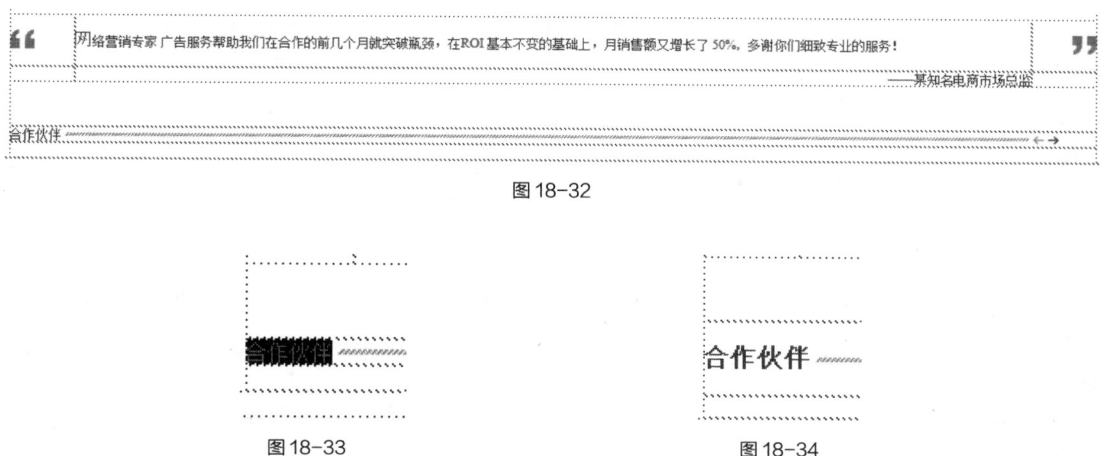

图 18-32

图 18-33

图 18-34

（3）将光标置入第 6 行单元格，在“属性”面板中，将“高”选项设为 170。将云盘中的“Ch18 > 素材 > 网络营销网页 > images > dt.png”文件，插入该单元格，如图 18-35 所示。

图 18-35

（4）将光标置入主体表格的第 3 行，在“属性”面板“水平”选项的下拉列表中选择“居中对齐”选项，将“高”选项设为 95，“背景颜色”选项设为浅灰色（#e2e2e2）。在该单元格中插入一个 1 行 2 列，宽为 900 像素的表格，如图 18-36 所示。

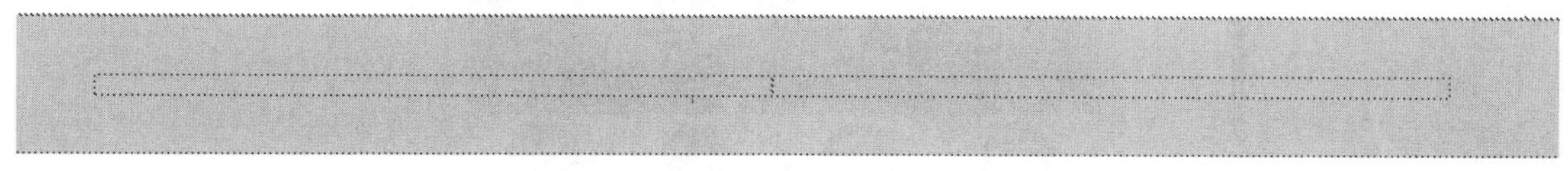

图 18-36

（5）将光标置入刚插入的表格的第 1 列单元格，在“属性”面板“水平”选项的下拉列表中选择“左对齐”选项，“类”选项的下拉列表中选择“text3”选项，将“宽”选项设为 675。在单元格中输入文字，如图 18-37 所示。

诚聘英才 | 联系我们 | 站点地图
版权所有: Copyright © 网络营销专家（北京）有限公司2013 All rights reserved.

图 18-37

（6）将光标置入第 2 列单元格，在“属性”面板“水平”选项的下拉列表中选择“左对齐”选项。在该单元格中输入文字，如图 18-38 所示。

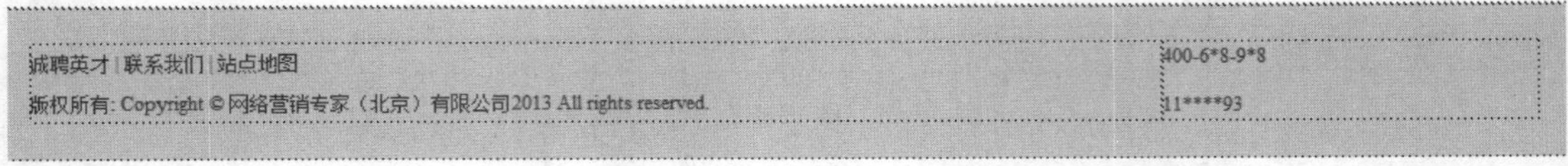

图 18-38

（7）新建 CSS 样式“.pic”，弹出“.pic 的 CSS 规则定义”对话框，在左侧的“分类”列表中选择“区块”选项，在“Vertical-align”选项的下拉列表中选择“middle”选项。在左侧的“分类”列表中选择“方框”选项，取消选择“Padding”选项中的“全部相同”复选框，将“Right”选项设为 10，在右侧选项的下拉列表中选择“px”选项，单击“确定”按钮，完成样式的创建。

（8）分别将云盘“Ch18 > 素材 > 网络营销网页 > images”文件夹中的“xtb_1.png”和“xtb_2.png”文件，插入相应的位置，并应用“pic”样式，效果如图 18-39 所示。

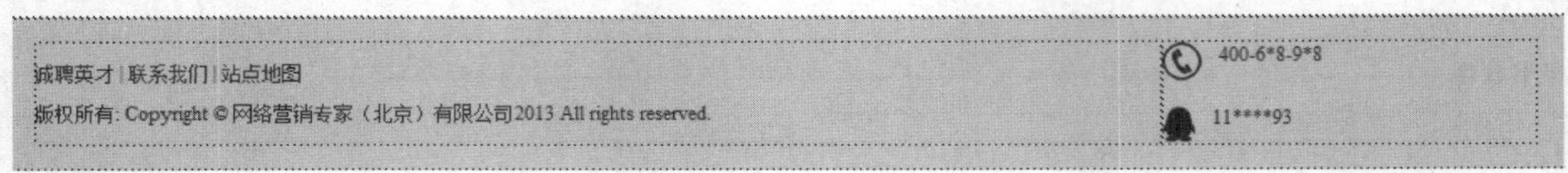

图 18-39

（9）网络营销网页效果制作完成，保存文档，按 F12 键，预览网页效果，如图 18-40 所示。

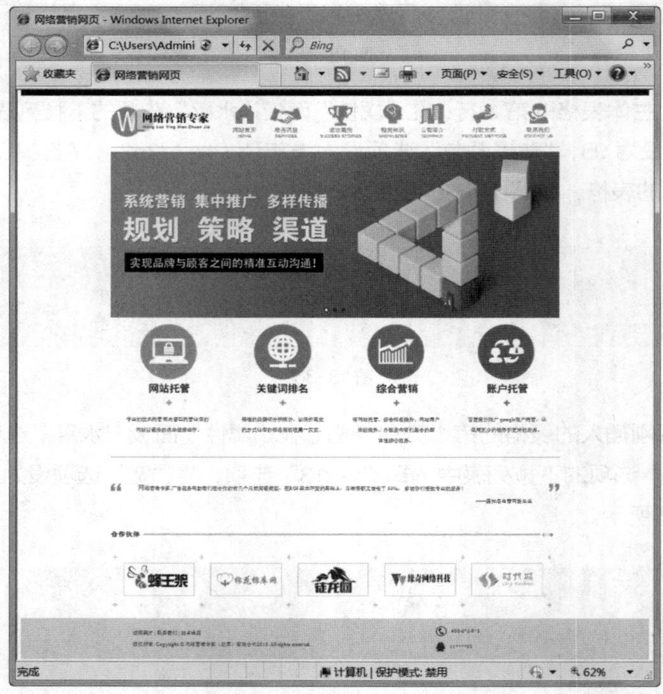

图 18-40

18.3 土特产网页

18.3.1 案例分析

土特产网站是企业通过互联网为消费者提供的一个买卖土特产的平台，消费者可通过网络在网上购物、支付。在网页设计上要求体现出产品丰富、健康的信息和便捷的支付方式，增加消费者的购买欲望。

在网页中，使用浅淡的色调展现出亲切宜人的气质，起到衬托的作用。上方红底白字的标志和导航栏醒目突出，简洁明快的设计方便用户浏览和交换商务信息。广告栏的设计和用色与主题相呼应，体现出产品自然、优良的品质感。通过对中间部分的文字和图片进行设计编排，详细介绍各种土特产的相关信息，展现出丰富的产品种类和产品健康自然的特色。网页下方的热门推荐、新手指南、服务保障等栏目，方便用户在线交易和咨询。整个页面简洁大方，结构清晰，有利于用户进行商务咨询和交易。

本例将使用“页面属性”命令设置页面字体、大小、页边距和页面标题，使用“表格”按钮和“图像”按钮设置布局与插入修饰图像，使用“属性”面板设置单元格的高度、宽度及对齐方式，使用“CSS样式”命令制作表格边线和背景图像效果，使用“CSS 样式”命令设置文字的大小、颜色及文字行距。

18.3.2 案例效果

本案例的效果如图 18-41 所示。

图 18-41

扫码观看
本案例视频

18.3.3 案例制作

1. 制作导航条

（1）选择“文件 > 新建”命令，新建空白文档。选择“文件 > 保存”命令，弹出“另存为”对话框，在“保存在”选项的下拉列表中选择当前站点目录保存路径；在“文件名”选项的文本框中输入“index”，单击“保存”按钮，返回网页编辑窗口。

（2）选择“修改 > 页面属性”命令，弹出“页面属性”对话框，在左侧的“分类”列表中选择“外观（CSS）”选项，将“页面字体”选项设为“宋体”，“大小”选项设为 12，“左边距”“右边距”“上边距”“下边距”选项均设为 0，如图 18-42 所示。

（3）在左侧的“分类”列表中选择“标题/编码”选项，在“标题”选项的文本框中输入“土特产网页”，如图 18-43 所示。单击“确定”按钮，完成页面属性的修改。

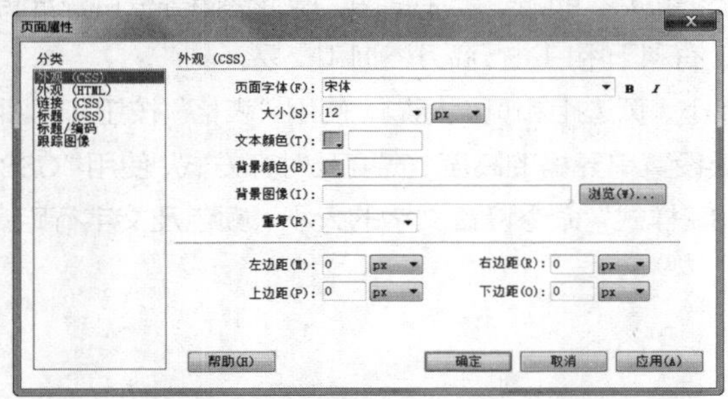

图 18-42

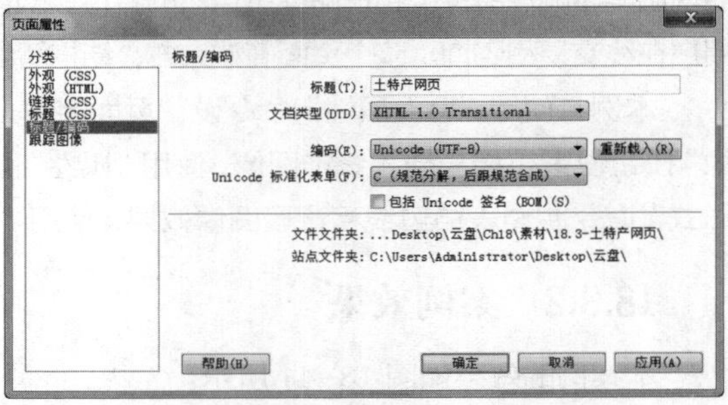

图 18-43

（4）单击“插入”面板“常用”选项卡中的“表格”按钮，在弹出的“表格”对话框中进行设置，如图 18-44 所示。单击“确定”按钮，完成表格的插入。保持表格的选取状态，在“属性”面板“对齐”选项的下拉列表中选择“居中对齐”选项。

（5）选择“窗口 > CSS 样式”命令，弹出“CSS 样式”面板，单击“新建 CSS 规则”按钮，在弹出的对话框中进行设置，如图 18-45 所示，单击“确定”按钮，弹出“.bj 的 CSS 规则定义”对话框，在左侧的“分类”列表中选择“背景”选项，将“Background-color”选项设为浅灰色（#f0f0f0），如图 18-46 所示。

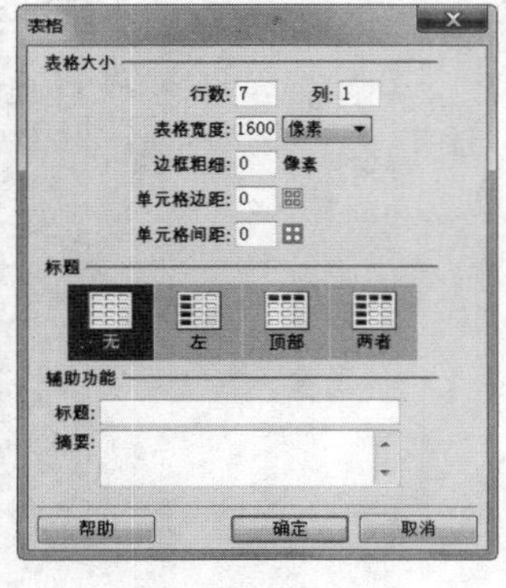

图 18-44

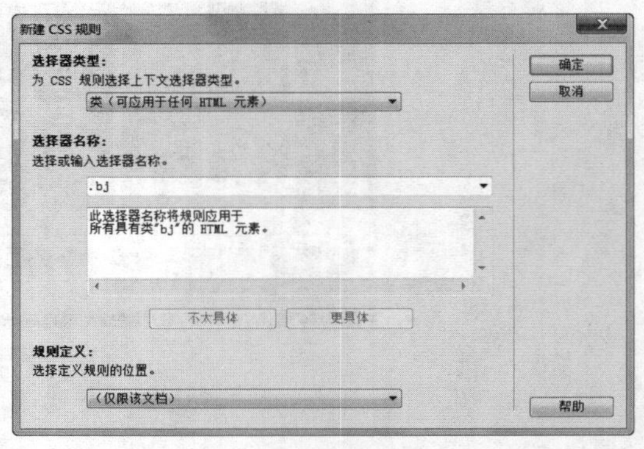

图 18-45

（6）在左侧的“分类”列表中选择“边框”选项，在右侧选项中进行设置，如图 18–47 所示，单击“确定”按钮，完成样式的创建。

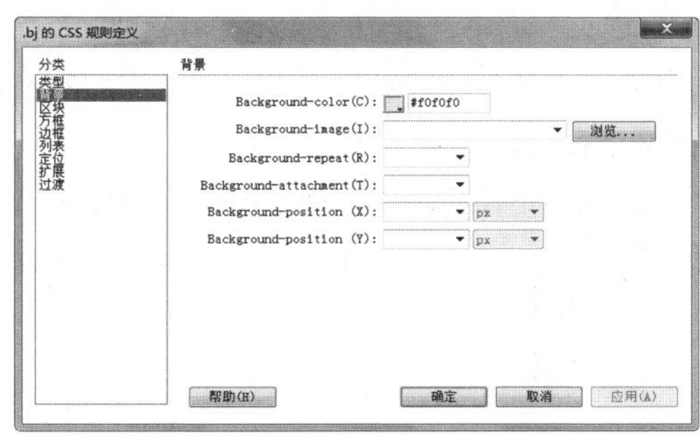

图 18–46

图 18–47

（7）将光标置入第 1 行单元格，在“属性”面板“水平”选项的下拉列表中选择“居中对齐”选项，“类”选项的下拉列表中选择“bj”选项，将“高”选项设为 30，效果如图 18–48 所示。

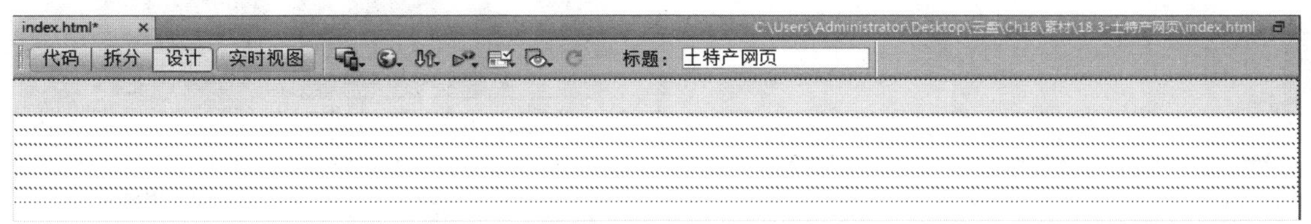

图 18–48

（8）在单元格中插入一个 1 行 2 列，宽为 1200 像素的表格。将光标置入刚插入的表格的第 1 列单元格，在“属性”面板“水平”选项的下拉列表中选择“左对齐”选项。在该单元格中输入文字与空格。新建 CSS 样式“.text”，弹出“.text 的 CSS 规则定义”对话框，在左侧的“分类”列表中选择“类型”选项，将“Color”选项设为灰色（#646464），如图 18–49 所示，单击“确定”按钮，完成样式的创建。

（9）选中图 18–50 所示的文字，在“属性”面板“类”选项的下拉列表中选择“text”选项，应用样式，效果如图 18–51 所示。

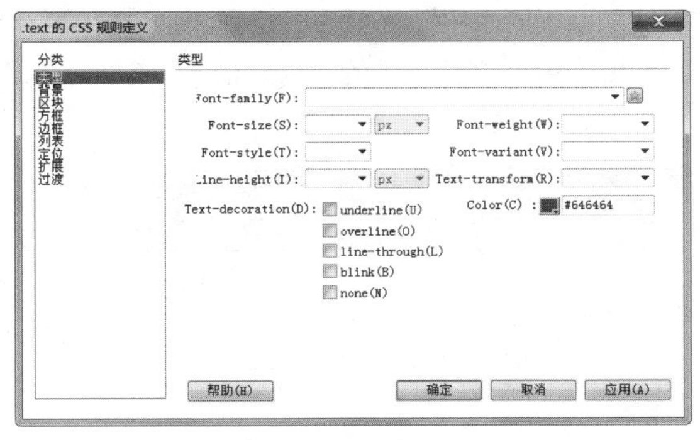

图 18–49

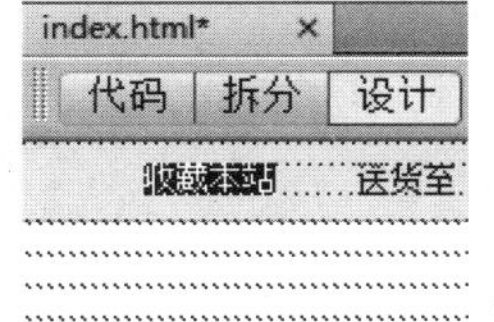

图 18–50

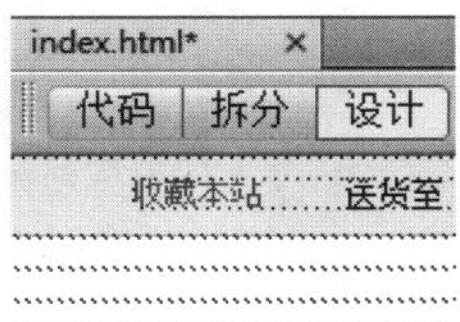

图 18–51

（10）新建 CSS 样式“.pic”，弹出“.pic 的 CSS 规则定义”对话框，在左侧的“分类”列表中选择“区块”选项，在“Vertical-align”选项的下拉列表中选择“middle”选项。在左侧的“分类”列表中选择“方框”选项，取消选择“Padding”选项组中的“全部相同”复选框，将“Right”选项设为 10，在右侧选项的下拉列表中选择“px”选项，如图 18-52 所示，单击“确定”按钮，完成样式的创建。

（11）将光标置于文字“收藏本站”的左侧，单击“插入”面板“常用”选项卡中的“图像”按钮，在弹出的“选择图像源文件”对话框中，选择云盘中的“Ch18 > 素材 > 土特产网页 > images > xx.png”文件，单击“确定”按钮，完成图像的插入。

（12）保持图像的选取状态，在“属性”面板“类”选项的下拉列表中选择“pic”选项，应用样式，效果如图 18-53 所示。用相同的方法将云盘中的“Ch18 > 素材 > 土特产网页 > images > dq.png”文件，插入相应的位置，并应用“pic”样式，效果如图 18-54 所示。

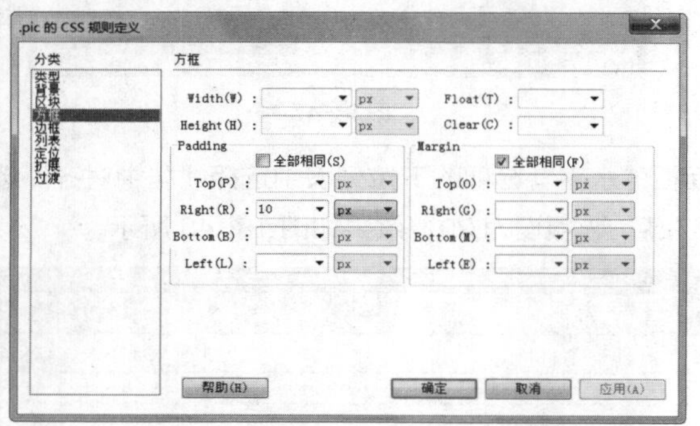

图 18-52

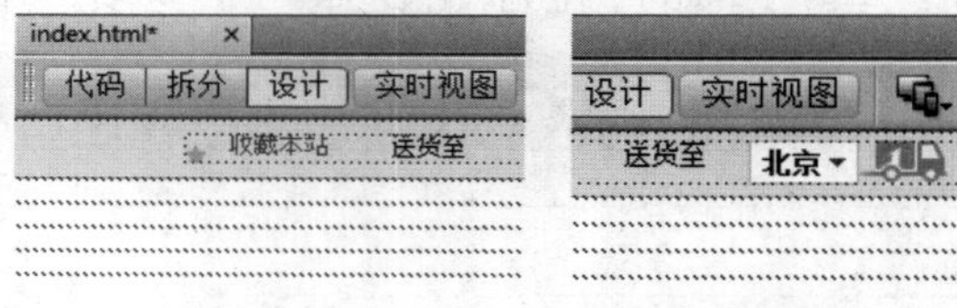

图 18-53　　图 18-54

（13）将光标置入第 2 列单元格，在“属性”面板“类”选项的下拉列表中选择“text”选项，“水平”选项的下拉列表中选择“右对齐”选项。在该单元格中输入文字，如图 18-55 所示。

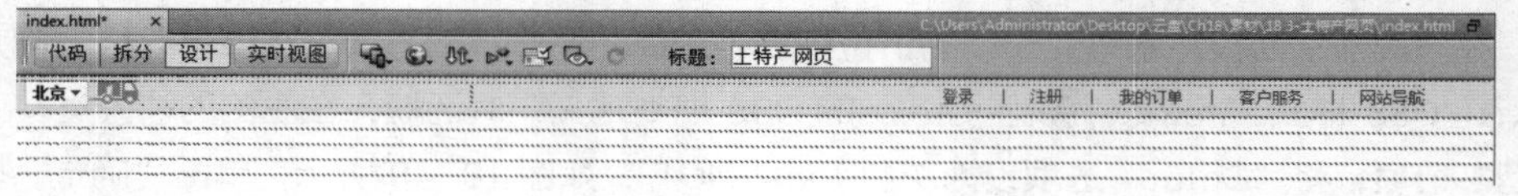

图 18-55

（14）将光标置入主体表格的第 2 行单元格，在“属性”面板“水平”选项的下拉列表中选择“居中对齐”选项，将“高”选项设为 105。在该单元格中插入一个 1 行 4 列，宽为 1200 像素的表格。选中刚插入的表格的第 1 列和第 2 列单元格，在“属性”面板“水平”选项的下拉列表中选择“左对齐”选项。分别将云盘“Ch18 > 素材 > 土特产网页 > images”文件夹中的“logo.png”和“gg.jpg”文件，插入相应的单元格，如图 18-56 所示。

图 18-56

（15）将光标置入第 3 列单元格，在“属性”面板“水平”选项的下拉列表中选择“左对齐”选项，单击“属性”面板“拆分单元格为行或列”按钮，在弹出的“拆分单元格”对话框中进行设置，如图 18-57 所示，单击“确定”按钮，将单元格拆分成 2 行显示。将云盘中的“Ch18 > 素材 > 土

特产网页 > images > sso.jpg”文件，插入第 1 行第 3 列单元格，如图 18-58 所示。

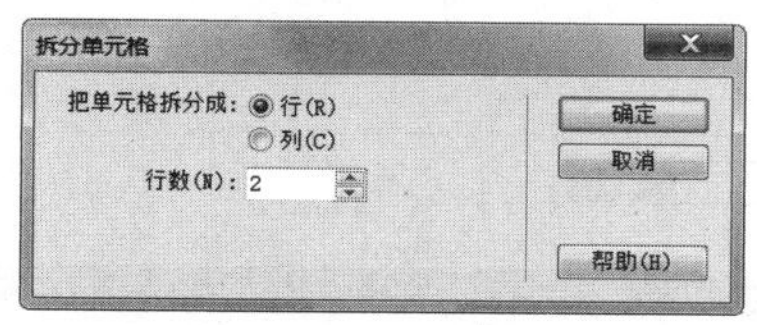

图 18-57

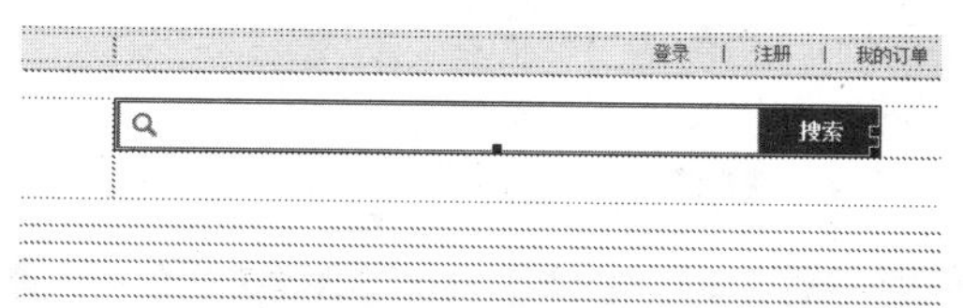

图 18-58

（16）将光标置入第 2 行第 3 列单元格，在“属性”面板“目标规则”选项的下拉列表中选择“<新内联样式>”选项，将“Color”选项设为浅灰色（#969696）。在单元格中输入文字，效果如图 18-59 所示。

（17）将光标置入第 4 列单元格，在“属性”面板“水平”选项的下拉列表中选择“左对齐”选项。将云盘中的“Ch18 > 素材 > 土特产网页 > images > gwc.png”文件，插入该单元格，如图 18-60 所示。

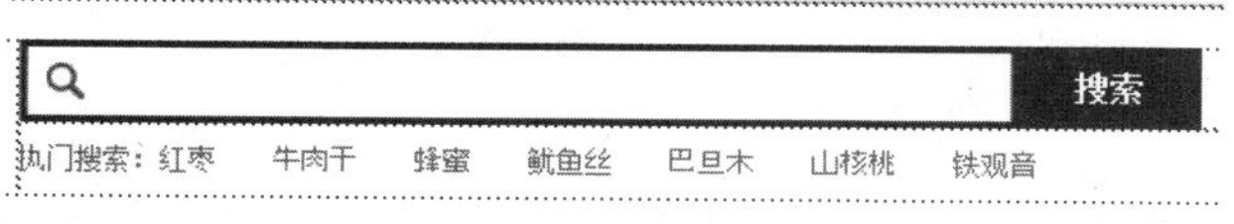

图 18-59

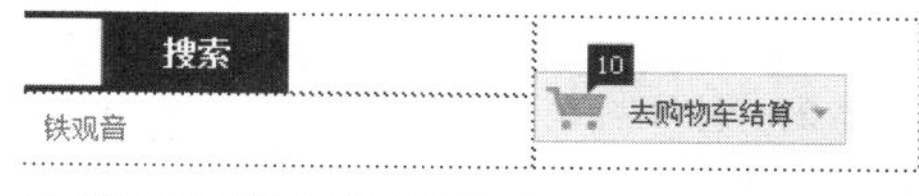

图 18-60

（18）将光标置入主体表格的第 3 行单元格，在“属性”面板“水平”选项的下拉列表中选择“居中对齐”选项，将“高”选项设为 35，“背景颜色”选项设为红色（#e60000）。在该单元格中插入一个 1 行 7 列，宽为 1200 像素的表格，如图 18-61 所示。

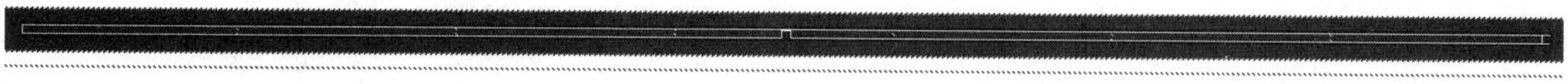

图 18-61

（19）将光标置入刚插入的表格的第 1 列单元格，在“属性”面板“水平”选项的下拉列表中选择“左对齐”选项，将“宽”选项设为 200。选中图 18-62 所示的单元格，在“属性”面板“水平”选项的下拉列表中选择“居中对齐”选项，将“宽”选项设为 100，效果如图 18-63 所示。

图 18-62

图 18-63

（20）新建 CSS 样式“.White”，弹出“.White 的 CSS 规则定义”对话框，在左侧的“分类”列表中选择“类型”选项，将“Font-size”选项设为 14，在右侧选项的下拉列表中选择“px”选项，“Color”选项设为白色，单击“确定”按钮，完成样式的创建。在各单元格中输入文字，并应用“White”样式，效果如图 18-64 所示。

所有产品分 首页 热销产品 限时抢购 新品上市 精品推荐

图 18-64

（21）将云盘中的“Ch18 > 素材 > 土特产网页 > images > jdt.jpg”文件，插入主体表格的第 4 行单元格，如图 18-65 所示。

图 18-65

2. 制作热销产品

（1）新建 CSS 样式“.bj01”，弹出“.bj01 的 CSS 规则定义”对话框，在左侧的“分类”列表中选择“背景”选项，单击“Background-image”选项右侧的“浏览”按钮，在弹出的“选择图像源文件”对话框中，选择云盘中的“Ch18 > 素材 > 土特产网页 > images > bj.jpg”文件，单击“确定”按钮，返回对话框，单击“确定”按钮，完成样式的创建。

（2）将光标置入主体表格的第 5 行单元格，在“属性”面板“类”选项的下拉列表中选择“bj01”选项，“水平”选项的下拉列表中选择“居中对齐”选项。在该单元格中插入一个 12 行 5 列，宽为 1200 像素的表格，如图 18-66 所示。

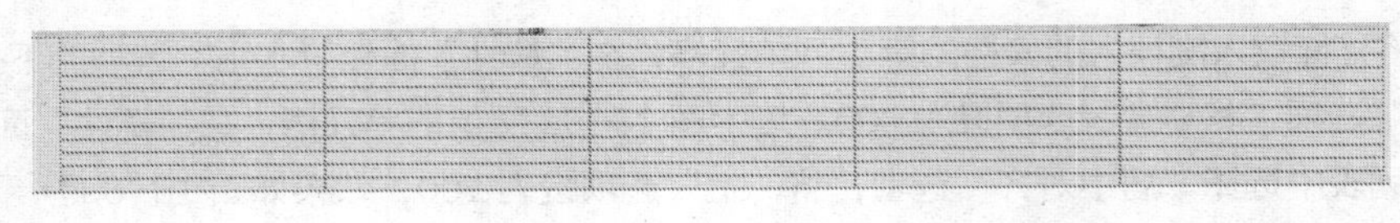

图 18-66

（3）将光标置入刚插入的表格的第 1 行第 1 列单元格，在“属性”面板中，将“宽”选项设为 177，“高”选项设为 30。将光标置入第 2 行第 1 列单元格，在“属性”面板“水平”选项的下拉列表中选择“左对齐”选项，将“高”选项设为 50。将云盘中的“Ch18 > 素材 > 土特产网页 > images > bt.png”文件，插入该单元格，如图 18-67 所示。

（4）将光标置入第 2 行第 2 列单元格，在“属性”面板“水平”选项的下拉列表中选择“居中对齐”选项，将“宽”选项设为 555。将云盘中的“Ch18 > 素材 > 土特产网页 > images > bt_1.png”文件，插入该单元格，如图 18-68 所示。

图 18-67　　图 18-68

（5）将光标置入第 2 行第 3 列单元格，在“属性”面板“水平”选项的下拉列表中选择“右对齐”选项，将“宽”选项设为 181。在单元格中输入文字，将云盘中的“Ch18 > 素材 > 土特产网页 > images > jt.png”文件插入相应的位置，并应用“pic”样式，效果如图 18-69 所示。

（6）用上述的方法将第 2 行第 4 列和第 5 列单元格的宽分别设为 34 和 253。

图 18-69

（7）选中第 3 行第 1 列、第 2 列和第 3 列单元格，单击“属性”面板中的“合并所选单元格，使用跨度”按钮，将选中的单元格合并，效果如图 18-70 所示。

图 18-70

（8）新建 CSS 样式“.bk”，弹出“.bk 的 CSS 规则定义”对话框，在左侧的“分类”列表中选择“背景”选项，将“Background-color”选项设为白色。在左侧的“分类”列表中选择“边框”选项，在右侧选项中进行设置，如图 18-71 所示，单击“确定”按钮，完成样式的创建。

（9）将光标置入第 3 行第 1 列单元格，在“属性”面板“类”选项的下拉列表中选择“bk”选项，“水平”选项的下拉列表中选择“居中对齐”选项，将“高”选项设为 200。在该单元格中插入一个 2 行 11 列，宽为 892 像素的表格。选中刚插入的表格的第 1 行第 1 列和第 2 列单元格，将其合并，效果如图 18-72 所示。

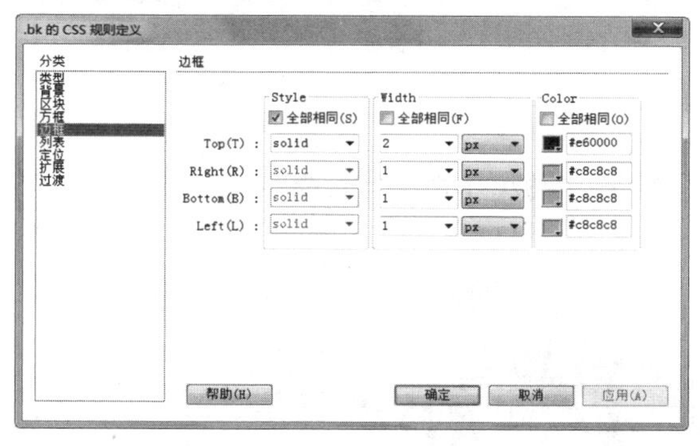

图 18-71

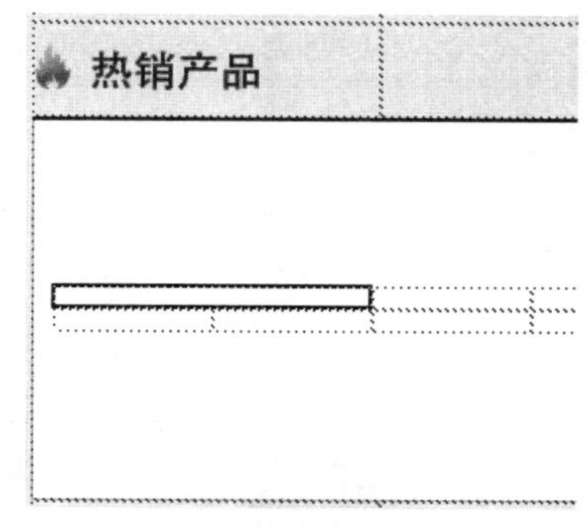

图 18-72

（10）将云盘中的“Ch18 > 素材 > 土特产网页 > images > rx_1.jpg”文件，插入合并单元格，如图 18-73 所示。新建 CSS 样式“.text1”，弹出“.text1 的 CSS 规则定义”对话框，在左侧的“分类”列表中选择“类型”选项，将“Color”选项设为灰色（#323232），单击“确定”按钮，完成样式的创建。

（11）将光标置入第 2 行第 1 列单元格，在“属性”面板“水平”选项的下拉列表中选择“左对齐”选项，“类”选项的下拉列表中选择“text1”选项，将“宽”选项设为 105，“高”选项设为 50。在该单元格中输入文字，效果如图 18-74 所示。

图 18-73

图 18-74

（12）新建 CSS 样式“.Red”，弹出“.Red 的 CSS 规则定义”对话框，在左侧的“分类”列表中选择“类型”选项，将“Font-size”选项设为 14，在右侧选项的下拉列表中选择“px”选项，“Font-weight”选项的下拉列表中选择“bold”选项，“Color”选项设为红色（#e60000），如图 18-75 所示，单击“确定”按钮，完成样式的创建。

（13）将光标置入第 2 行第 2 列单元格，在“属性”面板“水平”选项的下拉列表中选择“右对齐”选项，“类”选项的下拉列表中选择“Red”，将“宽”选项设为 110。在该单元格中输入文字，效果如图 18-76 所示。

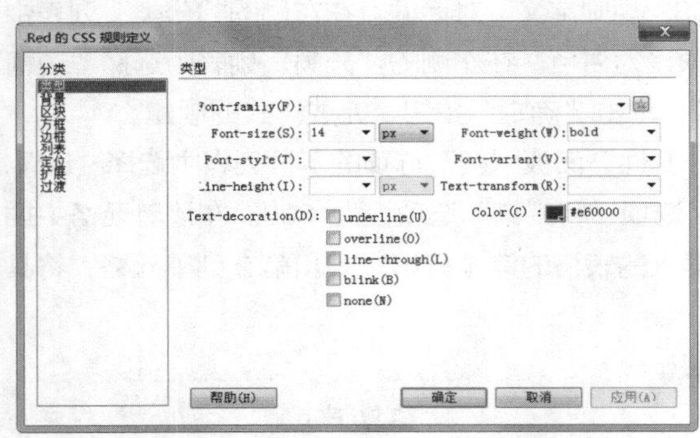

图 18-75

图 18-76

（14）将光标置入第 1 行第 3 列单元格，在“属性”面板中，将“宽”选项设为 10。用上述的方法制作出如图 18-77 所示的效果。

图 18-77

3. 制作新品上市

（1）将第 6 行第 1 列、第 2 列和第 3 列单元格合并，在“属性”面板“水平”选项的下拉列表中选择“左对齐”选项，“目标规则”选项的下列表中选择“<新内联样式>”选项，将“字体”选项设为“黑体”，“大小”选项设为 25，“高”选项设为 55。在该单元格中输入文字，如图 18-78 所示。

（2）将光标置入第 6 行第 5 列单元格，在“属性”面板“水平”选项的下拉列表中选择“右对齐”选项。在单元格中输入文字。将云盘中的“Ch18 > 素材 > 土特产网页 > images > jt.png”文件，插入该单元格，并应用“pic”样式，效果如图 18-79 所示。

图 18-78

（3）新建 CSS 样式“.bk01”，在弹出的“.bk01 的 CSS 规则定义”对话框中进行设置，如图 18-80 所示，单击“确定”按钮，完成样式的创建。

图 18-79

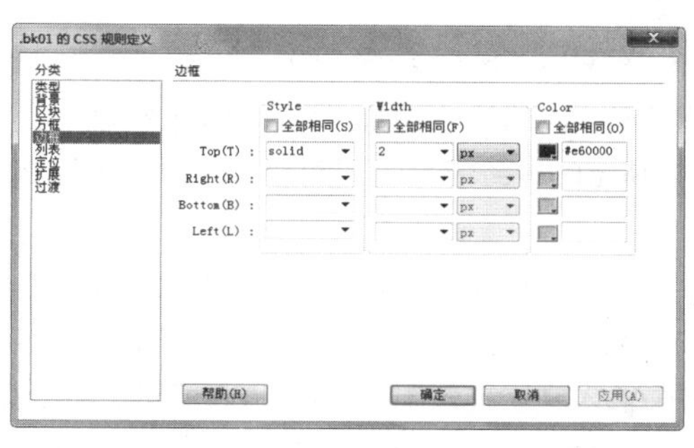

图 18-80

（4）将第 7 行所有单元格合并，在“属性”面板“类”选项的下拉列表中选择“bk01”选项，将“高”选项设为 630。在该单元格中插入一个 3 行 9 列，宽为 1200 像素的表格。将光标置入刚插入的表格的第 1 行第 2 列单元格，在“属性”面板中，将“宽”选项设为 18。用相同的方法分别设置第 3 列、第 5 列、第 7 列单元格的宽。将光标置入第 2 行第 1 列单元格，在“属性”面板中，将“高”选项设为 18。

（5）将云盘“Ch18 > 素材 > 土特产网页 > images”文件夹中相应的图片插入各单元格，效果如图 18-81 所示。

图 18-81

4. 制作热门分类

（1）将第 8 行第 1 列、第 2 列和第 3 列单元格合并，在“属性”面板“水平”选项的下拉列表中选择“左对齐”选项，“目标规则”选项的下拉列表中选择“<新内联样式>”选项，将“字体”选项设为“黑体”，“大小”选项设为 25，“高”选项设为 55。在该单元格中输入文字，效果如图 18-82 所示。

（2）将第 9 行所有单元格合并，在“属性”面板“类”选项的下拉列表中选择“bk”选项，“水平”选项的下拉列表中选择“居中对齐”选项，将“高”选项设为 200。在该单元格中插入一个 3 行 15 列，宽为 1180 像素的表格。

图 18-82

（3）新建 CSS 样式“.bt01”，弹出“.bt01 的 CSS 规则定义”对话框，在左侧的“分类”列表中选择“类型”选项，将“Font-size”选项设为 14，在右侧选项的下拉列表中选择“px”选项，“Font-weight”选项的下拉列表中选择“bold”选项，单击“确定”按钮，完成样式的创建。

（4）将光标置入刚插入的表格的第 1 行第 1 列单元格，在“属性”面板“类”选项的下拉列表中选择“bt01”选项，“水平”选项的下拉列表中选择“居中对齐”选项，将“高”选项设为 25。在单元格中输入文字，效果如图 18-83 所示。将云盘中的“Ch18 > 素材 > 土特产网页 > images > rm_1.jpg”文件，插入第 2 行第 1 列单元格，如图 18-84 所示。

（5）新建 CSS 样式“.text2”，弹出“.text2 的 CSS 规则定义”对话框，在左侧的“分类”列表中选择“类型”选项，将“Line-heigth”选项设为 25，在右侧选项的下拉列表中选择“px”选项，将“Color”选项设为灰色（#646464），单击“确定”按钮，完成样式的创建。

（6）将光标置入第 3 行第 1 列单元格，在“属性”面板“水平”选项的下拉列表中选择“左对齐”选项，“类”选项的下拉列表中选择“text2”选项。在该单元格中输入文字，效果如图 18-85 所示。

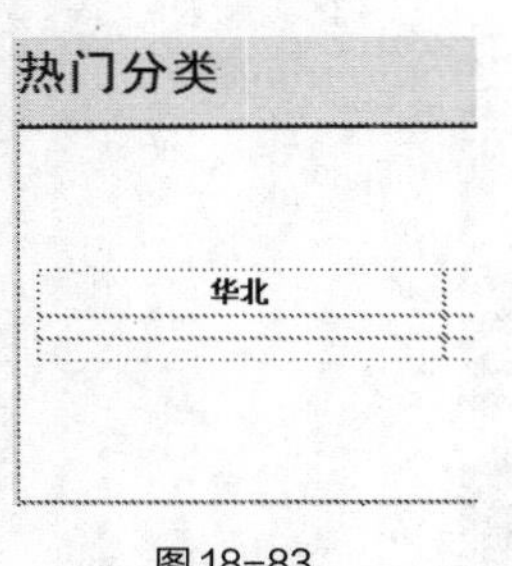

图 18-83

图 18-84

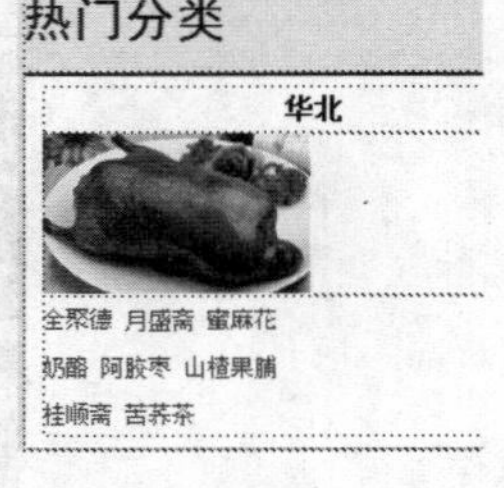

图 18-85

（7）用上述的方法制作出图 18-86 所示的效果。

图 18-86

（8）将光标置入第 10 行单元格，在“属性”面板中，将“高”选项设为 20。用相同的方法设置第 12 行单元格的高度。将第 11 行所有单元格合并，在“属性”面板“水平”选项的下拉列表中选择“居中对齐”选项，将“高”选项设为 40，“背景颜色”选项设为红色（#e60000）。在该单元格中插入一个 1 行 3 列，宽为 900 像素的表格，如图 18-87 所示。

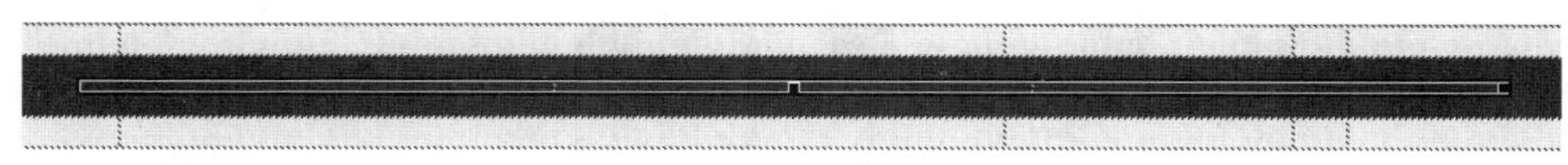

图 18-87

（9）将刚插入的表格的所有单元格设为居中对齐。新建 CSS 样式“.bt02”，弹出“.bt02 的 CSS 规则定义”对话框，在左侧的“分类”列表中选择“类型”选项，将“Font-family”选项设为“黑体”，“Font-size”选项设为 20，在右侧选项的下拉列表中选择“px”选项，“Color”选项设为白色，单击“确定”按钮，完成样式的创建。

（10）在各单元格中输入文字，并应用“bt02”样式，效果如图 18-88 所示。

图 18-88

（11）分别将云盘“Ch18 > 素材 > 土特产网页 > images”文件夹中的“tb_1.png”“tb_2.png”“tb_3.png”文件，插入相应的位置，并应用“pic”样式，效果如图 18-89 所示。

图 18-89

5. 制作底部效果

（1）将光标置入主体表格的第 6 行单元格，在“属性”面板“水平”选项的下拉列表中选择“居中对齐”选项，将“高”选项设为 140。在该单元格中插入一个 1 行 5 列，宽为 1000 像素的表格，如图 18-90 所示。

（2）选中图 18-91 所示的单元格，在“属性”面板“水平”选项的下拉列表中选择“居中对齐”选项，“垂直”选项的下拉列表中选择“顶端”选项，将“宽”选项设为 180。

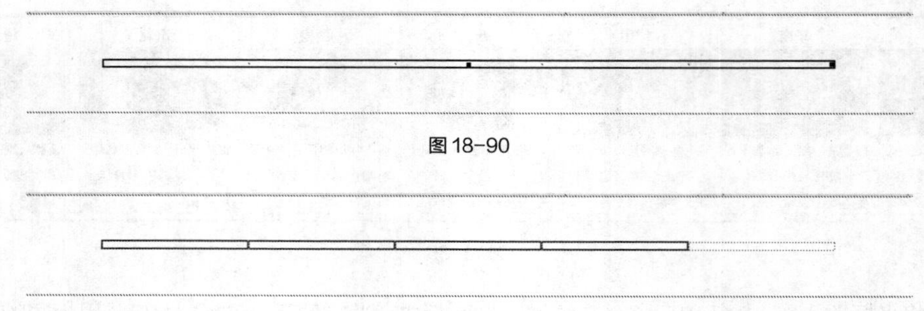

图 18-90

图 18-91

（3）将光标置入第 1 列单元格，按 Shift+Enter 组合键，将光标切换到下一行，输入文字。用相同的方法在其他单元格中输入文字，如图 18-92 所示。

图 18-92

（4）新建 CSS 样式“.bt03”，弹出“.bt03 的 CSS 规则定义”对话框，在左侧的“分类”列表中选择“类型”选项，将“Font-size”选项设为 14，在右侧选项的下拉列表中选择“px”选项，“Font-weight”选项的下拉列表中选择“bold”选项，“Line-height”选项设为 25，在右侧选项的下拉列表中选择“px”选项，“Color”选项设为灰色（#646464），单击“确定”按钮，完成样式的创建。

（5）选中图 18-93 所示的文字，在“属性”面板“类”选项的下拉列表中选择“bt03”选项，应用样式，效果如图 18-94 所示。选中图 18-95 所示的文字，在“属性”面板“类”选项的下拉列表中选择“text2”选项，应用样式，效果如图 18-96 所示。

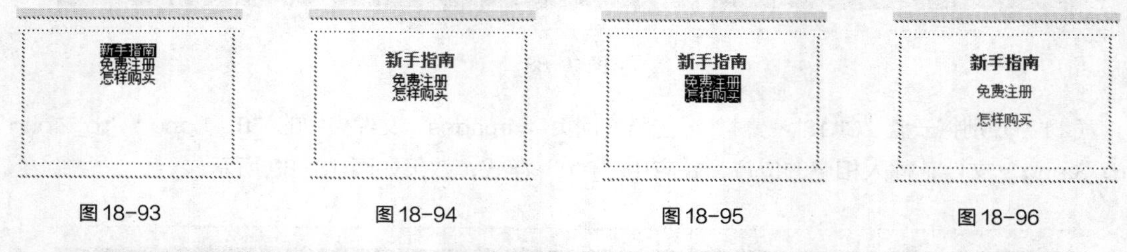

图 18-93　　图 18-94　　图 18-95　　图 18-96

（6）用相同的方法为其他文字应用样式，效果如图 18-97 所示。

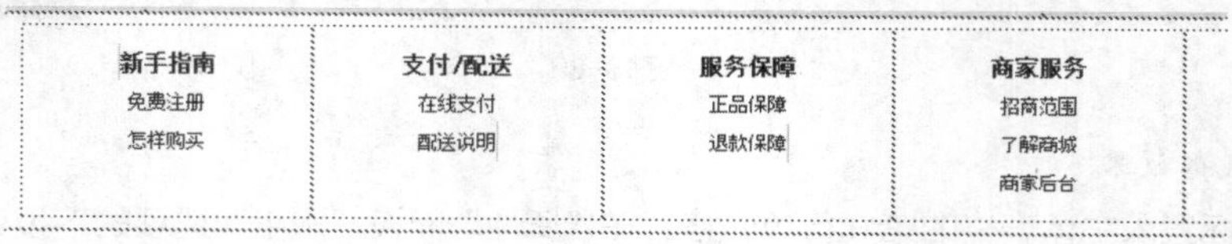

图 18-97

（7）将光标置入第 5 列单元格，在“属性”面板“水平”选项的下拉列表中选择“右对齐”选项，将“宽”选项设为 280。将云盘中的“Ch18 > 素材 > 土特产网页 > images > dh.png”文件，插入该单元格，如图 18-98 所示。

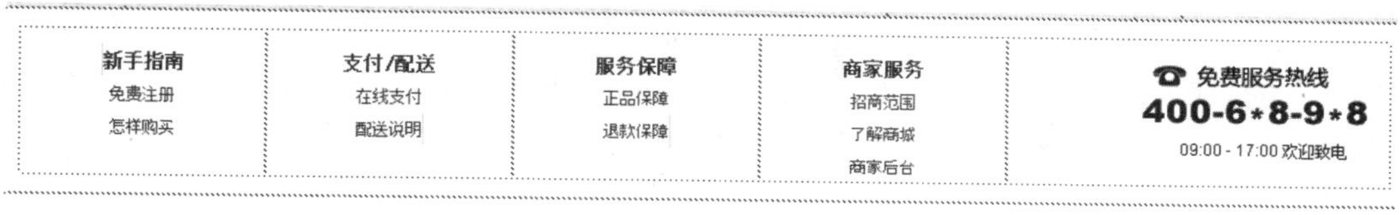

新手指南
免费注册
怎样购买
支付/配送
在线支付
配送说明
服务保障
正品保障
退款保障
商家服务
招商范围
了解商城
商家后台
免费服务热线
400-6*8-9*8
09:00 - 17:00 欢迎致电

图 18-98

（8）将光标置入主体表格的第 7 行单元格，在“属性”面板“类”选项的下拉列表中选择“bj01”，“水平”选项的下拉列表中选择“居中对齐”选项，“高”选项设为 130。在该单元格中输入文字，并应用“text2”样式，效果如图 18-99 所示。

（9）土特产网页效果制作完成，保存文档，按 F12 键，预览网页效果，如图 18-100 所示。

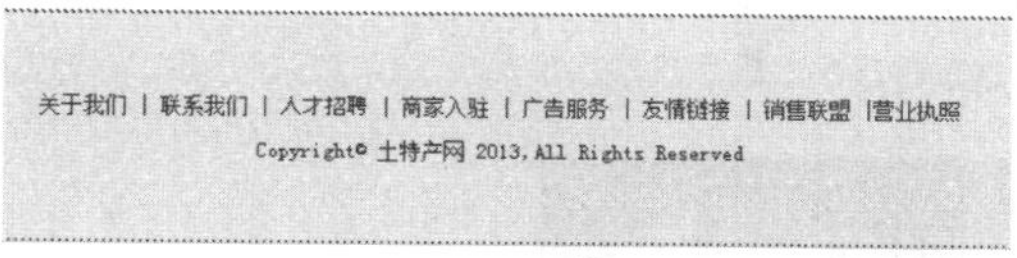

关于我们 | 联系我们 | 人才招聘 | 商家入驻 | 广告服务 | 友情链接 | 销售联盟 |营业执照
Copyright© 土特产网 2013, All Rights Reserved

图 18-99

土特产网页 - Windows Internet Explorer
C:\Users\Admini
Bing
收藏夹
土特产网页
舌尖上的茶香
计算机 | 保护模式: 禁用
35%

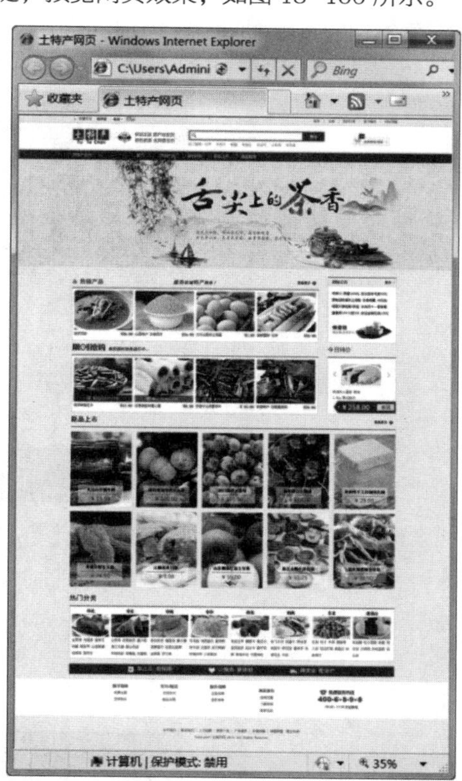

图 18-100

18.4 家政无忧网页

18.4.1 案例分析

家政无忧网页是商家通过免费开网店将商家的相关信息展现给消费者的网页，消费者在线上选服务并支付相应费用，线下消费验证和体验。这样能极大地满足消费者个性化的需求。商家通过网店使信息传播得更快、更远、更广。在网页设计上要求能体现出商家的特色，让人一目了然。

在网页中，整洁干净的白色背景展现出公司的服务宗旨，同时起到衬托的作用。标志和导航栏醒目直观，方便信息的浏览和推广。广告栏突出宣传的主体。通过对中间部分的图形、图片和文字进行合理编排，体现出公司严谨的工作作风和主要的经营内容，让人一目了然。整体设计简洁直观、清晰醒目。

本实例将使用“页面属性”命令设置页面字体、大小、页边距及页面标题，使用“图像”按钮为网页添加 logo 和广告图片，使用表格和文字制作导航效果，使用“CSS 样式”命令设置单元格的边框、背景图像及文字的大小、颜色、行距。

18.4.2 案例效果

本案例的效果如图 18-101 所示。

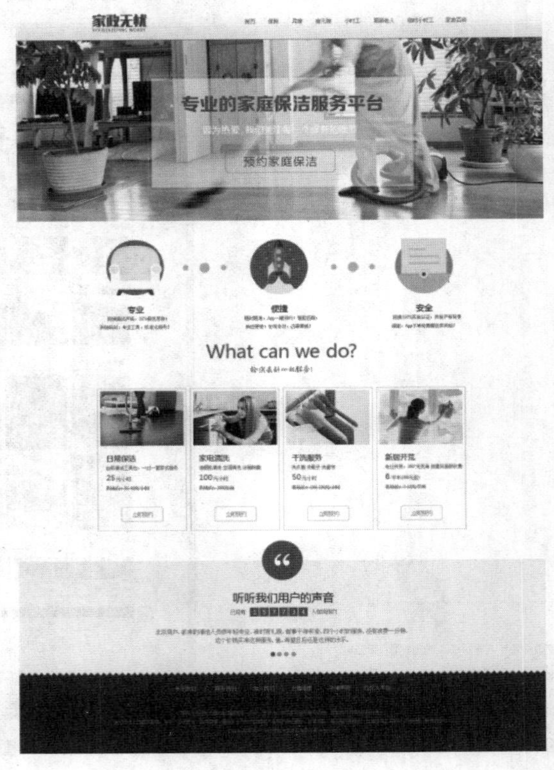

图 18-101

18.4.3 案例制作

1. 制作导航条

扫码查看
本案例步骤

扫码观看
本案例视频

2. 制作服务介绍

扫码查看
本案例步骤

扫码观看
本案例视频

课堂练习——商务在线网页

练习知识要点

使用“表格”按钮，布局网页；使用“页面属性”命令，控制页面的整体字体、大小和颜色；使用“CSS 样式”命令，设置单元格的背景图像、文字大小和行距，效果如图 18-102 所示。

效果所在位置

云盘/Ch18/效果/商务在线网页/index.html。

图 18-102

课后习题——时尚风潮网页

习题知识要点

使用“页面属性”命令，设置网页背景颜色及边距；使用输入代码方式设置图片与文字的对齐方式；使用“CSS 样式”命令，设置文字大小、行距及表格边框效果，如图 18-103 所示。

图 18-103

效果所在位置

云盘/Ch18/效果/时尚风潮网页/index.html。